普通高等教育“十四五”规划教材

面向21世纪课程教材
Textbook Series for 21st Century

食品添加剂

第4版

郝利平　聂乾忠　周爱梅　白卫东　主编

中国农业大学出版社
·北京·

内 容 简 介

本教材进一步规范了食品添加剂的定义，较为详细地介绍了食品添加剂的作用机理、性状、性能与毒性，按照新的标准明确阐述了食品添加剂的使用范围、使用剂量、使用方法，提出了使用食品添加剂的注意事项，介绍了食品添加剂的国内外发展动态，并利用信息技术拓展了相关法规、标准、教学案例及思考题参考答案，便于学习者查阅。

本教材可作为高等院校食品科学与工程类专业本科生及研究生的教材，也可供相关单位科研人员、从事食品生产和经营企业的管理人员等学习参考。

图书在版编目(CIP)数据

食品添加剂／郝利平等主编. —4 版. —北京：中国农业大学出版社，2021.7(2023.5 重印)
ISBN 978-7-5655-2558-2

Ⅰ.①食… Ⅱ.①郝… Ⅲ.①食品添加剂-高等学校-教材 Ⅳ.①TS202.3

中国版本图书馆 CIP 数据核字(2021)第 111147 号

书　名 食品添加剂　第 4 版
作　者 郝利平　聂乾忠　周爱梅　白卫东　主编

策划编辑 宋俊果　王笃利　魏　巍　　**责任编辑** 张　妍
封面设计 郑　川　李尘工作室
出版发行 中国农业大学出版社
社　址 北京市海淀区圆明园西路 2 号　　**邮政编码** 100193
电　话 发行部 010-62733489，1190　　读者服务部 010-62732336
编辑部 010-62732617，2618　　出　版　部 010-62733440
网　址 http://www.caupress.cn　　**E-mail** cbsszs @ cau.edu.cn
经　销 新华书店
印　刷 涿州市星河印刷有限公司
版　次 2021 年 8 月第 4 版　2023 年 5 月第 3 次印刷
规　格 787×1092　16 开本　21.75 印张　540 千字
定　价 59.00 元

第4版编写人员

主　编　郝利平（山西农业大学）
　　　　聂乾忠（湖南农业大学）
　　　　周爱梅（华南农业大学）
　　　　白卫东（仲恺农业工程学院）

参　编　（按姓氏拼音排序）
　　　　白　英（内蒙古农业大学）
　　　　陈振家（山西农业大学）
　　　　洪艳平（江西农业大学）
　　　　李巨秀（西北农林科技大学）
　　　　綦菁华（北京农学院）
　　　　王越男（内蒙古农业大学）
　　　　徐明生（江西农业大学）
　　　　杨　明（扬州大学）
　　　　张　雪（河南牧业经济学院）
　　　　张秀凤（河南牧业经济学院）
　　　　朱力杰（渤海大学）

第3版编写人员

主　编　郝利平（山西农业大学）

聂乾忠（湖南农业大学）

周爱梅（华南农业大学）

白卫东（仲恺农业工程学院）

参　编　（按姓氏拼音排序）

白　英（内蒙古农业大学）

陈振家（山西农业大学）

李巨秀（西北农林科技大学）

綦菁华（北京农学院）

王越男（内蒙古农业大学）

徐明生（江西农业大学）

杨　明（扬州大学）

张　雪（河南牧业经济学院）

张春红（沈阳农业大学）

张秀凤（河南牧业经济学院）

朱力杰（渤海大学）

第 2 版编写人员

主　编　郝利平（山西农业大学）

聂乾忠（湖南农业大学）

陈永泉（华南农业大学）

廖小军（中国农业大学）

参　编　（按姓氏拼音排序）

陈安均（四川农业大学）

贾　宁（沈阳农业大学）

李巨秀（西北农林科技大学）

綦菁华（北京农学院）

沈　群（中国农业大学）

徐明生（江西农业大学）

杨　明（扬州大学）

第 1 版编写人员

主　编　郝利平（山西农业大学）
　　　　夏延斌（湖南农业大学）
　　　　陈永泉（华南农业大学）
　　　　廖小军（中国农业大学）

参　编　（按姓氏拼音排序）
　　　　陈安均（四川农业大学）
　　　　贾　宁（沈阳农业大学）
　　　　李巨秀（西北农林科技大学）
　　　　綦菁华（北京农学院）
　　　　沈　群（中国农业大学）
　　　　徐明生（江西农业大学）
　　　　杨　明（扬州大学）

出版说明
（代总序）

岁月如梭，食品科学与工程类专业系列教材自启动建设工作至现在的第4版或第5版出版发行，已经近20年了。160余万册的发行量，表明了这套教材是受到广泛欢迎的，质量是过硬的，是与我国食品专业类高等教育相适宜的，可以说这套教材是在全国食品类专业高等教育中使用最广泛的系列教材。

这套教材成为经典，作为总策划，我感触颇多，翻阅这套教材的每一科目、每一章节，浮现眼前的是众多著作者们汇集一堂倾心交流、悉心研讨、伏案编写的景象。正是由于大家的高度共识和对食品科学类专业高等教育的高度责任感，铸就了系列教材今天的成就。借再一次撰写出版说明（代总序）的机会，站在新的视角，我又一次对系列教材的编写过程、编写理念以及教材特点做梳理和总结，希望有助于广大读者对教材有更深入的了解，有助于全体编者共勉，在今后的修订中进一步提高。

一、优秀教材的形成除著作者广泛的参与、充分的研讨、高度的共识外，更需要思想的碰撞、智慧的凝聚以及科研与教学的厚积薄发。

20年前，全国40余所大专院校、科研院所，300多位一线专家教授，覆盖生物、工程、医学、农学等领域，齐心协力组建出一支代表国内食品科学最高水平的教材编写队伍。著作者们呕心沥血，在教材中倾注平生所学，那字里行间，既有学术思想的精粹凝结，也不乏治学精神的光华闪现，诚所谓学问人生，经年积成，食品世界，大家风范。这精心的创作，与敷衍的粘贴，其间距离，何止云泥！

二、优秀教材以学生为中心，擅于与学生互动，注重对学生能力的培养，绝不自说自话，更不任凭主观想象。

注重以学生为中心，就是彻底摒弃传统填鸭式的教学方法。著作者们谨记“授人以鱼不如授人以渔”，在传授食品科学知识的同时，更启发食品科学人才获取知识和创造知识的思维与灵感，于润物细无声中，尽显思想驰骋，彰耀科学精神。在写作风格上，也注重学生的参与性和互动性，接地气，说实话，“有里有面”，深入浅出，有料有趣。

三、优秀教材与时俱进，既推陈出新，又勇于创新，绝不墨守成规，也不亦步亦趋，更不原地不动。

首版再版以至四版五版，均是在充分收集和尊重一线任课教师和学生意见的基础上，对新增教材进行科学论证和整体规划。每一次工作量都不小，几乎覆盖食品学科专业的所有骨干课程和主要选修课程，但每一次修订都不敢有丝毫懈怠，内容的新颖性，教学的有效性，齐头并进，一样都不能少。具体而言，此次修订，不仅增添了食品科学与工程最新发展，又以相当篇幅强调食品工艺的具体实践。每本教材，既相对独立又相互衔接互为补充，构建起系统、完整、实用的课程体系，为食品科学与工程类专业教学更好服务。

四、优秀教材是著作者和编辑密切合作的结果，著作者的智慧与辛劳需要编辑专业知识和奉献精神的融入得以再升华。

同为他人作嫁衣裳，教材的著作者和编辑，都一样的忙忙碌碌，飞针走线，编织美好与绚丽。这套教材的编辑们站在出版前沿，以其炉火纯青的编辑技能，辅以最新最好的出版传播方式，保证了这套教材的出版质量和形式上的生动活泼。编辑们的高超水准和辛勤努力，赋予了此套教材蓬勃旺盛的生命力。而这生命力之源就是广大院校师生的认可和欢迎。

第 1 版食品科学与工程类专业系列教材出版于 2002 年，涵盖食品学科 15 个科目，全部入选“面向 21 世纪课程教材”。

第 2 版出版于 2009 年，涵盖食品学科 29 个科目。

第 3 版（其中《食品工程原理》为第 4 版）500 多人次 80 多所院校参加编写，2016 年出版。此次增加了《食品生物化学》《食品工厂设计》等品种，涵盖食品学科 30 多个科目。

需要特别指出的是，这其中，除 2002 年出版的第 1 版 15 部教材全部被审批为“面向 21 世纪课程教材”外，《食品生物技术导论》《食品营养学》《食品工程原理》《粮油加工学》《食品试验设计与统计分析》等为“十五”或“十一五”国家级规划教材。第 2 版或第 3 版教材中，《食品生物技术导论》《食品安全导论》《食品营养学》《食品工程原理》4 部为“十二五”普通高等教育本科国家级规划教材，《食品化学》《食品化学综合实验》《食品安全导论》等多个科目为原农业部“十二五”或农业农村部“十三五”规划教材。

本次第 4 版（或第 5 版）修订，参与编写的院校和人员有了新的增加，在比较完善的科目基础上与时俱进做了调整，有的教材根据读者对象层次以及不同的特色做了不同版本，舍去了个别不再适合新形势下课程设置的教材品种，对有些教材的题目做了更新，使其与课程设置更加契合。

在此基础上，为了更好满足新形势下教学需求，此次修订对教材的新形态建设提出了更高的要求，出版社教学服务平台“中农 De 学堂”将为食品科学与工程类专业系列教材的新形态建设提供全方位服务和支持。此次修订按照教育部新近印发的《普通高等学校教材管理办法》的有关要求，对教材的政治方向和价值导向以及教材内容的科学性、先进性和适用性等提出了明确且具针对性的编写修订要求，以进一步提高教材质量。同时为贯彻《高等学校课程思政建设指导纲要》文件精神，落实立德树人根本任务，明确提出每一种教材在坚持食品科学学科专业背景的基础上结合本教材内容特点努力强化思政教育功能，将思政教育理念、思政教育元素有机融入教材，在课程思政教育润物细无声的较高层次要求中努力做出各自的探索，为全面高水平课程思政建设积累经验。

教材之于教学，既是教学的基本材料，为教学服务，同时教材对教学又具有巨大的推动作用，发挥着其他材料和方式难以替代的作用。教改成果的物化、教学经验的集成体现、先进教学理念的传播等都是教材得天独厚的优势。教材建设既成就了教材，也推动着教育教学改革和发展。教材建设使命光荣，任重道远。让我们一起努力吧！

罗云波

2021 年 1 月

第4版前言

《食品添加剂》第1版于2002年出版，分别于2009年、2016年进行了修订，教材出版发行以来一直受到使用院校师生的广泛好评。转眼又过去5年，编者对教材进行再次修订，以使教材的内容和形式更加符合教学需要。

“十三五”期间，我国食品工业保持良好发展势头，食品添加剂在食品工业的发展过程中发挥着十分重要的作用，尤其是2020年面对新冠疫情，食品工业成为我国经济复苏最早的行业，有效地保证了人民群众的食品消费需求。随着生活水平的提高，人们对食品的营养、安全、质量、口感、风味等提出了更新、更高的要求，对于食品添加剂也有了进一步的认识。在食品加工制造过程中合理使用食品添加剂，既可以使加工食品的色、香、味、形及组织结构俱佳，也可以保持和增加食品营养成分、防止食品腐败变质、延长食品保存期。科学合理地使用食品添加剂，还有利于食品加工及改进食品加工工艺，提高食品生产效率。

在《食品添加剂》第4版教材的修订过程中，结合食品工业的发展和食品类专业课程教学的改革与发展，编者在教材内容保持原版的框架结构、章节及字数基本不变的基础上，对部分内容、参考文献进行了完善、规范和增补，增加了近年行业发展的新内容。为进一步贯彻执行国家相关法规标准，教材按照《中华人民共和国食品安全法》《食品安全国家标准　食品添加剂使用标准》《食品安全国家标准　食品营养强化剂使用标准》等最新的法规标准，结合国内外食品工业、食品添加剂工业的发展及最新研究成果，进行修订与完善。

为了落实习近平总书记在全国高校思想政治工作会议上强调“要坚持把立德树人作为中心环节，把思想政治工作贯穿教育教学全过程”的精神，我们注重将课程教学与思政元素有机结合，通过不同的切入点将课程思政、案例教学的内容融入其中，以强化师生树立“道路自信、理论自信、制度自信、文化自信”的意识。

修订工作由具有丰富食品添加剂课程教学经验的教授、副教授等中青年骨干教师承担。重新修订的教材利用信息技术，将相关法规、标准、思考题参考答案以及课程思政、案例教学展现在教学平台上，更加便于师生学习查阅。

本教材的编写分工，按编写章节顺序如下：山西农业大学郝利平编写第1章绪论、第10章食品用香料与香精；华南农业大学周爱梅编写第2章食品添加剂的安全性评价与管理;湖南农业大学聂乾忠编写第 3 章食品防腐剂;河南牧业经济学院张雪编写第 4 章食品抗氧化剂;仲恺农业工程学院白卫东编写第 5 章食品着色剂;扬州大学杨明编写第 6 章食品护色剂;渤海大学朱力杰编写第 7 章食品漂白剂;北京农学院綦菁华编写第 8 章食品增稠剂;内蒙古农业大学白英编写第 9 章食品乳化剂;内蒙古农业大学王越男编写第 11 章食品调味剂;西北农林科技大学李巨秀编写第 12 章食品膨松剂、凝固剂、水分保持剂和抗结剂;江西农业大学徐明生编写第 13 章食品酶制剂;河南牧业经济学院张秀凤编写第 14 章食品工业用加工助剂及其他;山西农业大学陈振家编写第 15 章食品营养强化剂;江西农业大学洪艳平提供了部分案例教学内容。

食品添加剂种类繁多,性状各异,并且新的食品添加剂的研究与应用日新月异,读者在学习和使用食品添加剂的过程中应该结合食品添加剂的基本知识,随时关注食品添加剂的新发展、新动态、新标准,科学、准确、合理地使用食品添加剂。

本教材在编写过程中得到了编写者及编写者所在单位以及专业领域同仁们的大力支持,在此表示衷心的感谢。

由于编者的水平有限,书中难免有错误和不足,恳请读者批评指正,待本书再次修订时改正。

党的二十大报告强调"在法治轨道上全面建设社会主义现代化国家",既凸显了法治建设事关根本的战略地位,又明确了法治建设服务保障党和国家工作大局的战略任务。报告同时指出,全面依法治国关系党执政兴国,关系人民幸福安康,关系党和国家长治久安。本次重印,结合教学实际,进一步强化了"法治建设""人才培养"等党的二十大精神,以便读者学习掌握。

编　者

2023 年 5 月

第3版前言

“民以食为天、食以安为先”，食品工业被誉为人类的朝阳产业。近30年我国食品工业蓬勃发展，食品工业产值稳居工业总产值之首。在食品工业的发展过程中食品添加剂发挥着十分重要的作用。随着我国人民生活水平的不断提高，生活节奏显著加快，人们对食品的口感、风味、质量、营养、安全等有了更新、更高的要求。对于食品添加剂的使用也有了进一步的认识。食品添加剂指“为改善食品品质和色、香、味，以及为防腐、保鲜和加工工艺的需要而加入食品中的人工合成或者天然物质，包括营养强化剂。”在食品加工制造过程中合理使用食品添加剂，既可以使得加工食品色、香、味、形及组织结构俱佳，也可以保持和增加食品营养成分，防止食品腐败变质，延长食品保存期，便于食品加工和改进食品加工工艺，提高食品生产效率。

随着现代化、工业化的发展与人民生活水平日益提高，人们在温饱之后就更加关注食品安全。由于道德与诚信的缺失、非法添加物的使用，使得食品安全事件频频发生，加之公众对于食品添加剂的认知存在着误区，使得食品添加剂成了非法添加物的替罪羊。《中华人民共和国食品安全法》(2015.4)、《食品安全国家标准　食品添加剂使用标准》(GB 2760—2014，2015)的出台，对食品添加剂提出了更新、更高、更加科学合理和严格的要求。

为了普及食品添加剂的相关知识，提高公众对于食品添加剂的认知水平，保证食品添加剂课程教学质量，使食品添加剂在我国食品工业发展与保证食品安全中发挥积极的作用，在全国高等院校食品类专业教学指导委员会和中国农业大学出版社的支持下，我们在2002年出版的“面向21世纪课程教材”《食品添加剂》(第1版)、2009年出版的“面向21世纪课程教材”《食品添加剂》(第2版)的基础上，参照《中华人民共和国食品安全法》(2015.4)、《食品安全国家标准　食品添加剂使用标准》(GB 2760—2014，2015)及《食品安全国家标准　食品营养强化剂使用标准》(GB 14880—2012，2013)等最新的法规标准，结合食品工业、食品添加剂工业的发展及国内外最新研究成果与发展动态，组织具有丰富食品添加剂课程教学经验的教授、副教授、博士及中青年骨干教师重新修订了本教材。本教材进一步规范了食品添加剂的定义，较为详细地介绍了食品添加剂的作用机理、性状、性能与毒性，按照新的标准明确阐述了食品添加剂的使用范围、使用剂量、使用方法，提出了食品添加剂使用注意事项，介绍了食品添加剂的国内外发展动态。并利用二维码技术链接了一些相关法规、标准及思考题参考答案，便于学习者查阅。

本书的编写分工（按编写章节顺序）如下：山西农业大学郝利平编写第 1 章绪论，华南农业大学周爱梅编写第 2 章食品添加剂的安全性评价与管理，湖南农业大学聂乾忠编写第 3 章食品防腐剂，河南牧业经济学院张雪编写第 4 章食品抗氧化剂，仲恺农业工程学院白卫东编写第 5 章食品着色剂，扬州大学杨明编写第 6 章食品护色剂，渤海大学朱力杰编写第 7 章食品漂白剂，北京农学院綦菁华编写第 8 章食品增稠剂，内蒙古农业大学白英编写第 9 章食品乳化剂，沈阳农业大学张春红编写第 10 章食品用香料与香精，内蒙古农业大学王越男编写第 11 章食品调味剂（酸度调节剂、甜味剂、增味剂），西北农林科技大学李巨秀编写第 12 章食品膨松剂、凝固剂、水分保持剂和抗结剂，江西农业大学徐明生编写第 13 章食品酶制剂，河南牧业经济学院张秀凤编写第 14 章食品工业用加工助剂及其他，山西农业大学陈振家编写第 15 章食品营养强化剂。

由于食品添加剂种类繁多、性状各异，并且新的食品添加剂的研究与应用日新月异，读者在食品添加剂的使用过程中应该结合本教材的基本知识，随时关注食品添加剂的新发展、新动态、新标准，科学、准确、合理地使用食品添加剂。

本教材在编写过程中得到了编写者、编写者所在单位以及专业领域同仁们的大力支持，在此表示衷心的感谢。由于编者的水平有限，书中难免有错误和不足，恳请读者批评指正。

编　者

2016 年 2 月 15 日

第2版前言

食品工业被称为朝阳工业。我国食品工业到1995年已经发展成为第一大产业，近10多年来一直稳居工业总产值之首。食品添加剂对于推动食品工业发展发挥着十分重要的作用。随着我国改革开放的逐步深入，我国社会主义市场经济蓬勃发展，人民生活水平不断提高，生活节奏显著加快，人们对食品的口感、风味、质量、营养、安全等有了更新、更高的要求。

食品添加剂指为改善食品品质和色、香、味以及为防腐和加工工艺的需要而加入食品中的化学合成或天然物质。在食品加工制造过程中合理使用食品添加剂，既可以使得加工食品色、香、味、形及组织结构俱佳，也可以保持和增加食品营养成分，防止食品腐败变质，延长食品保存期，便于食品加工和改进食品加工工艺，提高食品生产效率。

随着我国综合国力的迅速提高和科学技术的不断进步，我国的食品工业快速发展，加工食品的比重成倍增加，食品的种类花色日益繁多，我们生活中接触到的食品添加剂也随之变得越来越多，人们对食品添加剂给食品安全带来的问题也越来越关注。有观点将食品添加剂的"滥用"和化学农药、重金属、微生物、多氯联苯等常规污染物一起被列为食品污染源。食品行业从业人员只有正确掌握食品添加剂的有关知识，科学、准确、合理地使用食品添加剂，才能充分发挥食品添加剂在食品生产中的作用，保证食品安全；同时食品行业从业人员必须在实践中不断加强学习，才能适应食品工业的飞速发展和加入WTO以后日益广泛的食品国际贸易需求。

《食品添加剂使用卫生标准》(GB 2760—2007)、《中华人民共和国食品安全法》(2009)的出台，对食品添加剂提出了更新、更高、更加科学合理和严格的要求。为贯彻落实相关内容，普及有关知识，保证食品添加剂课程教学质量，在全国高等院校食品专业教学指导委员会和中国农业大学出版社的支持下，我们在2002年出版的"面向21世纪课程教材"《食品添加剂》(第1版)的基础上，参照《食品添加剂使用卫生标准》(GB 2760—2007)、《中华人民共和国食品安全法》(2009)，结合食品工业、食品添加剂工业的发展及国内外最新研究成果与发展动态，认真组织具有丰富食品添加剂课程教学经验的教授、副教授、博士及中青年骨干教师重新修订了这本教材。本教材在对食品添加剂的定义、作用机理、性状、性能与毒性进行详细介绍的基础上，深入阐述了食品添加剂的使用范围、使用剂量、使用方法等内容。

本书的编写分工(按编写章节顺序)如下:华南农业大学陈永泉编写第1章绪论,湖南农业大学聂乾忠编写第2章食品防腐剂,山西农业大学郝利平编写第3章食品抗氧化剂、第12章食品营养强化剂,中国农业大学廖小军编写第4章食品着色剂,扬州大学杨明编写第5章食品护色剂与漂白剂,中国农业大学沈群编写第6章食品调味剂(酸度调节剂、甜味剂、鲜味剂)、北京农学院綦菁华编写第7章食品增稠剂,四川农业大学陈安均编写第8章食品乳化剂,沈阳农业大学贾宁编写第9章食品香料与香精,江西农业大学徐明生编写第10章食品酶制剂,西北农林科技大学李巨秀编写第11章其他食品添加剂。

由于食品添加剂种类繁多、性状各异,并且新的食品添加剂的研究与应用日新月异,读者在使用过程中应该结合本教材的基本知识,随时关注食品添加剂的新发展、新动态、新标准,科学、准确、合理地使用食品添加剂。

本书在编写过程中始终得到编写者、编写者所在单位以及专业领域同仁们的大力支持,在此表示衷心的感谢。在本书基本完稿后,西南大学陈宗道教授认真地指出就《中华人民共和国食品安全法》实施后,本教材应当进行的特别修订之处,并给出了修订建议,在此特别感谢!

由于编者的水平有限,书中必有错误和不足,恳请读者批评指正。

编　者

2009年3月10日

第1版前言

随着食品工业的发展，食品添加剂已经成为现代食品工业不可缺少的一部分。"食品添加剂是食品生产中最活跃、最有创造力的因素"，对推动食品工业的发展起着十分重要的作用。跨入21世纪，随着我国改革开放的进一步深入，社会主义市场经济的蓬勃发展，人民的生活水平不断提高，生活节奏显著加快，人们对食品提出了越来越高和越来越新的要求，不仅要求吃饱、吃好，而且要求安全、卫生、营养、健康。食品工业在国民经济中所占的比重越来越大，20世纪90年代中期开始食品工业已经成为我国第一大产业，在工业总产值中居第一位。在食品加工制造过程中使用食品营养成分，防止腐败变质，延长食品保存期，便于食品加工、改进食品加工工艺和提高食品生产效率。近年来我国食品添加剂工业有很大程度的发展，无论是品种还是产量与质量，都有显著提高，食品添加剂的作用与利用也越来越被人们所重视，但是与发达国家和地区相比仍有较大的差距。食品添加剂与人们的健康密切相关，为了保证人民身体健康，保证食品的安全卫生，适应食品工业飞速发展和加入WTO以后日益广泛发展的国际贸易的需要，学习和掌握食品添加剂的知识十分必要，在此基础上还必须加快食品添加剂的研制、开发和生产，以满足日益发展的食品工业的需要。

我们编写《食品添加剂》一书是为了适应我国食品工业的发展和高等院校食品专业教育的需要。本书结合我国食品添加剂的使用情况，重点介绍了食品添加剂的定义、性质、性状、毒性、使用方法、应用范围与剂量，以及食品添加剂的作用原理、使用时的注意事项等有关知识，同时也介绍了国内外食品添加剂发展的动态和使用情况，以及国内外食品添加剂管理办法和食品营养强化剂管理办法、使用原则。在本书编写过程中，引用、参考了国内外有关著作、文献资料和最新研究成果，使书中内容得到了一定的充实与完善。本书是高等教育面向21世纪教学内容和课程体系改革项目(04-8)研究成果。

参加本书编写的人员多数是多年从事食品添加剂课程教学的教授、副教授、讲师。编写分工：第1章绪论，华南农业大学陈永泉编写；第2章食品防腐剂，湖南农业大学夏延斌编写；第3章食品抗氧化剂和第12章食品营养强化剂，山西农业大学郝利平编写；第4章食品着色剂，中国农业大学廖小军编写；第5章食品发色剂与漂白剂，扬州大学杨明编写；第6章食品调味剂，中国农业大学沈群编写；第7章食品增稠剂，北京农学院綦菁华编写；第8章食品乳化剂，四川农业大学陈安均编写；第9章食品香料与香精，沈阳农业大学贾宁编写；第10章食品酶制剂，江西农业大学徐明生编写；第11章其他食品添加剂，西北农林科技大学李巨秀编写。

由于食品添加剂种类繁多，性质各异，并且新的添加剂的研究与应用日新月异，尽管我们在主观上力求把本教材编好，但是由于编者水平所限，不当之处在所难免，希望读者给予批评、指正。

编　者

2001年12月1日

目　录

第1章　绪　　论 …… 1
1.1　食品添加剂的定义与分类 …… 2
1.1.1　食品添加剂的定义 …… 2
1.1.2　食品添加剂的分类 …… 3
1.2　食品添加剂在食品工业中的作用 …… 4
1.2.1　防止食品败坏变质，提高食品的稳定性、耐藏性及安全性 …… 4
1.2.2　提高和改善食品的感官性状 …… 4
1.2.3　保持或提高食品的营养价值 …… 5
1.2.4　增加食品的品种，提高食品的方便性 …… 5
1.2.5　有利于食品的加工处理，适应生产的机械化和自动化 …… 5
1.2.6　有利于满足不同人群的特殊营养需要和开发新的食品资源 …… 5
1.3　食品添加剂的发展历史与现状 …… 6
1.3.1　食品添加剂的发展历史 …… 6
1.3.2　我国食品添加剂工业的发展现状 …… 7
1.4　食品添加剂的食品安全使用及发展趋势 …… 7
1.4.1　食品添加剂的食品安全使用 …… 7
1.4.2　食品添加剂的发展趋势 …… 8
思考题 …… 10
参考文献 …… 10
第2章　食品添加剂的安全性评价与管理 …… 12
2.1　食品添加剂的安全性评价 …… 13
2.1.1　食品添加剂的化学结构与毒性的关系 …… 13
2.1.2　食品添加剂的毒理学评价 …… 13
2.1.3　食品添加剂的使用标准 …… 18
2.1.4　食品添加剂的质量标准 …… 20
2.2　食品添加剂的管理 …… 20
2.2.1　FAO/WHO对食品添加剂的管理 …… 20
2.2.2　国外对食品添加剂的管理 …… 21
2.2.3　我国对食品添加剂的管理 …… 23

2.3　食品添加剂的选用原则…………………………………………………… 25
2.3.1　FAO/WHO 对食品添加剂的使用原则 ………………………………… 25
2.3.2　我国食品添加剂的使用原则……………………………………………… 26
2.3.3　食品营养强化剂的使用原则……………………………………………… 28
2.4　食品添加剂的审批程序…………………………………………………… 29
2.5　食品添加剂的编码系统与缩略语………………………………………… 30
2.5.1　食品添加剂的编码系统…………………………………………………… 30
2.5.2　缩略语……………………………………………………………………… 41
思考题 ……………………………………………………………………… 42
参考文献 …………………………………………………………………… 42
第 3 章　食品防腐剂 …………………………………………………………… 45
3.1　食品防腐剂的作用机理…………………………………………………… 46
3.2　常用的食品防腐剂………………………………………………………… 46
3.2.1　酸性防腐剂………………………………………………………………… 50
3.2.2　酯性防腐剂………………………………………………………………… 54
3.2.3　天然防腐剂………………………………………………………………… 58
3.2.4　其他化学防腐剂…………………………………………………………… 61
3.3　食品防腐剂的合理使用及注意事项……………………………………… 64
3.3.1　食品防腐剂的抑菌范围…………………………………………………… 65
3.3.2　不同防腐剂有效的 pH 范围 ……………………………………………… 65
3.3.3　食品防腐剂的溶解和分散………………………………………………… 65
3.3.4　食品防腐剂与食品的热处理配合使用…………………………………… 65
3.3.5　食品防腐剂的并用………………………………………………………… 66
3.3.6　其他因素对食品防腐剂作用的影响……………………………………… 66
3.4　食品防腐剂研究进展与展望……………………………………………… 66
思考题 ……………………………………………………………………… 67
参考文献 …………………………………………………………………… 67
第 4 章　食品抗氧化剂 ………………………………………………………… 69
4.1　食品抗氧化剂的作用机理………………………………………………… 70
4.1.1　油脂酸败及脂肪氧化的机理……………………………………………… 70
4.1.2　油溶性抗氧化剂的作用机理……………………………………………… 71
4.1.3　水溶性抗氧化剂的作用机理……………………………………………… 72
4.2　油溶性抗氧化剂…………………………………………………………… 72
4.2.1　丁基羟基茴香醚…………………………………………………………… 72
4.2.2　二丁基羟基甲苯…………………………………………………………… 73
4.2.3　没食子酸丙酯……………………………………………………………… 74
4.2.4　特丁基对苯二酚…………………………………………………………… 74
4.2.5　抗坏血酸棕榈酸酯………………………………………………………… 75

4.2.6 茶多酚棕榈酸酯…… 76
4.2.7 4-己基间苯二酚…… 76
4.2.8 羟基硬脂精…… 77
4.2.9 硫代二丙酸二月桂酯…… 77
4.3 水溶性抗氧化剂…… 77
4.3.1 *L*-抗坏血酸 …… 78
4.3.2 *L*-抗坏血酸钠 …… 78
4.3.3 *L*-抗坏血酸钙 …… 79
4.3.4 *D*-异抗坏血酸 …… 79
4.3.5 *D*-异抗坏血酸钠 …… 80
4.3.6 乙二胺四乙酸二钠…… 80
4.3.7 乙二胺四乙酸二钠钙…… 81
4.4 天然抗氧化剂…… 81
4.4.1 生育酚(维生素 E)…… 82
4.4.2 植酸(又名肌醇六磷酸),植酸钠 …… 83
4.4.3 茶多酚…… 84
4.4.4 茶黄素…… 85
4.4.5 甘草抗氧化物…… 85
4.4.6 迷迭香提取物…… 86
4.4.7 迷迭香提取物(超临界二氧化碳萃取法)…… 86
4.4.8 竹叶抗氧化物(竹叶黄酮)…… 86
4.4.9 栎精…… 87
4.4.10 愈创树脂 …… 87
4.4.11 米糠素 …… 87
4.5 抗氧化剂使用注意事项…… 87
4.5.1 充分了解抗氧化剂的性能…… 87
4.5.2 正确掌握抗氧化剂的添加时机…… 88
4.5.3 抗氧化剂及增效剂的复配使用…… 88
4.5.4 选择合适的添加量…… 88
4.5.5 控制影响抗氧化剂作用效果的因素…… 88
4.6 食品抗氧化剂的研究动态…… 89
4.6.1 类胡萝卜素类物质的抗氧化作用…… 89
4.6.2 生物类黄酮物质的抗氧化作用…… 90
4.6.3 其他…… 90
思考题 …… 91
参考文献 …… 92
第 5 章 食品着色剂 …… 93
5.1 食品着色剂的种类及特性…… 94
5.1.1 食品合成着色剂…… 94

5.1.2 食品天然着色剂…… 95
5.2 着色剂的发色机理…… 96
5.3 食品合成着色剂及应用…… 97
5.3.1 苋菜红…… 98
5.3.2 胭脂红…… 98
5.3.3 赤藓红…… 99
5.3.4 新红 …… 100
5.3.5 柠檬黄 …… 101
5.3.6 日落黄 …… 102
5.3.7 亮蓝 …… 103
5.3.8 靛蓝 …… 104
5.3.9 诱惑红及其铝色淀 …… 104
5.3.10 二氧化钛…… 105
5.4 食品天然着色剂及应用 …… 105
5.4.1 常用的食品天然着色剂 …… 106
5.4.2 食品天然着色剂的应用 …… 118
5.4.3 天然着色剂的安全风险 …… 119
5.5 国内外食用着色剂的发展动态 …… 121
思考题…… 123
参考文献…… 123
第6章 食品护色剂 …… 124
6.1 食品护色剂的护色机理与作用 …… 125
6.1.1 肌红蛋白和血红蛋白 …… 125
6.1.2 护色剂的显色和护色机理 …… 126
6.2 食品护色剂及护色助剂 …… 127
6.2.1 食品护色剂 …… 127
6.2.2 食品护色助剂 …… 129
6.3 食品护色剂的安全性使用及注意事项 …… 131
6.3.1 食品护色剂的安全性 …… 131
6.3.2 食品护色剂使用注意事项 …… 132
6.3.3 食品护色剂及其使用的研究进展 …… 133
思考题…… 133
参考文献…… 134
第7章 食品漂白剂 …… 135
7.1 食品漂白剂的作用机理 …… 136
7.1.1 还原型漂白剂的作用机理 …… 136
7.1.2 氧化型漂白剂的作用机理 …… 137
7.2 常用的食品漂白剂 …… 137

7.2.1 还原型漂白剂 …… 137
7.2.2 氧化型漂白剂 …… 141
7.3 食品漂白剂的使用注意事项及研究进展 …… 143
7.3.1 食品漂白剂使用的相关法规 …… 143
7.3.2 还原型漂白剂的使用注意事项 …… 143
7.3.3 食品漂白剂的研究进展 …… 144
思考题 …… 147
参考文献 …… 147
第8章 食品增稠剂 …… 148
8.1 影响增稠剂作用效果的因素 …… 149
8.1.1 结构及分子量对黏度的影响 …… 149
8.1.2 浓度对黏度的影响 …… 149
8.1.3 pH对黏度的影响 …… 149
8.1.4 温度对黏度的影响 …… 149
8.1.5 切变力对黏度的影响 …… 150
8.1.6 增稠剂的协同效应 …… 150
8.1.7 其他因素对黏度的影响 …… 150
8.2 增稠剂在食品加工中的作用 …… 150
8.2.1 起泡作用和稳定泡沫作用 …… 150
8.2.2 黏合作用 …… 150
8.2.3 成膜作用 …… 150
8.2.4 保健作用 …… 151
8.2.5 保水作用 …… 151
8.2.6 矫味作用 …… 151
8.3 常用食品增稠剂及应用 …… 151
8.3.1 天然增稠剂 …… 151
8.3.2 化学合成增稠剂 …… 165
思考题 …… 168
参考文献 …… 168
第9章 食品乳化剂 …… 169
9.1 乳化剂的作用 …… 170
9.1.1 乳化作用 …… 170
9.1.2 起泡作用 …… 171
9.1.3 悬浮作用 …… 171
9.1.4 破乳作用和消泡作用 …… 171
9.1.5 络合作用 …… 171
9.1.6 结晶控制 …… 172
9.1.7 润湿作用 …… 172

9.1.8 润滑作用 …… 173
9.1.9 降低黏度 …… 173
9.2 乳浊液及乳化剂的亲水亲油平衡值 …… 173
9.2.1 乳浊液的性质 …… 173
9.2.2 乳化剂的分类 …… 175
9.2.3 乳化剂的亲水亲油平衡值 …… 175
9.2.4 HLB值与乳化剂的作用 …… 177
9.3 常用乳化剂及应用 …… 178
9.3.1 蔗糖脂肪酸酯 …… 178
9.3.2 单、双甘油脂肪酸酯(油酸、亚油酸、棕榈酸、山嵛酸、硬脂酸、月桂酸、亚麻酸) …… 180
9.3.3 司盘类乳化剂 …… 181
9.3.4 吐温类乳化剂 …… 182
9.3.5 改性大豆磷脂 …… 183
9.3.6 硬脂酰乳酸钙、硬脂酰乳酸钠 …… 184
9.3.7 木糖醇酐单硬脂酸酯 …… 185
9.3.8 双乙酰酒石酸单(双)甘油酯 …… 185
9.3.9 丙二醇脂肪酸酯 …… 187
9.3.10 酪朊酸钠 …… 188
9.4 影响乳化剂作用效果的因素与应用进展 …… 188
9.4.1 乳化效果的影响因素 …… 188
9.4.2 乳化剂使用中的注意事项 …… 189
9.4.3 乳化剂的复配与应用 …… 189
思考题 …… 190
参考文献 …… 190
第10章 食品用香料与香精 …… 192
10.1 食品用香料与香精的种类及安全性 …… 193
10.1.1 食品用香料与香精的种类 …… 193
10.1.2 食品用香料与香精的安全性 …… 194
10.2 食品用香料 …… 194
10.2.1 常用的天然香料 …… 195
10.2.2 常用的合成香料 …… 198
10.3 食品用香精 …… 207
10.3.1 食品用液体香精 …… 207
10.3.2 食品用固体香精 …… 211
10.3.3 食品用香精的调香 …… 211
10.4 食品用香料与香精使用注意事项及研究进展 …… 212
10.4.1 食品用香精与香料使用注意事项 …… 212
10.4.2 食品用香精与香料研究进展 …… 213

思考题…………………………………………………………………………………………… 214
参考文献…………………………………………………………………………………………… 214
第 11 章 食品调味剂 …………………………………………………………………………… 215
11.1 食品酸度调节剂……………………………………………………………………………… 217
11.1.1 食品酸度调节剂定义与作用……………………………………………………………… 217
11.1.2 常用的食品酸度调节剂…………………………………………………………………… 218
11.2 食品甜味剂…………………………………………………………………………………… 221
11.2.1 食品甜味剂种类与作用…………………………………………………………………… 222
11.2.2 人工合成甜味剂…………………………………………………………………………… 222
11.2.3 天然甜味剂………………………………………………………………………………… 224
11.2.4 其他新型高甜度甜味剂…………………………………………………………………… 231
11.2.5 甜味剂的选用原则………………………………………………………………………… 232
11.3 食品增味剂…………………………………………………………………………………… 232
11.3.1 氨基酸类增味剂…………………………………………………………………………… 233
11.3.2 核苷酸类增味剂…………………………………………………………………………… 233
11.3.3 有机酸类增味剂…………………………………………………………………………… 235
11.3.4 其他增味剂………………………………………………………………………………… 235
思考题…………………………………………………………………………………………… 236
参考文献…………………………………………………………………………………………… 236
第 12 章 食品膨松剂、凝固剂、水分保持剂和抗结剂 ………………………………………… 238
12.1 食品膨松剂…………………………………………………………………………………… 239
12.1.1 碳酸氢钠…………………………………………………………………………………… 239
12.1.2 碳酸氢铵…………………………………………………………………………………… 239
12.1.3 硫酸铝钾…………………………………………………………………………………… 240
12.1.4 硫酸铝铵…………………………………………………………………………………… 240
12.1.5 酒石酸氢钾………………………………………………………………………………… 241
12.1.6 生物膨松剂………………………………………………………………………………… 242
12.2 食品凝固剂…………………………………………………………………………………… 243
12.2.1 氯化钙……………………………………………………………………………………… 243
12.2.2 硫酸钙……………………………………………………………………………………… 243
12.2.3 葡萄糖酸-δ-内酯 ………………………………………………………………………… 244
12.2.4 氯化镁……………………………………………………………………………………… 244
12.2.5 乙二胺四乙酸二钠………………………………………………………………………… 244
12.3 食品水分保持剂……………………………………………………………………………… 245
12.3.1 磷酸三钠…………………………………………………………………………………… 246
12.3.2 六偏磷酸钠………………………………………………………………………………… 246
12.3.3 三聚磷酸钠………………………………………………………………………………… 247
12.3.4 焦磷酸钠…………………………………………………………………………………… 247

12.3.5 磷酸二氢钠…… 247
12.3.6 磷酸氢二钠…… 248
12.4 食品抗结剂…… 249
12.4.1 二氧化硅…… 249
12.4.2 硅铝酸钠…… 250
12.4.3 硅酸钙…… 250
12.4.4 亚铁氰化钾和亚铁氰化钠…… 250
思考题…… 251
参考文献…… 251
第 13 章 食品酶制剂 …… 252
13.1 淀粉酶…… 254
13.1.1 α-淀粉酶…… 254
13.1.2 β-淀粉酶…… 256
13.1.3 切枝酶…… 256
13.1.4 糖化酶…… 257
13.1.5 环糊精葡萄糖基转移酶…… 257
13.2 蛋白酶…… 258
13.2.1 木瓜蛋白酶…… 259
13.2.2 菠萝蛋白酶…… 260
13.2.3 中性蛋白酶…… 260
13.2.4 酸性蛋白酶…… 260
13.2.5 凝乳酶…… 261
13.3 其他酶制剂…… 261
13.3.1 果胶酶…… 261
13.3.2 葡萄糖异构酶…… 262
13.3.3 乳糖酶…… 263
13.3.4 葡糖氧化酶…… 263
13.3.5 纤维素酶…… 264
13.3.6 脂酶…… 264
13.3.7 单宁酶…… 265
13.3.8 溶菌酶…… 265
13.4 酶制剂的使用安全…… 266
思考题…… 268
参考文献…… 269
第 14 章 食品工业用加工助剂及其他 …… 270
14.1 食品用消泡剂…… 271
14.1.1 消泡剂的作用原理及种类…… 271
14.1.2 常见的消泡剂…… 272

14.2 食品用助滤剂…… 274
14.2.1 活性炭…… 275
14.2.2 硅藻土…… 275
14.2.3 高岭土…… 276
14.2.4 膨润土…… 276
14.3 食品酸碱调节剂…… 277
14.3.1 盐酸…… 277
14.3.2 氢氧化钠…… 277
14.3.3 碳酸钠…… 278
14.3.4 氢氧化钙…… 278
14.4 食品用被膜剂…… 279
14.4.1 被膜剂保鲜原理及种类…… 279
14.4.2 常见的被膜剂…… 279
14.5 食品用胶基糖基础剂…… 282
14.5.1 松香季戊四醇酯…… 283
14.5.2 聚醋酸乙烯酯…… 283
14.5.3 丁苯橡胶…… 283
14.5.4 松香甘油酯…… 284
14.5.5 部分氢化木松香甘油酯…… 284
14.6 其他食品添加剂…… 285
14.6.1 *L*-半胱氨酸盐酸盐 …… 285
14.6.2 偶氮甲酰胺…… 285
14.6.3 氯化钾…… 286
14.6.4 高锰酸钾…… 286
14.6.5 咖啡因…… 287
14.6.6 固化单宁…… 287
14.6.7 硫酸亚铁…… 288
14.6.8 异构化乳糖液…… 288
14.6.9 石蜡…… 289
14.6.10 凹凸棒黏土 …… 289
思考题…… 290
参考文献…… 290
第 15 章 食品营养强化剂 …… 291
15.1 食品营养强化剂的作用与使用方法…… 292
15.1.1 食品营养强化剂的作用…… 292
15.1.2 食品营养强化剂的使用方法…… 293
15.2 常用的食品营养强化剂…… 293
15.2.1 维生素类强化剂…… 293
15.2.2 氨基酸及含氮化合物类营养强化剂…… 300

15.2.3 矿物质类营养强化剂…… 303
15.2.4 脂肪酸类及其他…… 310
15.3 食品营养强化剂的使用安全与研究进展…… 312
15.3.1 食品营养强化剂的安全使用…… 312
15.3.2 食品营养强化剂的发展趋势…… 312
思考题…… 313
参考文献…… 313
扩展资源 …… 314
案例教学 …… 314

第1章
绪　　论

学习目的与要求

掌握食品添加剂的概念，熟悉食品添加剂的分类和食品添加剂在食品加工中的作用，了解食品添加剂的发展历史与发展趋势。

食品是人类赖以生存和发展的物质基础，食品工业是国民经济的支柱产业和保障民生的基础产业。食品工业在近20年发展速度很快，2019年我国食品工业规模以上企业营业收入8.1万亿元，同比增长4.2%，与之配套的食品添加剂制造业也将保持较快的增长态势，2018年我国食品添加剂行业总产值超过1 000亿元，行业发展前景广阔。食品添加剂在改善食品的色、香、味、形，调整食品营养结构，提高食品质量和档次，改善食品加工条件，延长食品的保存期等方面发挥着极其重要的作用。食品工业取得的这些成就与食品添加剂工业是密不可分的。有人说："没有食品添加剂，就没有现代食品工业"，"食品添加剂是现代食品工业的催化剂和基础"。可见，食品添加剂在食品工业的发展过程中起着十分重要的作用。

"民以食为天、食以安为先"，随着现代化、工业化的发展，人民生活水平日益提高，人们在温饱之后就更加关注食品安全。由于道德与诚信的缺失、非法添加物的使用，使得食品安全事件频频发生，加之公众对于食品添加剂的认知存在误区，使得食品添加剂成了非法添加物的"替罪羊"，正确地认识食品添加剂很有必要。因此，我们要提高公众对于食品添加剂的认知水平，加强食品添加剂监管力度，严格按照《中华人民共和国食品安全法》《食品安全国家标准　食品添加剂使用标准》等相应的法律、法规来规范食品生产和食品添加剂的使用，使食品添加剂在我国食品工业发展与保证食品安全中发挥其积极的作用。

1.1　食品添加剂的定义与分类

1.1.1　食品添加剂的定义

联合国FAO/WHO（Food and Agriculture Organization of the United Nations，FAO；World Health Organization，WHO）食品添加剂法典委员会（CCFA）对食品添加剂的定义是："有意识地加入食品中，以改善食品的外观、风味、组织结构和储藏性能的非营养物质。"食品添加剂不以食用为目的，也不作为食品的主要原料，并不一定具有营养价值，而是为了在食品的制造、加工、准备、处理、包装、储藏和运输时，因工艺技术方面（包括感官方面）的需要，直接或间接加入食品中以达到预期目的，其衍生物可成为食品的一部分，也可对食品的特性产生影响。食品添加剂不包括"污染物质"，也不包括为保持或改进食品营养价值而加入的物质。

食品污染物：指不是有意加入食品中，而是在生产（包括谷物栽培、动物饲养和兽药使用）、制造、加工、调制、处理、充填、包装、运输和保藏等过程中，或是由于环境污染带入食品中的任何物质。但不包括昆虫碎体、动物毛发和其他外来物质。残留农药和残留兽药均是污染物。

《中华人民共和国食品安全法》（2018年12月）中对食品、食品添加剂的定义：食品指"各种供人食用或者饮用的成品和原料以及按照传统既是食品又是药品的物品，但是不包括以治疗为目的的物品。"食品添加剂指"为改善食品品质和色、香、味，以及为防腐、保鲜和加工工艺的需要而加入食品中的人工合成或者天然物质，包括营养强化剂。"

《食品安全国家标准　食品添加剂使用标准》（GB 2760—2014）中对食品添加剂的定义：食品添加剂指"为改善食品品质和色、香、味，以及为防腐、保鲜和加工工艺的需要而加入食品中的人工合成或者天然物质。食品用香料、胶基糖果中基础剂物质、食品工业用加工助剂也包括在内。”

中国台湾地区在《食品卫生管理法》中有如下定义：食品添加剂指在制造、加工、调理，包装、运输和储藏过程中，以着色、调味、防腐、漂白、乳化、增香、稳定品质、促进发酵、增加浓度、强化营养、防止氧化，或其他用途添加在食品中或与食品相接触的物质。

美国食品与营养委员会规定“食品添加剂是由于生产、加工、储存或包装而存在于食品中的物质或物质的混合物，而不是食品的成分。”将食品添加剂分为直接添加剂、间接添加剂2种。直接添加剂即有意向食品中添加，以达到某种作用的食品添加剂，又称有意食品添加剂。间接添加剂即在食品生产、加工、储存或包装中少量存在于食品中的物质（如残留农药、微量包装溶出物、来自设备等的物质），又称无意食品添加剂。

日本在《食品卫生法》中规定食品添加剂指“在食品制造过程，即食品加工中为了保存的目的加入食品，使之混合、浸润及其他目的所使用的物质”。按此定义，食品营养强化剂也属于食品添加剂的范畴。另外，日本将食品添加剂分为天然物和非天然物两大类，后者对质量指标、使用限量等均有严格规定，而前者则均以“按正常需要为限”，不作明确的各种限制性规定。

1.1.2　食品添加剂的分类

在现代食品工业中食品添加剂起着越来越重要的作用，各国使用的食品添加剂品种也越来越多。据统计，目前全球开发的食品添加剂总数已达1.4万余种，其中直接使用的品种有3 000余种，常用的有680余种。食品添加剂有多种分类方法，如可按其来源、功能、安全性评价的不同进行分类。

1. 按食品添加剂的来源分类

食品添加剂可分为天然食品添加剂和化学合成食品添加剂。前者指利用动、植物或微生物的代谢产物以及矿物等为原料，经提取所获得的天然物质。后者指利用化学反应得到的物质，其中又可分为一般化学合成物与人工合成天然等同物。如目前使用的β-胡萝卜素、叶绿素铜钠就是通过化学方法得到的天然等同物。

2. 按食品添加剂的功能分类

我国《食品安全国家标准　食品添加剂使用标准》（GB 2760—2014）将食品添加剂分为以下22类：①酸度调节剂，②抗结剂，③消泡剂，④抗氧化剂，⑤漂白剂，⑥膨松剂，⑦胶基糖果中基础剂物质，⑧着色剂，⑨护色剂，⑩乳化剂，⑪酶制剂，⑫增味剂，⑬面粉处理剂，⑭被膜剂，⑮水分保持剂，⑯防腐剂，⑰稳定剂和凝固剂，⑱甜味剂，⑲增稠剂，⑳食品用香料，㉑食品工业用加工助剂，㉒其他。

美国在《食品、药品与化妆品法》中将食品添加剂分为以下32类：①抗结剂和自由流动剂，②抗微生物剂，③抗氧剂，④着色剂和护色剂，⑤腌制和酸渍剂，⑥面团增强剂，⑦干燥剂，⑧乳化剂和乳化盐，⑨酶类，⑩固化剂，⑪风味增强剂，⑫香味料及其辅料，⑬小麦粉处理剂，⑭成型助剂，⑮熏蒸剂，⑯保湿剂，⑰膨松剂，⑱润滑和脱模剂，⑲非营养甜味剂，⑳营养增补剂，㉑营养性甜味剂，㉒氧化剂和还原剂，㉓pH调节剂，㉔加工助剂，㉕气雾推进剂、充气剂和气体，㉖螯合剂，㉗溶剂和助溶剂，㉘稳定剂和增稠剂，㉙表面活性剂，㉚表面光亮剂，㉛增效剂，㉜组织改进剂。

日本在《食品卫生法规》中将食品添加剂分为以下30类：①防腐剂，②杀菌剂，③防霉剂，④抗氧化剂，⑤漂白剂，⑥面粉改良剂，⑦增稠剂，⑧赋香剂，⑨防虫剂，⑩发色剂，⑪色调稳定剂，⑫着色剂，⑬调味剂，⑭酸味剂，⑮甜味剂，⑯乳化剂及乳化稳定剂，⑰消泡剂，⑱保水剂，⑲溶剂及溶剂品质保持剂，⑳疏松剂，㉑口香糖基础剂，㉒被膜剂，㉓营养剂，㉔抽提剂，㉕制造食品用助剂，㉖过滤助剂，㉗酿造用剂，㉘品质改良剂，㉙豆腐凝固剂及合成酒用剂，㉚防黏着剂。

中国台湾地区将食品添加剂按功能作用分为17类，共计515种，这17类为：①防腐剂，②杀菌剂，③抗氧化剂，④漂白剂，⑤发色剂，⑥膨松剂，⑦品质改良剂，⑧营养强化剂，⑨着色剂，⑩香料，⑪调味料，⑫糊料，⑬黏结剂，⑭加工助剂，⑮溶剂，⑯乳化剂，⑰其他。

3.按食品添加剂的安全性评价分类

联合国粮农组织与世界卫生组织(FAO/WHO)国际食品添加剂法典委员会(CCFA)，曾在食品添加剂联合专家委员会(JECFA)讨论的基础上，将食品添加剂分为A、B、C 3类，每类再细分为2类。

A类——JECFA已制定人体每日允许摄入量(ADI)和暂定ADI值者。其中，A1类为经JECFA评价认为毒理学资料清楚，已制定出ADI值或者认为毒性有限无须规定ADI值者；A2类为JECFA已制定暂定ADI值，但毒理学资料不够完善，暂时许可用于食品者。

B类——JECFA曾进行过安全性评价，但未建立ADI值，或者未进行过安全性评价者。其中，B1类为JECFA曾进行过评价，因毒理学资料不足未制定ADI值者；B2类为JECFA未进行过评价者。

C类——JECFA认为在食品中使用不安全或应该严格限制作为某些食品的特殊用途者。其中，C1类为JECFA根据毒理学资料认为在食品中使用不安全者；C2类为JECFA认为应严格限制在某些食品中作特殊应用者。

1.2 食品添加剂在食品工业中的作用

1.2.1 防止食品败坏变质，提高食品的稳定性、耐藏性及安全性

由于食品是以采收之后的谷物、果蔬及屠宰后的畜禽等营养丰富的原料加工而成的，而这些生鲜食物原料若在采收或屠宰后不能及时加工、加工不当或保存不当，就会造成败坏变质，给食品工业带来很大损失。而食品防腐剂可以防止由微生物引起的食品腐败变质、延长食品的保存期，防止由微生物污染引起的食物中毒作用；食品抗氧化剂可以阻止或推迟食品的氧化变质，防止食品的酶促褐变与非酶褐变，抑制油脂的自动氧化反应及油脂氧化过程中有害物质的形成，以提高食品的稳定性、耐藏性及安全性。

1.2.2 提高和改善食品的感官性状

食品的色、香、味、形、口感质地等感官性状是人们判断和衡量食品质量的重要指标。而食品在储运、加工过程或产品保存过程中经常会出现褪色、变色、风味和质地等的变化，或者口感质地不能够满足消费者的需求。因此，在食品加工中适当使用食品着色剂、食品护色剂、食品漂白剂、食品用香料、食品乳化剂、食品增稠剂、食品水分保持剂等食品添加剂，可明显提高和

改善食品的感官品质和商品价值。而感官品质良好的食品会刺激人的即食欲，也就提高了人对食品营养的可消化利用率，间接地提高食品的营养价值。

1.2.3　保持或提高食品的营养价值

食品及食物从本质上讲是一类为人类提供维持人的生命活动、维持人体生长发育、调节基本生理功能的富含营养的物质。食品防腐剂和抗氧化剂的应用，在防止食品败坏变质的同时，对保持食品的营养价值具有重要作用。由于单一的食品营养素不均衡，以及在食品加工、储运过程中，往往会造成一些营养素损失，所以，在食品加工时适当地添加某些食品营养强化剂，对于提高食品的营养价值、防止营养不良和营养缺乏、促进营养平衡、提高人们的健康水平具有重要意义。另外，在食品加工中我们还可以使用一些食品酶制剂，通过对食物原料成分的改善来提高食品的可消化利用率，提高食品的营养价值。

1.2.4　增加食品的品种，提高食品的方便性

随着人们消费水平的提高，对于食品品种及方便性的需求也大幅度增加。由于食品工业的发展，新的食品加工技术、加工工艺及产品配方的应用使得目前市场上食品种类众多、琳琅满目。而食品添加剂通过在食品配方中的科学合理使用对增加食品花色品种方面发挥着积极的作用。在方便食品与即食食品中，食品添加剂不仅在防腐、抗氧化、乳化、增稠、着色、增香、调味等方面发挥着作用，而且在改进其速煮、速溶等提高食用的方便性方面发挥重要作用。

1.2.5　有利于食品的加工处理，适应生产的机械化和自动化

21 世纪我国食品工业进一步向着机械化、自动化、规格化、规模化的方向发展，食品添加剂中的消泡剂、助滤剂、稳定和凝固剂、食品工业用加工助剂等的应用更有利于食品的加工操作。例如，葡萄糖酸-δ-内酯作为凝固剂在豆腐生产上的使用，使得豆腐生产实现了机械化、自动化、规格化、规模化。

1.2.6　有利于满足不同人群的特殊营养需要和开发新的食品资源

在针对不同生长阶段、不同职业岗位以及一些常见病、多发病等特定人群食用的保健食品的开发中，很多时候需要借助或依靠食品添加剂。例如，糖尿病人不能吃蔗糖，则可用低热能甜味剂，如用三氯蔗糖、天冬酰苯丙氨酸甲酯、甜菊糖苷等生产无糖的甜味食品，满足糖尿病人的需求；为了防止龋齿，利用木糖醇等来代替糖类物质生产口香糖等。食品营养强化则可以在现代营养科学的指导下，根据不同地区、不同人群的营养缺乏状况和营养需要，以及为弥补食品在正常加工、储存时造成的营养素损失，在食品中选择性地加入一种或者多种微量营养素或其他营养物质，以增加人群对某些营养素的摄入量，从而达到纠正或预防人群微量营养素缺乏的目的。如对缺碘人群供给碘强化食盐预防缺碘性甲状腺肿；钙、铁、维生素等营养强化剂添加入食品中可以制造出适合不同人群需要的食品，如老年食品、婴幼儿食品等。

1.3 食品添加剂的发展历史与现状

1.3.1 食品添加剂的发展历史

食品添加剂这一名词始于西方工业革命，但食品添加剂的使用历史可追溯到1万年以前。我国在周朝时即已开始使用肉桂增香；在公元25—220年的东汉时期就有使用凝固剂卤制豆腐的应用，并一直流传使用至今；从南宋开始就有“一矾二碱三盐”的炸油条配方记载，公元6世纪时北魏末年农业科学家贾思勰所著的《齐民要术》中就曾记载从植物中提取天然色素予以应用的方法；作为肉制品防腐和护色用的亚硝酸盐，大约在800年前的南宋时就用于腊肉生产，并于公元13世纪传入欧洲。在国外，公元前1500年埃及墓碑上就描绘有糖果的着色。葡萄酒也已在公元前4世纪进行了人工着色。这些大都是天然物的应用。

19世纪工业革命以来，食品工业向工业化、机械化和规模化方向发展，人们对食品的种类和质量有了更高的要求，其中包括对改善食品色、香、味等的要求。科学技术的发展以及化学工业特别是合成化学工业的发展，促进了人们对食品添加剂的认知，使食品添加剂进入一个新的快速发展阶段，使许多人工合成的化学品如着色剂、防腐剂、抗氧化剂等广泛应用于食品加工。

也正是由于人工化学合成食品添加剂在食品中的大量应用，有的甚至滥用，人们很快意识到它可能会给人类健康带来危害，再加上毒理学和化学分析技术的发展，20世纪初相继发现不少食品添加剂对人体有害。随后还发现有的食品添加剂甚至可使动物致癌，20世纪50～60年代发现了不少食品添加剂，如某些食用合成色素等具有致癌、致畸作用。在某些国家和地区也曾出现“食品安全化运动”和“消费者运动”等，提出禁止使用食品添加剂，恢复天然食品和使用天然食品添加剂等情况。与此同时，一些国家加强对食品添加剂的管理，国际上则于1955年和1962年先后组织成立了“FAO/WHO食品添加剂联合专家委员会”(JECFA)和“国际食品添加剂法典委员会”(CCFA，1988年改名为食品添加剂和污染物法典委员会CCFAC)，集中研究食品添加剂的有关问题，特别是食品添加剂的安全性问题，并向各有关国家和组织提出推荐意见，从而使食品添加剂逐步走向健康发展的轨道。

我国食品添加剂工业起步较晚，对食品添加剂进行全面、系统的研究和管理起步也较晚。新中国成立后不久便对食品添加剂采取了管理措施。如1953年卫生部颁布了《清凉冷饮食物管理暂行办法》，1954年颁布了《关于食物中使用糖精含量的规定》，1957年发布了《关于酱油中使用防腐剂问题》的通知，1960年颁布了《食用合成染料管理暂行办法》，1967年由化工部、卫生部、商业部、轻工部联合颁布了《关于试行八种食品用化工产品(醋酸、苯甲酸、苯甲酸钠、碳酸钠、无水碳酸钠、碳酸氢钠、盐酸及糖精钠)标准及检验方法的联合通知》，但是直到1973年成立“全国食品添加剂卫生标准科研协作组”，才开始全面研究食品添加剂有关问题。1977年由国家颁布《食品添加剂使用卫生标准(试行)》及《食品添加剂卫生管理办法》，开始对食品添加剂进行全面管理。1980年组织成立“全国食品添加剂标准化技术委员会”，1981年国家颁布了《食品添加剂使用卫生标准》(GB 2760—1981)，以后分别于1986年、1996年、2007年经修订由卫生部颁布了新的卫生标准GB 2760—1986、GB 2760—1996，GB 2760—2007，2011年修订为《食品安全国家标准　食品添加剂使用标准》(GB 2760—2011)，1986年国家颁布了《食品营养强化剂使用卫生标准(试行)》,1994年颁布了《食品营养强化剂使用卫生标准》(GB 14880—1994),2012年修订《食品安全国家标准　食品营养强化剂使用标准》(GB 14880—2012)。1995年颁布了《中华人民共和国食品卫生法》。2009年颁布了《中华人民共和国食品安全法》。

近几年,为了适应新形势的发展,更好地保证食品安全,2015年4月新的《中华人民共和国食品安全法》修订通过,自2015年10月1日起施行,现行《中华人民共和国食品安全法》于2018年12月29日修正;2014年12月国家卫生和计划生育委员会发布了新修订的《食品安全国家标准　食品添加剂使用标准》(GB 2760—2014)。

食品添加剂的使用需要依法按照《标准》规定的使用范围、使用剂量使用。

1.3.2　我国食品添加剂工业的发展现状

食品添加剂工业已成为我国食品工业的重要组成部分,是食品工业新的经济增长点。我国有一些食品添加剂品种的产量处于国际领先地位。如味精生产量占世界的70%左右,柠檬酸占60%,木糖醇占50%,山梨醇占40%,甜蜜素占65%,乙基麦芽酚占80%左右,分子蒸馏单甘酯占50%,山梨酸钾占40%左右;另外,营养强化剂中的牛磺酸占65%左右。这些品种不仅产能和产量快速增长,产品在国际市场上占据主导地位,而且部分企业的生产工艺与装置也居于世界领先地位。我国的部分产品质量好,生产成本低,国际竞争力较强。许多原来依靠进口的高效、高档食品添加剂中部分品种在国内开发与生产发展的速度也较快,如高效甜味剂阿斯巴甜、三氯蔗糖、卵磷脂、新型糖醇、β-胡萝卜素、番茄红素、叶酸、烟酸等产品,新型生物酶制剂国内已有多家企业生产。近年来,我国食品添加剂行业的技术水平和管理水平也有很大程度的提升,很多产品均能达到FCC和FAO/WHO的标准。

据报道,2014年我国食品添加剂全行业主要产品总产量980万t,同比增长8%以上,但食品添加剂工业总产值不足食品工业总产值的1%。这说明目前我国食品添加剂工业支撑不了中国食品工业的发展。

与国外发达国家相比,食品添加剂工业仍存在较大差距,主要表现在:①企业规模普遍较小,布点分散,企业抗风险能力不强;②生产技术相对落后,尤其是环保压力较大,可持续发展能力薄弱;③部分产品存在产能严重过剩,有恶性竞争、价格走低的现象;④品种少、产品结构不合理;⑤企业管理不到位导致产品质量低下或者不稳定,容易被国外市场采取安全等非关税贸易壁垒拒之门外;⑥产品研发能力弱,高新技术和生物化工技术在食品添加剂行业应用较少。我们还有较多产品依赖进口。因此,我国的食品添加剂工业还需要在生产应用技术水平、产品质量、生产成本、品种及管理等方面向先进国家学习,使我国食品添加剂工业良性、可持续发展。

1.4　食品添加剂的食品安全使用及发展趋势

1.4.1　食品添加剂的食品安全使用

科学合理地按照《中华人民共和国食品安全法》《食品安全国家标准　食品添加剂使用标准》(GB 2760—2014)使用食品添加剂应该是有益无害的,绝不允许超剂量或超范围使用食品添加剂。

国内外食品专家一致认为由食物引起的危害人体健康的因素应该为:首先是由微生物污

染引起的食源性疾病或食物中毒；其次是由于营养缺乏和营养过剩带来的健康问题；第三是由环境污染、农资(农兽药、化肥、激素等)滥用带来的食品污染问题；第四是由天然毒物的误食造成的伤害；第五是食品添加剂的滥用。

在我国目前存在的相关"添加剂"引起的安全质量问题主要有：①滥用食品添加剂即超范围、超限量使用食品添加剂。超范围指超出强制性国家标准所规定的食品中可以使用的食品添加剂的种类和范围。如国家标准要求发酵葡萄酒中不允许添加食品着色剂，但一些企业将勾兑的"三精水"冠以葡萄酒名称销售，从而牟取暴利。超剂量使用指超出强制性国家标准所规定的食品中可以使用的食品添加剂最大使用量。如食品防腐剂的超量使用，虽然可以延长食品的保质期、降低企业的生产成本，但超量使用会对人体造成严重危害。因此，我们需要加强食品加工企业的法律、法规教育，加强诚信意识，依法按照《标准》合理、合法、规范地使用食品添加剂，发挥食品添加剂的积极作用。②使用劣质、过期及污染的食品添加剂。劣质食品添加剂主要来源于不法的食品添加剂生产企业，其生产的"食品添加剂"质量不符合食品添加剂强制性国家标准。如含有汞、铅、砷等有害物质超标，使用这样劣质的添加剂，一方面对食品加工生产及产品品质造成影响，另一方面对消费者的健康造成严重的危害。过期及污染的食品添加剂，主要是因生产企业对食品添加剂管理不当造成的，使用过了保质期或已经污染的食品添加剂，往往会因其污染物或其质量下降对产品的质量和消费者的健康产生危害。因此，我们必须加强企业生产经营管理，杜绝使用劣质、过期及污染的食品添加剂。③"非法添加"。近年来，我国出现的食品安全问题中由于"违法添加的非食用物质"事件较多，如"三聚氰胺奶粉""苏丹红鸭蛋""工业染料面粉""激素肉"等，加之公众对于食品添加剂与"违法添加的非食用物质"的认知存在误区，一定程度上扩大了食品添加剂所产生的负面作用。违法添加的非食用物质不属于食品添加剂，但其造成食品安全问题可以说是最严重的，是食品行业的毒瘤。由于这些"违法添加的非食用物质"其产品性状、使用的方法和作用特点与食品添加剂类似，但是其毒性是无法判定的。这些做法的目的，可以说就是为了掩盖食品腐败变质或不良品质、用于作假或伪造产品，或者是为了牟取暴利，这些都是严重的违法行为。因此，我们必须依法使用食品添加剂，加大力度严厉打击在食品中使用非食用物质。

近年来，我国食品安全形势稳中向好。据 2018—2019 年全国食品安全监督抽检情况分析：抽检样品 8 092 655 批次，不合格率为 2.3%。其中，超范围、超限量使用食品添加剂，农兽药残留指标不合格，微生物污染等为主要问题。

1.4.2 食品添加剂的发展趋势

1.4.2.1 重视开发天然功能性的食品添加剂

天然提取物，相对化学合成品而言安全性高，且很多天然提取物具有一定的生理活性和健康功能。近年来，我国这类功能性食品添加剂的配料品种和产量逐渐上升。如天然着色剂中，姜黄有抗癌作用，红花黄有降压作用，辣椒红有抗氧化作用，菊花黄有抗氧化作用，红曲有降血脂作用，紫草红有抗炎症作用，茶绿素有调血脂作用，金盏花黄色素对眼睛退行性疾病有预防作用等。

加强对天然抗氧化剂物质的研究，以天然抗氧化剂逐步取代合成抗氧化剂也是今后的发展趋势。如从迷迭香中提取的迷迭香酚是一种天然、高效、无毒的抗氧化剂，抗氧化性能比BHA、BHT、PG、TBHQ 强 4 倍以上。我国有上千年药食同源和食疗的历史，开发功能性食品添加剂有充分的文化和物质基础。我国一些具有生理活性的功能性食品添加剂及配料也具有走向国际市场的潜力。国际上一些著名的食品添加剂公司，如丹尼斯克、巴斯夫等公司近年来加大对天然抗氧剂、膳食纤维、脂肪代用品、氨基酸、肽类、磷脂、低聚糖、维生素和矿物质、异黄酮类等功能性产品的开发力度。

1.4.2.2　采用高新技术开发生产食品添加剂

很多传统的食品添加剂本身有很好的使用效果，但由于在制造过程中，采用传统的脱色、过滤、交换、蒸发、蒸馏、结晶等净化精制技术，已经不能满足现代食品工业及安全要求，从而造成产品成本高，价格昂贵，使应用受到了限制。因此，迫切需要采用一些高效节能的高新技术应用于生产。

新型分离技术的应用能提高食品添加剂的纯度和得率。如辣椒红采用超临界萃取技术、香精油采用分子蒸馏技术、木糖醇采用膜分离技术、柠檬酸采用色谱分离技术等，均能提高产品纯度和得率，起到提高产品档次，降低产品成本，改善生产环境的作用。

微胶囊技术的应用使食品添加剂更加方便、有效利用。如利用微胶囊技术开发天然红曲色素微胶囊产品可以增强其氧化稳定性，延长色素的保存期。最早使用微胶囊技术制备食品用香料与香精，可延缓香料挥发性物质的挥发，其产品已用于口香糖、汤粉食品、膨化食品、烟草制品等食品的加工生产中。

纳米技术的应用可以提高食品添加剂的使用效果与利用率。纳米材料指在三维空间中至少有一维处于纳米尺度范围(1～100 nm)或由它们作为基本单元构成的材料。纳米材料具有良好的吸收性、超微性和分散性，可以提高食品的活性和生物利用度。纳米技术在食品添加剂中的应用，一方面可以减少添加剂的用量，提高添加剂的利用率；另一方面利用纳米粒子所具有的缓释作用可以使食品保持较长的功效，同时能提高食品的稳定性及安全性。

1.4.2.3　现代分析技术在食品添加剂检测中的应用

为了进一步保证食品安全，加强对食品添加剂检测技术的研究，是保证食品安全的重要手段之一。目前在食品添加剂的检测方面，现代分析技术被广泛使用，其中包括：①分光光谱技术。分子光谱包括紫外可见、红外、拉曼和荧光光谱等，其作用原理为分子从一种能态改变到另一种能态时的吸收或发射光谱。如桑宏庆等采用紫外分光光度法同时测定饮料中山梨酸钾和苯甲酸钠，样品中山梨酸钾最小检出限为0.67 mg/L，回收率为92%～94%，苯甲酸钠最小检出限为1.4 mg/L，回收率为94%～96%；Mauer等分别用近红外、中红外结合偏最小二乘法(partial least squares，PLS)建立婴儿配方奶粉中三聚氰胺的定量分析方法，其检出限可达1 mg/kg。②色谱技术。利用混合物中各组分在两相中分配系数的不同，当流动相推动样品通过固定相时，在两相中进行连续反复、多次分配，从而形成差速移动，达到分离。利用高效液相色谱分析几乎可以测定食品中所有的非挥发性物质。曹淑瑞等采用高效液相色谱-二极管阵列检测器(HPLC-DAD)同时检测食品中6种对羟基苯甲酸酯的含量，结果表明，6种对羟基苯甲酸酯在1.0～500.0 mg/L范围内线性关系良好($R \geqslant 0.9997$)，检出限为0.001 6～0.008 1 mg/L(检测条件为$S/N=3$)。③液相色谱-质谱联用技术。结合了液相色谱对复杂基体化合物的高分离能力和质谱独特的选择性、灵敏度、分子量及结构信息于一体，为食品质量检测提供了有效的分析手段，在食品添加剂测定中有着广泛的应用。④离子色谱(IC)技术。它可以在高基体浓度下检测低浓度的成分，减少或免除样品的提纯，可同时测定多组分及不同的价态。如 Kim 等用酸或碱提取，离子排阻色谱-电化学检测器检测了食品中游离态与总亚硫酸盐的含量，其检出限可达 0.1 mg/kg。⑤生物传感器技术。因其能够模拟生物细胞识别技能，用特定的分子认识机能物质来识别化学物质，并将这种化学信息转变为电信号、光信号。如 Larsen 等研制了微型生物传感器测定硝酸盐和亚硝酸盐，传感器信号的大小与硝酸盐和亚硝酸盐的浓度成正比，响应时间小于 30 s，最低检测限为 50 μg/mL。⑥流动注射化学发光分析(FIC)技术与毛细管电泳(CE)技术。流动注射化学发光分析是将化学发光分析和流动注射相结合的一种高灵敏度的微量及痕量分析技术；毛细管电泳是具有高效、快速、微量、高灵敏度等优点的分析技术；这两种技术在食品添加剂的成分，如防腐剂、甜味剂、色素、发色剂等的检测中具有广泛的应用前景。

1.4.2.4 加强食品添加剂的应用技术研究，研制开发天然、营养、多功能的食品添加剂

加强食品添加剂的应用研究和推广工作，提高应用效果，建设先进的食品添加剂研究中心和现代化生产线，可以对用户提供应用技术服务，帮助食品加工企业解决如何科学、合理使用食品添加剂问题。

为了适应食品工业迅猛发展的形势，我国食品添加剂行业，应该根据市场发展需求做大做强优势产业，提高管理水平，保证产品质量稳定；紧密围绕食品工业的发展方向和国际市场，在食品添加剂的制备和使用方面，采用先进的科学技术，降低生产成本，节能减排，提高产品档次，大力研制开发天然、营养、多功能的食品添加剂以丰富食品添加剂的品种。

“民以食为天，食以安为先”，食品工业是国家的民生产业、基础产业，是保证健康中国的重要组成部分。食品添加剂的科学、合理、规范使用对于保障食品安全，增加广大人民群众的幸福感，提升我国食品产业在国际市场的核心竞争力，促进食品工业高质量发展具有重要意义。

受食品学科的专业性和特殊性影响，食品产业对人才除在专业能力、技术水平上有较高要求外，更加注重对其“德”的要求，培养德智体美劳全面发展的社会主义建设者和接班人，不仅能促进食品领域科技人才的规模增长，也可以扩大管理人才、经营人才的规模，推动食品工业可持续发展。

思考题

二维码 1-1
第 1 章　思考题答案

1. 什么是食品添加剂？
2. 什么是食品污染物？
3. 食品添加剂(GB 2760—2014)分为哪些种类？
4. 试述食品添加剂在食品加工中的作用。
5. 试述食品添加剂的发展趋势。

参考文献

[1] 郝素娥，徐雅琴，郝璐瑜. 食品添加剂制备与应用技术. 北京：化学工业出版社，2010.
[2] 郝利平. 食品添加剂. 3 版. 北京：中国农业大学出版社，2016.
[3] 迟玉杰. 食品添加剂. 北京：中国轻工业出版社，2013.
[4] 高彦祥. 食品添加剂基础. 北京：中国轻工业出版社，2012.

[5] 凌关庭.食品添加剂手册.北京:化学工业出版社,2013.

[6] 孙宝国.食品添加剂.2版.北京:化学工业出版社,2013.

[7]食品安全国家标准——食品添加剂使用标准 GB 2760—2014.北京:中国标准出版社,2014.

[8] 辛清武,黄勤楼,郑嫩珠,等.食品添加剂研究概况及发展趋势.农业开发与装备,2015(4):28-29.

[9] 吴佳煜,孙毓,陆晓丹,等.天然食品添加剂的研究现状及发展趋势.北京农业,2014,1.

[10] 杨新泉,田红玉,陈兆波,等.食品添加剂研究现状及发展趋势.生物技术进展,2011(5):305-311.

[11] 刘佳妮.食品添加剂与食品安全.现代食品,2020(5):152-154.

[12] 刘欢.2018～2019年全国食品安全监督抽检情况分析.食品安全质量检测学报,2020,4(11):2347-2351.

第2章

食品添加剂的安全性评价与管理

学习目的与要求

熟悉食品添加剂的安全使用,掌握食品添加剂的毒理学评价方法、每日允许摄入量(ADI)和最大使用量(E)的确定,熟悉食品添加剂的管理办法、使用原则。

2.1 食品添加剂的安全性评价

人们在使用食品添加剂时需要注意的问题包括安全性和有效性，其中安全性最为重要。食品添加剂的安全性指食品添加剂在规定的使用方式和用量条件下，对人体健康不产生任何损害，即不引起急性、慢性中毒，也不至于对接触者（包括老、弱、病、幼和孕妇）及其后代产生潜在危害。

要保证食品添加剂使用安全，必须对其进行安全性评价，这是根据国家标准、卫生要求，以及食品添加剂的生产工艺、理化性质、质量标准、使用效果、使用范围、使用量、毒理学评价及检验方法等做出的综合性的安全评价。食品添加剂的安全性评价主要包括化学评价和毒理学评价，其中最重要的是毒理学评价。化学评价关注食品添加剂的纯度、杂质及其毒性、生产工艺以及成分分析方法，并对食品添加剂在食品中发生的化学作用进行评估。毒理学评价能够确定食品添加剂在食品中无害的最大限量，并对有害的物质提出禁用或放弃的理由，以确保食品添加剂使用的安全性。

2.1.1 食品添加剂的化学结构与毒性的关系

食品添加剂的安全使用是非常重要的。理想的食品添加剂最好是有益无害的物质。食品添加剂，特别是化学合成的食品添加剂大都有一定的毒性，所以使用时要严格控制使用量和使用范围。食品添加剂的毒性指其对机体造成损害的能力。毒性与物质本身的化学结构有着紧密的关系。

FDA 在其发布的“Toxicological Principles for the Safety Assessment of Food Ingredient. Redbook 2000”(Revised in 2007)中以分子结构与官能团为基础对食品添加剂进行了分类。其分类概况如下：含有较高毒性官能团的物质被列入 C 类。毒性未定或中等毒性的物质被列入 B 类。那些可能有低毒性的物质被列入 A 类。例如，简单饱和脂肪醇类中的戊醇被列入 A 类。一种物质如含有α-和β-不饱和羰基、环氧化物、噻唑、咪唑基等则被列入 C 类。食用合成色素是引起安全性争议最多的食品添加剂。合成色素作为食品添加剂已有相当长的历史，大多是由煤焦油合成的偶氮、联苯和三苯胺。这些染料大多都曾被用作纺织染料，本身就有毒性。

国际食品添加剂法典委员会(CCFA)曾在食品添加剂联合专家委员会(JECFA)讨论的基础上按照食品添加剂的毒性与安全性将其分为 A、B、C 3 类（详见第 1 章）。由于食品添加剂的安全性随着毒理学及分析技术等的发展有可能发生变化，因此其所在的安全性评价类别也可能发生变化。某些原已被 JECFA 评价过的品种，经再评价时，其安全性评价分类可能发生变化。如环己基氨基磺酸盐（钠和钙盐），曾因报告有致癌性而被列入 C2 类，后经再评价制定暂定 ADI 为 0～4 mg/kg 而转入 A2 类。1982 年 JECFA 再次对其进行评价时制定 ADI 为 0～11 mg/kg，从而将其列入 A1 类。又如糖精，原曾属 A1 类，后有报告指出其可使大鼠致癌，经 JECFA 评价，暂定 ADI 为 0～2.5 mg/kg，归为 A2 类。直到 1993 年再次对其进行评价时，认为对人类无害，制定 ADI 为 0～5 mg/kg，又转为 A1 类。因此，关于食品添加剂安全性评价分类情况，应随时注意新的变化。

2.1.2 食品添加剂的毒理学评价

毒理学评价是通过动物试验和对人群的观察，阐明某种物质的毒性及潜在的危害，对该物质能否投放市场做出取舍的决定，或提出人类安全的接触条件，即对人类使用这种物质的安全性做出评价的研究过程。毒理学评价除了要做必要的分析检验外，通常采用动物试验进行毒性评价。在我国《食品安全国家标准　食品安全性毒理学评价程序》(GB 15193.1—2014)中规定了食品安全性毒理学评价的程序。该标准适用于评价食品生产、加工、保藏、运输和销售过程中所涉及的可能对健康造成危害的化学、生物和物理因素的安全性，检验对象包括食品及其原料、食品添加剂、新食品原料、辐照食品、食品相关产品(用于食品的包装材料、容器、洗涤剂、消毒剂和用于食品生产经营的工具、设备)以及食品污染物。

2.1.2.1　毒理学评价的内容

根据 GB 15193.1—2014，毒理学评价试验的内容包括：急性经口毒性试验，遗传毒性试验，28 d、90 d 经口毒性试验，致畸试验，生殖毒性试验和生殖发育毒性试验，毒物动力学试验、慢性毒性试验、致癌试验、慢性毒性和致癌毒性合并试验以及其他。

1. 急性经口毒性试验

急性经口毒性试验是检验和评价受试物毒性作用最基本的一项试验，即经口一次性或 24 h 内多次给予受试物后，在短期内观察动物所产生的毒性反应，包括中毒体征和死亡。其目的是测定 LD_{50}，了解受试物的急性毒性强度、性质和可能的靶器官，为进一步进行毒性试验的剂量和毒性观察指标的选择提供依据，并根据 LD_{50} 进行急性毒性剂量分级。如 LD_{50} 小于人的推荐(可能)摄入量的 100 倍，则一般应放弃该受试物用于食品，不再继续进行其他毒理学试验。

LD_{50} 即动物的半数致死量(median lethal dose)，指经口一次或 24 h 内多次给予受试物后，能够引起动物死亡率为 50%的受试物剂量，单位为“mg/kg 体重”或“g/kg 体重”。LD_{50} 是判断食品添加剂安全性的常用指标之一，它表明了食品添加剂急性毒性的大小。同一种被试验食品添加剂对各种动物的 LD_{50} 并不相同，有时差异很大。由于投药方式不同，其 LD_{50} 也不相同。食品添加剂主要是使用经口 LD_{50}。通常按经口 LD_{50}，将物质的急性毒性分为 6 级，如表 2-1 所示。

表 2-1　经口 LD_{50} 与毒性分级　　mg/kg

毒性级别	LD_{50}	毒性级别	LD_{50}
极毒	<1	低毒	501～5 000
剧毒	1～50	相对无毒	5 001～15 000
中等毒	51～500	无毒	>15 000

注：LD_{50} 数据以大鼠每千克体重为标准。

2. 遗传毒性试验

遗传毒性试验的目的是了解受试物的遗传毒性以及筛查受试物的潜在致癌作用和细胞致突变性。试验内容包括细菌回复突变试验、哺乳动物红细胞微核试验、哺乳动物骨髓细胞染色体畸变试验、小鼠精原细胞或精母细胞染色体畸变试验、体外哺乳类细胞 HGRRT 基因突变试验、体外哺乳类细胞 TK 基因突变试验、体外哺乳类细胞染色体畸变试验、啮齿类动物显性致死试验、体外哺乳类细胞 DNA 损伤修复(非程序性 DNA 合成)试验、果蝇伴性隐性致死试验。一般应遵循原核细胞与真核细胞、体内试验与体外试验相结合的原则。根据受试物的特点和试验目的，推荐下列遗传毒性试验组合。

组合一：细菌回复突变试验；哺乳动物红细胞微核试验或哺乳动物骨髓细胞染色体畸变试验；小鼠精原细胞或精母细胞染色体畸变试验或啮齿类动物显性致死试验。

组合二：细菌回复突变试验；哺乳动物红细胞微核试验或哺乳动物骨髓细胞染色体畸变试验；体外哺乳类细胞染色体畸变试验或体外哺乳类细胞 TK 基因突变试验。

其他备选遗传毒性试验：果蝇伴性隐性致死试验、体外哺乳类细胞 DNA 损伤修复（非程序性 DNA 合成）试验、体外哺乳类细胞 HGRRT 基因突变试验。

遗传毒性试验结果判定如下：如遗传毒性试验组合中两项或以上试验阳性，则表示该受试物很可能具有遗传毒性和致癌作用，一般应放弃该受试物应用于食品；如遗传毒性试验组合中一项试验为阳性，则再选两项备选试验（至少一项为体内试验）。如再选的试验均为阴性，则可继续进行下一步的毒性试验；如其中有一项试验阳性，则应放弃该受试物应用于食品；如三项试验均为阴性，则可继续进行下一步的毒性试验。

3. 28 d、90 d 经口毒性试验

28 d 经口毒性试验的目的是在急性毒性试验的基础上，进一步了解受试物毒作用性质、剂量-反应关系和可能的靶器官，得到 28 d 经口最小观察到有害作用剂量（LOAEL）和未观察到有害作用剂量（NOAEL），初步评价受试物的安全性，并为下一步较长期毒性和慢性毒性试验剂量、观察指标、毒性终点的选择提供依据。

LOAEL 即最小观察到有害作用剂量，指在规定的条件下，受试物引起实验动物组织形态、功能、生长发育等有害效应的最小作用剂量。NOAEL 即未观察到有害作用剂量，指通过动物试验，以现有的技术手段和检测指标未观察到任何与受试物有关的毒性作用的最大剂量。

结果判断如下：对只需要进行急性毒性、遗传毒性和 28 d 经口毒性试验的受试物，若试验未发现有明显毒性作用，综合其他各项试验结果可做出初步评价；若试验中发现有明显毒性作用，尤其是有剂量-反应关系时，则考虑进行进一步的毒性试验。

90 d 经口毒性试验的目的是观察受试物以不同剂量水平经较长期喂养后对实验动物的毒作用性质、剂量-反应关系和靶器官，得到 90 d 经口 LOAEL 和 NOAEL，为慢性毒性试验剂量的选择和初步制定人群安全接触限量标准提供科学依据。根据试验所得的未观察到有害作用剂量进行评价，结果判断原则如下：a）未观察到有害作用剂量小于或等于人的推荐（可能）摄入量的 100 倍表示毒性较强，应放弃该受试物用于食品。b）未观察到有害作用剂量大于 100 倍而小于 300 倍者，应进行慢性毒性试验。c）未观察到有害作用剂量大于或等于 300 倍者则不必进行慢性毒性试验，可进行安全性评价。

4. 致畸试验

致畸试验的目的是了解受试物是否具有致畸作用和发育毒性，并可得到致畸作用和发育毒性的未观察到有害作用剂量。其原理是母体在孕期受到可通过胎盘屏障的某种有害物质作用，影响胚胎的器官分化与发育，导致结构异常，出现胎仔畸形。因此，在受孕动物的器官形成期给予受试物，可检出该物质对胎仔的致畸作用。

根据试验结果评价受试物是不是实验动物的致畸物。若致畸试验结果阳性，则不再继续进行生殖毒性试验和生殖发育毒性试验。在致畸试验中观察到的其他发育毒性，应结合 28 d 和（或）90 d 经口毒性试验结果进行评价。由于动物和人存在物种差异，故将试验结果外推到人就会存在一定的局限性。

5. 生殖毒性试验和生殖发育毒性试验

生殖毒性指对雄性和雌性生殖功能或能力的损害和对后代的有害影响。生殖毒性既可发生于雌性妊娠期，也可发生于妊前期和哺乳期。表现为外源化学物对生殖过程的影响，如生殖器官及内分泌系统的变化，对性周期和性行为的影响，以及对生育力和妊娠结局的影响等。发育毒性指个体在出生前暴露于受试物、发育成为成体之前(包括胚期、胎期以及出生后)出现的有害作用，表现为发育生物体的结构异常、生长改变、功能缺陷和死亡。

生殖毒性试验和生殖发育毒性试验的目的是了解受试物对实验动物繁殖及对子代的发育毒性，如性腺功能、发情周期、交配行为、妊娠、分娩、哺乳和断乳以及子代的生长发育等。得到受试物的 NOAEL，为初步制定人群安全接触限量标准提供科学依据。根据试验所得的未观察到有害作用剂量进行评价，结果判断原则如下：a)未观察到有害作用剂量小于或等于人的推荐(可能)摄入量的 100 倍表示毒性较强，应放弃该受试物用于食品。b)未观察到有害作用剂量大于 100 倍而小于 300 倍者，应进行慢性毒性试验。c)未观察到有害作用剂量大于或等于 300 倍者则不必进行慢性毒性试验，可进行安全性评价。

试验结果应结合亚慢性试验、致畸试验、毒物动力学试验及其他试验结果综合解释。由于动物和人存在物种差异，故将试验结果外推到人就会存在一定的局限性，但也能为初步确定人群的允许接触水平提供有价值的信息。

6. 毒物动力学试验、慢性毒性试验、致癌试验

毒物动力学指受试物在体内吸收、分布、生物转化和排泄等过程随时间变化的动态特征。毒物动力学试验的目的是了解受试物在体内的吸收、分布和排泄速度等相关信息；为选择慢性毒性试验的合适实验动物种(species)、系(strain)提供依据；了解代谢产物的形成情况。其原理是对一组或几组试验动物分别通过适当途径一次或在规定时间内多次给予受试物，然后测定体液、脏器、组织、排泄物中受试物和(或)其代谢产物的量或浓度的经时变化，进而求出有关的毒物动力学参数。

慢性毒性指实验动物经长期重复给予受试物所引起的毒性作用。致癌性指实验动物长期重复给予受试物所引起的肿瘤(良性和恶性)病变发生。慢性毒性试验和致癌试验的目的是了解经长期接触受试物后出现的毒性作用以及致癌作用；确定 NOAEL，为受试物能否应用于食品的最终评价和制定健康指导值提供依据。

根据慢性毒性试验所得的未观察到有害作用剂量进行评价，结果判断原则如下：a)未观察到有害作用剂量小于或等于人的推荐(可能)摄入量的 50 倍者，表示毒性较强，应放弃该受试物用于食品。b)未观察到有害作用剂量大于 50 倍而小于 100 倍者，经安全性评价后，决定该受试物可否用于食品。c)未观察到有害作用剂量大于或等于 100 倍者，则可考虑允许使用于食品。

根据致癌试验所得的肿瘤发生率、潜伏期和多发性等进行致癌试验，结果判定的原则如下(凡符合下列情况之一，可认为致癌试验结果阳性。若存在剂量-反应关系，则判断阳性更可靠)：a)肿瘤只发生在试验组动物，对照组中无肿瘤发生。b)试验组与对照组动物均发生肿瘤，但试验组发生率高。c)试验组动物中多发性肿瘤明显，对照组中无多发性肿瘤，或只是少数动物有多发性肿瘤。d)试验组与对照组动物肿瘤发生率虽无明显差异，但试验组中发生时间较早。

7. 其他

若受试物掺入饲料的最大加入量(原则上最高不超过饲料的 10%)或液体受试物经浓缩

后仍达不到未观察到有害作用剂量为人的推荐(可能)掺入量的规定倍数时,综合其他的毒性试验结果和实际食用或饮用量进行安全性评价。

2.1.2.2 食品添加剂毒性试验选择的原则

食品添加剂毒性试验选择的原则分为香料、酶制剂和普通食品添加剂3类。

1. 香料

(1) 凡属世界卫生组织(WHO)已建议批准使用或已制定日容许摄入量者,以及香料生产者协会(FEMA)、欧洲理事会(COE)和国际香料工业组织(IOFI)4个国际组织中的2个或2个以上允许使用的,一般不需要进行试验。

(2) 凡属资料不全或只有一个国际组织批准的,先进行急性毒性试验和遗传毒性试验组合中的一项,经初步评价后,再决定是否需进行进一步试验。

(3) 凡属尚无资料可查、国际组织未允许使用的,先进行急性毒性试验、遗传毒性试验和28 d经口毒性试验,经初步评价后,决定是否需进行进一步试验。

(4) 凡属用动、植物可食部分提取的单一高纯度天然香料,如其化学结构及有关资料并未提示具有不安全性的,一般不要求进行毒性试验。

2. 酶制剂

(1) 由具有长期安全食用历史的传统动物和植物可食部分生产的酶制剂,世界卫生组织已公布日容许摄入量或不需规定日容许摄入量者或多个国家或地区批准使用的,在提供相关证明材料的基础上,一般不要求进行毒理学试验。

(2) 对于其他来源的酶制剂,凡属毒理学资料比较完整,世界卫生组织已公布日容许摄入量或不需规定日容许摄入量者或多个国家或地区批准使用,如果质量规格与国际质量规格标准一致,则要求进行急性经口毒性试验和遗传毒性试验。如果质量规格标准不一致,则需增加28 d经口毒性试验,根据试验结果考虑是否进行其他相关毒理学试验。

(3) 对其他来源的酶制剂,凡属新品种的,需要先进行急性经口毒性试验、遗传毒性试验、90 d经口毒性试验和致畸试验,经初步评价后,决定是否需进行进一步试验。凡属一个国家或地区批准使用,世界卫生组织未公布日容许摄入量或资料不完整的,进行急性经口毒性试验、遗传毒性试验和28 d经口毒性试验,根据试验结果判定是否需要进一步的试验。

(4) 通过转基因方法生产的酶制剂按照国家对转基因管理的有关规定执行。

3. 其他食品添加剂

(1) 凡属毒理学资料比较完整,世界卫生组织已公布日容许摄入量或不需规定日容许摄入量者或多个国家或地区批准使用,如果质量规格与国际质量规格标准一致,则要求进行急性经口毒性试验和遗传毒性试验。如果质量规格标准不一致,则需增加28 d经口毒性试验,根据试验结果考虑是否进行其他相关毒理学试验。

(2) 凡属一个国家或地区批准使用,世界卫生组织未公布日容许摄入量或资料不完整的,则可先进行急性经口毒性试验、遗传毒性试验、28 d经口毒性试验和致畸试验,根据试验结果判定是否需要进一步的试验。

(3) 对于由动、植物或微生物制取的单一组分、高纯度的食品添加剂,凡属新品种的,需要先进行急性经口毒性试验、遗传毒性试验、90 d经口毒性试验和致畸试验,经初步评价后,决定是否需进行进一步试验。凡有一个国际组织或国家(地区)已批准使用的,则进行急性经口毒性试验、遗传毒性试验和28 d经口毒性试验，经初步评价后，决定是否需进行进一步试验。

2.1.3 食品添加剂的使用标准

食品添加剂的使用标准是提供安全使用食品添加剂的定量指标。食品添加剂使用标准是有关权威部门根据食品添加剂的毒理学试验结果与其在食品中使用情况的实际调查为依据而制定的。大多数国家食品添加剂的使用标准与质量标准相配套，法规中也大多明确规定使用符合指定质量标准的食品添加剂。食品添加剂使用标准包括允许使用的食品添加剂品种、使用目的（用途）、使用范围（对象食品）、最大使用量（或残留量），有的还需注明使用方法。

食品添加剂的最大使用量是食品添加剂使用标准的主要内容，它是指某种食品添加剂在不同食品中允许使用的最大添加量，以 g/kg 为单位。目前，有些国家（地区）是依据 JECFA 推荐的丹麦预算法（BMD）来推算的。该方法确定食品添加剂的最大使用量为“ADI×40”。这种方法虽然部分国家有些争议，但目前仍得到一些国家或地区的认可和采用。我国对食品添加剂最大使用量的确定基本采用安全系数推算法。对某一种或某一组食品添加剂来说，其最大使用量制定的一般程序如图 2-1 所示。

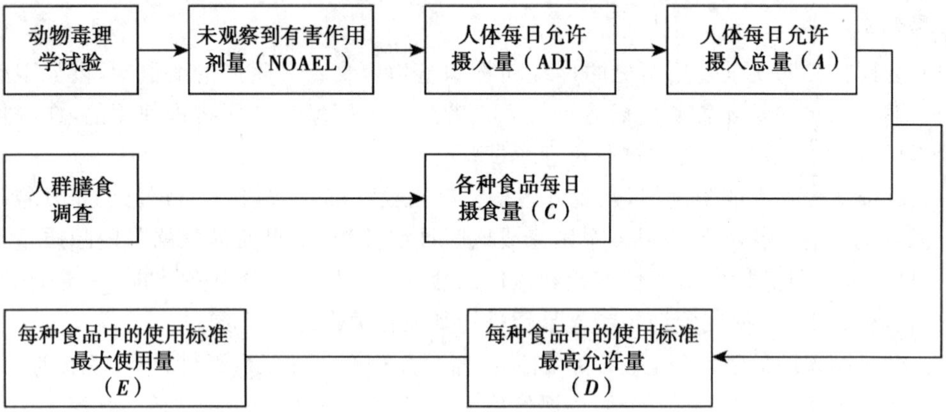

图 2-1 制定食品添加剂最大使用量的一般程序

2.1.3.1 每日允许摄入量(ADI)

每日允许摄入量指人体终生每日摄入某种物质，而不产生可检测到的对健康产生危害的量，以每天每千克体重可摄入的量表示，即 mg/(kg 体重 · d)。

人体每日允许摄入量可以由动物的最大无作用剂量（MNL）得出。MNL 也称最大耐受量、最大安全量或最大无效量，指动物长期摄入受试物而无任何中毒表现的每日最大摄入剂量，单位为 mg/kg 体重。它是食品添加剂长期（终生）摄入对本代健康无害，并对下代生长无影响的重要指标。经过一系列的动物毒理学试验确定出的动物最大无作用剂量，除以安全系数（100）即可求得人体每日允许摄入量（ADI）。

安全系数是考虑到人与动物在抵抗力和敏感度上的差异，以及人群间老弱病幼个体的差别等因素，不能将动物毒理学数据直接引用到人群，需要通过一个相对安全的转换而采用的数学系数。一般情况下安全系数定为 100 倍，即假设人比试验动物对受试物敏感 10 倍，人群内敏感性差异为 10 倍。但是 100 倍的安全系数也不是固定不变的，而要按照实际情况适当变动。例如某种物质是食品的正常成分或是正常的中间代谢产物，或有足够资料证明在人体内某种物质因消化或代谢而转变成食品的正常成分或某种物质不被胃肠道吸收的情况，这些情况有可能提供一个较低的安全系数。反之，在动物毒性试验观察期较短，毒理学资料不足等情况下，则要求增大安全系数，例如采用200倍甚至更高的安全系数。

因为每日允许摄入量是以人体每千克体重摄入的毫克数表示的，那么成人的每人每日允许摄入总量(A)，就可用每日允许摄入量(ADI)乘以平均体重而求得。

2.1.3.2　食品中最高允许量

人体每日允许摄入量，严格来说应包括某种物质从外界环境进入人体的总量，它进入的途径可能有食品、饮水和空气等。如果食品中某种物质进入人体仅仅通过饮食这一途径，那么该物质的每日允许摄入总量(A)就相当于各种食品中该物质的每日摄食总量(B)，大多数食品添加剂是属于这种情况。如果除食品外，该物质还有其他进入人体的来源时，则需确定来源于食品的该物质占人体对该物质总摄入量的比例。有了该物质的每日允许摄入总量(A)之后，还要根据人群的膳食调查，搞清膳食中含有该物质的各种食品的每日摄食量(C)，就可以分别算出其中每种食品含有该物质的最高允许量(D)。

2.1.3.3　食品中最大使用量

某种食品添加剂在每种食品中的最大使用量(E)是根据上述相应的食品中的最高允许量(D)制定的。在某些情况下，二者可以相同，但为了人体安全起见，原则上总是希望食品中的最大使用量标准略低于最高允许量，具体要按照其毒性及使用等实际情况确定。

以苯甲酸为例，简单计算如下。

最大无作用剂量(MNL)：由大鼠试验判定 MNL＝500 mg/kg。

每日允许摄入量(ADI)：根据 MNL，以安全系数为100推定于人，则

$$\text{ADI}=\text{MNL}\times1/100=500\times1/100=5(\text{mg/kg})$$

每日允许摄入总量(A)：以平均体重60 kg的正常成人计算，苯甲酸的每人每日允许摄入总量为5×60＝300 mg。

最大使用量(E)：若通过膳食调查，平均每人各种食品的每日摄食量(C)如表2-2所示。

表2-2　苯甲酸摄食总量计算表

食品种类	各种食品每日的摄食量/g	各种食品中的最大使用量/(g/kg)	苯甲酸每人每日摄食总量/mg
酱油	50	1	50
醋	20	1	20
汽水	250	0.2	50
果汁	100	1	100
合计			220

由于有使用调查，可简单地以反推计算。先按实际使用情况设定各种食品中的最大使用量(E)分别为：酱油1 g/kg、醋1 g/kg、汽水0.2 g/kg、果汁1 g/kg。则计算得出苯甲酸每人每日摄食总量(B)为220 mg，此值低于每人每日允许摄入总量(A)300 mg的数值。所以，可以知道所设定的最大使用量(E)相应地低于最高允许量(D)。

假如上述计算结果每日摄食总量(B)高于每日允许摄入总量(A)，则设定的最大使用量

就有重新考虑的必要，必要时则要通盘考虑使用标准，限制使用范围等。

2.1.4 食品添加剂的质量标准

FAO/WHO、美国食品用化学品法典(FCC)、日本食品添加物公定书，在公布食品添加剂允许使用品种和最大允许使用量的同时，都公布相应品种的质量指标及分析方法等有关要求。食品添加剂的质量指标体系，一般分为3个方面：外观、含量和纯度，有的还包括微生物指标和黄曲霉毒素等卫生指标。在纯度指标中一般均有铅、砷、重金属，乃至铬、铜、镉、汞、锌等有害金属指标。此外有干燥失重、灼烧残渣、不溶物、残存溶剂等指标。对各种质量指标的测定方法，在各国标准中均有规定。由于各种添加剂性状的不同，即使是同一指标，往往需要不同的测定方法以消除干扰，但绝大部分指标实际上是可以通用的。随着检测技术的进步和对安全性的考虑，许多产品的质量指标会不断提高。

食品添加剂的生产商必须严格控制产品的质量标准。食品添加剂的产品质量是食品添加剂能否使用和能否保证消费者健康安全的关键。国外曾发生过因食品添加剂中毒甚至死亡的事故，例如，日本的牛奶砷中毒事件，患者达12 313人，死亡人数130人。引起这一事件的原因是奶粉生产中使用的稳定剂磷酸氢二钠的含砷量过高(高达30 mg/kg)。因此，牛奶砷中毒事件并不是该不该使用磷酸氢二钠的问题，而是磷酸氢二钠的质量控制不严所致。国外多次出现对糖精等的安全性争议同样是因杂质超标引起的。

我国食品添加剂生产分散在各个行业之中，长期以来没有制定统一的国家标准(GB)。近20年来国家标准化管理委员会做了大量的工作，但一些产品仍然执行的是生产企业所属的行业标准，如化工行业标准(HG)、轻工行业标准(QB)、医药行业标准(YY)等。

对于我国食品添加剂质量标准，首选的应当是食品添加剂的国家标准或行业标准。尚未制定国家或行业标准的品种，可适当采用企业标准。对于这类尚未颁布标准的新产品必须先制定企业标准，此标准的制定多以国际或发达国家标准为依据，如FAO/WHO、FDA和FCC的相关标准等。当企业标准获得上级批准后才能正式生产。若上述标准均无时，也可适当采用某些其他标准，如中国药典或其他有参考价值的规格标准。对于尚无产品标准的食品添加剂，根据《关于加强食品添加剂监督管理工作的通知》(卫监督发〔2009〕89号)规定，其产品质量要求、检验方法可以参照国际组织或相关国家(地区)的标准。

由于标准化、国际化的发展，致使各国食品添加剂的质量标准已很接近，但由于各自认识和某些情况的不同，不同国家之间仍然存在一定差别。近年来，我国许多食品添加剂品种的质量标准已与最新出版的美国食品用化学品法典(FCC Ⅶ)和日本食品添加物公定书(2018第9版)的标准一致。

2.2 食品添加剂的管理

2.2.1 FAO/WHO 对食品添加剂的管理

1955年9月，FAO/WHO在日内瓦联合召开第一次国际食品添加剂会议，商讨有关食品添加剂的管理和成立世界性国际机构等事宜。1956年在罗马成立了FAO/WHO所属的JECFA，由世界权威专家组织以个人身份参加、以纯科学的立场对世界各国所用的食品添加剂进行评议，并将评议结果中的毒理学评价部分(ADI)于“Food and Nutrition Paper(FNP)”报告上公布，由 FAO 出版发行。

1962 年，FAO/WHO 联合成立了国际食品法典委员会(CAC)，下设有 CCFA，后者是 10 个综合委员会中最早成立的，具体负责规定食品添加剂的最大使用量、功能分类、规格和纯度、食品添加剂分析方法，以及提出 JECFA 优先评价的食品添加剂名单等相关内容。CCFA 每年定期召开会议，对 JECFA 所通过的各种食品添加剂的标准、试验方法、安全性评价等进行审议和认可，再提交 CAC 复审后公布，以期在广泛的国际贸易中，制定统一的规格和标准，确定统一的试验方法和评价系统等，克服由于各国法规不同所造成的贸易上的障碍。1988 年食品添加剂法典委员会更名为食品添加剂和污染物法典委员会(CCFAC)，并于 2005 年 7 月将 CCFAC 拆分为食品添加剂法典委员会和食品污染物法典委员会。

2019 年 3 月 25 日至 29 日，第 51 届国际食品添加剂法典委员会(CCFA)会议在山东省济南市举行，来自 48 个成员国和 1 个成员组织(欧盟)及 33 个国际组织的 300 余名代表参加了本届会议。此次会议重点研究议题包括食品添加剂法典通用标准(GSFA)、统一商品标准和 GSFA 中相关食品添加剂规定、JECFA 优先评估的食品添加剂名单等相关内容。

由于联合国是一种松散型的组织，其所属机构通过的决议只能作为建议推荐，为制定相关法律文件提供参照或参考，而不直接对各国发挥指令性法规的作用。因此，各国仍自行制定各自的相应法规标准。

迄今为止，联合国为各国所提供的主要法规或标准，包括以下几类。

(1) 允许用于食品的各种食品添加剂的名单，以及它们的毒理学评价结果(ADI)。

(2) 各种允许使用的食品添加剂质量指标等规定。

(3) 各种食品添加剂在食品中允许使用范围和建议用量。

(4) 各种食品添加剂质量指标的通用测定方法。

2.2.2　国外对食品添加剂的管理

2.2.2.1　美国对食品添加剂的管理

美国是食品添加剂的主要生产国和使用国，其食品添加剂的产值和种类在世界上都位居榜首。美国规定，食品添加剂指“有意使用的，使用后会影响食品的特征或者其自身可直接或间接成为食品成分的物质。”因此，美国的食品添加剂包括食品营养强化剂。对于食品添加剂的生产、销售和使用，美国有一套完善的管理办法。

美国最早于 1906 年颁布联邦纯净食品和药品法(Pure Food and Drug Act)，这是美国首部全国性的食品安全法，也是世界上首次规定食品添加剂使用的法规。现行美国食品法的基础则是 1933 年修订的美国联邦食品、药品和化妆品法(FD & C Act)。该法规赋予美国食品与药物管理局(FDA)管理食品及食品添加剂安全的职责，规定其直接参与食品及食品添加剂标准及法规的制定与监管。1959 年颁布《食品添加剂法》。1967 年颁布《肉品卫生法》(肉类中允许使用的食品添加剂按该法裁定)。1968 年颁布《禽类产品卫生法》。以上各法分别由 FDA 和美国农业部(USDA)贯彻实施。另有一部分与食品有关的熏蒸剂和杀虫剂，则归美国环境保护局(USEPA)管理。这些联邦法规对食品添加剂(或称食品用化学品)的主要作用是建立和定期公布“允许使用范围、最大允许使用量和食品标签表示法”，并于每年出版的《美国联邦法典》(CFR)上汇总修订。其中有关 USDA 所辖的肉禽制品，发表于《美国联邦法规》第九篇(9CFR)上,FDA 管辖的则发表于 21CFR 上。

由 FDA 所委任的美国药典委员会(The United States Pharmacopieial Convention)负责编写《美国食品用化学品法典》(FCC),定期出版,由 FDA 认可。至 2014 年已出版第 8 版,由美国国家科学院出版社出版。

美国在 1959 年颁布的《食品添加剂法》中规定,出售食品添加剂之前需经毒理试验,食品添加剂的使用安全和效果的责任由制造商承担,但对已列入一般公认安全(GRAS)者除外。凡新的食品添加剂在得到 FDA 标准之前,绝对不能生产和使用。

FDA 将加入食品中的化学物质分为 4 类。

(1) 食品添加剂:需经 2 种以上的动物试验,证实没有毒性反应,对生育无不良影响,不会引起癌症等,用量不得超过动物试验最大无作用用量的 1%。

(2) 一般公认安全物质:如糖、盐、香辛料等,不需动物试验,列入 FDA 所公认的 GRAS 名单,但如果发现已列入而有影响的,则从 GRAS 名单中删除。

(3) 凡需审批者,一旦有新的试验数据表明不安全时,应指令食品添加剂制造商重新进行研究,以确定其安全性。

(4) 凡食品着色剂上市前,需先经全面安全测试。

此外,对营养强化剂的标签标示,FDA 在《营养标签与教育法案》(NLEA)中规定了新标示管理条件。其中要求维生素、矿物质、氨基酸及其他营养强化剂的制造商对其产品做有益健康的标示声明,其准确度达 9～10 级(10 级制)。

2.2.2.2 欧盟对食品添加剂的管理

欧洲经济共同体(EEC)于 1974 年成立,"欧洲经济共同体食品科学委员会(Scientific Committee for Food of the Commission of the EEC)"负责 EEC 范畴内有关食品添加剂的管理,包括对 ADI 的确认(对 FAO/WHO 所公布的 ADI 确认)、是否允许使用、允许使用范围及限量,据此编制各种准用食品添加剂的 EEC No.,并有各种不定期的出版物出版。

欧盟有专门机构和专项法规对食品添加剂进行管理。欧盟委员会(欧委会)健康和消费者保护总理事会负责欧盟食品添加剂的管理,主要负责受理食品添加剂申请列入准许使用名单的审批。欧盟食品科学委员会(ECSCF)主要负责食品添加剂的安全性评估,如果某类食品添加剂通过评估,则该委员会就会启动法规修正程序将其加入适当的指令中,允许其上市销售。欧盟对食品添加剂的立法采取"混合体系",即通过科学评价和协商,制定出能为全体成员所接受的食品添加剂法规,最终以肯定的形式公布允许使用的食品添加剂名单、使用的特定条件及使用限量等。随着食品工业的发展和研究的深入,欧盟不断对食品添加剂的安全标准或管理法规进行修订和更新。2002 年 1 月 28 日,欧洲议会与理事会通过(EC)178/2002 法规,并于 2003 年进行了修订。2015 年 12 月 11 日,欧盟发布欧洲议会及理事会第(EU)2015/2283 号法规,于 2018 年 1 月 1 日开始实施。该法规是欧盟迄今出台的最重要的食品法,食品添加剂是其关注的重点领域之一,这一新法为欧盟保障食品添加剂的质量安全提供了重要指导原则。

欧盟为了避免各成员食品添加剂管理和使用条件的差异阻碍食品的自由流通,创建一个公平竞争环境以促进共同市场的建立和完善,通过立法实现所有成员实施一致的食品添加剂批准、使用和监管制度。必须获得许可也是欧盟食品添加剂的立法原则,其基本框架以《食品添加剂通用要求指令》(89/107/EEC)为纲领性文件,以《着色剂指令》和《着色剂纯度指令》、《甜味剂指令》和《甜味剂纯度指令》以及《其他添加剂指令》和《其他添加剂纯度指令》3 组特定指令为基本构成。

欧盟有关食品添加剂的管理制度,具有如下实施特点。

(1) 以欧盟理事会《食品添加剂通用要求指令》(89/107/EEC)作为框架指令,规定适用于食品添加剂的一般要求,同时针对各种不同的食品添加剂,通过作为实施细则的相应指令进行具体规范。

(2) 以许可清单的方式列出食品添加剂,并且有相关的法规和规范限制其使用的范围、用量等使用条件,没有列入清单的添加剂均在禁止使用之列。

(3) 食品添加剂必须是食品生产、储藏必需的,存在合理的工艺需求,具有其他物质不能实现的特定用途。

2.2.2.3　日本对食品添加剂的管理

日本作为一个资源短缺的国家,食品需要大量进口,所以其对食品原材料及食品的监管非常严格。日本厚生省于 1947 年颁布了卫生法,对食品中化学品制定了认定制度,但食品添加剂方面的法规到 1957 年才公布使用。在日本,按照目前的使用习惯和管理要求,食品添加剂被划分为 4 种,即指定添加剂(designated additives)、既存添加剂(existing additives)、天然香精(natural flavors)和既是食品又是食品添加剂的物质(substances which are generally provided for eating or drinking as foods and which are used as food additives)。指定添加剂指对人体健康无害的合成添加剂,可分为有使用标准的食品添加剂和无使用标准的食品添加剂。指定添加剂是由厚生省经过食品安全委员会的风险评估和分析等一系列程序后,才可审批为指定添加剂。1947 年日本食品卫生法对添加剂实施主动列表制度,即只允许在食品中使用日本厚生省指定的认为安全的食品添加剂。在 1995 年之前,主动列表系统仅适用于化学合成的添加剂。2004 年,日本对《食品卫生法》进行修订,使该系统对添加剂的管理更为严格。截至 2014 年,日本共批准指定食品添加剂 440 多种,属于安全性和使用功能已经获得确认的添加剂,可以在全国范围内使用;既存食品添加剂 360 多种,属于在日本有长期使用历史和经验,被广泛认可的添加剂;天然香料约 600 种,包括植物源、动物源的香料;一般食品饮料添加剂约 100 种,既可以作为食品,也可以作为食品添加剂应用。

2.2.2.4　澳大利亚和新西兰对食品添加剂的管理

2002 年 7 月,经过改革后澳大利亚、新西兰的食品监管新体制开始运转。澳新食品管理委员会主要负责制定国内食品管理政策和食品标准制定的政策指南。澳新食品标准局主要负责制定澳大利亚、新西兰统一的食品法典,并保持和澳新食品管理委员会的政策一致。与其他国家(地区)不同的是,澳新食品标准局很少制定本地区的添加剂规格标准,而是大多引用国际标准或其他国家(地区)的权威标准,例如 JECFA 或者 FCC 等。在澳大利亚和新西兰的食品添加剂使用中虽然没有专门的规定,但是需把握的原则是所添加的物质带入到最终食品中不应发挥功能作用。如果上述标准中没有该添加剂的规定,则要求必须符合英国药典、美国药典、国际药典、美国联邦法规、日本添加剂标准等 10 个国家(地区)或国际组织的标准规定。

2.2.3　我国对食品添加剂的管理

2.2.3.1　我国食品添加剂管理状况

目前,我国与国际食品法典委员会和其他发达国家的管理措施基本一致,建立了食品添加剂管理相关法规制度，规范食品添加剂的生产经营和使用管理。我国食品添加剂的使用原则：由各省、自治区、直辖市的主管和卫生部门，全国食品添加剂卫生标准协作组，全国食品添加剂标准化技术委员会，国家卫生健康委员会(原国家卫计委)，国家市场监督管理总局(由原国家工商行政管理总局、国家质量监督检验检疫总局和国家食品药品监督管理总局、国家发展和改革委员会价格监管等部门机构组建)根据有关法规与标准，对食品添加剂的生产、运输、销售、使用等各有关环节加强监督，进行严格控制与管理。列入我国国家标准的食品添加剂，均进行了安全性评价，并经过食品安全国家标准审评委员会食品添加剂分委会的严格审查，公开向社会及各有关部门征求意见，确保其技术必要性和安全性。

(1) 食品添加剂监管职责分工。根据 2018 年《中华人民共和国食品安全法》相关规定，我国的食品安全监管体制采取的是由多部门分段监管的模式。国家卫生健康委员会下属的食品安全标准与监测评估司负责拟定食品安全标准，组织开展食品安全风险监测、评估和交流，承担食品添加剂新品种的安全性审查。国家食品安全风险评估中心，直属于国家卫生健康委员会，负责对食品添加剂中生物性、化学性和物理性危害因素进行风险评估，并向国家卫生健康委员会汇报风险评估结果等信息。原国家食品药品监督管理总局负责起草食品添加剂安全、监督管理的法律法规草案，拟定政策规划，建立食品重大信息直报制度，并负责餐饮服务环节使用食品添加剂的监管。《农产品质量安全法》规定，食用农产品进入批发、零售市场或生产加工企业后的质量安全监管职责由食品药品监管部门依法履行。原国家质量监督检验检疫总局负责食品添加剂生产和食品生产企业使用食品添加剂的监管，还主管进出口食品安全。原国家工商行政管理总局负责依法加强流通环节食品添加剂的质量监管。中华人民共和国工业和信息化部负责食品添加剂行业的管理，制定产业政策和指导生产企业的诚信体系建设。

(2) 食品添加剂生产经营的主要监管制度。为贯彻落实《中华人民共和国食品安全法》及其实施条例，加强食品添加剂的监管，按照《关于加强食品添加剂监督管理工作的通知》(卫监督发〔2009〕89 号)和《关于切实加强食品调味料和食品添加剂监督管理的紧急通知》(卫监督发〔2011〕5 号)的要求，各部门积极完善食品添加剂相关监管制度。

在安全性评价和标准方面，制定了《食品添加剂新品种管理办法》《食品添加剂新品种申报与受理规定》《食品安全国家标准　食品添加剂使用标准》(GB 2760—2014)、《食品安全国家标准　食品营养强化剂使用标准》(GB 14880—2012)以及食品添加剂质量标准，如《食品安全国家标准　食品添加剂 硫磺》(GB 3150—2010)等。

在管理规范方面，制定了《食品添加剂卫生管理办法》《卫生部食品添加剂申报与受理规定》《食品添加剂生产企业卫生规范》和《食品添加剂产品生产许可证换(发)证实施细则》等。

在生产环节，制定了《食品添加剂生产许可审查通则》等。

在流通环节，发布了《关于进一步加强整顿流通环节违法添加非食用物质和滥用食品添加剂工作的通知》和《关于对流通环节食品用香精经营者进行市场检查的紧急通知》等。

在餐饮服务环节，出台了《餐饮服务食品安全监督管理办法》《餐饮服务食品安全监督抽检规范》和《餐饮服务食品安全责任人约谈制度》等，严格规范餐饮服务环节食品添加剂的使用行为。

2.2.3.2　食品添加剂使用标准

2014 年 12 月 31 日原国家卫计委发布了《食品安全国家标准　食品添加剂使用标准》(GB 2760—2014)，该标准替代 2011 年版本并于 2015 年 5 月 24 日起实施。《食品安全国家标

准　食品添加剂使用标准》(GB 2760—2014)是我国食品添加剂在使用管理方面的核心标准，规定了我国食品添加剂的定义、范畴、允许使用的食品添加剂品种、使用范围、使用量和使用原则等。在我国，食品添加剂按功能分为 23 个类别。食品添加剂使用标准中包括 2 400 个食品添加剂品种，其中加工助剂 158 种，食品用香料 1 853 种，胶姆糖基础剂物质 55 种，其他类别的食品添加剂 334 种。此外，我国还制定了《食品安全国家标准　食品营养强化剂使用标准》(GB 14880—2012)，对食品营养强化剂的定义、使用范围、使用量等内容进行了规定。目前，允许使用的食品营养强化剂约 200 种。《食品安全国家标准　食品添加剂胶基及其配料》(GB 29987—2014)则规定了胶基(又名胶姆糖基础剂或胶基糖果中基础剂物质)的定义、基本要求、允许使用的配料物质名单等内容，胶基中各成分用量按相关规定执行，未规定者按生产需要适量使用。

2.3　食品添加剂的选用原则

2.3.1　FAO/WHO 对食品添加剂的使用原则

FAO/WHO 在食品添加剂通用法典标准(CODEX STAN 192—1995，2019 年修订)中对食品添加剂使用的一般原则和带入原则规定如下。

2.3.1.1　食品添加剂使用的一般原则

1. 食品添加剂的安全性

(1) 只有那些根据 FAO/WHO 食品添加剂联合专家委员会(JECFA)现有证据，在拟定的用量范围不会对消费者健康产生危险的食品添加剂方可批准并列入本标准。

(2) 将某食品添加剂列入本标准时需考虑该添加剂的 ADI，或者 JECFA 确立的等同的安全评估，以及每日所有膳食来源的可能摄入量。在食品添加剂用于特定消费群体(如糖尿病患者，需要特殊医用膳食的人群，需要配方流质膳食的病人)食用的食品时，应该考虑消费者每日可能摄入的食品添加剂的量。

(3) 加入食品中添加剂的量应等于或低于最大使用量，并且应是达到预期工艺效果的最低量。最大使用量可根据该标准附件 A 的申请程序，法典成员的摄入量评估或是由 CCFA 请求 JECFA 对某国摄入评估资料进行独立的评价。

2. 食品添加剂使用的合理性

只有在下列情况下方能使用食品添加剂，即其使用是有益的，不会对消费者产生明显的健康危害，不会误导消费者，符合 CAC 所规定的一个或数个工艺作用以及下列从(1)到(4)所阐述的要求，而且这些目的不能通过经济和技术方面可行的其他手段实现。

(1) 保持食品的营养质量；在(2)所表述的情况下，以及食品不是日常饮食中的主要食物时，才允许有意降低食品的营养质量。

(2) 为了给特殊膳食消费群体加工食品提供必要的配料或成分。

(3) 为了提高食品的质量或稳定性，或者改进其感官特性，但不得以此改变食品的性质、成分或者质量而欺骗消费者。

(4) 为了便于食品的生产、加工、制作、处理、包装、运输或者储藏，但不得借助食品添加剂以掩饰因使用有问题的原料而产生的结果，或者掩饰在上述过程中因不合乎要求（包括不卫生）的操作或工艺而产生的结果。

3. 良好生产规范（GMP）

所有食品添加剂均需在良好生产规范的条件下使用，具体如下。

（1）加入食品中添加剂的量应尽可能最低，以达到其预期效果为限。

（2）在食品生产加工或包装中，使用食品添加剂而使其成为食品的组成部分，但食品本身并不受到任何物理或其他技术的影响，添加剂的用量须尽可能减少至最合理的水平。

（3）添加剂应符合食品级质量，并按食品配料进行加工处理。

4. 食品添加剂的特性和纯度的规格标准

按照本标准使用的食品添加剂应当具有相应的食品级质量，而且应始终依照国际食品法典委员会所推荐的相关性质和纯度规格标准，若无此规格标准，则应遵循国家或国际权威机构所制定的相应标准。就安全而言，添加剂要达到食品等级质量，应符合整体规格标准（而不是仅符合个别指标），并按良好生产规范（GMP）生产、储存、运输和处理。

2.3.1.2 食品中食品添加剂的带入

1. 适用食品添加剂从配料和原料带入食品的情况

除了直接添加外，在下列情况下食品添加剂可以从食品原料和配料中带入食品。

（1）根据本标准，允许该添加剂用于食品原料或其他配料（包括食品添加剂）。

（2）用于食品原料或其他配料（包括食品添加剂）的添加剂用量未超过本标准规定的最大使用量。

（3）被带入食品中的食品添加剂的量，未超过在良好技术条件或生产规范下使用的，符合本标准要求的食品原料或配料中带入的水平。

2. 食品配料和原料中使用非直接允许食品添加剂使用的具体条件

如果一种食品原料或成分专门用于生产某食品，那么这种原料或成分可以按照本标准中所生产食品的规定使用或添加食品添加剂，但不能超过适用于该食品的最大用量。

3. 不适宜带入食品添加剂的食品

食品添加剂由原料或配料带入食品的情况不适用于以下食品类别。

（1）婴儿配方、较大婴儿配方以及特殊医用婴儿配方食品。

（2）婴幼儿辅助食品。

2.3.2 我国食品添加剂的使用原则

按照我国《食品安全国家标准　食品添加剂使用标准》（GB 2760—2014），食品添加剂的使用原则如下。

2.3.2.1 食品添加剂使用时应符合以下基本要求

（1）不应对人体产生任何健康危害。

（2）不应掩盖食品腐败变质。

（3）不应掩盖食品本身或加工过程中的质量缺陷或以掺杂、掺假、伪造为目的而使用食品添加剂。

(4) 不应降低食品本身的营养价值。

(5) 在达到预期效果的前提下尽可能降低在食品中的使用量。

2.3.2.2　在下列情况下可使用食品添加剂

(1) 保持或提高食品本身的营养价值。

(2) 作为某些特殊膳食用食品的必要配料或成分。

(3) 提高食品的质量和稳定性,改进其感官特性。

(4) 便于食品的生产、加工、包装、运输或者储藏。

2.3.2.3　食品添加剂质量标准

按照本标准使用的食品添加剂应当符合相应的质量规格要求。

2.3.2.4　带入原则

(1) 在下列情况下食品添加剂可以通过食品配料(含食品添加剂)带入食品中。

① 根据本标准,食品配料中允许使用该食品添加剂。

② 食品配料中该添加剂的用量不应超过允许的最大使用量。

③ 应在正常生产工艺条件下使用这些配料,并且食品中该添加剂的含量不应超过由配料带入的水平。

④ 由配料带入食品中的该添加剂的含量应明显低于直接将其添加到该食品中通常所需要的水平。

(2) 当某食品配料作为特定终产品的原料时,批准用于上述特定终产品的添加剂允许添加到这些食品配料中,同时该添加剂在终产品中的量应符合本标准的要求。在所述特定食品配料的标签上应明确标示该食品配料用于上述特定食品的生产。

2.3.2.5　食品用香料、香精的使用原则

(1) 在食品中使用食品用香料、香精的目的是使食品产生、改变或提高食品的风味。食品用香料一般配制成食品用香精后用于食品加香,部分也可直接用于食品加香。食品用香料、香精不包括只产生甜味、酸味或咸味的物质,也不包括增味剂。

(2) 食品用香料、香精在各类食品中按生产需要适量使用,标准中规定没有加香的必要,不得添加食品用香料、香精,法律、法规或国家食品安全标准另有明确规定者除外。除标准中所列可加香的食品外,其他食品是否可以加香应按相关食品产品标准规定执行。

(3) 用于配制食品用香精的食品用香料品种应符合本标准的规定。用物理方法、酶法或微生物法(所用酶制剂应符合本标准的有关规定)从食品(可以是未加工过的,也可以是经过适合人类消费的传统食品制备工艺加工过的)中制得具有香味特性的物质或天然香味复合物用于配制食品用香精。

注:天然香味复合物是一类含有食用香味物质的制剂。

(4) 具有其他食品添加剂功能的食品用香料,在食品中发挥其他食品添加剂的功能时,应符合本标准的规定。如苯甲酸、肉桂醛、瓜拉纳提取物、双乙酸钠(又名二醋酸钠)、琥珀酸二钠、磷酸三钙、氨基酸等。

(5) 食品用香精可以含有对其生产、储存和应用等所必需的食品用香精辅料(包括食品添加剂和食品)。食品用香精辅料应符合以下要求。

①食品用香精中允许使用的辅料应符合相关标准的规定。在达到预期目的的前提下尽可

能地减少使用品种。

②作为辅料添加到食品用香精中的食品添加剂不应在最终食品中发挥功能作用，在达到预期目的的前提下尽可能降低在食品中的使用量。

（6）食品用香精的标签应符合相关标准的规定。

（7）凡添加了食品用香料、香精的食品应按照国家相关标准进行标示。

2.3.2.6 食品工业用加工助剂的使用原则

按照我国《食品安全国家标准　食品添加剂使用标准》(GB 2760—2014)，食品工业用加工助剂的使用原则如下。

（1）加工助剂应在食品生产加工过程中使用，使用时应具有工艺必要性，在达到预期目的前提下应尽可能降低使用量。

（2）加工助剂一般应在制成最终成品之前除去，无法完全除去的，应尽可能降低残留量，其残留量不应对健康产生危害，不应在最终食品中发挥功能作用。

（3）加工助剂应该符合相应的质量规格要求。

2.3.3 食品营养强化剂的使用原则

我国于2012年3月5日发布了《食品安全国家标准　食品营养强化剂使用标准》(GB 14880—2012)，此标准从2013年1月1日实施，适用于食品中营养强化剂的使用。国家法律、法规和(或)标准另有规定的除外。

营养强化剂是为了增加食品的营养成分(价值)而加入食品中的天然或人工合成的营养素和其他营养成分。营养素指食物中具有特定生理作用，能维持机体生长、发育、活动、繁殖以及正常代谢所需的物质，包括蛋白质、脂肪、碳水化合物、矿物质、维生素等。其他营养成分指除营养素以外的具有营养和(或)生理功能的其他食物成分。特殊膳食用食品指为满足特殊的身体或生理状况和(或)满足疾病、紊乱等状态下的特殊膳食需求，专门加工或配方的食品。这类食品的营养素和(或)其他营养成分的含量与可类比的普通食品有显著不同。

2.3.3.1 营养强化的主要目的

（1）弥补食品在正常加工、储存时造成的营养素损失。

（2）在一定的地域范围内，有相当规模的人群出现某些营养素摄入水平低或缺乏，通过强化可以改善其摄入水平低或缺乏导致的健康影响。

（3）某些人群由于饮食习惯和(或)其他原因可能出现某些营养素摄入量水平低或缺乏，通过强化可以改善其摄入水平低或缺乏导致的健康影响。

（4）补充和调整特殊膳食用食品中营养素和(或)其他营养成分的含量。

2.3.3.2 使用营养强化剂的要求

（1）营养强化剂的使用不应导致人群食用后营养素及其他营养成分摄入过量或不均衡，不应导致任何营养素及其他营养成分的代谢异常。

（2）营养强化剂的使用不应鼓励和引导与国家营养政策相悖的食品消费模式。

（3）添加到食品中的营养强化剂应能在特定的储存、运输和食用条件下保持质量的稳定。

（4）添加到食品中的营养强化剂不应导致食品一般特性如色泽、滋味、气味、烹调特性等发生明显不良改变。

(5) 不应通过使用营养强化剂夸大食品中某一营养成分的含量或作用,误导和欺骗消费者。

2.3.3.3　可强化食品类别的选择要求

(1) 应选择目标人群普遍消费且容易获得的食品进行强化。

(2) 作为强化载体的食品消费量应相对比较稳定。

(3) 我国居民膳食指南中提倡减少食用的食品不宜作为强化的载体。

2.3.3.4　营养强化剂的使用规定

(1) 营养强化剂在食品中的使用范围、使用量应符合《食品安全国家标准　食品营养强化剂使用标准》(GB 14880—2012)附录 A 的要求,允许使用的化合物来源应符合《食品安全国家标准　食品营养强化剂使用标准》(GB 14880—2012)附录 B 的规定。

(2) 特殊膳食用食品中营养素及其他营养成分的含量按相应的食品安全国家标准执行,允许使用的营养强化剂及化合物来源应符合此标准附录 C 和(或)相应产品标准的要求。

2.3.3.5　食品类别(名称)说明

食品类别(名称)说明用于界定营养强化剂的使用范围,只适用于《食品安全国家标准　食品营养强化剂使用标准》(GB 14880—2012)。如允许某一营养强化剂应用于某一食品类别(名称)时,则允许其应用于该类别下的所有类,另有规定的除外。

2.3.3.6　营养强化剂质量标准

按照《食品安全国家标准　食品营养强化剂使用标准》(GB 14880—2012)使用的营养强化剂化合物来源应符合相应的质量规格要求。

2.4　食品添加剂的审批程序

党的二十大报告提出,坚持全面依法治国,推进法治中国建设。遵循《中华人民共和国食品安全法》,按照《食品安全标准 食品添加剂使用标准》加强食品添加剂的科学、合理、规范使用,是保障广大人民的正当利益、保障食品工业健康可持续发展的需要。

根据国家对食品添加剂审批的有关规定,食品添加剂的新品种,生产经营企业在投入生产前,必须提出该产品卫生评价和营养评价所需的资料以及样品,并按照规定的食品卫生标准审批程序报请审批。食品添加剂的新品种包括未列入《食品安全国家标准　食品添加剂使用标准》(GB 2760—2014)的食品添加剂品种、未列入国家卫生健康委员会公告名单中的食品添加剂品种、扩大使用范围或者用量的食品添加剂品种三大类。食品添加剂新品种的审批程序大致如下。

第一步,申请者向所在地省级卫生行政部门提出申请,根据以下规定提交相应的资料,并将申请材料送至国家卫生健康委员会政务大厅受理部门。

对未列入《食品安全国家标准　食品添加剂使用标准》(GB 2760—2014)或国家卫生健康委员会公告名单中的食品添加剂品种,应当提交以下资料:

(1) 添加剂的通用名称、功能分类,用量和使用范围。

(2) 证明技术上确有必要和使用效果的资料或者文件。

(3) 食品添加剂的质量规格要求、生产工艺和检验方法,食品中该添加剂的检验方法或者相关情况说明。

(4) 安全性评估材料,包括生产原料或者来源、化学结构和物理特性、生产工艺、毒理学安全性评价资料或者检验报告、质量规格检验报告。

(5) 标签、说明书和食品添加剂产品样品。

(6) 其他国家(地区)或国际组织允许生产和使用等有助于安全性评估的资料。

对列入《食品安全国家标准　食品添加剂使用标准》(GB 2760—2014)或国家卫生健康委员会公告名单中的食品添加剂品种,申报扩大使用范围或使用量的,可免于提交前项第四项安全性评估材料,但是技术评审中要求补充提供的除外。

第一步,对首次进口的食品添加剂新品种和进口扩大使用范围或使用量的食品添加剂,除提供上述2项规定对应的资料外,还应当提供出口国(地区)相关部门或者机构出具的允许该食品添加剂在本国(地区)生产或者销售的证明材料以及生产企业所在国(地区)有关机构或者组织出具的对生产企业审查或者认证的证明材料。

第二步,对资料符合要求的申请,受理部门受理后于5个工作日内制作卫生行政许可文书送达申请人,并将全套申请材料及样品移交至国家食品安全风险评估中心。对资料不符合要求的申请,申请人整理材料并重新提交符合要求的资料。

第三步,国家食品安全风险评估中心受理后60个工作日内组织医学、农业、食品、营养、工艺等方面的专家对食品添加剂新品种技术上的必要性和安全性评估资料进行技术审查,并做出技术评审结论。对技术评审中需要补充有关资料的,通知申请人,申请人按照要求及时补充相应资料。

第四步,通过技术评审的申请,国家食品安全风险评估中心给出批准建议后上报国家卫生健康委员会。国家卫生健康委员会受理后20个工作日内根据技术评审的结论做出是否批准的决定,并对批准的产品发布公告,由食品评估中心向申请人出具"行政许可审查结论通知书"。

食品添加剂新品种及产品质量标准审批程序流程如图2-2所示。

2.5 食品添加剂的编码系统与缩略语

2.5.1 食品添加剂的编码系统

食品添加剂的统一编码有利于迅速检索,尤其是对于电子计算机检索来说尤为重要,统一编码也可弥补分类之不足和因名称不统一等所致的不必要重复和差错。

2.5.1.1 国际编码系统

食品添加剂品种繁多,学名、俗名、地方名、商品名等名称众多,难以统一,因此需要一种在全球范围内统一的编码系统,以解决在技术资料、生产、质量标准以及商品流通等领域中快速、准确无误地确认、传递、储存和检索食品添加剂的需求,使之科学化、国际化、标准化和规范化。

最早采用编码系统的是欧洲经济共同体(EEC)。为适应信息时代的需要,FAO/WHO曾2次制定食品添加剂的国际编码系统。第一次是1984年,当时建议采用一种5位数字的编码系统,按食品添加剂英文名称的字母顺序排列。但这一方案未能为许多国家(地区)所接受,尤其是遭到EEC各国的反对。因为由EEC所制定的食品添加剂编码系统(EEC No.)已使用多年,并在1986年1月1日实施的《商标法》中规定,在商标的配料一栏中可以不用食品添加剂的名称,而代之以EEC No.。因此,原方案放弃。第二次FAO/WHO在1989年7月国际食品法典委员会(CAC)第18次会议上通过了以EEC No.为基础的国际数据系统(International

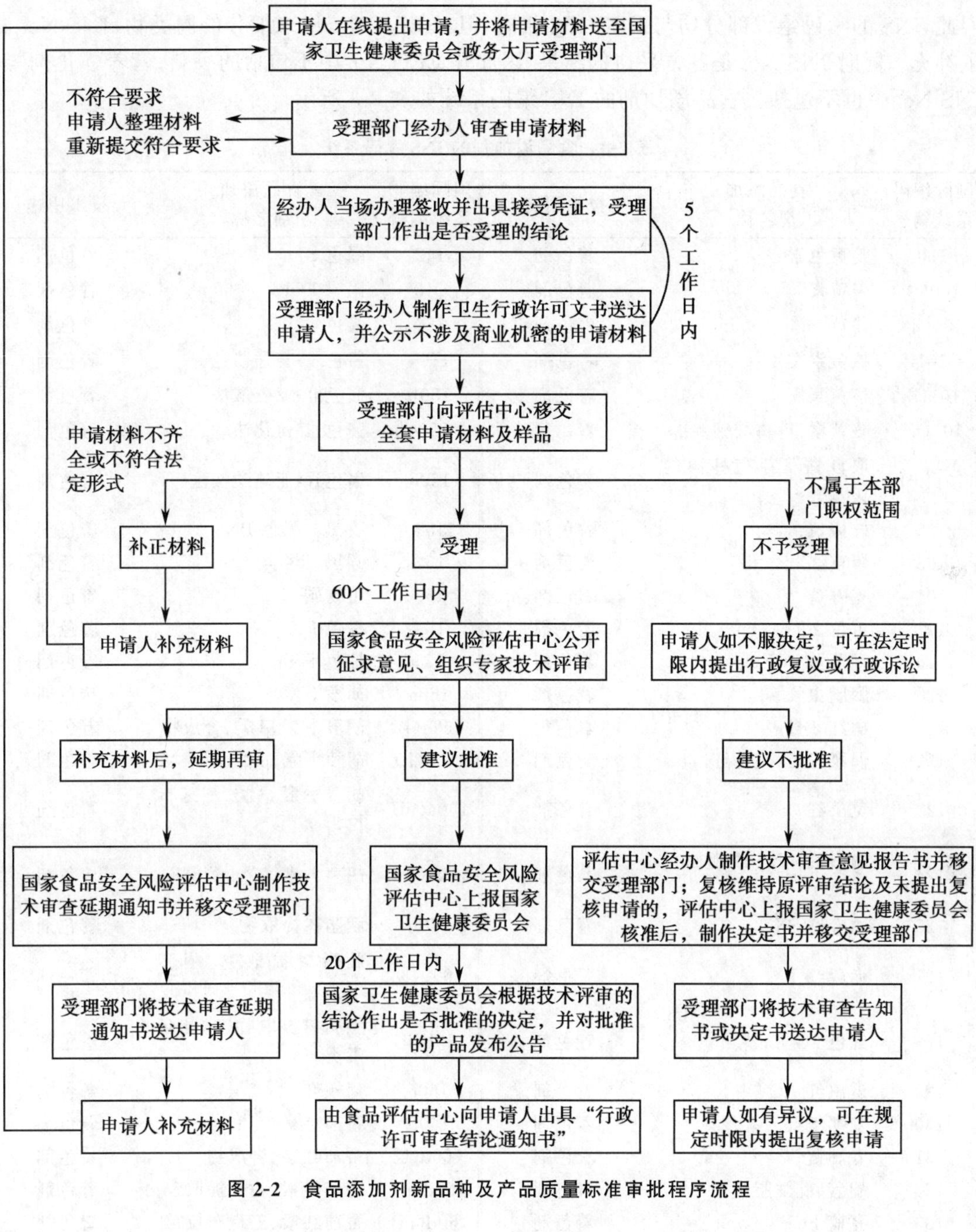

图 2-2　食品添加剂新品种及产品质量标准审批程序流程

Numbering System，INS No.）。凡有 EEC No. 者，INS 编码绝大部分均与 EEC No. 相同，但对 EEC No. 未细分的同类物做了补充。INS 的收取原则是：“包括至少一个 CAC 成员正式允许使用的添加剂的名单，无论是否已由 JECFA 做过评价”，并规定以后每隔 2 年增补一次，最新一次增补是在 2019 年 3 月 25 日至 29 日召开的第 51 届国际食品添加剂法典委员会(CCFA)会议上。

现在 INS No. 不单为 EEC 各国所接受，在美国 FDA 的法定出版物（FCC Ⅳ，1996）中也采用，已成为国际上通用的一种编码系统。由于 INS No. 是在 EEC No. 基础上发展起来的，因此，INS的编码绝大部分均与EEC No.相同，但对EEC No.中未细分的同类物，INS No.做了补充。同时INS No.是各方妥协的结果，因此凡EEC No.中不包括的香料、营养强化剂等，INS No.中也不包括。食品添加剂的INS编码系统如表2-3所示。

表2-3　食品添加剂的INS编码系统

国际编码系统编号	食品添加剂名称	技术用途	国际编码系统编号	食品添加剂名称	技术用途
100	姜黄色素	着色剂	142	绿色S	着色剂
100(i)	姜黄素	着色剂	143	固绿FCF	着色剂
100(ii)	姜黄	着色剂	150	酱色	着色剂
101	核黄素类	着色剂	150a	酱色Ⅰ-普通酱色	着色剂
101(i)	核黄素	着色剂	150b	酱色Ⅱ-亚硫酸法	着色剂
101(ii)	核黄素-5′-磷酸钠	着色剂	150c	酱色Ⅲ-氨化法	着色剂
101(iii)	取自枯草芽孢杆菌的核黄素	着色剂	150d	酱色Ⅳ-亚硫酸铵法	着色剂
102	柠檬黄	着色剂	151	亮黑　黑色PN	着色剂
103	紫草红	着色剂	152	碳黑　烃类	着色剂
104	喹啉黄	着色剂	153	植物碳	着色剂
107	黄色2G	着色剂	154	棕色FK	着色剂
110	日落黄FCF	着色剂	155	棕色HT	着色剂
120	胭脂虫红	着色剂	160a	胡萝卜素	着色剂
121	橘红2号	着色剂	169a(i)	胡萝卜素、β类、合成物	着色剂
122	偶氮玉红(酸性红)	着色剂	160a(ii)	胡萝卜素、β类、蔬菜类	着色剂
123	苋菜红	着色剂	160a(iii)	胡萝卜素、β类、三孢布拉霉	着色剂
124	丽春红4R　或胭脂虫红A	着色剂	160a(iv)	胡萝卜素、β类、藻类	着色剂
125	丽春红SX	着色剂	160b	胭脂树提取物	着色剂
127	赤藓红	着色剂	160b(i)	胭脂树提取物、胭脂素类	着色剂
128	红色2G	着色剂	160b(ii)	胭脂树提取物、非胭脂素类	着色剂
129	诱惑红AC	着色剂	160c	辣椒红	着色剂
130	梦那玉红	着色剂	160d	番茄红素	着色剂
131	专利蓝V	着色剂	160d(i)	番茄红素、合成物	着色剂
132	靛蓝(靛胭脂红)	着色剂	160d(ii)	番茄红素、番茄提取	着色剂
133	亮蓝FCF	着色剂	160d(iii)	番茄红素、三孢布拉霉	着色剂
140	叶绿素	着色剂	160e	β-阿朴-胡萝卜素醛	着色剂
141	叶绿素、叶绿素铜络合物	着色剂	160f	β-阿扑-8′-胡萝卜酸乙酯	着色剂
141(i)	叶绿素、铜络合物	着色剂	161a	黄黄质	着色剂
141(ii)	叶绿素、铜络合物、钾和钠盐	着色剂	161b	叶黄质	着色剂

续表 2-3

国际编码系统编号	食品添加剂名称	技术用途	国际编码系统编号	食品添加剂名称	技术用途
161b(i)	取自万寿菊的叶黄质	着色剂	202	山梨酸钾	防腐剂
161b(ii)	万寿菊提取物	着色剂	203	山梨酸钙	防腐剂
161c	隐黄质	着色剂	209	对羟基苯甲酸庚酯	防腐剂
161d	玉红黄质	着色剂	210	苯甲酸	防腐剂
161e	紫黄质	着色剂	211	苯甲酸钠	防腐剂
161f	玫红黄质	着色剂	212	苯甲酸钾	防腐剂
161g	角黄素	着色剂	213	苯甲酸钙	防腐剂
161h	玉米黄质	着色剂	214	对羟基苯甲酸乙酯	防腐剂
161h(i)	玉米黄质、合成物	着色剂	215	乙基对羟基苯甲酸钠	防腐剂
161h(ii)	万寿菊富含玉米黄质的提取物	着色剂	216	丙基对羟基苯甲酸	防腐剂
162	甜菜红	着色剂	217	丙基对羟基苯甲酸钠	防腐剂
163	花色素苷类	着色剂	218	对羟基苯甲酸甲酯	防腐剂
163(ii)	葡萄皮提取物	着色剂	219	对羟基苯甲酸	防腐剂
163(iii)	黑醋栗提取物	着色剂	220	二氧化硫	抗氧化剂
163(iv)	紫玉米色	着色剂	221	亚硫酸钠	抗氧化剂
163(v)	甘蓝红	着色剂	222	亚硫酸氢钠	抗氧化剂
164	栀子黄	着色剂	223	焦亚硫酸钠	抗氧化剂
165	栀子蓝	着色剂	224	焦亚硫酸钾	抗氧化剂
166	檀香木色	着色剂	225	亚硫酸钾	抗氧化剂
170	碳酸钙类	着色剂	226	亚硫酸钙	抗氧化剂
170(i)	碳酸钙	酸度调节剂	227	亚硫酸氢钙	抗氧化剂
170(ii)	碳酸氢钙	酸度调节剂	228	亚硫酸氢钾	抗氧化剂
171	二氧化钛	着色剂	230	二苯基	防腐剂
172	铁氧化物	着色剂	231	邻苯基苯酚	防腐剂
172(i)	氧化铁(黑色)	着色剂	232	邻苯基苯酚钠	防腐剂
172(ii)	氧化铁(红色)	着色剂	233	噻苯咪唑	防腐剂
172(iii)	氧化铁(黄色)	着色剂	234	尼生素	防腐剂
173	铝	着色剂	235	纳他霉素、匹马霉素	防腐剂
174	银	着色剂	236	甲酸	防腐剂
175	金,金属	着色剂	237	甲酸钠	防腐剂
180	立索尔宝红(BK 型)	着色剂	238	甲酸钙	防腐剂
181	单宁酸,单宁类	着色剂	239	六亚甲基四胺	防腐剂
182	苔色素	着色剂	240	甲醛	防腐剂
200	山梨酸	防腐剂	241	愈创木脂	防腐剂
201	山梨酸钠	防腐剂	242	二甲基二碳酸盐	防腐剂

续表 2-3

国际编码系统编号	食品添加剂名称	技术用途	国际编码系统编号	食品添加剂名称	技术用途
243	月桂酸精氨酸乙酯	防腐剂	308	生育酚、γ-生育酚、合成物	抗氧化剂
249	亚硝酸钾	防腐剂	309	生育酚、*D*-生育酚、合成物	抗氧化剂
250	亚硝酸钠	防腐剂	310	没食子酸丙酯	抗氧化剂
251	硝酸钠	防腐剂	311	镓酸盐辛酯	抗氧化剂
252	硝酸钾	防腐剂	312	没食子酸十二酯	抗氧化剂
260	醋酸、冰酸	酸度调节剂	313	棓酸乙酯	抗氧化剂
261	醋酸钾类	酸度调节剂	314	愈创木脂	抗氧化剂
261(i)	醋酸钾	酸度调节剂	315	异抗坏血酸(异抗坏血酸)	抗氧化剂
261(ii)	双醋酸钾	酸度调节剂	316	异抗坏血酸钠(异抗坏血酸钠)	抗氧化剂
262	醋酸钠类	酸度调节剂	317	异抗坏血酸钾	抗氧化剂
262(i)	醋酸钠	酸度调节剂	318	异抗坏血酸钙	抗氧化剂
262(ii)	双醋酸钠	酸度调节剂	319	叔丁基对苯二酚	抗氧化剂
263	醋酸钙	酸度调节剂	320	叔丁基羟基茴香醚	抗氧化剂
264	乙酸铵	酸度调节剂	321	丁基化羟基甲苯	抗氧化剂
265	无水醋酸	防腐剂	322	卵磷脂	抗氧化剂
266	无水醋酸钠	防腐剂	322(i)	卵磷脂	抗氧化剂
270	乳酸	酸度调节剂	322(ii)	卵磷脂,部分水解	抗氧化剂
280	丙酸	防腐剂	323	阿诺克索牟	抗氧化剂
281	丙酸钠	防腐剂	324	乙氧喹	抗氧化剂
282	丙酸钙	防腐剂	325	乳酸钠	抗氧化剂
283	丙酸钾	防腐剂	326	乳酸钾	抗氧化增效剂
290	二氧化碳	包装气体	327	乳酸钙	酸度调节剂
296	苹果酸	酸度调节剂	328	乳酸铵	酸度调节剂
297	富马酸	酸度调节剂	329	乳酸镁(消旋)	酸度调节剂
300	抗坏血酸	抗氧化剂	330	柠檬酸	酸度调节剂
301	抗坏血酸钠	抗氧化剂	331	柠檬酸钠类	酸度调节剂
302	抗坏血酸钙	抗氧化剂	331(i)	柠檬酸二氢钠	酸度调节剂
303	抗坏血酸钾	抗氧化剂	331(ii)	柠檬酸氢二钠	酸度调节剂
304	抗坏血酸棕榈酸酯	抗氧化剂	331(iii)	柠檬酸三钠	酸度调节剂
305	抗坏血酸硬脂酸酯	抗氧化剂	332	柠檬酸钾类	酸度调节剂
307	生育酚		332(i)	柠檬酸二氢钾	酸度调节剂
307a	*D*-α-生育酚	抗氧化剂	332(ii)	柠檬酸三钾	酸度调节剂
307b	浓缩生育酚、混合生育酚	抗氧化剂	333	柠檬酸钙类	酸度调节剂
307c	生育酚、*D*-α-生育酚	抗氧化剂	333(i)	柠檬酸一钙	酸度调节剂

续表 2-3

国际编码系统编号	食品添加剂名称	技术用途	国际编码系统编号	食品添加剂名称	技术用途
333(ii)	柠檬酸二钙	酸度调节剂	351	苹果酸钾类	酸度调节剂
333(iii)	柠檬酸三钙	酸度调节剂	351(i)	苹果酸氢钾	酸度调节剂
334	酒石酸	酸度调节剂	351(ii)	苹果酸钾苹果酸钾类	酸度调节剂
335	酒石酸钠类	稳定剂	352	苹果酸钙类	酸度调节剂
335(i)	酒石酸一钠	稳定剂	352(i)	苹果酸氢钙	酸度调节剂
335(ii)	酒石酸钠	稳定剂	352(ii)	苹果酸钙	酸度调节剂
336	酒石酸钾类	稳定剂	353	偏酒石酸	酸度调节剂
336(i)	酒石酸一钾	稳定剂	354	酒石酸钙	酸度调节剂
336(ii)	酒石酸二钾	稳定剂	355	己二酸	酸度调节剂
337	酒石酸钾钠	稳定剂	356	己二酸钠类	酸度调节剂
338	磷酸	稳定剂	357	己二酸钾类	酸度调节剂
339	磷酸钠类	酸度调节剂	359	己二酸铵类	酸度调节剂
339(i)	磷酸二氢钠	酸度调节剂	363	丁二酸	酸度调节剂
339(ii)	磷酸氢二钠	酸度调节剂	364	丁二酸钠类	酸度调节剂
339(iii)	磷酸三钠	酸度调节剂	364(i)	丁二酸一钠	酸度调节剂
340	磷酸钾类	酸度调节剂	364(ii)	丁二酸二钠	酸度调节剂
340(i)	磷酸二氢钾	酸度调节剂	365	富马酸钠类	酸度调节剂
340(ii)	磷酸氢二钾	酸度调节剂	366	富马酸钾类	酸度调节剂
340(iii)	磷酸三钾	酸度调节剂	367	富马酸钙类	酸度调节剂
341	磷酸钙类	酸度调节剂	368	富马酸铵	酸度调节剂
341(i)	磷酸二氢钙	酸度调节剂	370	1,4-康糖内酯	酸度调节剂
341(ii)	磷酸氢钙	酸度调节剂	375	烟酸	护色剂
341(iii)	磷酸三钙	酸度调节剂	380	柠檬酸三铵	酸度调节剂
342	磷酸铵类	酸度调节剂	381	柠檬酸铁铵	抗结剂
342(i)	磷酸二氢铵	酸度调节剂	383	甘油磷酸钙	增稠剂
342(ii)	磷酸氢二铵	酸度调节剂	384	柠檬酸异丙酯	抗氧化剂
343	磷酸镁类	酸度调节剂	385	乙二胺四乙酸钙二钠	抗氧化剂
343(i)	磷酸二氢镁	酸度调节剂	386	乙二胺四乙酸	抗氧化剂
343(ii)	磷酸氢镁	酸度调节剂	387	羟基硬脂精	抗氧化剂
343(iii)	磷酸三镁	酸度调节剂	388	硫代二丙酸	抗氧化剂
344	柠檬酸卵磷脂	防腐剂	389	硫代二丙酸二月桂酯	抗氧化剂
345	柠檬酸镁	酸度调节剂	390	二硬脂醇硫代二丙酸酯	抗氧化剂
349	苹果酸铵	酸度调节剂	391	植酸	防腐剂
350	苹果酸钠类	酸度调节剂	392	迷迭香提取物	抗氧化剂
350(i)	苹果酸氢钠	酸度调节剂	399	乳糖醛酸钙	稳定剂
350(ii)	苹果酸钠	酸度调节剂	400	藻酸	增稠剂

续表 2-3

国际编码系统编号	食品添加剂名称	技术用途	国际编码系统编号	食品添加剂名称	技术用途
401	藻酸钠	增稠剂	429	蛋白胨	乳化剂
402	藻酸钾	增稠剂	430	聚氧化乙烯(8)硬脂酸盐	乳化剂
403	藻酸铵	增稠剂	431	聚氧化乙烯(40)硬脂酸盐	乳化剂
404	藻酸钙	增稠剂	432	聚氧化乙烯(20)山梨聚糖单月桂酸酯	分散剂 乳化剂
405	丙二醇藻酸盐	增稠剂	434	聚氧化乙烯(20)单油酸脱水山梨糖醇酯	分散剂 乳化剂
406	琼脂	增稠剂	435	聚氧化乙烯(20)山梨糖酐单棕榈酸酯	分散剂 乳化剂
407	角叉胶	增稠剂	436	聚氧化乙烯(20)山梨坦三硬脂酸酯	分散剂 乳化剂
407a	琼脂属海藻制品	酸度调节剂	440	果胶	乳化剂 胶凝剂
408	焙烧酵母聚糖	酸度调节剂	441	超甘油化加氢菜籽油	乳化剂
409	阿拉伯半乳聚糖	酸度调节剂	442	磷脂酸铵盐类	乳化剂
410	角豆胶	护色剂	443	溴化植物油	乳化剂 稳定剂
411	燕麦胶	酸度调节剂	444	乙酸异丁酸蔗糖酯	乳化剂 稳定剂
412	瓜尔豆胶	抗结剂	445	树脂甘油酯类	乳化剂
413	黄蓍胶	增稠剂	445(i)	松香甘油酯	乳化剂
414	阿拉伯树胶(金合欢树胶)	抗氧化剂	445(ii)	妥尔油甘油酯	乳化剂
415	黄原胶	抗氧化剂	445(iii)	木松脂甘油酯	密度调节剂
416	刺槐桐胶	抗氧化剂	446	琥珀酸硬脂精	乳化剂
417	塔拉胶	抗氧化剂	450	二磷酸盐类	酸度调节剂
418	结冷胶	抗氧化剂	450(i)	二磷酸二钠	酸度调节剂
419	茄替胶	抗氧化剂	450(ii)	二磷酸三钠	酸度调节剂
420	山梨糖醇类	抗氧化剂	450(iii)	二磷酸四钠	酸度调节剂
420(i)	山梨糖醇	防腐剂	450(iv)	二磷酸二钾	酸度调节剂
420(ii)	山梨糖醇糖浆	甜味剂	450(v)	二磷酸四钾	酸度调节剂
421	甘露醇	甜味剂	450(vi)	二磷酸二钙	酸度调节剂
422	甘油	保湿剂	450(vii)	二磷酸二氢钙	酸度调节剂
423	辛烯基琥珀酸(OSA)改良阿拉伯胶	乳化剂	450(viii)	二磷酸二镁	酸度调节剂
424	可得然胶	增稠剂	450(ix)	二磷酸二氢镁	膨松剂
425	魔芋粉	增稠剂	451	三磷酸盐类	螯合剂
426	大豆半纤维素	增稠剂	451(i)	三聚磷酸钠	酸度调节剂
427	肉桂胶	增稠剂	451(ii)	三聚磷酸钾	酸度调节剂
428	明胶	增稠剂	452	多聚磷酸盐类	酸度调节剂

续表 2-3

国际编码系统编号	食品添加剂名称	技术用途	国际编码系统编号	食品添加剂名称	技术用途
452(i)	多聚磷酸钠	酸度调节剂	472a	醋酸甘油酯和脂肪酸甘油酯类	乳化剂 螯合剂
452(ii)	多聚磷酸钾	酸度调节剂	472b	乳酸甘油酯和脂肪酸甘油酯类	乳化剂 螯合剂
452(iii)	多聚磷酸钙钠	酸度调节剂	472c	柠檬酸甘油酯和脂肪酸甘油酯类	乳化剂
452(iv)	多聚磷酸钙	酸度调节剂	472d	脂肪酸甘油酯和脂肪酸二甘油酯酒石酸酯类	乳化剂 稳定剂
452(v)	多聚磷酸铵	乳化剂 螯合剂	427e	一乙酰酒石酸甘油酯和脂肪酸甘油酯类	乳化剂 螯合剂
452(vi)	三聚磷酸钾钠	酸度调节剂	472g	琥珀酸单甘油酯	乳化剂 螯合剂
457	α-环糊精	黏合剂 稳定剂	473	脂肪酸蔗糖酯类	乳化剂 稳定剂
458	γ-环糊精	黏合剂 稳定剂	473a	蔗糖酯类低聚物	乳化剂 稳定剂
459	β-环糊精	黏合剂 稳定剂	474	蔗糖甘油酯类	乳化剂
460	纤维素	乳化剂	475	脂肪酸聚甘油酯类	乳化剂
460(i)	微晶纤维素(纤维素凝胶)	抗结剂	476	交酯化蓖麻酸聚甘油酯类	乳化剂
460(ii)	分装纤维素	抗结剂	477	脂肪酸丙二醇酯类	乳化剂
461	甲基纤维素	增稠剂	478	甘油和丙二醇乳酸化脂肪酸酯类	乳化剂
462	乙基纤维素	黏合剂	479	热氧化大豆油与单和二甘油酯脂肪酸交联物	乳化剂
463	羟丙基纤维素	乳化剂	480	琥珀磺酸二辛钠	乳化剂 润湿剂
464	羟丙基甲纤维素	乳化剂	481	乳酰化钠类	乳化剂
465	甲基乙基纤维素	乳化剂	481(i)	乳酰化硬脂酸钠	乳化剂 稳定剂
466	羧甲基纤维素钠	乳化剂	481(ii)	乳酰化油烯钠	乳化剂 稳定剂
467	羟乙基纤维素	乳化剂	482	乳酰化钙类	乳化剂
468	交联羧甲基纤维素钠	黏合剂 稳定剂	482(i)	乳酰化硬脂酸钙	乳化剂
469	羧甲基纤维素钠,酶水解	增稠剂 稳定剂	482(ii)	乳酰化油烯钙	乳化剂 稳定剂
470	脂肪酸盐类,带铝基、铵盐、钙、镁、钾、钠	乳化剂	483	硬脂酰酒石酸酯	面粉处理剂
470(i)	肉豆蔻盐类,软脂酸和硬脂酸类,带氨、钙、钾、钠	抗结剂 乳化剂	484	柠檬酸硬脂酰酯	乳化剂 螯合剂
470(ii)	油酸盐类,带钙、钾、钠	抗结剂 乳化剂	485	延胡索酸硬脂酰钠	乳化剂
470(iii)	硬脂酸镁	抗结剂 黏合剂	486	延胡索酸硬脂酰钙	乳化剂
471	脂肪酸甘油酯和脂肪酸二甘油酯类	消泡剂 乳化剂	487	月桂烷硫酸钠	乳化剂

续表 2-3

国际编码系统编号	食品添加剂名称	技术用途	国际编码系统编号	食品添加剂名称	技术用途
489	乙氧单和二甘油酯类	乳化剂	518	硫酸镁	固化剂 增味剂
492	甲基葡萄糖苷椰油酯	乳化剂	519	硫酸铜	固色剂 防腐剂
491	山梨醇酐单硬脂酸酯	乳化剂	520	硫酸铝	固化剂
492	山梨醇酐三硬脂酸酯	乳化剂	521	硫酸铝钠	固化剂
493	山梨醇酐单月桂酸酯	乳化剂 稳定剂	522	硫酸铝钾	酸度调节剂 稳定剂
494	山梨醇酐单油酸	乳化剂 稳定剂	523	硫酸铝铵	固化剂 稳定剂
495	山梨醇酐单棕榈酸酯	乳化剂	524	氢氧化钠	酸度调节剂
496	三油酸山梨醇	稳定剂 乳化剂	525	氢氧化钾	酸度调节剂
500	碳酸钠类	酸度调节剂	526	氢氧化钙	酸度调节剂
500(i)	碳酸钠	酸度调节剂	527	氢氧化铵	酸度调节剂
500(ii)	碳酸氢钠	酸度调节剂	528	氢氧化镁	酸度调节剂
500(iii)	碳酸氢三钠	酸度调节剂	529	氧化钙	酸度调节剂
501	碳酸钾类	酸度调节剂	530	氧化镁	抗结剂
501(i)	碳酸钾	酸度调节剂	535	亚铁氰化钠	抗结剂
501(ii)	碳酸氢钾	酸度调节剂	536	亚铁氰化钾	抗结剂
503	碳酸铵类	酸度调节剂	537	六氰基锰酸亚铁	抗结剂
503(i)	碳酸铵	酸度调节剂	538	亚铁氰化钙	抗结剂
503(ii)	碳酸氢铵	酸度调节剂	539	硫代硫酸钠	抗氧化剂
504	碳酸镁类	酸度调节剂	541	磷酸铝钠类	酸度调节剂
504(i)	碳酸镁	酸度调节剂	541(i)	磷酸铝钠酸式	酸度调节剂
504(*ii*)	碳酸氢氧化镁	酸度调节剂	541(*ii*)	磷酸铝钠碱式	酸度调节剂
505	碳酸亚铁	酸度调节剂	542	骨质磷酸盐	抗结剂
507	盐酸	酸度调节剂	550	硅酸钠类	抗结剂
508	氯化钾	胶凝剂 增味剂	550(i)	硅酸钠	抗结剂
509	氯化钙	固化剂 稳定剂	550(ii)	偏硅酸钠	抗结剂
510	氯化铵	面粉处理剂	551	二氧化硅	抗结剂
511	氯化镁	保色剂 固化剂	552	硅酸钙	抗结剂
512	氯化亚锡	抗氧化剂	553	硅酸镁类	抗结剂
513	硫酸	酸度调节剂	553(i)	硅酸镁	抗结剂 隔离剂
514	硫酸钠类	酸度调节剂	553(ii)	三硅酸镁	抗结剂 隔离剂
514(i)	硫酸钠	酸度调节剂	553(iii)	滑石	抗结剂
514(ii)	硫酸氢钠	酸度调节剂	554	硅酸铝钠	抗结剂
515	硫酸钾类	酸度调节剂	555	硅酸铝钾	抗结剂
515(i)	硫酸钾	酸度调节剂	556	硅酸铝钙	抗结剂
515(ii)	硫酸氢钾	酸度调节剂	557	硅酸锌	抗结剂
516	硫酸钙	固化剂 螯合剂	558	皂土	抗结剂
517	硫酸铵	稳定剂	559	硅酸铝	抗结剂

续表 2-3

国际编码系统编号	食品添加剂名称	技术用途	国际编码系统编号	食品添加剂名称	技术用途
560	硅酸钾	抗结剂	900a	聚二甲硅氧烷	抗结剂 消泡剂
570	脂肪酸类	消泡剂	900b	苯基甲基硅氧烷	消泡剂
574	葡萄糖酸	酸度调节剂	901	蜂蜡	混浊剂 上光剂
575	葡萄糖酸-δ-内酯	酸度调节剂	902	小烛树蜡	混浊剂 上光剂
576	葡萄糖酸钠	螯合剂 稳定剂	903	巴西棕榈蜡	酸度调节剂
577	葡萄糖酸钾	酸度调节剂	904	虫胶	涂层剂 上光剂
578	葡萄糖酸钙	酸度调节剂	905a	矿物油,食品级	上光剂 密封剂
579	葡萄糖酸亚铁	护色剂	905b	凡士林(矿脂)	消泡剂 上光剂
580	葡萄糖酸镁	酸度调节剂	905c	石蜡	上光剂
585	乳酸亚铁	护色剂	905c(i)	微晶蜡	上光剂
586	4-已基间苯二酚	抗氧化剂	905c(ii)	固体石蜡	上光剂
620	谷氨酸	增味剂	905d	矿物油,高粘度	上光剂
621	谷氨酸钠	增味剂	905e	矿物油,中低粘度Ⅰ级	上光剂
622	谷氨酸钾	增味剂	905f	矿物油,中低粘度Ⅱ级	上光剂
623	二谷氨酸钙	增味剂	905g	矿物油,中低粘度Ⅲ级	上光剂
624	谷氨酸一铵	增味剂	906	安息香胶	上光剂
625	二谷氨酸镁	增味剂	907	氢化聚癸烯类	上光剂
626	鸟苷酸	增味剂	908	米糠蜡	上光剂
627	5'-鸟苷酸二钠	增味剂	909	鲸蜡	上光剂
628	5'-鸟苷酸钾	增味剂	910	蜡酯类	上光剂
629	5'-鸟苷酸钙	增味剂	911	脂肪酸甲酯类	上光剂
630	5'-肌苷酸	增味剂	913	羊毛脂	上光剂
631	5'-肌苷酸二钠	增味剂	915	甘油-甲基或五赤藓醇松香酯	上光剂
632	5'-肌苷酸钾	增味剂	916	碘酸钙	面粉处理剂
633	5'-肌苷酸钙	增味剂	917	碘酸钾	面粉处理剂
634	5'-核糖核苷酸钙类	增味剂	918	氧化氮	面粉处理剂
635	5'-核糖核苷酸二钠	增味剂	919	亚硝酰氯	面粉处理剂
636	麦芽酚	增味剂	920	*L*-半胶氨酸及其盐酸化物钠盐和钾盐	面粉处理剂
637	乙基麦芽酚	增味剂	921	*L*-胱氨酸及其盐酸化物钠盐和钾盐	面粉处理剂
638	*L*-天冬氨酸盐钠	增味剂	922	过硫酸钾	面粉处理剂
639	消旋丙氨酸	增味剂	923	过硫酸铵	面粉处理剂
640	甘氨酸	增味剂	924a	溴酸钾	面粉处理剂
641	*L*-亮氨酸	增味剂	924b	溴酸钙	面粉处理剂
642	赖氨酸盐酸	增味剂	925	氯	面粉漂白剂
650	醋酸锌	增味剂	926	二氧化氯	面粉处理剂

续表 2-3

国际编码系统编号	食品添加剂名称	技术用途	国际编码系统编号	食品添加剂名称	技术用途
927a	偶氮二甲酰胺	面粉处理剂	963	D-塔格糖	甜味剂
927b	尿素(碳酰二胺)	面粉处理剂	964	氢化葡萄糖浆	甜味剂
928	过氧化苯甲酰	防腐剂	965	麦芽糖醇类	甜味剂
929	过氧化丙酮	面粉处理剂	965(i)	麦芽糖醇	疏松剂 乳化剂
930	过氧化钙	面粉处理剂	965(ii)	麦芽糖浆	疏松剂 乳化剂
940	二氯二氟甲烷	推进剂	966	乳糖醇	乳化剂 甜味剂
941	氮	包装气 推进剂	967	木糖醇	乳化剂
942	一氧化二氮	抗氧化剂	968	赤藓糖醇	增味剂
943a	丁烷	推进剂	999	皂树提取物	乳化剂
943b	异丁烷	推进剂	999(i)	皂树提取物 1 类	乳化剂
944	丙烷	推进剂	999(ii)	皂树提取物 2 类	乳化剂
945	一氯五氟乙烷	推进剂	1000	胆酸	乳化剂
946	环丁烷	推进剂	1001	胆碱盐、胆碱酯	乳化剂
949	氢	包装气	1001(i)	醋酸胆碱	乳化剂
950	乙酰磺胺酸钾	增味剂 甜味剂	1001(ii)	碳酸胆碱	乳化剂
951	阿司帕坦	增味剂 甜味剂	1001(iii)	氯化胆碱	乳化剂
952	环磺酸盐	甜味剂	1001(iv)	柠檬酸胆碱	乳化剂
952(i)	环拉酸	甜味剂	1001(v)	酒石酸胆碱	乳化剂
952(ii)	环磺酸钙	甜味剂	1001(vi)	乳酸胆碱	乳化剂
952(iv)	环磺酸钠	甜味剂	1100	淀粉酶	面粉处理剂
953	异构麦芽糖	甜味剂	1101	蛋白酶类	增味剂
954	糖精类	甜味剂	1101(i)	蛋白酶	增味剂 稳定剂
954(i)	糖精	甜味剂	1101(ii)	木瓜蛋白酶	增味剂
954(ii)	糖精钙	甜味剂	1101(iii)	菠萝蛋白酶	增味剂 稳定剂
954(iii)	糖精钾	甜味剂	1101(iv)	无花果蛋白酶	增味剂 稳定剂
954(iv)	糖精钠	甜味剂	1102	葡糖氧化酶	抗氧化剂
955	蔗糖素(三氯半乳蔗糖)	甜味剂	1103	转化酶	稳定剂
956	阿力甜	甜味剂	1104	脂酶	增味剂
957	索马甜	甜味剂	1105	溶菌酶	防腐剂
958	甘草甜	甜味剂	1200	聚葡萄糖	疏松剂 涂层剂
959	新橙皮苷芳基丙烯酰芳棓	甜味剂	1201	聚乙烯吡咯烷酮	基础剂 分散剂
960	甜菊醇糖苷	甜味剂	1202	聚乙烯吡咯烷酮(不可溶)	胶体稳定剂
961	纽甜	甜味剂	1203	聚乙烯醇	黏合剂 涂层剂
962	双甜	甜味剂	1204	支链淀粉	成型剂 上光剂

续表 2-3

国际编码系统编号	食品添加剂名称	技术用途	国际编码系统编号	食品添加剂名称	技术用途
1503	蓖麻油	抗结剂	1518	三醋精	载体
1504(i)	环四葡萄糖	载体	1519	苯甲醇	载体
1504(ii)	环四葡萄糖糖浆	载体	1520	丙二醇	分散剂
1505	柠檬酸三乙酯	乳化剂	1521	聚乙二醇	消泡剂
1517	二乙酸甘油酯	载体	1522	木质素磺酸钙	载体

2.5.1.2　中国的编码系统

我国根据食品添加剂的类别拥有自己的编码系统，即中国编码系统(CNS)。我国食品添加剂的编码，由食品添加剂的主要功能类别代码和在本功能类别中的顺序号组成，采用 5 位数字表示，前 2 位数字为类别标识，后 3 位数字表示在该类别中的顺序号，中间以“.”作为分隔符分割。如琼脂的 CNS 号为 20.001，表示琼脂归属于第 20 类，即增稠剂类，顺序号为 001，表示琼脂是序列号为第 1 号的增稠剂。CNS 系统未将食用香料、食品工业用加工助剂、食品营养强化剂和胶姆糖基础剂包括在内。《食品安全国家标准　食品添加剂使用标准》(GB 2760—2014)中所包含的食品添加剂，如果禁止使用，则其相应的代码废止，新增的食品添加剂品种在相应的类别内顺序往后排。在 GB 2760—2014 食品添加剂的分类中删除了营养强化剂这一类别，但 CNS 系统中其他类别食品添加剂的编码未改变，如防腐剂仍属于第 17 类，山梨酸钾的 CNS 号仍为 17.004。目前，GB 2760—2014 采用 CNS 和 INS 系统相结合的方法，列出了每一种食品添加剂的 CNS 号和 INS 号(如果有)。例如，维生素 E 的 CNS 号为 04.016，INS 号为 307。

2.5.2　缩略语

ADI(acceptable daily intakes)：每日允许摄入量

CAC(Codex Alimentarius Commission)：国际食品法典委员会

CCFA(Codex Committee on Food Additives)：国际食品添加剂法典委员会

CCFAC(Codex Committee on Food Additives and Contaminants)：食品添加剂和污染物法典委员会

COE(Council of Europe)：欧洲理事会

CFR(Code of Federal Regulations)：美国联邦法典

CNS(Chinese Numbering System for Food Additives)：中国编码系统

BMD(The Danish Budget Method)：丹麦预算法

EU(European Union)：欧盟

EC(European Community)：欧洲共同体

ECSCF(Scientific Committee for Food of EC)：欧盟食品科学委员会

EEC(European Economic Community)：欧洲经济共同体

FAO(Food and Agriculture Organization of the United Nation)：联合国粮农组织

FCC(Food Chemical Codex)：美国食品用化学品法典

FDA(Food and Drug Administration)：美国食品与药物管理局

FEMA(Flavour Extract Manufacturer's Association):香料生产者协会

GMP(Good Manufacturing Practice):良好生产规范

GRAS(Generally Recognized as Safe):一般公认安全

INS(International Numbering System):国际编码数据系统

IOFI(International Organization of the Flavour Industry):国际香料工业组织

JECFA(Joint FAO/WHO Expert Committee on Food Additives):食品添加剂联合专家委员会

LD_{50}(median lethal dose):半数致死量

MNL(maximum no-effect level):最大无作用剂量

NLEA(Nutrition Labeling and Education Act):营养标签与教育法案

USDA(United States Department of Agriculture):美国农业部

USEPA(U. S. Environmental Protection Agency):美国环境保护局

WHO(World Health Organization):世界卫生组织

思考题

二维码 2-1
第 2 章　思考题答案

1. 什么是食品添加剂的安全性？为什么要对食品添加剂进行安全性评价？
2. 简述食品添加剂的毒理学试验的内容。
3. 什么是每日允许摄入量(ADI)、最大无作用量(MNL)？
4. 每日允许摄入量(ADI)、最大使用量(E)是如何确定的？
5. 试述我国食品添加剂的使用原则。

参考文献

[1] 高雪丽. 食品添加剂. 北京:中国科学技术出版社,2013.

[2] 王金玲,赵鑫,杨成君. 食品添加剂. 哈尔滨:东北林业大学出版社,2010.

[3] 郝利平,聂乾忠,陈永泉,等. 食品添加剂. 2 版. 北京:中国农业大学出版社,2009.

[4] U. S. Food and Drug Administration. Toxicological Principles for the Safety Assessment of Food Ingredient(Redbook 2000). 2000(Revised in 2007).

[5] 郝利平. 食品添加剂. 3 版. 北京:中国农业大学出版社,2016.

[6] 巢强国. 食品添加剂安全性综述. 上海计量测试,2008(1):2-7.

[7] 刘钟栋,刘学军. 食品添加剂. 郑州:郑州大学出版社,2015.

[8] 黄文. 食品添加剂. 2 版. 北京:中国质检出版社,2013.

[9] 顾立众,吴君艳. 食品添加剂应用技术. 北京:化学工业出版社,2016.

[10] 食品安全国家标准　食品毒理学实验室操作规范:GB 15193. 2—2003. 北京:中国标准出版社,2003.

[11] 食品安全国家标准　食品安全性毒理学评价程序:GB 15193. 1—2003. 北京:中国标准出版社,2003.

[12] 齐艳玲,王凤梅,陈飞雪. 食品添加剂. 北京:海洋出版社,2014.

[13] 孙宝国. 食品添加剂. 2 版. 北京:化学工业出版社,2013.

[14] 曹雁平，肖俊松，王蓓．食品添加剂安全应用技术．北京：化学工业出版社，2013．

[15] 雷阳，汪琳．食品添加剂基础．北京：化学工业出版社，2011．

[16] 张守花．食品添加剂应用技术．武汉：武汉理工大学出版社，2018．

[17] 汤高奇．食品添加剂．北京：中国农业大学出版社，2010．

[18] 李安平，郑仕宏．食品添加剂原理与安全使用．长沙：国防科技大学出版社，2011．

[19] 张霁月，王华丽，张俭波．第五十一届国际食品添加剂法典委员会(CCFA)会议进展．中国食品添加剂，2019(5)：157-160．

[20] 高彦祥．食品添加剂．2版．北京：中国轻工业出版社，2019．

[21] 刘筠筠，杨嘉玮．美国食品添加剂的安全监管及其启示．食品安全质量检测学报，2014，5(1)：154-159．

[22] 张华江．食品添加剂原理与应用．北京：中国农业出版社，2014．

[23] 郭莹，刘筠筠．食品添加剂法律规制的中美比较研究．食品安全质量检测学报，2014(12)：4195-4202．

[24] 张俭波．美国食品添加剂管理介绍(待续)．中国食品添加剂，2009(6)：45-49．

[25] 张俭波．美国食品添加剂管理介绍(2)．中国食品添加剂，2010(1)：45-51．

[26] 迟玉杰．食品添加剂．北京：中国轻工业出版社，2013．

[27] R Haigh. The EEC Scientific Committee for Food. Nutrition Bulletin，1987，12(2)：108-115.

[28] 李宁，王竹天．国内外食品添加剂管理和安全性评价原则．国外医学(卫生学分册)，2008(6)：321-327．

[29] 陈倩．食品添加剂的安全性与管理．中国食物与营养，2011，17(6)：5-9．

[30] 邹志飞，代汉慧．欧盟食品添加剂法规标准指南．北京：中国标准出版社，2013．

[31] 张俭波．日本食品添加剂申请审批程序介绍．中国食品添加剂，2009(4)：41-45．

[32] 骆鹏杰，张俭波，贾海先，等．日本和韩国食品添加剂管理与法规标准的概述．中国食品添加剂，2014(7)：88-93．

[33] 王华丽，骆鹏杰，张霁月，等．食品添加剂制剂的国内外管理现状及问题研究．中国食品添加剂，2014(1)：68-72．

[34] 邹志飞，席静，奚星林，等．国外食品添加剂法规标准介绍．中国食品卫生杂志，2012(3)：283-288．

[35] 马汉军，田益玲．食品添加剂．北京：科学出版社，2014．

[36] 中华人民共和国食品安全法．北京：中国法制出版社，2018．

[37] 蒋凌琳，李宇阳．我国食品添加剂管理现状研究综述．中国卫生政策研究，2011(7)：34-38．

[38] Arvidson K B. FDA toxicity databases and real-time data entry. Toxicology and Applied Pharmacology，2008，233(1)：17-19.

[39] General Standard For Food Additives Codex Stan 192—1995(2019年修订)．

[40] 食品安全国家标准　食品添加剂使用标准：GB 2760—2014．北京：中国标准出版社，2014．

[41] 食品安全国家标准　食品营养强化剂使用卫生标准：GB 14880—2012．北京：中国标

准出版社,2012.

[42] 食品添加剂卫生管理办法.北京:人民出版社,2009.

[43] 食品添加剂新品种管理办法(卫生部令第73号).

[44] 骆鹏杰,张俭波.食品添加剂新品种管理申请与审批.中国食品添加剂,2014(6):45-48.

[45] 刘莲芳.中国食品添加剂标准、法规和审批程序(上).中国食品添加剂,1989.

[46] 刘旭.我国食品添加剂生产中存在的问题及管理对策.中国调味品,2015(4):125-128.

[47] FAO/WHO. Discussion paper on the international numbering system for food additives. Rome:FAO/WHO Press,1984.

[48] FAO. Compendium of food additive specification. Rome:FAO/WHO Press,1992,1-2:52;Add. 1,1992;Add. 2,1993;Add. 3,1996.

[49] 王洁,刘筠筠.欧盟与我国食品添加剂相关法规标准的比较研究.食品安全质量检测学报,2015,6(9):3752-3757.

[50] 李宏梁.食品添加剂安全与应用.2版.北京:化学工业出版社,2012.

[51] 食品添加剂分类和代码:GB 12493—1990.北京:中国标准出版社,1990.

[52] CAC. Class names and the International Numbering System for food additives,1989.

[53] 孙平.食品添加剂.2版.北京:中国轻工业出版社,2020.

第3章

食品防腐剂

学习目的与要求

了解与掌握食品防腐剂的基本概念,学习食品防腐剂的分类及各类食品防腐剂的主要特性;了解食品防腐剂的主要作用机理,掌握主要食品防腐剂使用范围及使用方法、限量标准及相关注意事项,同时了解食品防腐剂的发展趋势与最新研究进展。

食品败坏的原因是多种多样的，包括物理、化学和生物因素。而且这些因素往往是同时或连续发生的。一般来说，由于自然界中微生物种类众多，在地球上广泛存在，同时其具有繁殖速率惊人等特点，加上食品中营养物质丰富，为微生物的生长和繁殖提供了极佳的条件，因此，细菌、霉菌和酵母之类微生物的生长通常是食品腐败变质的最主要原因。

食品保藏可用各种方法来实现。如工业化以前人们普遍采用盐渍、糖渍、晒干、酒泡和发酵等方法来保藏食品；现代食品工业的发展，人们采用各种新技术如罐藏、高压杀菌、辐照杀菌、电子束杀菌结合真空包装、气调包装等多种方法来延长产品的保质期；同时还可以采用冷藏和冻藏达到延长产品保质期的目的。上述各种方法各具特点，如正在迅速发展中的速冻保藏工艺，在保持食品品质方面具有其他保藏方式无法比拟的优越性，但却受到设备与成本等条件的限制。在一定的条件下，合理使用食品防腐剂作为一种食品保藏的辅助手段，对防止某些易腐食品的腐败和变质具有显著的效果。而且它使用简便，一般不需要特殊的设备，甚至可使食品在常温及简易包装的条件下短期储藏，从经济的角度看较其他各种冷热保藏方法具有一定的优越性，故现阶段食品防腐剂在食品工业中仍被广泛使用。将来随着速冻和其他保藏新工艺的不断发展，以及人们对食品安全的要求越来越高，食品防腐剂的使用必将逐渐减少。

3.1 食品防腐剂的作用机理

食品防腐剂(food preservative)是防止食品腐败变质、延长食品储存期的物质，是一类以保持食品原有性质和营养价值为目的的食品添加剂。它主要用于防止食品在储存、流通过程中由于微生物生长、繁殖引起的腐败变质，从而延长食品的货架期和保质期。习惯上食品防腐剂所指都局限于由微生物和昆虫所引起的腐败变质，而不包括由油脂氧化所导致的酸败作用。视其作用的不同，食品防腐剂又可分为食品杀菌剂、抗微生物剂(消毒剂)、防霉剂、杀虫熏蒸剂和保鲜剂等类别。

食品防腐剂抑制与杀灭微生物的机理是十分复杂的，目前使用的食品防腐剂一般认为是通过以下几条途径或作用方式来实现对微生物的抑制与杀灭作用的。

(1)破坏微生物细胞膜的结构或者改变细胞膜的通透性，使微生物体内的酶类和代谢产物逸出细胞外，导致微生物正常的生理平衡被破坏而失活。

(2)食品防腐剂与微生物的酶作用，如与酶的巯基作用，破坏多种含硫蛋白酶的活性，干扰微生物体内的正常代谢，从而影响其生长和繁殖。通常防腐剂作用于微生物的呼吸酶系，如乙酰 CoA 缩合酶、脱氢酶、电子传递酶系等。

(3)其他作用，如食品防腐剂作用于蛋白质，导致蛋白质的部分变性，与蛋白质的交联作用等而导致其正常的生理作用无法进行等。

相对来说，食品微生物学的发展对食品防腐剂作用机理的研究还不十分透彻，有待进一步更深入的研究。

3.2 常用的食品防腐剂

目前世界各国用于食品防腐的药剂种类很多。一般可分为酸性防腐剂、酯性防腐剂、其他化学防腐剂和生物防腐剂4类。对它们的基本要求是：符合相关国家或国际的食品卫生标准；对人体不产生任何健康危害；不与食品发生任何化学反应，不应降低食品本身的营养价值；不应掩盖食品的腐败变质；防腐败效果好。此外还要求使用方便，价格便宜。

美国允许使用的食品防腐剂有50余种，日本有40余种。我国《食品安全国家标准　食品添加剂使用标准》(GB 2760—2014)公布的食品防腐剂有以下几类：苯甲酸及其钠盐、山梨酸及其钾盐、丙酸及其钠(或钙)盐、硝酸钠、硝酸钾、亚硝酸钠、亚硝酸钾、对羟基苯甲酸酯类及其钠盐、纳他霉素、乳酸链球菌素、ε-聚赖氨酸及其盐酸盐、溶菌酶、双乙酸钠、脱氢乙酸及其钠盐、乙酸钠、硫磺及二氧化硫、焦亚硫酸钠、2,4-二氯苯氧乙酸、单辛酸甘油酯、二甲基二碳酸盐、乙二胺四乙酸二钠等。我国食品防腐剂及其使用标准如表3-1所示。

表3-1　GB 2760—2014所列食品防腐剂及其使用标准

名称	使用范围	最大使用量/(g/kg)	备注
苯甲酸及其钠盐	浓缩果蔬汁(浆)(仅限食品工业用)	2.0	所有产品均以苯甲酸计。固体饮料按稀释倍数增加使用量。苯甲酸和苯甲酸钠同时使用时，以苯甲酸计，不得超过最大使用量
	胶基糖果	1.5	
	果酱(罐头除外)、腌制蔬菜、风味冰，冰棍类、调味糖浆、酱油、酱及酱制品、醋、半固体复合调味料、液体复合调味料、果蔬汁(浆)类饮料、蛋白饮料、茶、咖啡、植物(类)饮料、风味饮料。	1.0	
	果酒、除胶基糖果外的其他糖果	0.8	
	复合调味料	0.6	
	配制酒	0.4	
	碳酸饮料、特殊用途饮料	0.2	
山梨酸及其钾盐	浓缩果蔬汁(浆)(仅限食品工业用)	2.0	所有产品均以山梨酸计。固体饮料按稀释倍数增加使用量，山梨酸及山梨酸钾同时使用时，以山梨酸计，不得超过最大使用量
	胶基糖果，肉类灌肠、其他杂粮制品(仅限杂粮灌肠制品)、方便面制品(仅限米面灌肠制品)、蛋制品(改变其物理性状)	1.5	
	干酪和再制干酪及其类似品、氢化植物油、人造黄油及其类似制品、果酱、腌制蔬菜、豆干再制品、新型豆制品(大豆蛋白及其膨化食品、大豆素肉等)、除胶基糖果外的其他糖果、面包、糕点、焙烤食品馅料及表面用挂浆、风干、烘干、压干等水产品、熟制水产品(可直接食用)、其他水产品及其制品、调味糖浆、醋、酱油、复合调味料、乳酸菌饮料	1.0	
	果酒	0.6	
	配制酒(仅限青稞干酒)	0.6	单位为g/L
	风味冰、冰棍类、经表面处理的鲜水果、经表面处理的新鲜蔬菜、蜜饯凉果、加工食用菌和藻类、盐渍蔬菜、酱渍蔬菜、酱及酱制品、果冻(如用于果冻粉，以冲调倍数增加)、蜜饯凉果类、酱及酱制品、饮料类(包装饮用水除外)、果冻、胶原蛋白肠衣	0.5	

续表 3-1

名称	使用范围	最大使用量/(g/kg)	备注
山梨酸及其钾盐	配制酒	0.4	
	葡萄酒	0.2	
	熟肉制品、预制水产品(半成品)	0.075	
硫磺	魔芋粉	0.9	只限用于熏蒸，最大使用量以 SO_2 残留量计
	经表面处理的鲜食用菌和藻类	0.4	
	蜜饯凉果	0.35	
	干制蔬菜	0.2	
	水果干类、食糖	0.1	
二氧化硫、焦亚硫酸钠、焦亚硫酸钾、亚硫酸钠、亚硫酸氢钠、低亚硫酸钠	干制蔬菜(仅限脱水马铃薯)	0.4	最大使用量均以二氧化硫残留量计 单位为 g/L，甜型葡萄酒和果酒系列产品最大使用量为 0.4 g/L
	蜜饯凉果	0.35	
	葡萄酒、果酒	0.25	
	干制蔬菜、腐竹类(包括腐竹、油皮等)	0.2	
	水果干类、腌制蔬菜、可可制品、巧克力和巧克力制品(包括代可可脂巧克力及制品)及糖果、饼干、食糖	0.1	
	经表面处理的鲜水果、蔬菜罐头(仅限竹笋、酸菜)、干制的食用菌和藻类、食用菌和藻类罐头(仅限蘑菇罐头)、坚果与籽类罐头、生湿面制品(如面条、饺子皮、馄饨皮、烧卖皮)(限拉面)、冷冻米面制品(仅限风味派)、调味糖浆、半固体复合调味料、果蔬汁(浆)、果蔬汁(浆)类饮料	0.05	
	淀粉糖(果糖、葡萄糖、饴糖、部分转化糖等)	0.04	
	食用淀粉	0.03	
	啤酒和麦芽饮料	0.01	
丙酸及其钠(或钙)盐	浸泡杨梅(杨梅罐头加工用)	50.0	以丙酸计
	豆类制品、面包、糕点、酱油、醋	2.5	
	原粮	1.8	
	生湿面制品(如面条、饺子皮、馄饨皮、烧卖皮)	0.25	
对羟基苯甲酸酯类及其钠盐(对羟基苯甲酸甲酯钠、对羟基苯甲酸乙酯及其钠盐)	焙烤食品馅料及表面用挂浆(仅限糕点馅)	0.5	以对羟基苯甲酸计
	果酱(除罐头外)、酱油、酱及酱制品、醋、蚝油、虾油、鱼露等、果蔬汁(浆)类饮料、风味饮料(仅限果味饮料)	0.25	
	碳酸饮料、热凝固蛋制品(如蛋黄酪、松花蛋肠)	0.20	
	经表面处理的鲜水果、经表面处理的新鲜蔬菜	0.012	
单辛酸甘油酯	生湿面制品(如面条、饺子皮、馄饨皮、烧卖皮)、糕点、焙烤食品馅料及表面用挂浆(仅限豆馅)	1.0	
	肉类灌肠	0.5	

续表 3-1

名称	使用范围	最大使用量/(g/kg)	备注
二甲基二碳酸盐(又名维果灵)	果蔬汁(浆)类饮料、风味饮料(仅限果味饮料)、碳酸饮料、茶饮料类、其他饮料类(仅限麦芽汁发酵的非酒精饮料)	0.25	固体饮料按稀释倍数增加使用量
纳他霉素	干酪和再制干酪及其类似品、糕点、酱卤肉制品类、熏、烧、烤肉类、油炸肉类、西式火腿、肉灌肠类、发酵肉制品类、果蔬汁(浆)	0.3	表面使用,混悬液喷雾或浸泡,残留量小于10 mg/kg
	蛋黄酱、沙拉酱	0.02	残留量小于10 mg/kg
	发酵酒	0.01	单位为g/L
乳酸链球菌素	乳及乳制品(复原乳及婴幼儿配方食品除外)、预制肉制品、熟肉制品、熟制水产品(可直接食用)	0.5	
	其他杂粮制品(仅限杂粮灌肠制品)、方便米面制品(仅限方便湿面制品)、方便米面制品(仅限米面灌肠制品)、蛋制品(改变其物理性状)	0.25	
	食用菌和藻类罐头、杂粮罐头、酱油、酱及酱制品、复合调味料	0.2	
	饮料类	0.2	固体饮料按冲调倍数增加使用量
	醋	0.15	
脱氢乙酸及其钠盐	腌制蔬菜、淀粉制品	1.0	
	面包、糕点、焙烤食品馅料及表面用挂浆、复合调味料、预制肉制品、熟肉制品	0.5	
	黄油和浓缩黄油、腌制食用菌和藻类、发酵豆制品、果蔬汁(浆)	0.3	
硝酸钠,硝酸钾	腌腊肉制品类(如咸肉、腊肉、板鸭、中式火腿、腊肠)、酱卤肉制品类、熏、烧、烤肉类、油炸肉类;西式火腿类(熏烤、烟熏、蒸煮火腿)、肉灌肠类、发酵肉制品类、肉罐头类	0.5	以亚硝酸钠(钾)计,残留量≤30 mg/kg
亚硝酸钠,亚硝酸钾	西式火腿类(熏烤、烟熏、蒸煮火腿)类	0.15	以亚硝酸钠计,残留量≤70 mg/kg
	肉罐头类	0.15	以亚硝酸钠计,残留量≤50 mg/kg
	腌腊肉制品类、酱卤肉制品类、熏、烧、烤肉类、油炸肉类、肉灌肠类、发酵肉制品类	0.15	以亚硝酸钠计,残留量≤30 mg/kg
乙酸钠	复合调味料	10.0	
	膨化食品	1.0	

续表 3-1

名称	使用范围	最大使用量/(g/kg)	备注
双乙酸钠	复合调味料	10.0	
	糕点、粉圆	4.0	
	预制肉制品、熟制肉制品	3.0	
	调味料	2.5	
	豆干再制品、豆干类、原粮、熟制水产品(可直接食用)、膨化食品	1.0	
2,4-二氯苯氧乙酸	经表面处理的鲜水果、经表面处理的新鲜蔬菜	0.01	残留量≤2.0 mg/kg
CO_2	除胶基糖果外的其他糖果、饮料类、配制酒、其他发酵酒类(充气型)	GMP	GMP:按生产需要适量使用
肉桂醛	经表面处理的鲜水果	GMP	残留量≤0.3 mg/kg
联苯醚	经表面处理的鲜柑橘	3.0	残留量≤12 mg/kg
稳定态二氧化氯	水产品及其制品包括鱼类、甲壳类、贝类、软体类、棘皮类等水产品及其加工制品(仅限鱼类加工)	0.05	
	经表面处理的鲜水果、经表面处理的新鲜蔬菜	0.01	
乙氧基喹	经表面处理的鲜水果	GMP	残留量≤1 mg/kg
ε-聚赖氨酸	熟肉制品	0.25	
	果蔬汁及其饮料	0.2	单位 g/L,固体饮料按稀释倍数增加使用量
	焙烤食品	0.15	
ε-聚赖氨酸盐酸盐	调味品	0.50	
	杂粮制品	0.40	
	水果、蔬菜(包括块根类)、豆类、食用菌、藻类、坚果以及籽类等、小麦粉及其制品、肉及肉制品	0.30	
	大米及制品	0.25	
	饮料类	0.20	单位 g/L,固体饮料按稀释倍数增加使用量
溶菌酶	发酵酒	0.5	
	干酪和再制干酪及其类似制品	GMP	按生产需要适量使用
乙二胺四乙酸二钠	果脯类(仅限地瓜果脯)、腌制蔬菜、蔬菜罐头、坚果与籽类罐头、杂粮罐头	0.25	
	复合调味料	0.075	
	果酱、蔬菜泥(酱)(番茄沙司除外)	0.07	
	饮料类(包装饮用水除外)	0.03	固体饮料按稀释倍数增加使用量

3.2.1 酸性防腐剂

常用的有苯甲酸及其钠盐;山梨酸及其钾盐;丙酸及其钙(或钠)盐。酸性防腐剂的抑菌效果主要取决于其未解离的酸分子，其效力随 pH 而定，酸性越强效果越好，而在碱性条件下几乎无效(表 3-2)。

表 3-2 介质 pH 与未解离酸的百分比 %

pH	山梨酸	苯甲酸	丙酸
3	98	94	99
4	86	60	88
5	37	1.3	42
6	6	1.5	6.7
7	0.6	0.15	0.7
适用 pH	<5～6	<4.5～5	<5～6

3.2.1.1 苯甲酸及其钠盐

苯甲酸(benzoic acid)也称安息香酸，分子式为 $C_7H_6O_2$，分子量为 122.12；苯甲酸钠(sodium benzoate)分子式为 $C_7H_5O_2Na$，分子量为 144.11。在防腐效果上，1.18 g 的苯甲酸钠相当于 1.0 g 的苯甲酸。它们的结构式分别为：

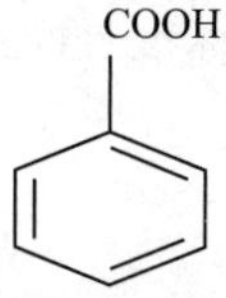
苯甲酸

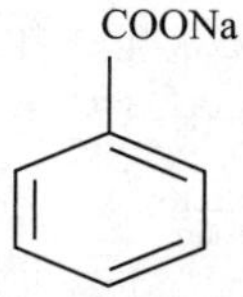
苯甲酸钠

性状与性能：苯甲酸的相对密度 1.316，熔点 121.7℃，沸点 249.2℃，于 100℃左右升华。苯甲酸为白色有荧光的鳞片状结晶或针状结晶，或单斜棱晶，质轻无味或微有安息香或苯甲醛的气味。它在热空气中微挥发，能与水汽同时挥发。苯甲酸的化学性质稳定，有吸湿性，在常温下难溶于水，0.34 g/100 mL(25℃)。苯甲酸溶于热水，4.55 g/100 mL(90℃)，也溶于乙醇、氯仿、乙醚、丙酮、二硫化碳和挥发性及非挥发性油中，微溶于已烷。

苯甲酸钠为白色颗粒或晶体粉末，无臭或微带安息气味，味微甜，有收敛性，在空气中稳定；易溶于水，53.0 g/100 mL(25℃)；溶于乙醇，1.4 g/100 mL(25℃)。其水溶液的 pH 为 8。

苯甲酸为一元芳香羧酸，酸性较弱，其 25%饱和水溶液的 pH 为 2.8，所以其杀菌、抑菌效力随介质的酸度增高而增强。在碱性介质中则失去杀菌、抑菌作用。pH 为 3.5 时，0.125%的溶液在 1 h 内可杀死葡萄球菌和其他菌；pH 为 4.5 时，对一般菌类的抑制最小浓度约为 0.1%；pH 为 5 时，即使 5%的溶液，杀菌效果也不可靠；其防腐的最适 pH 为 2.5～4。苯甲酸钠的防腐作用机理与苯甲酸相同，但防腐效果小于苯甲酸，pH 为 3.5 时，0.05%的溶液能完全防止酵母生长；pH 为 6.5 时，溶液的浓度需提高至 2.5%才能有此效果。这是因为苯甲酸钠只有在游离出苯甲酸的条件下才能发挥防腐作用。在较强酸性食品中，苯甲酸钠的防腐效果好。

苯甲酸亲油性大，易透过细胞膜，进入细胞体内，从而干扰微生物细胞膜的通透性，抑制细胞膜对氨基酸的吸收。进入细胞体内的苯甲酸分子，电离酸化细胞内的碱储，并能抑制细胞的呼吸酶系的活性，对乙酰辅酶 A 缩合反应有很强的阻止作用，从而起到食品防腐的作用。

毒性：ADI 为 0～5 mg/kg（包括以苯甲酸计的苯甲酸及其盐类）；苯甲酸大鼠经口 LD_{50} 为 2 530 mg/kg；苯甲酸钠为 4 070 mg/kg。用添加 1%苯甲酸的饲料喂养大鼠，4 代试验表明，对成长、生殖无不良影响；用添加 8%苯甲酸的饲料，喂养大鼠 13 d 后，有 50%左右死亡；还有实验表明，用添加 5%苯甲酸的饲料喂养大鼠，全部大鼠都出现过敏、尿失禁、痉挛等症状，而后死亡。成人每日服 1 g 苯甲酸，连续 3 个月，未呈现吸收进入肝脏内，在酶的催化下大部分与甘氨酸化合成马尿酸，剩余部分与葡萄糖醛酸化合形成葡萄糖苷酸而解毒，并全部进入肾脏，最后从尿排出。但其毒性较山梨酸强，故在不少国家逐步开始使用山梨酸及其钾盐取代它。

使用方法：因苯甲酸的溶解度小，使用时应根据食品特点选用热水或乙醇溶解。因苯甲酸易随水蒸气挥发，加热溶解时要戴口罩，避免对操作人员身体造成损害。另外，不宜有酒味的食品不能用乙醇溶解。苯甲酸钠可直接用洁净的水配制成较浓的水溶液，然后再按标准加入食品中，如在清凉饮料用的浓缩果汁中常使用苯甲酸钠。1 g 苯甲酸钠盐相当于苯甲酸 0.847 g。因在使用中有累积中毒现象的报道，颇有争议，虽仍被各国容许使用，但其应用范围越来越窄。因价格较为低廉，在中国仍作为防腐剂被广泛使用。

使用：按照《食品安全国家标准　食品添加剂使用标准》（GB 2760—2014）规定，苯甲酸与苯甲酸钠的使用范围与最大使用量如表 3-1 所示。

3.2.1.2　山梨酸及其钾盐

山梨酸（sorbic acid）化学名为 2,4-己二烯酸，又称为花楸酸，分子式为 $C_6H_8O_2$，分子量为 112.13；山梨酸钾（potassium sorbate）分子式为 $C_6H_7KO_2$，分子量为 150.22。它们的结构式分别为：

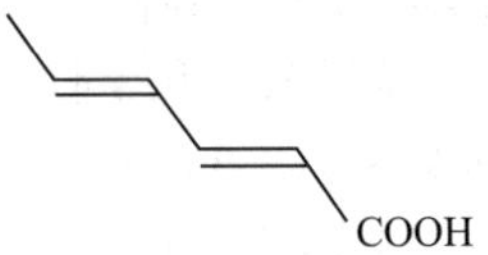

山梨酸

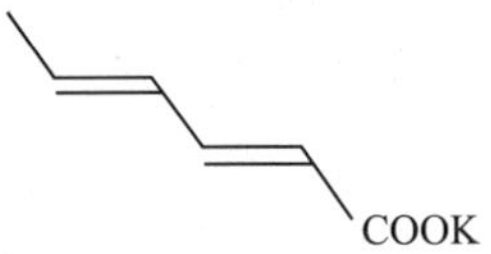

山梨酸钾

性状与性能：山梨酸为无色针状结晶体粉末，无臭或微带刺激性臭味，熔点 132～135℃，沸点 228℃（分解），耐光、耐热性好，在 140℃下加热 3 h 无变化，长期暴露在空气中易被氧化而变色。山梨酸难溶于水，0.16 g/100 mL（20℃）；溶于乙醇，10 g/100 mL；乙醚，5 g/100 mL；丙二醇，5.5 g/100 mL；无水乙醇，13.9 g/100 mL；花生油，0.9 g/100 mL；甘油，0.3 g/100 mL；冰醋酸，1115. g/100 mL；丙酮 9.7 g/100 mL。

山梨酸钾为白色至浅黄色鳞片状结晶、晶体颗粒或晶体粉末，无臭或微有臭味，长期暴露在空气中易吸潮并氧化分解而变色。山梨酸钾的相对密度 1.363，熔点 270℃（分解），易溶于水，67.6 g/100 mL（20℃）；5%食盐水，47.5 g/100 mL（室温）；25%糖水，51 g/100 mL（室温）。溶于丙二醇，5.5 g/100 mL；乙醇，0.3 g/100 mL。1%山梨酸钾水溶液的 pH 为 7～8。

山梨酸是使用最多的防腐剂，大多数国家和地区都使用。1945 年美国 Gooding 发现山梨酸具有良好的防霉性能，它对霉菌、酵母菌和好气性细菌的生长发育起抑制作用，而对厌气性细菌几乎无效。山梨酸为酸型防腐剂，在酸性介质中对微生物有良好的抑制作用，随 pH 增大防腐效果减小，pH 为 8 时丧失防腐作用，适用于 pH 在 5.5 以下的食品防腐。

山梨酸的抑菌作用机理在于它可与微生物酶系统的巯基相结合，从而破坏许多重要酶系统的作用；此外它还能干扰传递机能，如细胞色素 C 对氧的传递，以及细胞膜表面能量传递功能，抑制微生物增殖，达到防腐的目的。

山梨酸钾具有很强的抑制腐败菌和霉菌的作用，其毒性远低于其他防腐剂，已成为广泛使用的防腐剂。在酸性介质中山梨酸钾能充分发挥防腐作用，在中性条件下防腐作用小。山梨酸钾的抑菌作用机理与山梨酸相同。

毒性：ADI 为 0～25 mg/kg（包括以山梨酸计的山梨酸及其钾盐）。山梨酸大鼠经口 LD_{50} 为 7 360 mg/kg；山梨酸钾为 4 920 mg/kg。以添加 4%、8%山梨酸的饲料喂养大鼠，经 90 d，4%剂量组未发现病态异常现象；8%剂量组肝脏微肿大，细胞轻微变性。以添加 0.1%、0.5%和 5%山梨酸的饲料喂养大鼠 100 d，对大鼠的生长、繁殖、存活率和消化均未发现不良影响。

山梨酸参与人体内新陈代谢所发生的变化，产生的热效应与同碳数的饱和及不饱和脂肪酸无差异，其分子中存在共轭双键，但无特异的代谢效果。Fingerhut 等（1962）以 ^{14}C-山梨酸进行实验，结果表明，约 85%以 $^{14}CO_2$ 的形式从呼气中排出，山梨酸经口在肠内吸收，不从尿中排出。

使用方法：山梨酸难溶于水，使用时先将其溶于乙醇或碳酸氢钠、碳酸氢钾的溶液中，溶解山梨酸需要加入的碳酸氢钠或碳酸氢钾量如表 3-3 所示。溶解山梨酸时不得使用铜、铁容器或与铜、铁接触。为防止山梨酸挥发，在食品生产中应先加热食品，然后添加山梨酸。使用山梨酸作食品防腐剂时，要特别注意食品卫生，若食品被微生物严重污染，山梨酸便成为微生物的营养基质，不仅不能抑制微生物繁殖，反应会加速食品的腐败。山梨酸与其他防腐剂复配使用，可产生协同作用，提高防腐效果。在使用山梨酸或其钾盐时，要注意勿使其溅入眼内，它们能严重刺激眼睛，一旦进入眼内应立即以清水冲洗，迅速就医。

表 3-3　溶解山梨酸需要的碳酸氢钠、碳酸氢钾量　　g

项目	山梨酸溶液含量								
	1%	2%	3%	4%	5%	6%	7%	8%	9%
山梨酸质量	1.0	2.0	3.0	4.0	5.0	6.0	7.0	8.0	9.0
碳酸氢钠质量	0.75	1.51	2.27	3.03	3.78	45.4	52.5	60.2	68.1
碳酸氢钾质量	0.89	1.79	2.68	3.57	4.47	5.38	6.25	7.14	8.04

山梨酸钾较山梨酸易溶于水，且溶解状态稳定，使用方便，其 1%水溶液的 pH 为 7～8，所以在使用时有可能引起食品的碱度升高，需加以注意。使用山梨酸钾时，1 g 山梨酸钾相当于 0.746 g 山梨酸，即 1 g 山梨酸相当于 1.33 g 山梨酸钾。

使用：按照《食品安全国家标准　食品添加剂使用标准》（GB 2760—2014）规定，山梨酸与山梨酸钾的使用范围与最大用量如表 3-1 所示。

3.2.1.3　丙酸盐

1. 丙酸钠

丙酸钠（sodium propionate），分子式为 CH_3CH_2COONa，分子量为 96.06。

性状与性能：丙酸钠为白色结晶或白色晶体粉末或颗粒，无臭或微带特殊臭味，易溶于水，

100 g/100 mL(15℃)；溶于乙醇，4.4 g/100 mL；微溶于丙酮，0.05%；在空气中易吸潮。在10%的丙酸钠水溶液中加入等量的稀硫酸，加热后即产生丙酸臭味气体。

丙酸钠对霉菌具有良好的抑制作用，而对细菌抑制作用较小，如对枯草杆菌、八叠球菌、变形杆菌等杆菌只能延迟它们发育 5 d，对酵母菌无作用。如用于面包发酵，可抑制杂菌生长及乳酪制品防霉等。

丙酸是一元羧酸，它是以抑制微生物合成 β-丙氨酸而起抗菌作用的，故在丙酸钠中加入少量 β-丙氨酸，其抗菌作用即被抵消，然而对棒状曲菌、枯草杆菌、假单胞杆菌等却仍有抑制作用。

毒性：按 FAO/WHO(1985)规定，ADI 不作限制性规定。小鼠经口 LD_{50} 为 5.1 g/kg。丙酸是人体正常代谢的中间产物，可被代谢和利用，安全无毒。

使用：按照《食品安全国家标准　食品添加剂使用标准》(GB 2760—2014)规定，丙酸钠的使用范围与最大用量如表 3-1 所示。

2. 丙酸钙

丙酸钙(calcium propionate)，分子式为 $(CH_3CH_2COO)_2Ca \cdot (0\sim1)H_2O$，分子量为 186.22(无水盐)。

性状与性能：丙酸钙为白色结晶或白色晶体粉末或颗粒，无臭或微带丙酸气味。用作食品添加剂的丙酸钙为一水盐，对光和热稳定，有吸湿性；易溶于水，39.9 g/100 mL(20℃)，不溶于乙醇、醚类。在 10%丙酸钙水溶液中加入同量的稀硫酸，加热能放出丙酸的特殊气味。丙酸钙呈碱性，其 10%水溶液的 pH 为 8～10。

防腐性能：丙酸钙的防腐性能与丙酸钠相同，在酸性介质中游离出丙酸，而发挥抑菌作用。丙酸钙抑制霉菌的有效剂量较丙酸钠小，但它能降低化学膨松剂的作用，故常用丙酸钙，其优点是在糕点、面包和乳酪中使用丙酸钙可补充食品中的钙质。丙酸钙能抑制面团发酵时枯草杆菌的繁殖，pH 为 5 时最小抑菌浓度为 0.01%，pH 为 5.8 时需 0.188%，最适 pH 应低于 5.5。在面包中加入 0.3%的丙酸钙可延长货价期 2～4 d，在月饼中加入 0.25%的丙酸钙可延长货架期 30～40 d 不长霉。

毒性：FAO/WHO(1985)规定，ADI 不作限制性规定，大鼠经口 LD_{50} 为 5 160 mg/kg。用添加 1%、3%和 6%丙酸钙的饲料喂养大鼠 180 d，体重较对照组增加，血液、内脏无异变。

使用：按照《食品安全国家标准　食品添加剂使用标准》(GB 2760—2014)规定，丙酸钙的使用范围与最大使用量如表 3-1 所示。

3.2.2　酯性防腐剂

酯性防腐剂系指对羟基苯甲酸酯类及其钠盐(*p*-hydroxy benzoate and its salts)，包括对羟基苯甲酸甲酯钠，对羟基苯甲酸乙酯及其钠盐。其结构式为：

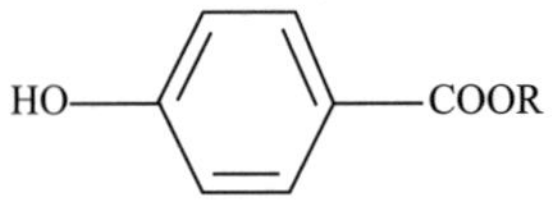

R: — CH_3, — CH_2CH_3, — $CH_2CH_2CH_3$, — $CH_2CH_2CH_2CH_3$

对羟基苯甲酸酯类的特点是在 pH 为 4～8 范围内均有较好的效果，不像酸性防腐剂其效果随 pH 变化而变化。故特别适用于偏中性食品的防腐。其毒性低于苯甲酸但高于山梨酸。其作用机理是通过抑制微生物细胞的呼吸酶系与电子传递酶系的活性，破坏微生物细胞膜的结构。此类酯性防腐剂对霉菌、酵母有较强的作用，但对细菌（特别是 G^- 杆菌和乳酸菌）的作用较弱。最大缺点是其有特殊的气味，在水中溶解度差，其溶解度随酯基碳键长度的增加而下降（如甲酯为 0.25 g/100 g，庚酯仅为 1.5 mg/100 g），而毒性则相反。但乙酯和丙酯复配使用可提高溶解度，并有增效作用。在胃中能迅速完全吸收，并水解为对羟基苯甲酸从尿中排出，不在体内蓄积。几种主要的对羟基苯甲酸酯类抑菌能力对比如表 3-4 所示。

表 3-4　对羟基苯甲酸酯类抑菌能力

（pH＝5.5 时完全抑制相应微生物生长的最小质量分数）　　%

被检微生物	对羟基苯甲酸酯类		
	乙酯	丙酯	丁酯
黑曲霉（*Asp. niger*）	0.05	0.025	0.013
苹果青霉（*Pen. expansum*）	0.025	0.013	0.006
黑根霉（*Rhi. nigricans*）	0.05	0.013	0.006
啤酒酵母（*Sac. cerevisiae*）	0.05	0.013	0.006
耐渗透压酵母（*Sac. rouxii*）	0.05	0.025	0.013
异形汉逊氏酵母（*Hansenula anomala*）	0.05	0.025	0.013
毕氏皮膜酵母（*Pichia membrane faciens*）	0.05	0.025	0.013
乳酸链球菌（*St. lactis*）	0.1	0.025	0.013
嗜酸乳杆菌（*Lact. acidophilus*）	0.1	0.05	0.025
纹膜醋酸杆菌（*Acetobacter acceti*）	0.05	0.025	0.013
枯草芽孢杆菌（*Bac. subtis*）	0.05	0.013	0.006
凝结芽孢杆菌（*Bac. coagulans*）	0.1	0.025	0.013
巨大芽孢杆菌（*Bac. megatherium*）	0.05	0.013	0.006
金黄色葡萄球菌（*Staph. aureus*）	0.05	0.025	0.013
假单胞杆菌（*Ps. fluorescens*）	0.1	0.1	0.1
普通变形杆菌（*Pr. vulgaris*）	0.1	0.05	0.05
大肠杆菌（*E. coli*）	0.05	0.05	0.05
生芽孢梭状芽孢杆菌（*Cl. sporogenes*）	0.1	0.1	0.025

由表 3-4 可知，对羟基苯甲酸酯类中以对羟基苯甲酸丁酯的防腐作用最强。我国内地目前仅限于用对羟基苯甲酸甲酯钠、对羟基苯甲酸乙酯及乙酯钠，我国台湾地区则甲、乙、丙、丁酯均可以使用。日本使用最多的是对羟基苯甲酸丁酯。

由于对羟基苯甲酸酯类都难溶于水，所以通常是将它们先溶于氢氧化钠、乙酸、乙醇中，再分散到食品中，最好是将 2 种或 2 种以上的该酯类混合使用，效果更好。

3.2.2.1　对羟基苯甲酸乙酯

对羟基苯甲酸乙酯（ethyl *p*-hydroxybenzoate）又称尼泊金乙酯，分子式为 $C_9H_{10}O_3$，分子

量为 166.18,其结构式为：

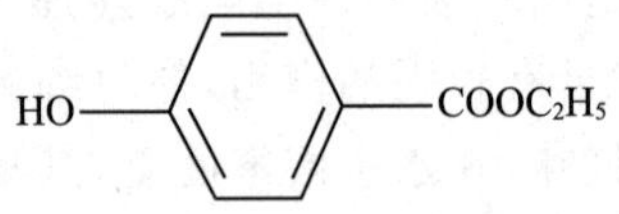

性状与性能：对羟基苯甲酸乙酯为无色细小结晶或白色晶体粉末，几乎无味，稍有麻舌感的涩味，耐光和热，熔点 116～118℃，无吸湿性。它微溶于水，0.17 g/100 mL(25℃)，易溶于乙醇，70 g/100 mL(室温)；丙二醇，25 g/100 mL(室温)；花生油，1 g/100 mL(室温)。

对羟基苯甲酸乙酯对霉菌、酵母有较强的抑制作用；对细菌，特别是革兰氏阴性杆菌和乳酸菌的抑制作用较弱。其抗菌作用比苯甲酸和山梨酸强。

对羟基苯甲酸酯类的抗菌能力是由其未电离的分子决定的，其抗菌效果不像酸性防腐剂那样易受 pH 变化的影响。因此 pH 在 4～8 范围内时有较好的抗菌效果。

对羟基苯甲酸酯类的抗菌机理为：抑制微生物细胞的呼吸酶系与电子传递酶系的活性，以及破坏微生物的细胞膜结构。当有淀粉存在时，对羟基苯甲酸乙酯的抗菌力减弱。

毒性：FAO/WHO(2001)规定，ADI 为 0～10 mg/kg。小鼠经口 LD_{50} 为 3.0 g/kg。小鼠发生对羟基苯甲酸乙酯中毒后，呈现运动失调、麻痹等现象，但很快恢复，约 30 min 即可恢复正常。对羟基苯甲酸乙酯的毒性低于苯甲酸，高于对羟基苯甲酸丙酯。

3.2.2.2 对羟基苯甲酸丙酯

对羟基苯甲酸丙酯(propyl*p*-hydroxybenzoate)，分子式为 $C_{10}H_{12}O_3$，分子量为 180.20，其结构式为：

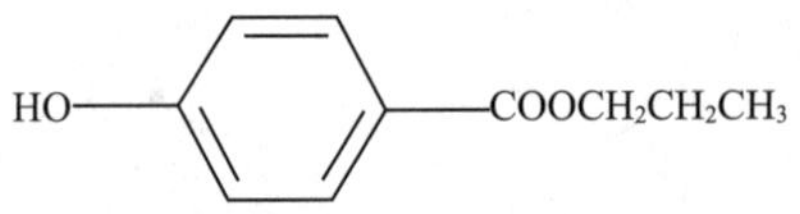

性状与性能：对羟基苯甲酸丙酯为无色细小结晶或白色结晶粉末，无臭无味，微有涩感，熔点 95～98℃。它微溶于水 0.05 g/100 mL(25℃)，易溶于乙酸；乙醇，95 g/100 mL；丙二醇 26 g/100 mL；丙酮，105 g/100 mL；溶于甘油，0.4 g/100 mL；花生油，1.4 g/100 mL(室温)。其水溶液呈中性。

对羟基苯甲酸丙酯的防腐性能优于乙酯，对苹果青霉、黑根霉、啤酒酵母、耐渗压酵母等具有良好的抑杀能力。

毒性：FAO/WHO(2001)规定，ADI 为 0～10 mg/kg。小鼠经口 LD_{50} 为 3.7 g/kg。

3.2.2.3 对羟基苯甲酸丁酯

对羟基苯甲酸丁酯(butyl*p*-hydroxybenzoate)，分子式为 $C_{11}H_{14}O_3$，分子量为 194.23，其结构式为：

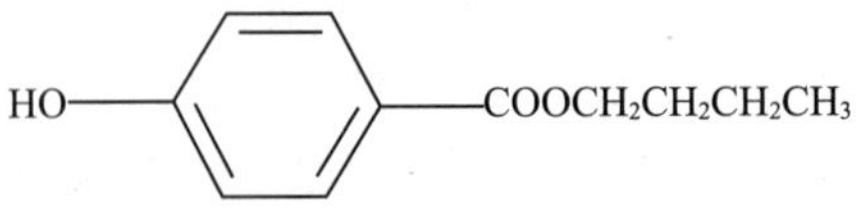

性状与性能：对羟基苯甲酸丁酯为无色细小结晶或白色晶体粉末，无臭，口感最初无味，稍后有涩味，熔点 69～72℃。它难溶于水，0.02 g/100 mL(25℃)，0.15 g/100 mL(80℃)；易溶于

乙醇，210 g/100 g；丙酮，240 g/100 g；乙醚，150 g/100 g。它溶于花生油，5 g/100 g。

对羟基苯甲酸丁酯的抗菌能力大于对羟基苯甲酸丙酯和乙酯。对酵母和霉菌有较强的抑制作用，在中性条件下能充分发挥防腐作用。

毒性：按FAO/WHO(2001)规定，ADI延期决定。小鼠经口LD_{50}为17.1 g/kg，皮下注射为16.0 g/kg。小鼠短期毒性试验有抑制体重增加的现象，对人有引起急性皮炎的毒性反应。对羟基苯甲酸丁酯较丙酯、乙酯防腐败效果好，但不足的是其毒性较大。

3.2.2.4　对羟基苯甲酸异丁酯

对羟基苯甲酸异丁酯(isobutyl*p*-hydroxybenzoate)，分子式为$C_{11}H_{14}O_3$，分子量为194.23，其结构式为：

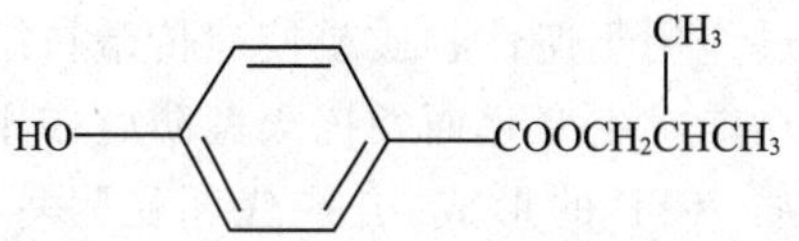

性状与性能：对羟基苯甲酸异丁酯为无色细小结晶或白色晶体粉末，无臭，熔点75～77℃，它难溶于水，0.035 g/100 mL(25℃)，易溶于乙醇、乙醚、丙酮、丙二醇和醋酸。

对羟基甲酸异丁酯的抗菌作用与正丁酯相同，参照对羟基苯甲酸丁酯。对羟基苯甲酸异丁酯是日本常用的食品防腐剂。

毒性：大鼠经口LD_{50}为8.39 g/kg。对羟基苯甲酸异丁酯的毒性小于苯甲酸和水杨酸，经肾排出，几乎无刺激。其他参照对羟基苯甲酸丁酯。

3.2.2.5　对羟基苯甲酸异丙酯

对羟基苯甲酸异丙酯(isopropyl*p*-hydroxybenzoate)，分子式为$C_{10}H_{12}O_3$，分子量为180.21，其结构式为：

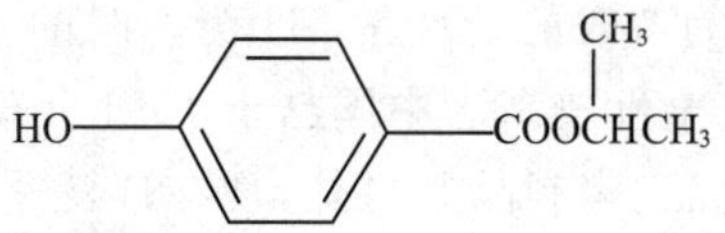

性状与性能：对羟基苯甲酸异丙酯为无色细小结晶或白色晶体粉末，无臭，熔点84～86℃，它难溶于水，0.088 g/100 mL(25℃)，易溶于乙醇、乙醚、丙酮、醋酸。

对羟基苯甲酸异丙酯的防腐性能参见异丁酯。

毒性：按FAO/WHO(1984)规定，ADI为0～10 mg/kg。犬经口LD_{50}为3 g/kg。其他参照对羟苯甲酸丁酯、异丁酯。

使用：按照《食品安全国家标准　食品添加剂使用标准》(GB 2760—2014)规定，对羟基苯甲酸酯类的使用范围与最大用量如表3-1所示。

对羟基苯甲酸酯类在水中溶解度小，通常都是将其配成氢氧化钠溶液、乙醇溶液或醋酸溶液使用。该类防腐剂在酱油中应用时，在5%的氢氧化钠溶液中加入20%～50%对羟基苯甲酸酯类充分溶解，然后加入80℃的酱油中，用量为0.10 g/L即可达到酱油防霉的目的。

对羟基苯甲酸酯类较少单独使用，通常几种(2～3种)混合使用。混合物较单一纯品熔点低，易溶于水，保存时不易析出，防腐效果增加。该类防腐剂也可与苯甲酸合用。

清凉饮料的使用量要适当小一些，因为该类食品一次性食用量大，这类食品的杀菌条件相对容易满足，故添加比例要小一些，一般清凉饮料的使用量为 0.16 g/kg。在清凉饮料中使用该类防腐剂，可用乙醇溶液或氢氧化钠溶液将其溶解，也常与苯甲酸和脱氢醋酸合用。

3.2.3 天然防腐剂

天然的食品防腐剂根据其来源可以分为以下 3 种类型：1）动物源天然防腐剂，从动物组织或产物中提取或得到的一类有抗菌特性的物质如溶菌酶、壳聚糖、昆虫抗菌肽、蜂胶、鱼精蛋白等。研究表明，动物源天然防腐剂具有抗菌性强、水溶性好、安全无毒、抑菌谱广等特点，在人体消化道内可降解为食物的正常成分，不干扰人体正常的消化道菌群组成，不影响药用抗菌素的使用，而且还有一定的营养价值。其抑菌的作用机理类似于其他食品防腐剂，是通过作用于细胞膜，破坏依赖于膜结构完整性进行物质和能量代谢的细胞及细胞器，使细胞内溶酶体膜破裂诱导微生物自溶；也可以通过作用于遗传物质或使遗传微粒结构改变而抑菌；还有一些是通过作用于酶或功能蛋白，使其功能发生变化而发挥灭菌防腐作用的；另外还可以通过破坏微生物呼吸作用酶系，阻断能量物质 ATP 的形成，合成代谢受阻等。2）植物源天然防腐剂，指天然存在于植物体内，通过人工修饰、分解、蒸馏等方法制得的具有抑菌和防腐作用的一类物质，例如果胶分解产物、香辛料提取物、茶多酚、海藻提取物等。如 Knobloch 等对芳香植物精油的抗菌性进行了考察和研究，发现精油在水相中的溶解度及精油有效成分与其透过细胞膜进入菌体的能力直接相关，而其抗菌性是基于精油在细胞膜中的溶解度，精油中的类萜类能降低生物膜的稳定性，从而干扰能量代谢的酶促反应。还有学者对 26 种植物芳香族化合物的抗菌效果进行比较，发现植物中有许多天然抗菌成分，但最有效的抗菌活性物质主要存在于风味物质中。3）微生物源天然防腐剂，微生物代谢产生的抗菌、抑菌物质是近年来天然食品防腐剂开发的一个热点。如乳酸链球菌素，最早由 Mattick 等于 1947 年制得，1951 年成功地用于防止由肉毒梭状芽孢杆菌所引起的干酪的膨胀腐败。FAO/WHO 于 1961 年确认其为一种食品防腐剂。该品对肉毒梭状芽孢杆菌有很强的抑菌作用，但对霉菌和酵母的作用很弱，且需在酸性条件下才能保证其稳定性，pH 为 7 时的活性是 pH 为 5 时的 40%，一般仅用于干酪。它在消化道中可被水解蛋白酶降解，安全性较高。中国已于 1991 年研制成功，并已投产，按规定可用于罐装食品、植物蛋白食品和乳品、肉制品。另外，现在广泛采用的微生物源天然防腐剂还包括来自放线菌类的纳他霉素，ε-聚赖氨酸等。

3.2.3.1 乳酸链球菌素

乳酸链球菌素（nisin）是一种由乳酸链球菌合成的多肽抗菌类物质。分子式为 $C_{143}H_{228}N_{42}O_{37}S_7$，分子量为 3 348。

性状与性能：乳酸链球菌素为白色易流动粉末。在室温及酸性条件下加热其活性均稳定，它能耐受 pH=2 时 121℃加热 30 min 及 pH=3 时 121℃加热 15 min，其活性不受影响。当 pH>4 时，乳酸链球菌素迅速分解。在温度为 121℃条件下加热 15 min，pH 分别为 4、5、6、7 时其活力下降 29%、69%、86%和 99.7%。

乳酸链球菌素其抑菌范围主要针对 G^+ 菌、芽孢杆菌和芽孢梭菌，特别能抑制肉毒杆菌的繁殖和毒素的形成。常用于干酪、奶油制品、罐头，高蛋白制品的防腐。

毒性：FAO/WHO（2001）规定，ADI 为 33 000 IU/kg，安全无毒。

使用：按照《食品安全国家标准　食品添加剂使用标准》（GB 2760—2014）规定，乳酸链球菌素可用于乳及乳制品、罐头、植物蛋白饮料及酱油、酱及酱制品。在乳制品和熟肉制品中的最大使用量为 0.5 g/kg。具体如表 3-1 所示。

3.2.3.2　纳他霉素

纳他霉素(natamycin)是由游链霉菌(*Streptomyces natalensis*)受控发酵制得。分子式为 $C_{33}H_{47}NO_{13}$，分子量为 665.75。其结构式为：

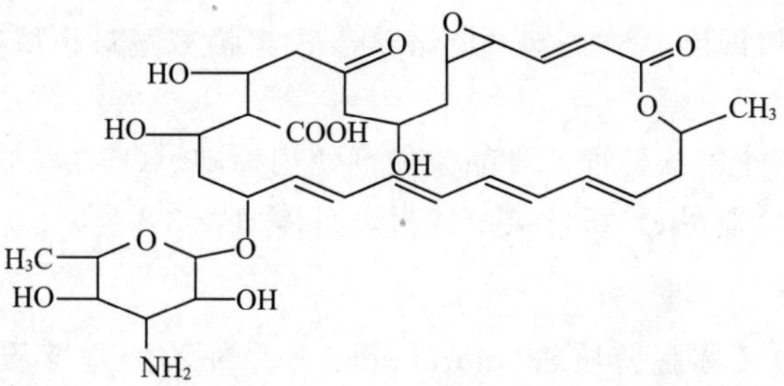

性状与性能：纳他霉素为近白色到奶油黄色粉末，几乎无臭无味，熔点 280℃。它几乎不溶于水，溶于冰醋酸和二甲基亚砜。该产品应密封后于无阳光直射、环境温度小于 15℃的条件下储存。

纳他霉素用于食品表面时，对真菌、酵母菌、某些原生动物和藻类具有一定的防腐效果。无抗细菌活性，用于发酵干酪可选择性抑制霉菌的生长而让细菌得到正常生长和代谢。

毒性：ADI 为 0～0.3 mg/kg，可安全用于食品。

使用：按照《食品安全国家标准　食品添加剂使用标准》(GB 2760—2014)规定，纳他霉素可用于干酪、酱卤肉制品、熏、烧、烤肉类、油炸肉类、西式火腿、肉灌肠类、发酵肉制品类、糕点、果汁原浆等，最大使用量为 0.3 g/kg(表面使用，混悬液喷雾或浸泡，残留量小于 10 mg/kg)；蛋黄酱和沙拉酱，最大使用量为 0.02 g/kg(残留量小于 10 mg/kg)；发酵酒为 0.01 g/L。具体如表 3-1 所示。

3.2.3.3　ε-聚赖氨酸

ε-聚赖氨酸(ε-polylysine)由小白色链霉菌(*Streptomyces albulus*)及变异株经过液体深层有氧发酵产生，是一种含有 25～30 个赖氨酸残基的同型单体聚合物，称为 ε-多聚赖氨酸。分子式为 $C_{180}H_{362}N_{60}O_{31}$，分子量为 3 600～4 300。其结构式为：

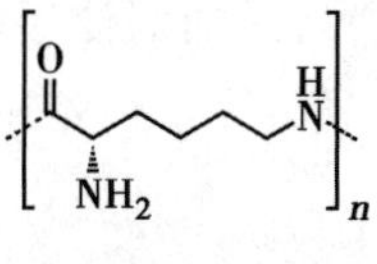

当分子量低于 1 300 时，ε-聚赖氨酸失去抑菌活性。

性状与性能：ε-聚赖氨酸为淡黄色粉末、吸湿性强，略有苦味，是赖氨酸的直链状聚合物。它没有固定的熔点，250℃以上开始软化分解，具有较好的溶解性和抗热性。ε-聚赖氨酸易溶于水，微溶于乙醇，不溶于乙酸乙酯、乙醚等有机溶剂，在中性、微酸性环境中具有较强的抑菌性。它对热稳定(120℃，20 min)，能抑制耐热菌，故加入后可热处理。但遇酸性多糖类、盐酸盐类、磷酸盐类、铜离子等可能因结合而使活性降低。ε-聚赖氨酸与盐酸、柠檬酸、苹果酸、甘氨酸和高级脂肪甘油酯等合用有增效作用。

ε-聚赖氨酸抑菌谱广，对于酵母属的尖锐假丝酵母菌、法红酵母菌、产膜毕氏酵母、玫瑰掷孢酵母；G^+中的耐热脂肪芽孢杆菌、凝结芽孢杆菌、枯草芽孢杆菌；G^-中的产气节杆菌、大肠杆菌等都有明显的抑制和杀灭作用。聚赖氨酸对G^+中的微球菌，保加利亚乳杆菌，热链球菌，G^-中的大肠杆菌，沙门氏菌以及酵母菌的生长有明显抑制效果，聚赖氨酸与醋酸复合试剂对枯草芽孢杆菌有明显抑制作用。

毒性：ε-聚赖氨酸是一种营养型抑菌剂，安全性高于其他化学防腐剂，大鼠经口$LD_{50}>$ 5 g/kg。小鼠试验表明，日粮中添加 20 000 mg/kg ε-聚赖氨酸对小鼠生长无毒副作用和蓄积作用。

使用：按照《食品安全国家标准　食品添加剂使用标准》(GB 2760—2014)规定，ε-聚赖氨酸可用于熟肉制品、焙烤制品、果蔬汁类及饮料。具体如表 3-1 所示。

3.2.3.4　溶菌酶

溶菌酶(lysozyme)又称胞壁质酶(muramidase)或N-乙酰胞壁质聚糖水解酶(N-acetyl-muramide glycanohydrolase)，是一种能水解致病菌中黏多糖的碱性酶。它主要通过破坏细胞壁中的N-乙酰胞壁酸和N-乙酰氨基葡糖之间的β-1,4-糖苷键，使细胞壁不溶性黏多糖分解成可溶性糖肽，导致细胞壁破裂内容物逸出而使细菌溶解。溶菌酶还可与带负电荷的病毒蛋白直接结合，与DNA、RNA、脱辅基蛋白形成复盐，使病毒失活。因此，该酶具有抗菌、消炎、抗病毒等作用。商业用溶菌酶是采用生物工程技术进行克隆、提取而制取的一种天然酶。从鸡蛋清中提取分离的溶菌酶是由 18 种 129 个氨基酸残基构成的单一肽链。它富含碱性氨基酸，有 4 对二硫键维持酶构型，是一种碱性蛋白质，其 N 端为赖氨酸，C 端为亮氨酸。分子量为 14 000。

性状与性能：溶菌酶为白色或微白色冻干粉，溶于水，不溶于乙醚和丙酮，pI 为 11～11.35，最适 pH 为 6.5。它在酸性介质中可稳定存在，它在碱性介质中易失活；它在 96℃，pH 为 3 条件下，维持 15 min 后活力仍保持为 87%。应在阴凉干燥的环境下避光保存，温度 0℃以下。

溶菌酶对G^+中的枯草杆菌、耐辐射微球菌有分解作用。对大肠杆菌、普通变形菌和副溶血性弧菌等G^-也有一定程度的溶解作用，其最低有效浓度为 0.05%。它与植酸、聚合磷酸盐、甘氨酸等配合使用，可提高防腐效果。

毒性：溶菌酶是一种无毒、无副作用的蛋白质，具有一定的溶菌作用，因此可用作天然的食品防腐剂。

使用：按照《食品安全国家标准　食品添加剂使用标准》(GB 2760—2014)规定，溶菌酶可用于干酪和再制干酪及其类似制品、发酵酒等。具体如表 3-1 所示。

3.2.3.5　香辛料提取物

近年来，人们开始使用香辛料提取物用作食品防腐添加剂，并取得良好的防腐效果。许多香辛料含有杀菌、抑菌成分，将它们提取出来用作天然防腐剂，既安全又有效。

大蒜是百合科植物，具有很强的杀菌、抗菌能力，自古人们就用大蒜治疗肠胃病、肺病和感冒等疾病。大蒜的杀菌、抗菌成分为蒜辣素和蒜氨酸，前者有令人不愉快的臭气，后者无味，故适合用作食品防腐剂的主要是蒜氨酸。蒜氨酸的提取法如下：大蒜在一定湿度下加热，以杀死蒜酶，使其失去催化能力，防止蒜氨酸在提取过程中转化为蒜辣素。然后用甲醇提取，在提取液中添加胶状氢氧化铁，振荡后放置 24 h，分离出沉淀物，除去可溶性蛋白质，再将滤液减压蒸馏，即得到白色无臭的结晶。

此外，肉豆蔻中所含的肉豆蔻挥发油，肉桂中所含的挥发油以及丁香中所含的丁香油等均有良好的杀菌、抗菌作用。因多数具有辛辣味道，没有广泛作为防腐剂使用。

3.2.4　其他化学防腐剂

其他化学防腐剂主要包括硫磺、二氧化硫、焦亚硫酸钠、焦亚硫酸钾、亚硫酸钠、亚硫酸氢钠、低亚硫酸钠；乙酸钠；双乙酸钠；脱氢乙酸及其钠盐；硝酸钠、硝酸钾以及亚硝酸钠、亚硝酸钾等。

3.2.4.1　亚硫酸类

亚硫酸类包括：硫磺（sulfur）和二氧化硫（sulfur dioxide）、焦亚硫酸钠（sodium metabisulphite）、焦亚硫酸钾（potassium metabisulphite）、亚硫酸钠（sodium sulfite）、亚硫酸氢钠（sodium hydrogen sulfite）、低亚硫酸钠（sodium hyposulfite）。

硫磺的性状与性能：硫磺的元素符号 S，分子量为 32.06。块状硫磺为淡黄色块状结晶体，粉末为淡黄色粉末，有特殊臭味，能溶于二硫化碳，不溶于水。密度、熔点及其在二硫化碳中的溶解度均因晶体不同而异，沸点约为 445℃，硫磺在空气中燃烧，燃烧时发生蓝色火焰，生成二氧化硫，粉末与空气或氧化剂混合易发生燃烧，甚至爆炸。

硫磺在熏蒸的过程中形成 SO_2，SO_2 能与半胱氨酸结合形成硫酯，因此，人们认为它能降解硫胺素和辅酶Ⅱ（NAD^+），从而抑制醋酸杆菌（*Acetobacter aceti*）的代谢。此外，它还能抑制某些酵母的代谢。但近年来发现许多酵母菌属的种类对二氧化硫产生耐药性，此外许多霉菌对二氧化硫都有耐受性，在低浓度下某些霉菌仍能生长，高浓度下才能完全抑制其生长。

毒性：按 FAO/WHO(2001)规定，ADI 为 0～0.7 mg/kg(以 SO_2 计，包括 SO_2 和亚硫酸盐的总 ADI 值)。兔经口 LD_{50} 为 0.6～0.7 g/kg。二氧化硫有毒，吸入 SO_2 含量多于 0.2%，会使嗓子变哑、喘息，可因声门痉挛窒息而死亡。

使用：按照《食品安全国家标准　食品添加剂使用标准》(GB 2760—2014)规定，硫磺仅限于蜜饯凉果、干制蔬菜、经表面处理的鲜食用菌和藻类、水果干类及食糖加工时的熏蒸，具体使用标准如表 3-1 所示。

根据 FAO/WHO(1984)规定，二氧化硫用作食品防腐剂，应用范围和限量如下：用于果酱、果冻、橘皮果冻，最大使用量为 0.1 g/kg(带入量)；杏干，最大使用量为 0.2 g/kg；酸黄瓜，最大使用量为 0.05 g/kg(由初制品带入)；带防腐剂菠萝浓汁，最大使用量为 0.5 g/kg(单用或与亚硫酸盐类、苯甲酸、山梨酸及它们的盐合用量，仅用于制造)。

其他亚硫酸盐、焦亚硫酸盐和 SO_2 等在《食品安全国家标准　食品添加剂使用标准》(GB 2760—2014)中作为防腐剂的同时还用作漂白剂和抗氧化剂。需要指出的是：超量的 SO_2 能引起严重的过敏反应，因此，一定要遵守其相关的最大使用限量标准，尤其对哮喘患者，FDA 于 1986 年禁止其在新鲜果蔬中作为防腐剂使用。

3.2.4.2　脱氢醋酸和脱氢醋酸钠

1. 脱氢醋酸

脱氢醋酸（dehydroacetic acid）简称 DHA，分子式为 $C_8H_8O_4$，分子量为 168.15，其结构式为：

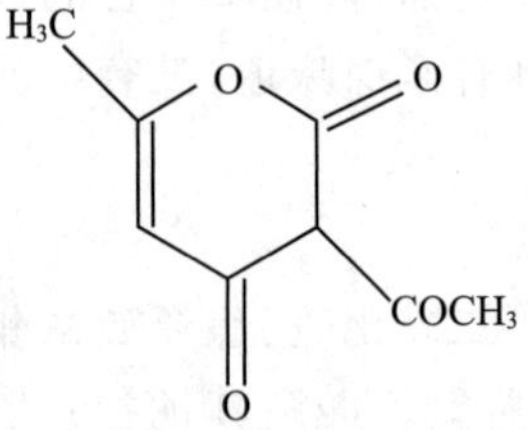

性状与性能：脱氢醋酸为无色至白色针状结晶，或为白色晶体粉末，无臭，几乎无味，无刺激性，熔点109～112℃。其饱和水溶液（0.1%）的pH为4，难溶于水，溶于苛性碱的水溶液，溶于乙醇，2.86 g/100 mL；苯，16.67 g/mL。它无吸湿性，加热能随水蒸气挥发，对热稳定，在光的直射下微变黄。在脱氢醋酸的乙醇溶液中加水和醋酸铜溶液，生成带白紫色的沉淀。

脱氢醋酸有较强的抗细菌能力，对霉菌和酵母的抗菌能力尤强，0.1%的浓度即可有效地抑制霉菌，抑制细菌的有效浓度为0.4%。脱氢醋酸对热稳定，在120℃条件下加热20 min抗菌作用无变化。

毒性：大鼠经口LD_{50}为500 mg/kg。给猴每日以0.05 g/kg和0.1 g/kg的剂量投药，喂养1年未发现异变。在大鼠的饲料中加入0.02%、0.05%和0.1%的量，连续喂养2年，未发现大鼠有任何变化。

使用：按照《食品安全国家标准　食品添加剂使用标准》(GB 2760—2014)规定，脱氢醋酸的使用范围和最大用量如表3-1所示。日本已于1992年公布停用该品种。

2.脱氢醋酸钠

脱氢醋酸钠(sodium dehydroacetate)，分子式为$C_8H_7NaO_4$，分子量为190.13，其结构式为：

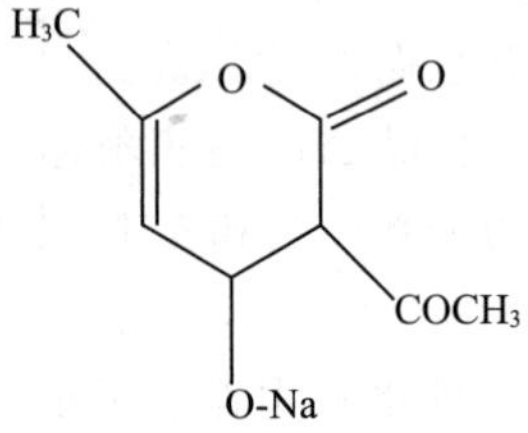

性状与性能：脱氢醋酸钠为白色或接近白色的晶性粉末，几乎无臭，微有特殊味，易溶于水，33 g/100 mL；甘油，14.3 g/100 mL；丙二醇，50 g/100 mL。它微溶于乙醇，1 g/100 g；丙酮0.2 g/100 g。对光、热比较稳定，其水溶液在120℃条件下加热2 h不发生变化，呈中性或微碱性。

防腐性能参照脱氢醋酸。

毒性：大鼠经口LD_{50}为0.57 g/kg，小鼠经口LD_{50}为1.175 g/kg。

使用：按照《食品安全国家标准　食品添加剂使用标准》(GB 2760—2014)规定，脱氢醋酸钠可用于复合调味料、糕点、焙烤食品馅料等，最大使用量为0.5 g/kg；在腌制蔬菜、淀粉制品中最大使用量为1.0 g/kg；在黄油和浓缩黄油、腌渍食用菌和藻类及发酵豆制品、果蔬汁(浆)中最大使用量为0.3 g/kg。

3.2.4.3　双乙酸钠

双乙酸钠(sodium diacetate)简称 SDA,分子式为 $CH_3COONa \cdot CH_3COOH \cdot xH_2O$ 或 $Na \cdot H(CH_3COO)_2$,无水物分子量为 142.09,它是乙酸和乙酸钠的分子化合物。由短氢键相结合。

性状与性能:双乙酸钠外观为白色吸湿性结晶粉末,晶体由 24 个双乙酸钠分子组成一个单晶胞的正六面透明体,边长为 15.98 Å,含有 40%的游离乙酸,具有乙酸的挥发性气味。熔点 96～97℃,加热至 150℃以上分解。它在水中的溶解度为 1 000 g/L,可在有光照和空气存在的条件下存放一年,游离乙酸含量下降 0.34%。

研究表明,双乙酸钠主要是通过有效地渗透进霉菌的细胞壁从而干扰酶的相互作用,抑制了霉菌的产生,达到高效防霉、防腐等功能。双乙酸钠对黑曲毒、黑根霉、黄曲霉、绿色木霉的抑制效果优于山梨酸,对耐热菌马铃薯杆菌(*Bacillus mesentericus*)、枯草杆菌(*B. subtilis*)的孢子及霉菌具有很强的抑制作用。

毒性:ADI 为 0～15 mg/kg,小鼠经口 LD_{50} 为 3.31 g/kg,大鼠经口 LD_{50} 为 4.968 g/kg,属低毒级,其致畸、致癌及致突变试验均为阴性,蓄积试验也表明其无明显临床中毒症状,病理组织学检查未发现有意义的病理形态学改变,因此双乙酸钠是安全、无毒的食品添加剂。

使用:按照《食品安全国家标准　食品添加剂使用标准》(GB 2760—2014)规定,双乙酸钠的使用范围和最大用量如表 3-1 所示。

双乙酸钠安全、无毒、无残留,被列为国际组织开发的食品防霉保鲜剂,已在各类食品中广泛应用,并逐渐代替对人体有潜在危害的山梨酸盐和苯甲酸钠,它的应用对于保证食品质量,维护人体健康具有重要意义,发展前景较为广阔。

3.2.4.4　乙酸钠

乙酸钠(sodium acetate),分子式为 CH_3COONa,分子量为 82.03。

性状与性能:乙酸钠为无色无味的结晶体,在空气中可被风化,可燃。它溶于水和乙醚,微溶于乙醇。三水合物乙酸钠的熔点 58℃,相对密度 1.45,自燃点 607.2℃,于 123℃时脱去 3 分子水。无水乙酸钠的熔点 324℃,相对密度 1.528。

该品作为调味料的缓冲剂,可缓和不良气味并防止变色,具有一定的防霉作用。可作为复合调味料及膨化食品的酸度调节剂。

毒性:无毒,但不能直接食用,因为它是弱碱性的,会影响胃、肠功能。

使用:按照《食品安全国家标准　食品添加剂使用标准》(GB 2760—2014)规定,乙酸钠的使用范围和最大用量如表 3-1 所示。

3.2.4.5　硝酸盐及亚硝酸盐

1. 硝酸钠、硝酸钾

硝酸钠(sodium nitrate)、硝酸钾(potassium nitrate),分子式分别为 $NaNO_3$ 和 KNO_3,对应的分子量分别为 84.99 和 101.10。

性状与性能:硝酸钾为无色透明棱晶,白色颗粒或白色结晶性粉末。硝酸钠为无色柱状结晶,或白色细小结晶或粉末。硝酸钾和硝酸钠均无臭,带咸味,在潮湿的空气中易吸潮或略为吸潮。它们易溶于水及甘油,高热时生成相应的亚硝酸盐。在肉中经硝酸盐还原菌的作用,形成亚硝酸盐,亚硝酸钾(钠)可与肌肉中的肌红蛋白形成亚硝基肌红蛋白,使肉制品保持稳定鲜艳的红色。在以前我国食品添加剂使用标准中均将硝酸钠、硝酸钾及亚硝酸钠、亚硝酸钾归为发色剂。而在《食品安全国家标准　食品添加剂使用标准》(GB 2760—2014)中将其同时归为护色剂和防腐剂。

硝酸钠与硝酸钾对厌气性细菌尤其是肉毒杆菌(*Clostridium botulism*)的生长具有明显的抑制作用。

毒性:ADI为0～3.7 mg/kg[以NO_3^-计,但不适用于3月龄以下的婴儿FAO/WHO,(2001)规定]。硝酸钠大鼠经口LD_{50}为1 100～2 000 mg/kg,硝酸钾大鼠经口LD_{50}为236 mg/kg。出生6个月内的婴儿对硝酸盐特别敏感,故不宜用于幼儿食品,HACSG(欧共体儿童保护集团)建议对婴幼儿食品限用。

使用:按照《食品安全国家标准　食品添加剂使用标准》(GB 2760—2014)规定,硝酸钠、硝酸钾在各种肉制品中的最大使用量均为0.5 g/kg,残留量<30 mg/kg(以NO_2^-计)。具体如表3-1所示。

2. 亚硝酸钠、亚硝酸钾

亚硝酸钠(sodium nitrite),亚硝酸钾(potassium nitrite),分子式分别为$NaNO_2$和KNO_2,对应的分子量分别为69.01和85.11。

性状与性能:亚硝酸钾呈白色或微黄色晶体或棒状体,略带咸味。亚硝酸钠外观和滋味颇似食盐,二者均具极强致癌性,必须注意误食导致的中毒。它们易吸潮,易溶于水,难溶于乙醇。

亚硝酸钠与亚硝酸钾对厌气性细菌尤其是肉毒杆菌(*Clostridium botulism*)的生长也具有明显的抑制作用。

毒性:ADI为0～0.06 mg/kg[以NO_2^-计,但不适用于3月龄以下的婴儿FAO/WHO,(2001)规定]。亚硝酸钠大鼠经口LD_{50}为85 mg/kg,亚硝酸钾大鼠经口LD_{50}为200 mg/kg。出生6个月内的婴儿对亚硝酸盐特别敏感,故不宜用于幼儿食品,HACSG(欧共体儿童保护集团)建议对婴幼儿食品限用。因亚硝酸盐能形成强致癌物亚硝胺,故其用量应严格控制,并宜用抗坏血酸等发色助剂以减少亚硝酸盐的用量。

使用:按照《食品安全国家标准　食品添加剂使用标准》(GB 2760—2014)规定,亚硝酸钠、亚硝酸钾在各种肉制品中的最大使用量均为0.15 g/kg;西式火腿最大使用量<70 mg/kg,残留量以NO_2^-计;肉类罐头最大使用量<50 mg/kg;其他肉类制品最大使用量均应<30 mg/kg。具体如表3-1所示。

3.3 食品防腐剂的合理使用及注意事项

首先,食品防腐剂的使用必须符合《食品安全国家标准　食品添加剂使用标准》(GB 2760—2014)附录A关于食品添加剂的使用规定:如每种防腐剂均规定了允许使用的产品品种,使用范围及最大使用量或残留量;同一功能的食品防腐剂(如硝酸盐和亚硝酸盐,对羟基苯甲酸酯类的不同品种)在混合使用时,各自用量占其最大使用量的比例之和不应超过1等。此外在具体使用防腐剂时还应注意以下各点。

3.3.1 食品防腐剂的抑菌范围

了解所用食品防腐剂的抗菌谱，最低抑菌浓度和食品所带的腐败性菌类，做到有的放矢。每种食品防腐剂往往只对一类或某几种微生物有抑制作用，由于不同的食品染菌的情况不一样，需使用的食品防腐剂也不一样。如醋酸抗酵母菌和细菌的效果好，常用于蛋黄酱、醋泡蔬菜。苯甲酸抗酵母和霉菌的能力强，常用于酸性食品、各种饮料及水果制品。丙酸对酵母菌基本无效，对其他菌有一定的抑制力，所以主要用于焙烤食品如糕点、豆类制品、生湿面制品等。

3.3.2 不同防腐剂有效的 pH 范围

酸型防腐剂的抑菌效果主要取决于其在食品中未解离的酸分子，如常用的山梨酸及盐，苯甲酸及盐，丙酸及盐等，其效力随 pH 而定，酸性越强防腐效果越好，而在碱性条件下则几乎无效。一般说来，苯甲酸及盐适用的 pH 在 4.5～5 及以下，山梨酸及盐适用的 pH 为 5～6。酯型防腐剂，如对羟基苯甲酸酯类的 pH 在 4～8 范围内均有效。

3.3.3 食品防腐剂的溶解和分散

有些情况，腐败开始只发生在食品的表面，如水果，那么只需使用较少的食品防腐剂将其均匀地分布于食品表面即可，甚至不需要完全溶解。而对于饮料、罐头、焙烤食品等就要求将食品防腐剂均匀分散其中。所以，这时要注意食品防腐剂的溶解和分散特性，对于易溶于水的防腐剂，可加入其水溶液；如果食品防腐剂不溶或难溶于水，就要用其他有机溶剂首先使其溶解或分散。

另外，要注意食品中不同相中食品防腐剂的分散特性，如其在油与水中的分配系数。这点对高比例油水体系的防腐很重要。例如，微生物开始出现于水相，而使用的食品防腐剂却大量分配于油相，这样食品防腐剂很可能效果不佳。在这种情况下，应选择分配系数小的防腐剂，并采用合适的工艺从而得到最佳的防腐效果。

在选择溶剂时要注意，有的食品不能有酒味，就不能用乙醇作溶剂或者乙醇的浓度要控制在一定的浓度之下，一般超过 4%就会明显感觉到酒味；有的食品不能过酸，就不能用太多的酸来溶解；另外，要防止食品防腐剂局部浓度过高，这会导致防腐剂的析出，如醇溶解的对羟基苯甲酸酯类，加入水相后，如不及时均质，则会很快析出，浮于水相的表面，不仅降低防腐剂的有效浓度，还影响食品的外观。苯甲酸盐和山梨酸盐加入酸性食品中，如某一局部的用量太多，也会析出苯甲酸或山梨酸盐的块状物。

3.3.4 食品防腐剂与食品的热处理配合使用

一般情况下加热可显著增强食品防腐剂的防腐效果。例如，在实验条件下已经证实山梨酸与加热方法合用，可使酵母菌失活的时间缩短 30%～80%，在 56℃条件下使酵母菌数减少 1/50 要 90 min；若在加热前加入 0.01%的对羟基苯甲酸丁酯，只需 48 min，加入 0.05%的对羟基苯甲酸丁酯，只需 4 min；同样，山梨酸对假单胞菌也有同样的作用。但是食品防腐剂与加热方法只是同用，不能代替巴氏杀菌或其他杀菌方法。它们之间的这种协同作用应注意符合食品工艺的相关要求。

3.3.5 食品防腐剂的并用

如前所述，每种食品防腐剂都有一定的抑菌谱，没有一种防腐剂能抑制或杀灭食品中可能存在的所有腐败性微生物；而且许多的微生物还会产生抗药性。因此，生产上可将不同的食品防腐剂混合使用。在混合使用不同的防腐剂时，有 3 种可能的效应会使这种组合的抗菌作用发生变化：①增效和协同作用，指 2 种或 2 种以上的防腐剂混合使用时，其作用的效力远远超过其各自单独使用时同浓度防腐剂的防腐效果。②相加效应，指 2 种或 2 种以上的防腐剂混合使用时，其作用的效力等于其各自防腐效果的简单相加。③拮抗作用，指 2 种或 2 种以上的防腐剂混合使用时，其作用的效力甚至不及各防腐剂单独使用的效果。前两种效应是我们所期望的，后一种拮抗作用是我们必须避免的。在混合防腐剂的使用中，一般是同类型的防腐剂并用，如酸性防腐剂与其盐，对羟基苯甲酸不同酯类及其钠盐等。不同类型防腐剂并用成功的例子并不太多，这方面有待进一步探索。

3.3.6 其他因素对食品防腐剂作用的影响

食品防腐剂的作用受食品原料和食品中各种成分的影响，食品中的某些组分如香辛料，调味剂或乳化剂等可能具有抗菌作用，或者某些组分可与防腐剂选择性地发生物理化学反应，这样会不同程度的影响防腐剂的使用效果，例如，SO_2 和亚硫酸盐与食品中的醛、酮和糖类反应而降低其作用效果。

有些防腐剂如有机酸防腐剂还会被食品中的微生物分解，它甚至会成为其生长所需的碳源，如山梨酸能被乳酸菌还原成山梨酸醇。如果使用不当，防腐剂不但无效，还可能被微生物所利用。

总之，食品中的微生物一旦开始作用，即使加入防腐剂延缓了食品的腐败变质，也无法使产品恢复到感官上的新鲜状态。因此，无论防腐剂如何有效，一定要加强原料、半成品在收购、加工和储藏过程中的卫生管理，尽量减少杂菌对产品可能造成的污染，这是获得良好防腐效果的重要前提条件和根本保证。

3.4 食品防腐剂研究进展与展望

近年来，已从许多不同种类的微生物和植物中提取了一些具有抑菌和防腐作用，同时可用于食品保鲜的防腐剂。如细菌中的乳酸链球菌素、双歧杆菌素；放线菌素类的纳他霉素、ε-聚赖氨酸及其盐酸盐、泰乐霉素、聚溶素；霉菌素中的红曲霉素。在许多植物中尤其是香辛作料植物中如辣根、芥末、胡椒、大蒜、桂皮等及其他一些非香辛料植物如连翘、罗汉果、毛蒿中均获得了一些提取物，具有一定的防腐和抗菌作用。但目前来讲，它们还不能完全取代传统的化学防腐剂，更安全、更高效的天然防腐剂一定会逐步取代合成的防腐剂，将成为发展的趋势。随着对天然防腐剂需求的日益增加，天然防腐剂的研究和开发将有更广阔的前景。

生物防腐剂的使用能使食品的杀菌条件更温和，有效地保存了食品的营养成分，或可减少化学防腐剂的使用量。生物防腐剂的这些优点，已经使其成为当今食品防腐保藏研究的热点。特别是微生物源的天然食品防腐剂，因其安全、无毒、高效、来源广、适应性广、性能稳定等优点而成为食品生物防腐剂中研究、应用和发展的一个重要方面。食品工程技术和生物技术等高新技术在微生物防腐剂的应用为研究开发新的天然食品防腐剂提供了更广阔的空间。在筛选新的食品防腐剂生产菌的同时，采用基因重组技术构建高产、广谱抗性菌株、以期获得抗菌效果更好的天然防腐剂。如有学者已成功通过传统的杂交手段把酵母嗜杀特性移入普通菌中，使之获得嗜杀特性，应用于低度酒的生产；通过转基因技术来改变微生物的代谢特性，使之适应环境的能力更强，产生抗菌谱更宽、抗菌效果更好的天然防腐剂；将微生物防腐剂与天然的动植物或矿物防腐剂配合使用以增强抗菌作用，通过将几种天然防腐剂联合使用，或将天然食品防腐剂与某些络合剂、化学防腐剂的结合使用以达到增宽抑菌谱，起到协同增效的作用；高效液相色谱法、酶联免疫测定法在天然防腐剂研究领域的应用必将进一步促进该领域的发展。随着人们食品安全意识的逐步增强，来源于微生物和动植物源的食品防腐剂必将越来越多地受到人们的关注。

当然天然防腐剂在实际运用中还存在一些问题：如天然防腐剂提取步骤相对复杂、原料供应存在季节性、原料品质随季节和地理环境变化而改变、生产成本高导致价格昂贵。另外，对其作用机理、抗菌机理等研究还不够深入，天然食品防腐剂的使用范围、使用量、使用方法等也有待进一步明确。此外，天然食品防腐剂用量大时会对食品的品质和风味产生不良影响，如何最大程度发挥天然食品防腐剂的功效等也需要进一步探索。这些问题都直接或间接地制约或影响天然食品防腐剂的开发与利用。

思考题

1. 什么是食品防腐剂？食品防腐剂是通过哪些途径来实现对微生物的抑菌和杀灭作用的？

2. 简述食品防腐剂的类型及各自的特点。

3. 试比较山梨酸及其盐类与苯甲酸及其盐类防腐剂的特点。

4. 面包的防霉一般采用何种防腐剂？为什么？

5. 天然防腐剂主要有哪些？各有何特点？

6. 食品防腐剂使用时应注意哪些要点？如何合理使用？

7. 食品防腐剂合用时可能会出现哪些相互作用方式？应遵循的基本原则是什么？

二维码 3-1
第3章
思考题答案

参考文献

[1] O Fennema. Food Chemistry second Edition New York and Basel; Marcel Dekker, Inc, 1985.

[2] H. D. Belitz, W. Grosch, P. Schieberle. Review of Food Chemistry, 4th revised and extended Edition. Springer Verlag: Berlin, Heidelberg, 2009.

[3] 凌关庭. 食品添加剂手册. 3版. 北京：化学工业出版社，2003.

[4] 阚建全. 食品化学. 2版. 北京：中国农业大学出版社，2008.

[5] 郝利平，聂乾忠，陈永泉，等. 食品添加剂. 2版. 北京：中国农业大学出版社，2009.

[6] 谭仁祥. 植物成分功能. 北京：科学出版社，2003.

[7] 食品安全国家标准　食品添加剂使用标准：GB 2760—2014. 北京：中国标准出版社，2014.

[8] 曹安堂，肖素荣. ε-聚赖氨酸结构特性及应用. 中国酿造，2008，188(11)：11-14.

[9] 郑凌君,梁静,巫月红,等.两岸食品防腐剂标准对比研究.中国调味品,2014,39(4):119-121,140.

[10] 杨双春,邓昊,潘一.微生物食品防腐剂的研究与应用现状.中国食品添加剂,2013(2):186-189.

[11] 邹志飞,席静,奚星林,等.国外食品添加剂法规标准介绍.中国食品卫生杂志,2012,24(3):283-288.

[12] 李小彦,姜晓燕.GB 2760—2014 食品添加剂使用标准常见问题浅析.现代食品,2020(8):136-137,142.

[13] 余娟,余构彬,高裕锋.GB 2760—2014《食品安全国家标准　食品添加剂使用标准》中食糖 SO_2 最大使用量的修改建议.甘蔗糖业,2019(3):52-55.

[14] 董潇妮,南静,池方方,等.陕西省《食品添加剂使用标准》(GB 2760—2014)跟踪评价.中国卫生监督杂志,2017,24(3):260-264.

[15] 田影,金莉莉,王秋雨.动物性天然食品防腐剂的研究进展.中国食品添加剂,2009(5):141-145.

第4章 食品抗氧化剂

学习目的与要求

熟悉食品抗氧化剂的概念，食品抗氧化剂的作用机理，掌握油溶性抗氧化剂、水溶性抗氧化剂、天然抗氧化剂的性能与应用，掌握食品抗氧化剂使用注意事项，了解食品抗氧化剂的研究进展。

氧化是导致食品腐败变质的一个重要因素，如去皮的苹果、土豆易氧化(多酚氧化酶)褐变；油脂及含脂食品如花生、核桃等易发生油脂氧化。氧化使得油脂及含脂食品氧化酸败；食品发生褪色、褐变；维生素等营养成分遭到破坏；产生有毒物质。食品的氧化变质极易发生，全球每年因氧化引起的食品变质数量惊人。因此，减少因食品氧化引起的浪费，提高食品的质量，保障人民的健康是事关民生的头等大事。作为食品专业的学生，不仅要做到节约粮食、避免浪费，还要积极探究高效的食品抗氧化方法来避免食品腐败变质。

工业化食品需要添加抗氧化剂。但是，食品抗氧化剂是要围绕"做安全放心食品"的思想，不能用非法技术和违法手段来进行食品的抗氧化处理，进入食品企业或食品领域工作要严格遵守食品安全法，因为食品行业是良心行业，道德至上，童叟无欺，要始终有这种质量和安全意识，具备正确的职业道德和社会责任感。在生产时，要保护环境，做环境友好型企业，爱护好地球这个共同的家园。

食品抗氧化剂(food antioxidants)是能防止或延缓油脂或食品成分氧化分解、变质，提高食品稳定性的物质。食品在储藏运输过程中除了由微生物作用发生腐败变质外，氧化是导致食品品质变劣的又一重要因素。如油脂氧化不仅会使油脂或含油脂食品酸败(哈败)变味，氧化酸败严重时甚至产生有毒物质，进入人体会对机体造成伤害，诱发各种病变，危及人体健康；其他食品成分氧化则会引起食品发生褪色、褐变、维生素破坏，降低食品的质量和营养价值。因此，防止食品氧化变质就显得十分重要。防止食品氧化变质，一方面可以在食品的加工和储运环节中，采取低温、避光、隔绝氧气以及充氮密封包装等物理的方法；另一方面需要配合使用一些安全性高、效果显著的食品抗氧化剂。

4.1 食品抗氧化剂的作用机理

食品抗氧化剂的种类很多，抗氧化作用的机理也不尽相同，但多数是以其还原作用为依据的。一种类型的抗氧化剂是靠提供氢原子来阻断食品油脂自动氧化的连锁反应，从而防止食品氧化变质；另一种类型的抗氧化剂是靠消耗食品内部和环境中的氧气从而使食品不被氧化；还有一些抗氧化剂是通过抑制氧化酶的活性来防止食品氧化变质的。

4.1.1 油脂酸败及脂肪氧化的机理

油脂的氧化变质是食品氧化变质的主要形式。油脂暴露在空气中会自发地发生氧化反应，氧化产物分解生成低级脂肪酸、醛、酮等，产生恶劣的酸臭气味并使其口味变坏，这一现象称为油脂的自动氧化酸败。油脂的氧化酸败是油脂及含油食品败坏变质的主要原因。油脂的氧化过程可分为空气氧化和酶或细菌介入的氧化，其中空气氧化又分为光氧化和自动氧化。

油脂的氧化是一个十分复杂的化学变化过程，属于链式反应，它遵循游离基反应机制。油脂的氧化过程可以分为以下 3 个阶段。

(1) 自由基形成的诱导阶段。

$$RH + O_2 \xrightarrow[\text{能量}]{\text{催化剂}} R\cdot + \cdot OH$$

$$RH \xrightarrow[\text{能量}]{\text{催化剂}} R\cdot + \cdot H$$

这个阶段主要是产生自由基，即油脂或脂肪酸(RH)在催化剂的作用下，脱去氢(H)生成自由基(R·，·OH，·H)，其反应较缓慢，但如果有光、热、金属离子或水存在时可以加速此过程。油脂刚刚产生自由基时，感官无明显变化。自由基不稳定，遇到氧等很易发生反应。

(2) 波及阶段。自由基不稳定，遇到氧、油脂等很易发生反应，产生新的自由基。

$$R\cdot + O_2 \longrightarrow ROO\cdot\text{（过氧化自由基）}$$
$$ROO\cdot + RH \longrightarrow R\cdot + ROOH\text{（过氧化物）}$$

自由基(R·)与氧作用生成过氧化自由基(ROO·)；过氧化自由基(ROO·)很活泼，它可以夺取其他不饱和脂肪酸(RH)的氢(H)生成过氧化物(ROOH)，而失去氢(H)的不饱和脂肪酸又形成新的自由基(R·)，这样就构成了油脂的自动氧化的链式反应，直至食品油脂中的不饱和脂肪酸全部氧化成过氧化物(ROOH)。由于过氧化自由基(ROO·)可以使油脂中的不饱和键(C═C)变得更为不稳定，甚至发生断裂分解成为许多小分子物质，如醛、酮、羧酸等，产生令人不愉快的刺激性气味，即哈喇味。此阶段氧化反应速度很快，油脂的感官变化逐渐明显。

(3) 终结阶段。

$$R\cdot + \cdot R \longrightarrow RR$$
$$R\cdot + ROO\cdot \longrightarrow ROOR$$
$$ROO\cdot + ROO\cdot \longrightarrow ROOR + O_2$$

终结阶段主要是被分解的自由基相互作用，产生相对稳定的聚合物。这大多是在油脂酸败后产生的。

油脂氧化中产生氢过氧化物，同时发生氧化分解、氧化聚合等，导致其组成成分、理化性质发生改变，根据油脂的这些特性变化，可以通过测定酸价、过氧化值等来判断油脂的氧化酸败程度。

4.1.2 油溶性抗氧化剂的作用机理

油溶性抗氧化剂的作用机理比较复杂，最主要的目的是终止油脂自动氧化链式反应的传递。例如，油溶性抗氧化剂丁基羟基茴香醚(BHA)、二丁基羟基甲苯(BHT)、没食子酸丙酯(PG)及维生素E均属于酚类化合物(AOH)，能够提供氢原子与油脂自动氧化产生的自由基结合，形成相对稳定的结构，阻断油脂的链式自动氧化过程。反应如下：

$$R\cdot + AOH \longrightarrow AO\cdot + RH\text{（稳定产物）}$$
$$ROO\cdot + AOH \longrightarrow AO\cdot + ROOH\text{（稳定产物）}$$

通常认为，抗氧化剂产生的醌式自由基(AO·)，可通过分子内部的电子共振而重新排列，呈现出比较稳定的新构型，这种醌式自由基不再具备夺取油脂分子中氢原子所需要的能量，属稳定产物。此类提供氢原子的抗氧化剂不能永久起到抗氧化的作用，而且不能使已酸败的油脂恢复原状，必须是在油脂未发生自动氧化或刚刚开始氧化时添加才有效。

酚类抗氧化剂使用时常常需要配合使用增效剂(SH)，如柠檬酸、磷酸等。增效剂本身没有抗氧化作用，它们可以增强抗氧化剂的作用效果。这是由于增效剂能对催化油脂氧化的金属离子起钝化作用，同时增效剂产生的氢离子又可以使抗氧化剂再生。

$$SH + AO\cdot \longrightarrow S\cdot + AOH$$

4.1.3 水溶性抗氧化剂的作用机理

水溶性抗氧化剂的作用机理被认为最主要是通过还原作用，降低食品体系中的氧含量；或将能催化及引起氧化反应的物质封闭，如螯合能催化氧化反应的金属离子以消除其催化活性；或抑制、破坏、减弱多酚氧化酶的活性，使其不能催化氧化反应的进行。

4.2 油溶性抗氧化剂

油溶性抗氧化剂指能溶于油脂，对油脂和含油脂的食品起到良好抗氧化作用的物质。常用的有丁基羟基茴香醚、二丁基羟基甲苯、没食子酸丙酯等。天然的有愈创树脂、生育酚混合浓缩物等。

4.2.1 丁基羟基茴香醚

丁基羟基茴香醚(butyl hydroxy anisol，butylated hydroxyanisole，BHA)，又称叔丁基-4-羟基茴香醚、丁基大茴香醚。分子式为 $C_{11}H_{16}O_2$，它有 2 种同分异构体分别为 3-叔丁基-4-羟基茴香醚和 2-叔丁基-4-羟基茴香醚，市场通常出售的 BHA 是以 3-BHA 为主(占 95%～98%)与少量 2-BHA(占 2%～5%)的混合物。其结构式为：

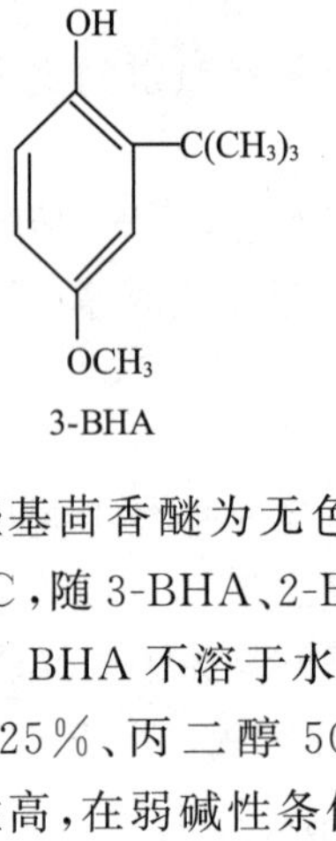

3-BHA

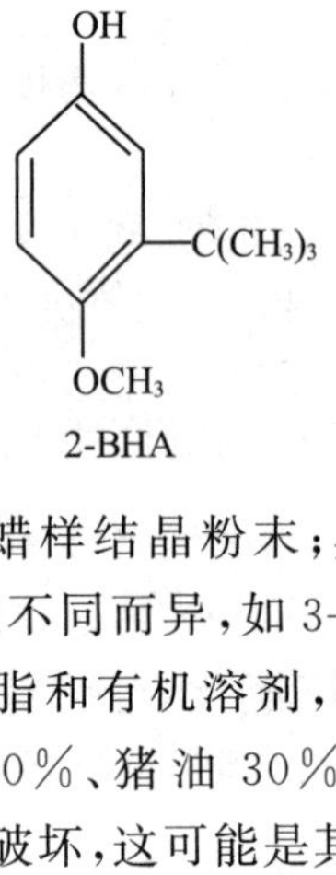

2-BHA

性状及性能：丁基羟基茴香醚为无色至微黄色蜡样结晶粉末；具有酚类的特异臭和刺激性味道；熔点 57～65℃，随 3-BHA、2-BHA 混合比不同而异，如 3-BHA 占 95%时，熔点为 62℃；沸点 264～270℃。BHA 不溶于水，可溶于油脂和有机溶剂，在几种溶剂和油脂中的溶解度(25℃)为：乙醇 25%、丙二醇 50%、丙酮 60%、猪油 30%、花生油 40%、棉籽油 42%。BHA 对热稳定性高，在弱碱性条件下不容易破坏，这可能是其在焙烤食品中有效的原因之一。

BHA 与其他抗氧化剂比，它不像 PG 会与金属离子作用而着色；BHT 不溶于丙二醇，而 BHA 溶于丙二醇，成为乳化态，具有使用方便的特点，但价格较 BHT 高。BHA 具有单酚的挥发性，如在猪油中保持 61℃时稍有挥发，在日光长期照射下，色泽会变深。3-BHA 的抗氧化效果是 2-BHA 的 1.5～2 倍，两者混合使用会有协同效果。

BHA 与其他抗氧化剂或增效剂复配使用，可以大大提高其抗氧化作用。BHA 除了抗氧化作用之外，还具有抗菌作用，有报道指出用 0.015%的 BHA 可抑制金黄色葡萄球菌；0.028%的 BHA 可阻止寄生曲霉孢子的生长，并能阻碍黄曲霉毒素的生成。

毒性：BHA 比较安全，大鼠经口 LD_{50} 为 2.2～5 g/kg。按 FAO/WHO(1994)规定，ADI 为 0～0.5 mg/kg。

使用：按照《食品安全国家标准　食品添加剂使用标准》（GB 2760—2014）规定，丁基羟基茴香醚可用于脂肪、油、乳化脂肪制品，基本不含水的脂肪和油，坚果与籽类罐头，熟制坚果与籽类（仅限油炸坚果与籽类），即食谷物包括碾压燕麦（片），杂粮粉，方便米面制品，饼干，腌腊肉制品类（如咸肉、腊肉、板鸭、中式火腿、腊肠等），风干、烘干、压干等水产品，油炸食品，固体复合调味料（仅限鸡肉粉），膨化食品，最大使用量为 0.2 g/kg；胶基糖果，最大使用量为 0.4 g/kg（以脂肪计）。

在油脂和含油脂食品中使用时，可以采用直接加入法，即将油脂加热到 60～70℃加入 BHA，充分搅拌，使其充分溶解和分布均匀。用于鱼肉制品时，可以采用浸渍法和拌盐法，浸渍法抗氧化效果较好，它是将 BHA 预先配成 1%的乳化液，然后再按比例加入浸渍液中。

有实验证明，BHA 的抗氧化效果以用量 0.01%～0.02%为好。0.02%比 0.01%的抗氧化效果约提高 10%，但超过 0.02%时抗氧化效果反而下降。在使用时要严格控制添加量，添加过多 BHA 不仅效果不好，还对人体有害。

4.2.2　二丁基羟基甲苯

二丁基羟基甲苯（dibutyl hydroxy toluene，BHT）又称 2,6-二丁基对甲酚，分子式为 $C_{15}H_{24}O$，分子量为 220.36，其结构式为：

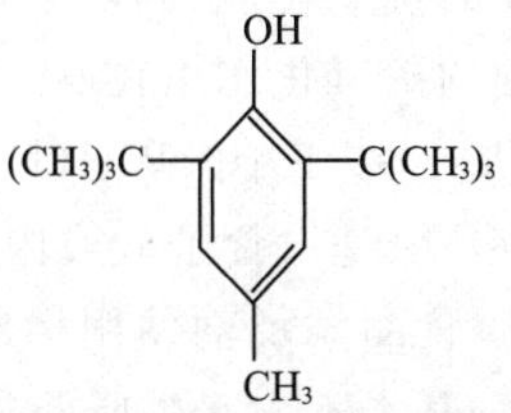

性状及性能：二丁基羟基甲苯为无色晶体或白色结晶粉末，无臭、无味，熔点 69.5～70.5℃（纯品为 69.7℃），沸点 265℃。它不溶于水与甘油，溶于乙醇和各种油脂，其溶解度为：乙醇 25%（120℃）、棉籽油 20%（25℃）、大豆油 30%（25℃）、猪油 40%（25℃）。二丁基羟基甲苯的化学稳定性好，对热相当稳定，抗氧化效果好，与金属反应不着色，具有单酚型特征的升华性，加热时有与水蒸气一起挥发的性质。它与其他抗氧化剂相比，稳定性较高，抗氧化作用较强，没有没食子酸丙酯那样遇金属离子反应着色的缺点，也没有 BHA 的特异臭，并且价格低廉。但是它的毒性相对较高。

毒性：大鼠经口 LD_{50} 为 2.0 g/kg。BHT 的急性毒性比 BHA 稍大，但无致癌性。按 FAO/WHO（1995）规定，ADI 为 0～0.125 mg/kg。

使用：按照《食品安全国家标准　食品添加剂使用标准》（GB 2760—2014）规定，二丁基羟基甲苯的使用范围和最大使用剂量与 BHA 相同。

BHT 经常与 BHA 混合使用，混合使用时，二者的总量不得超过 0.2 g/kg。以柠檬酸为增效剂与 BHA 复配使用时，复配比例为：m（BHT）：m（BHA）：m（柠檬酸）＝2：2：1。BHT 也可用在包装食品的材料中，其用量为 0.2～1 kg/t（包装材料）。

BHT 用于精炼油时，应该在碱炼、脱色、脱臭后，在真空下油品冷却到 12℃时添加，才可以充分发挥 BHT 的抗氧化作用。此外，还应保持设备和容器清洁，在添加时应先用少量油脂溶解，柠檬酸用水或乙醇溶解后再借真空吸入油中搅拌均匀。

4.2.3 没食子酸丙酯

没食子酸丙酯(propyl gallate,PG)又称棓酸丙酯,分子式为 $C_{10}H_{12}O_5$,分子量为 212.21,其结构式为:

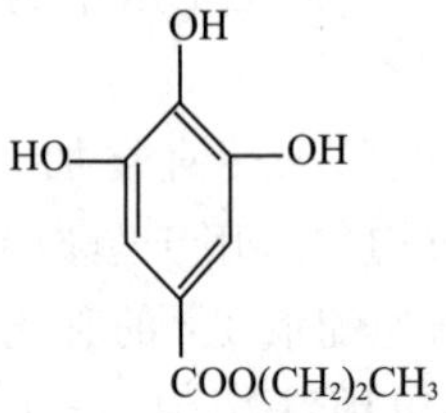

性状及性能:没食子酸丙酯为白色至浅黄褐色晶体粉末,或乳白色针状结晶,无臭、微有苦味,水溶液无味;由水或含水乙醇可得到带一分子结晶水的盐,在 105℃失去结晶水成为无水物;熔点 146～150℃,它易溶于乙醇等有机溶剂,微溶于油脂和水,其溶解度(25℃)为:乙醇 103 g/100 mL、丙二醇 67.5 g/100 mL、甘油 25 g/100 mL、猪脂 10 g/100 mL、棉籽油 1.2 g/100 mL、花生油 0.5 g/100 mL、水 0.35 g/100 mL。0.25% PG 水溶液的 pH 为 5.5 左右。PG 对热比较稳定,抗氧化效果好,易与铜、铁离子发生呈色反应,变为紫色或暗绿色;具有吸湿性,对光不稳定,易分解。PG 对油脂的抗氧化能力很强,与增效剂柠檬酸或与 BHA、BHT 复配使用抗氧化能力更强。PG 对猪油的抗氧化作用较 BHA、BHT 强,但是它的毒性相对较高。

毒性:大鼠经口 LD_{50} 为 2.6 g/kg。按 FAO/WHO(1994)规定,ADI 为 0～1.4 mg/kg。PG 在体内可被水解,大部分聚成 4-*O*-甲基没食子酸或内聚葡萄糖醛酸,由尿液排出。

使用:按照《食品安全国家标准　食品添加剂使用标准》(GB 2760—2014)规定,没食子酸丙酯可用于脂肪、油和乳化脂肪制品,基本不含水的脂肪和油,熟制坚果与籽类(仅限油炸坚果与籽类),坚果与籽类罐头,油炸面制品,方便米面制品,饼干,腌腊肉制品如咸肉、腊肉、板鸭、中式火腿、腊肠等,风干、烘干、压干等水产品,固体复合调味料(仅限鸡肉粉),膨化食品,最大使用量为 0.1 g/kg(以油脂中的含量计);在胶基糖果中,最大使用量为 0.4 g/kg(以脂肪总量计);与其他抗氧化剂复配使用时,PG 不得超过 0.05 g/kg(以脂肪总量计)。

没食子酸丙酯使用量达 0.01%时即能着色,一般不单独使用,常与 BHA、BHT,或与柠檬酸、异抗坏血酸等增效剂复配使用。复配使用时 BHA、BHT 的总量不超过 0.18 g/kg,PG 不超过 0.05 g/kg。PG 用量约为 0.05 g/kg 即能起到良好的抗氧化效果。

没食子酸丙酯在使用时,应先取少部分油脂,将 PG 加入,使其加热充分溶解后,再与全部油脂混合。一般是在油脂精炼后立即添加,或者以 m(PG) ∶ m(柠檬酸) ∶ m(95%的乙醇)按 1 ∶ 0.5 ∶ 3 的比例混合均匀后,再徐徐加入油脂中搅拌均匀。

另外,因没食子酸丙酯有与铜、铁等金属离子反应变色的特性,所以在使用时应避免使用铜、铁等金属容器。具有螯合作用的柠檬酸、酒石酸与 PG 复配使用,不仅可以起到增效的作用,还可以有效防止金属离子在作用时呈色。

4.2.4 特丁基对苯二酚

特丁基对苯二酚(tertiary butyl hydroquinone,TBHQ)又称叔丁基对苯二酚,分子式为 $C_{10}H_{14}O_2$,分子量为 166.22,其结构式为:

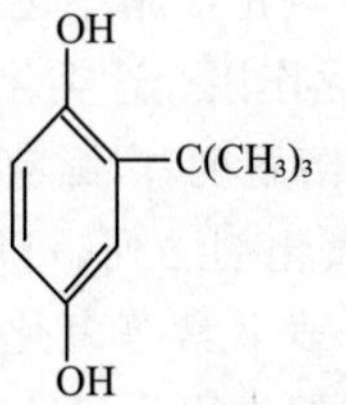

性状及性能：特丁基对苯二酚为白色结晶粉末，有极轻微的特异臭。它溶于乙醇、乙酸、乙酯、异丙醇、乙醚及植物油、猪油等，几乎不溶于水（25℃＜1%；95℃，5%）；沸点 300℃，熔点 126.5～128.5℃；具有良好的热稳定性，应用于高温加工的食品中，如煎炸煮食品等；对大多数油脂均有防止氧化酸败作用，尤其是植物油；遇铁、铜不变色，但如有碱存在可转为粉红色。

TBHQ 的抗氧化性能优于 BHA、BHT、PG。对于植物油，它们的抗氧化能力依次为：TBHQ＞PG＞BHT＞BHA；对于动物性油脂，它们的抗氧化能力依次为：TBHQ＞PG＞BHA＞BHT。

TBHQ 还能有效抑制细菌和霉菌的产生，对黄曲霉素 B_1 的产生有明显抑制作用。

毒性：大鼠经口 LD_{50} 为 0.7～1.0 g/kg。ADI 暂定为 0～0.2 mg/kg（FAO/WHO，1994）。FAO/WHO 食品添加剂联合专家委员会在多次会议上对此均进行了评价，认为 TBHQ 无致突变性，在 5 000 mg/kg 剂量下对大、小鼠无致癌作用，TBHQ 与其他抗氧化剂相比，具有更高的安全性。

使用：按照《食品安全国家标准　食品添加剂使用标准》（GB 2760—2014）规定，特丁基对苯二酚可用于脂肪、油和乳化脂肪制品，基本不含水的脂肪和油，熟制坚果与籽类，坚果与籽类罐头，油炸面制品，方便米面制品，饼干，月饼，焙烤食品馅料及表面用挂浆，腌腊肉制品如咸肉、腊肉、板鸭、中式火腿、腊肠等，风干、烘干、压干等水产品，膨化食品，糕点（以油脂中的含量计），最大使用量为 0.2 g/kg，以延缓上述食品中油脂氧化，保持产品风味。根据 JECFA 的评估结果，该物质的每日允许摄入量不超过 0.7 mg/kg。

一般可将油脂加热 60℃以上，待油脂完全成为液状后加入 TBHQ 充分搅拌直至完全溶解。大批量产品使用时可以把 TBHQ 溶解在少量温度在 93～121℃的油脂中，制成 TBHQ 浓溶液，再加入油脂中搅拌均匀。对于果仁类食品，可按所需剂量调整 TBHQ 溶液直接喷射产品表面，但要确保喷射均匀。

TBHQ 可以与 BHA、BHT 及柠檬酸、维生素 C 配合使用，但不得与 PG 混合使用，应避免在强碱条件下使用。

4.2.5　抗坏血酸棕榈酸酯

抗坏血酸棕榈酸酯是由抗坏血酸和脂肪酸或脂肪酸酯通过化学合成的方法制取的，分子式为 $C_{22}H_{38}O_7$，是一种高效的氧清除剂和增效剂，被世界卫生组织食品添加剂委员会评定为具有营养性、无毒、高效、使用安全的食品添加剂，是我国唯一可用于婴幼儿食品的抗氧化剂，用于食品可起到抗氧化、食品（油脂）护色、营养强化等效果。抗坏血酸棕榈酸酯主要的合成方法有直接酯化法和酯交换法，前者采用 *L*-抗坏血酸和脂肪酸为原料直接酯化得到产品；后者则以 *L*-抗坏血酸和脂肪酸甲酯或乙酯为原料，通过酯交换得到产品。

性状与性能：抗坏血酸棕榈酸酯为白色至微黄色粉末，几乎无臭，难溶于水，易溶于乙醇，可溶于油脂。保存时应该避光、热、潮湿，隔绝氧气。

抗坏血酸棕榈酸酯与自由基反应能阻止油脂中过氧化物形成；与 O_2 反应能保证抗氧化活性；与维生素 E 配合使用具有增效抗氧化作用。这类化合物不仅保持了 *L*-抗坏血酸抗氧化的特性，而且在动物油、植物油中具有相当的溶解度，广泛应用于食品、化妆品及医药卫生等领域。

抗坏血酸脂肪酸酯属于最强的抗氧化剂之列，可以防止油脂过氧化物形成，延缓动物油、植物油、鱼类、人造黄油、牛奶以及类胡萝卜素等氧化变质，效果优于 BHA、BHT。若和维生素 E 等其他抗氧化剂配合使用，抗氧化效果更加显著。

毒性：抗坏血酸棕榈酸酯的水解产物为 *L*-抗坏血酸及脂肪酸都是天然产物，毒性很小，一般认为对人体是安全的。按 FAO/WHO(1994)规定，ADI 为 0～60 mg/kg。

使用：按照《食品安全国家标准　食品添加剂使用标准》(GB 2760—2014)规定，抗坏血酸棕榈酸酯用于乳粉(包括加糖乳粉)和奶油粉及其调制产品(以脂肪中抗坏血酸计)，脂肪、油和乳化脂肪制品，基本不含水的脂肪和油，即食谷物，包括碾轧燕麦(片)，方便米面制品，面包，最大使用量为 0.2 g/kg；婴幼儿配方食品，婴幼儿辅助食品(以脂肪中抗坏血酸计)，最大使用量为 0.05 g/kg；茶(类)饮料(固体饮料按稀释倍数增加使用量)，最大使用量为 0.2 g/kg，在该类产品生产过程中提高茶多酚的提取。根据 JECFA 的评估结果，该物质的每日允许摄入量不超过 1.25 mg/kg。

4.2.6　茶多酚棕榈酸酯

茶多酚棕榈酸酯是茶多酚的衍生物，是以绿茶为原料提取的茶多酚，经过与棕榈酰氯酯化、过滤、水洗、脱溶、结晶、离心、冻干、包装等步骤加工生产的油溶性抗氧化剂。

性状与性能：茶多酚棕榈酸酯呈淡黄色粉末状，无结块现象，10 g 植物油溶解度≥25 g。

毒性：急性毒理试验表明，其最大耐受量 8 000 mg/kg，属无毒级。

使用：《食品安全国家标准　食品添加剂使用标准》(GB 2760—2014)规定，茶多酚棕榈酸酯用于基本不含水的脂肪和油中，最大用量不超过 0.6 g/kg。

4.2.7　4-己基间苯二酚

4-己基间苯二酚是由己酸与间苯二酚缩合，经锌汞齐还原蒸馏精制而成的抗氧化剂，分子式为 $C_{12}H_{18}O_2$，分子量为 194.27，其结构式为：

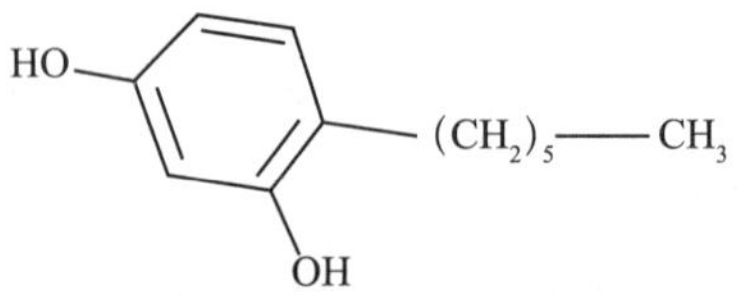

它主要用于虾、蟹类水产品的加工中，其目的是防止在产品的储存过程中，由于多酚氧化酶的催化而发生的氧化褐变或色泽变黑的现象。

性状与性能：4-己基间苯二酚为白色、黄白色针状结晶，有弱臭，强涩味，对舌头产生麻木感；遇光、空气变淡棕粉红色；微溶于水、乙醇、甲醇、甘油醚、氯仿、苯和植物油中。它作为加工助剂，可保持虾、蟹等甲壳水产品在储存过程中色泽良好，不变黑(虾类黑变主要是机体存在的多酚氧化酶催化反应所致)。

毒性：大鼠经口 LD_{50} 为 550 mg/kg；ADI 为 0～0.11 mg/kg。

使用：按照《食品安全国家标准　食品添加剂使用标准》(GB 2760—2014)规定，4-己基间苯二酚用于鲜水产(仅限虾类)，防止虾类褐变，按生产需要适量使用，残留量≤1 mg/kg。

4.2.8　羟基硬脂精

羟基硬脂精，又名氧化硬脂精，为部分氧化的硬脂酸和其他脂肪酸的甘油酯的混合物，分子式为 $C_{21}H_{42}O_5$，分子量为 374.555 18，其结构式为：

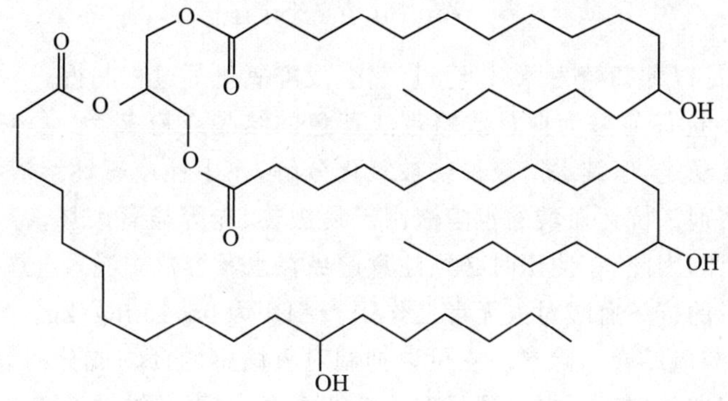

性状与性能：羟基硬脂精为棕黄至浅棕色脂状或蜡状物质；口味醇和；溶于乙醚，己烷和氯仿。

使用：《食品安全国家标准　食品添加剂使用标准》(GB 2760—2014)规定，羟基硬脂精可用于基本不含水的脂肪和油，最大使用量为 0.5 g/kg。

4.2.9　硫代二丙酸二月桂酯

硫代二丙酸二月桂酯(dilauryl thiodipropionate，DLTP)，分子式为 $C_{10}H_{58}O_4S$，分子量为 514.85。在我国允许用于食品的硫醚类抗氧化剂中仅有硫代二丙酸二月桂酯一种，作为一种过氧化物分解剂，它能有效地分解油脂自动氧化链反应中的氢过氧化物(ROOH)，达到中断链反应的目的。从而延长油脂及富脂食品的保存期。作为一种油溶性抗氧化剂，它不仅毒性小，而且具有很好的抗氧化性能和稳定性能。

性状与性能：硫代二丙酸二月桂酯为白色絮状结晶固体，具特殊的甜香气息和类脂气味的硫醚类物质；熔点 38℃以上，相对密度(20℃/4℃)0.975；不溶于水，溶于丙酮、四氯化碳、苯、石油醚等有机溶剂。DLTP 与 BHA 和 BHT 等酚类抗氧化剂有协同作用，在生产中加以利用既可提高抗氧化性能，又能降低毒性和成本。DLTP 具有极好的热稳定性，200℃下 30 min 损失率只有 0.7%，更适合于焙烤及油炸食品，同时还具有极好的时间稳定性。

使用：按照《食品安全国家标准　食品添加剂使用标准》(GB 2760—2014)规定，硫代二丙酸二月桂酯可用于经表面处理的鲜水果和新鲜蔬菜，熟制坚果与籽类(仅限油炸坚果与籽类)，油炸面制品，膨化食品，最大使用量为 0.2 g/kg。

4.3　水溶性抗氧化剂

水溶性抗氧化剂能够溶于水，主要用于防止食品氧化变色，常用的有抗坏血酸、异抗坏血酸及其盐、植酸、乙二胺四乙酸二钠以及氨基酸类、肽类、香辛料和糖醇类等。

4.3.1　*L*-抗坏血酸

L-抗坏血酸(*L*-ascorbic acid)又称维生素 C,分子式为 $C_6H_8O_6$,分子量为 176.13,其结构式为:

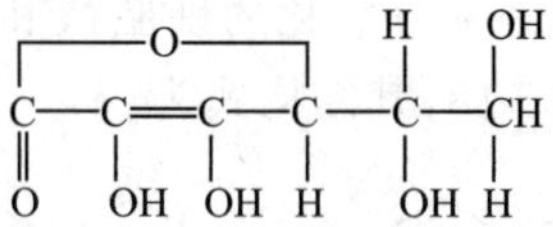

L-抗坏血酸多是以葡萄糖为原料,经过氢化、发酵氧化等过程制得。

性状与性能:*L*-抗坏血酸为白色或略带淡黄色的结晶或粉末,无臭,味酸,遇光颜色逐渐变深,干燥状态比较稳定,但其水溶液很快被氧化分解,在中性或碱性溶液中尤甚;易溶于水,不溶于苯、乙醚等溶剂。抗坏血酸的水溶液由于易被热、光等显著破坏,特别是在碱性及金属存在时更促进其破坏,因此,在使用时必须注意避免在水及容器中混入金属或与空气接触。

毒性:正常剂量的抗坏血酸对人无毒性作用。ADI 为 0～15 mg/kg。

L-抗坏血酸能与氧结合而除氧。它可以抑制对氧敏感的食物成分的氧化;能还原高价金属离子,对螯合剂起增效作用;另外,还具有治疗坏血病、解毒及维护毛细血管通透性等作用。

使用:按照《食品安全国家标准　食品添加剂使用标准》(GB 2760—2014)规定,*L*-抗坏血酸作为抗氧化剂可用于啤酒和麦芽饮料,最大使用量为 0.04 g/kg;发酵面制品,小麦粉,最大使用量为 0.2 g/kg;果蔬汁(肉)饮料、植物蛋白饮料、碳酸饮料、茶饮料,最大使用量为 0.5 g/kg;可可制品、巧克力和巧克力制品(包括代巧克力、类巧克力)及糖果,最大使用量为 1.5 g/kg;去皮或预切的鲜水果,去皮、切块或切丝的蔬菜,最大使用量为 5.0 g/kg;浓缩果蔬汁(浆),按生产需要适量使用(固体饮料按稀释倍数增加使用量)。

在实际使用中,*L*-抗坏血酸可以应用于许多食品中:①果汁及碳酸饮料。防止氧化变质,理论上每 3.3 mg 抗坏血酸与 1 mL 空气反应,若容器的顶隙中空气含量平均为 5 mL,则需要添加 15～16 mg 的抗坏血酸,才可以使空气中的氧气含量降低到临界水平以下,从而防止产品因氧化引起的变色、变味。②水果、蔬菜罐头。水果罐头的氧化可以引起变味和褪色,添加了抗坏血酸则可消耗氧气而保持罐头的品质,其用量为 0.025%～0.06%。蔬菜罐头大多数不添加抗坏血酸,只有花椰菜和蘑菇罐头为了防止在加热过程中褐变或变黑,可以添加 0.1%的抗坏血酸。③冷冻食品。为了防止冷冻果品发生酶褐变与风味变劣,防止肉类水溶性色素的氧化变色,可以添加抗坏血酸来保持冷冻食品的风味、色泽和品质。方法是用 0.1%～0.5%的抗坏血酸溶液浸渍物料 5～10 min。④酒类。添加抗坏血酸有助于保持葡萄酒的原有风味;在啤酒过滤时按 0.01～0.02 g/kg 的量添加抗坏血酸可以防止氧化褐变。

4.3.2　*L*-抗坏血酸钠

L-抗坏血酸钠(sodium *L*-ascorbic acid),分子式为 $C_6H_7O_6Na$,分子量为 198.11,其结构式为:

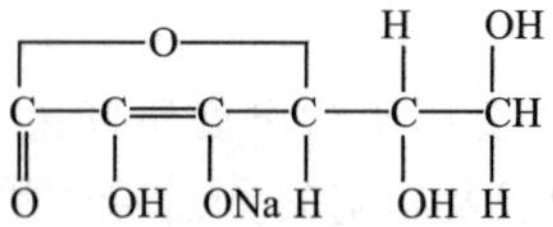

性状与性能：*L*-抗坏血酸钠为白色或略带黄白色结晶或结晶性粉末，无臭，稍咸；干燥状态下稳定，吸湿性强；较 *L*-抗坏血酸易溶于水，其溶解度为：62%（25℃），78%（75℃）；极难溶于乙醇；遇光颜色逐渐变深。2%的水溶液 pH 为 6.5～8，其抗氧化作用与 *L*-抗坏血酸相同。1 g *L*-抗坏血酸钠相当于 0.9 g *L*-抗坏血酸。

毒性：与 *L*-抗坏血酸相同。

使用：与 *L*-抗坏血酸相同。因 *L*-抗坏血酸呈酸性，在不适宜添加酸性物质的食品中可使用本品，例如牛乳等制品。浓缩果蔬汁（浆），按生产需要适量使用（固体饮料按稀释倍数增加使用量）。另外，对于肉制品还可以作为发色助剂，同时可以保持肉的风味、增加肉制品的弹性。据一些研究证明，抗坏血酸、抗坏血酸钠对阻止亚硝酸盐在肉制品中产生有致癌作用的二甲基亚硝胺具有很大意义。其添加量为 0.5%左右。

4.3.3　*L*-抗坏血酸钙

L-抗坏血酸钙是 *L*-抗坏血酸的钙盐，由抗坏血酸与碱性钙盐中和制得。分子式为 $C_{12}H_{14}CaO_{12}$，分子量为 390.31，其结构式为：

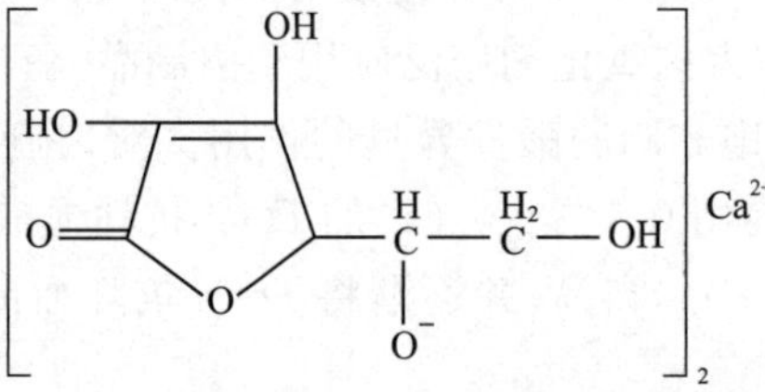

L-抗坏血酸钙自身不易被氧化，比维生素 C 稳定，而且吸收效果好，在体内具有维生素 C 的全部作用，抗氧化作用优于维生素 C，而且由于钙的引入，增强了它的营养强化作用。近年来，*L*-抗坏血酸钙的研究不断取得进展，应用领域相继拓宽。

性状与性能：*L*-抗坏血酸钙为白色或淡黄色结晶粉末，无臭，溶于水，微溶于乙醇，不溶于乙醚。10%水溶液的 pH 为 6.8～7.4。

毒性：ADI 无须规定（FAO/WHO，1994）。

使用：与 *L*-抗坏血酸相同。去皮或预切的鲜水果，去皮、切块或切丝的蔬菜，最大使用量为 1.0 g/kg（以水果、蔬菜中抗坏血酸钙残留量计）；浓缩果蔬汁（浆），按生产需要适量使用（固体饮料按稀释倍数增加使用量）。

4.3.4　*D*-异抗坏血酸

D-异抗坏血酸（*D*-erythorbic acid），分子式为 $C_6H_8O_6$，分子量为 176.13，其结构式为：

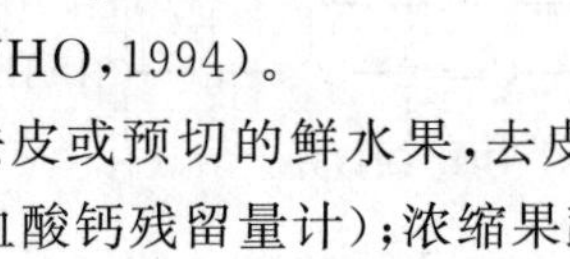

性状与性能：*D*-异抗坏血酸又称赤藻糖酸、异维生素 C，是维生素 C 的一种立体异构体，在化学性质上与维生素 C 相似，属于水溶性抗氧化剂。*D*-异抗坏血酸是以葡萄糖等为原料，经发酵制得的 2-酮基-*D*-葡萄糖酸，再经酯化、酸化、精制等步骤生产的食品添加剂。*D*-异抗坏血酸为白色至浅黄色的结晶或结晶性粉末，无臭，有酸味；遇光颜色逐渐变黑；干燥状态下在空气中相当稳定，而在溶液中暴露于大气时则迅速变质。*D*-异抗坏血酸极易溶于水，溶解度为 40 g/100 mL；溶于乙醇，溶解度为 5 g/100 mL；难溶于甘油；不溶于苯、乙醚。1%的水溶液 pH 为 2.8，*D*-异抗坏血酸几乎无抗坏血酸的生理功效。*D*-异抗坏血酸的耐热性差，还原性强，金属离子能促进其分解，但其抗氧化性能优于抗坏血酸，并且价格便宜，虽然无抗坏血酸的生理作用，但是也不会阻碍人体对抗坏血酸的吸收。在肉制品中 *D*-异抗坏血酸与亚硝酸盐配合使用，既可以防止肉氧化变色，又可以提高肉制品的发色效果，还能加强亚硝酸盐抗肉毒杆菌的能力，且可减少亚硝胺的产生。

毒性：大鼠经口 LD_{50} 为 18 g/kg。ADI 无须规定（FAO/WHO，1994），FDA 对其鉴定为“公认为安全”（GRAS）。

使用：按照《食品安全国家标准　食品添加剂使用标准》（GB 2760—2014）规定，*D*-异抗坏血酸可用于啤酒和麦芽饮料，最大使用量为 0.04 g/kg；果蔬汁（肉）饮料、葡萄酒，最大使用量为 0.15 g/kg（以抗坏血酸计）；预制肉制品、熟肉制品，最大使用量为 0.5 g/kg；水果罐头、蔬菜罐头、八宝粥罐头、肉罐头类、果酱、冷冻水产品及其制品，最大使用量为 1.0 g/kg；浓缩果蔬汁（浆），按生产需要适量使用（固体饮料按稀释倍数增加使用量）。

在日本，*D*-异抗坏血酸作为抗氧化剂广泛应用于肉制品、鱼肉制品、鱼贝腌制品及冷冻制品，它还具有防止鱼贝类的不饱和脂肪酸发异臭的作用。对肉制品，其添加量为 0.5～0.8 g/kg；对鱼贝冷冻制品，在冷冻前用 0.1%～0.6%的 *D*-异抗坏血酸水溶液进行浸渍处理。对果汁等饮料的使用量为 0.01%～0.025%，并逐渐将 *D*-异抗坏血酸作为抗氧化剂应用于水果、蔬菜罐头以及奶油和奶酪。

4.3.5 *D*-异抗坏血酸钠

D-异抗坏血酸钠（sodium erythorbic acid），分子式为 $C_6H_7O_6Na \cdot H_2O$，分子量为 216.13，其结构式为：

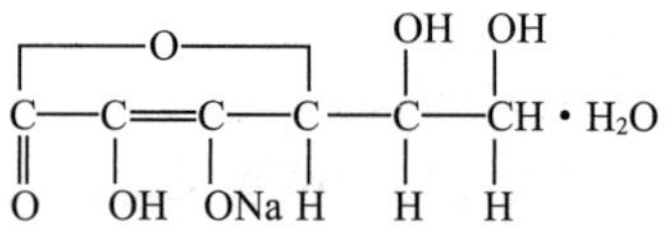

性状与性能：*D*-异抗坏血酸钠为白色至黄白色的结晶或晶体粉末，无臭，微有咸味；干燥状态下在空气中相当稳定，但在水溶液中，当遇空气、金属、热、光时，则易氧化。它易溶于水，55 g/100 mL，几乎不溶于乙醇，1%的水溶液 pH 为 7.4。*D*-异抗坏血酸钠的抗氧化性能与 *D*-异抗坏血酸相同。

毒性：大鼠经口 LD_{50} 为 15 g/kg，小鼠经口 LD_{50} 为 9.4 g/kg。ADI 无限制性规定（FAO/WHO，1994）。

使用：按照《食品安全国家标准　食品添加剂使用标准》（GB 2760—2014）规定，*D*-异抗坏血酸钠的使用同 *D*-异抗坏血酸，以 *D*-异抗坏血酸计。

4.3.6 乙二胺四乙酸二钠

乙二胺四乙酸二钠（EDTA-2Na），分子式为 $C_{10}H_{14}N_2Na_2O_8 \cdot 2H_2O$，其结构式为：

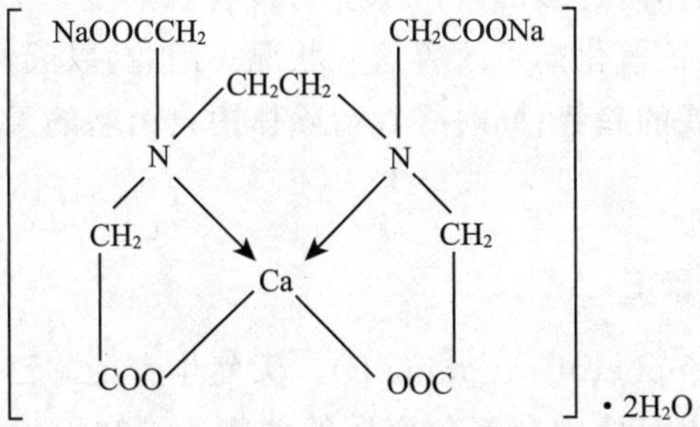

性状与性能：乙二胺四乙酸二钠为白色结晶颗粒或粉末，无臭、无味；易溶于水，极难溶于乙醇。它是一种重要的螯合剂，能螯合溶液中的金属离子。生产中常利用其螯合作用保持食品的色、香、味，防止食品氧化变质。

毒性：按 FAO/WHO(1994)规定，ADI 为 0～2.5 mg/kg。

使用：按照《食品安全国家标准　食品添加剂使用标准》(GB 2760—2014)规定，乙二胺四乙酸二钠可用于果酱、蔬菜泥(酱)，最大使用量为 0.07 g/kg；复合调味料，最大使用量为 0.075 g/kg；蔬菜罐头，盐渍蔬菜，酱渍蔬菜，八宝粥罐头，坚果及籽类罐头，最大使用量为 0.25 g/kg。

对于蟹、虾等水产罐头，添加乙二胺四乙酸二钠可以防止玻璃样结晶——鸟粪石(struvite)的析出，以保证加工品的质量。

4.3.7　乙二胺四乙酸二钠钙

乙二胺四乙酸二钠钙，别名依地酸钙钠，分子式为 $C_{10}H_{12}CaN_2Na_2O_8$，分子量为 374.268 4。

性状与性能：乙二胺四乙酸二钠钙为白色结晶性或颗粒性粉末；无臭、无味；易潮解。在水中易溶，在乙醇或乙醚中不溶。它能与多种金属结合成为稳定而可溶的络合物，由尿中排泄，故用于一些金属的中毒，尤其对无机铅中毒效果好(但对四乙基铅中毒无效)，对钴、铜、铬、镉、锰及放射性元素(如镭、铀、钍等)均有解毒作用，但对锶无效。

毒性：按 FAO/WHO(1994)规定，ADI 为 0～2.5 mg/kg。

使用：按照《食品安全国家标准　食品添加剂使用标准》(GB 2760—2014)规定，乙二胺四乙酸二钠钙可用于复合调味料，最大使用量为 0.075 g/kg。

4.4　天然抗氧化剂

早期应用的合成抗氧化剂如 BHT、BHA 和 TBHQ 等由于具有产量大、价格低、抗氧化较强的优点，长期以来一直垄断着食品抗氧化剂的市场。然而，不断有人对人工合成的抗氧化剂的安全性提出质疑，并对其可能存在的毒性进行了一系列的研究。结果表明，人工合成的抗氧化剂具有一定的毒性和致癌作用，因此食品科学家将研究的重心转移到天然抗氧化剂的研究上来。

天然抗氧化剂是从天然动、植物体或其代谢物中提取出来的具有抗氧化活性的物质，如从植物中提取的多酚类、黄酮类化合物，植酸等。自 1956 年 Harman 提出衰老的自由基学说以来，越来越多的研究证实机体内过多的自由基会引发各种病变，如动脉粥样硬化、心血管疾病及肿瘤等，适当补充外源性抗氧化剂可改善这一状况。因此，以天然抗氧化剂取代合成抗氧化剂是今后食品抗氧化剂发展的趋势；同时寻找清除体内自由基的天然物质也是现代医药、保健行业发展的趋势。

4.4.1 生育酚(维生素 E)

生育酚即维生素 E(tocopherol，vitamine E)。天然生育酚广泛存在于高等动植物组织中，它具有防止动植物组织内脂溶性成分氧化变质的功能。已知天然生育酚有 α-、β-、γ-、δ-、ε-、ζ-、η-、θ- 8 种同分异构体，作为抗氧化剂使用的生育酚混合浓缩物(tocopherol concentrate)是天然生育酚的 8 种异构体的混合物，后 4 种不属于常用类型，文中不再进行介绍。

性状与性能：生育酚混合浓缩物为黄至褐色透明黏稠状液体，几乎无臭，密度 0.932～0.955 kg/m^3；不溶于水，溶于乙醇，可与丙酮、乙醚、油脂自由混合；对热稳定，在无氧条件下，即使加热至 200℃也不被破坏；具有耐酸性，但是不耐碱；对氧气十分敏感，在空气中及光照下，会缓慢地氧化变黑。

生育酚混合浓缩物因所用原料油和加工方法不同，成品的总浓度和同分异构体的组成也不一样。品质较纯的生育酚混合浓缩物中生育酚的含量可达 80%以上。以大豆为原料的制品，其同分异构体的比例约为：α-型 10%～20%、γ-型 40%～60%、δ-型 25%～40%。

生育酚的抗氧化性主要来自苯环上 6 位的羟基，与氧化物、过氧化物结合成酯后失去抗氧化性。其同分异构体的抗氧化性能：α-型＜β-型＜γ-型＜δ-型，d-δ-型抗氧化性能最强。生育酚的生物活性依次为：α-型最强，即 α-型＞β-型＞γ-型＞δ-型。

一般来说，生育酚的抗氧化效果不如 BHA、BHT。生育酚对动物油脂的抗氧化效果比对植物油脂的效果好。这是由于动物油脂中天然存在的生育酚比植物油少。有实验表明，生育酚对猪油的抗氧化效果大致与 BHA 相同。在较高的温度下，生育酚仍有较好的抗氧化性能，例如在猪油中，BHA 在 200℃加热 2 h 则 100%挥发，而生育酚在 220℃加热 3 h 仅损失 50%。特别是天然生育酚比合成的 α-型生育酚的热稳定性还大。

生育酚的耐光、耐紫外线、耐放射性也较强，而 BHA、BHT 则较差。这对于利用透明薄膜包装材料包装食品是很有意义的，因为太阳光、荧光灯等产生的光能是促进食品氧化变质的因素。生育酚对光的作用机制目前尚未阐明，仅知生育酚有防止在 γ 射线照射下对维生素 A 的分解作用，有防止在紫外线照射下对 β-胡萝卜素分解的作用，有防止饼干和速煮面条在日光照射下的氧化作用。近年的一些研究结果表明，生育酚还有阻止咸肉制品中产生致癌物——亚硝胺的作用。

毒性：大鼠经口 LD_{50} 为 5 g/kg。FAO/WHO(1994)规定，ADI 为 0.15～2 mg/kg(dl-α-型生育酚和 d-α-型生育酚二者组成的浓缩物)。

美国对生育酚的安全评价认为：①毒性非常低；②关于高含量服用后血清脂肪增加的说法不一，但不是重要因素；③人的双盲试验表明，即使每日高用量服用 3.2 g，也不产生副作用；④最大摄入量 1 g/d，完全安全，无副作用。

使用：按照《食品安全国家标准　食品添加剂使用标准》(GB 2760—2014)规定，生育酚多指 dl-α-生育酚可用于基本不含水的脂肪和油，复合调味料，按生产需要适量使用；调制乳，熟制坚果与籽类(仅限油炸坚果与籽类)，油炸面食品，方便米面制品，蛋白饮料，蛋白固体饮料，膨化食品，最大使用量为 0.2 g/kg(以油脂中的含量计)；果蔬汁(浆)类饮料，其他型碳酸饮料，茶、咖啡、植物(类)饮料,特殊用途饮料,风味饮料,最大使用量为0.2 g/kg(固体饮料按稀释倍数增加使用量)。

目前许多国家除使用天然生育酚浓缩物外,还使用人工合成的*dl-α*-型生育酚,后者的抗氧化效果基本与天然生育酚浓缩物相同。生育酚添加到食品中不仅具有抗氧化作用,而且还具有营养强化作用。许多国家对其使用量无限制。它适宜作为婴儿食品、疗效食品及乳制品的抗氧化剂和营养强化剂使用。国外还将本品用于油炸食品、全脂奶粉、奶油和人造奶油、粉末汤料等的抗氧化。

对全脂奶粉、奶油和人造奶油等添加量为0.005%~0.05%;动物脂肪添加量为0.001%~0.05%;植物油添加量为0.03%~0.07%;香肠中添加量为0.007%~0.01%;在其他农产、畜产、水产制品中用量为0.01%~0.05%;在焙烤食品用油和油炸食品用油中添加量为0.01%~0.1%,即有良好的抗氧化效果;在油炸方便面的猪油中添加量为0.05%抗氧化效果很好,若与BHA复配使用效果尤佳。

我国目前生育酚浓缩物价格还较高,主要供药用,也作为油溶性维生素的稳定剂,随着我国国民经济的发展,生育酚在食品中的应用也将得到发展。

4.4.2　植酸(又名肌醇六磷酸),植酸钠

植酸(phytic acid)又称肌醇六磷酸,简称PH,分子式为$C_6H_{18}O_{24}P_6$,分子量为660.08,其结构式为:

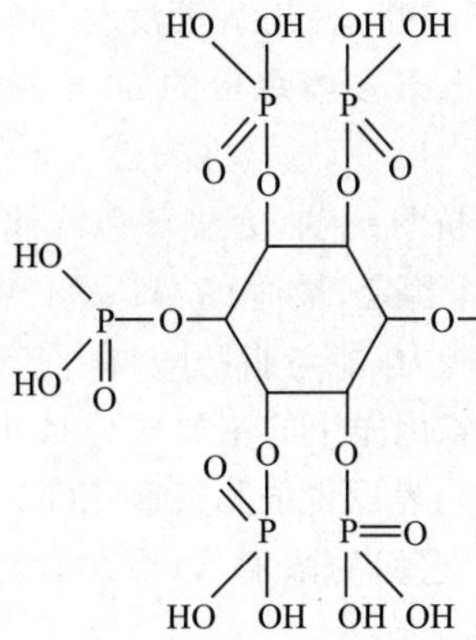

性状与性能:植酸为浅黄色或褐色黏稠状液体;广泛分布于高等植物内,易溶于水、95%乙醇、丙二醇和甘油,微溶于无水乙醇、苯、乙烷和氯仿;对热较稳定。植酸分子有12个羟基,能与金属螯合成白色不溶性金属化合物,1 g植酸可以螯合铁离子500 mg。其水溶液的pH:浓度1.3%时为0.40,0.7%时为1.70,0.13%时为2.26,0.013%时为3.20,具有调节pH及缓冲作用。植酸已广泛用于水产品、酒类、果汁、油脂食品,作为抗氧化剂、稳定剂和保鲜剂。它可以延缓含油脂食品的酸败,防止水产品的变色、变黑;清除饮料中的铜、铁、钙、镁等离子;延长鱼、肉、速煮面、面包、蛋糕、色拉等的储藏期。

毒性:小鼠经口LD_{50}为4.192 g/kg。

使用:按照《食品安全国家标准　食品添加剂使用标准》(GB 2760—2014)规定,植酸可用于基本不含水的脂肪和油,加工水果,加工蔬菜,装饰糖果(如工艺造型,或用于蛋糕装饰)、顶饰(非水果材料)和甜汁,腌腊肉制品类(如咸肉、腊肉、板鸭、中式火腿、腊肠等),酱卤肉制品

类，熏、烧、烤肉类，油炸肉类，西式火腿（熏烤、烟熏、蒸煮火腿）类，肉灌肠类，发酵肉制品类，调味糖浆，果蔬汁（浆）类饮料，最大使用量为 0.2 g/kg；鲜水产（仅限虾类），按生产需要适量使用，残留量≤20 mg/kg。

植酸在食品加工中的应用主要有 2 方面：一方面是用于油脂的抗氧化剂，在植物油中添加 0.01%，即可以明显地防止植物油的酸败。其抗氧化效果因植物油的种类不同而异，对于花生油效果最好，大豆油次之，棉籽油较差。另一方面是用于水产品：①防止磷酸铵镁的生成。在大马哈鱼、鳟鱼、虾、金枪鱼、墨斗鱼等罐头中，经常发现有玻璃状结晶的磷酸铵镁（$Mg \cdot NH_4 \cdot PO_4 \cdot 6H_2O$），添加 0.1%～0.2%的植酸以后就不再产生玻璃状结晶。②防止贝类罐头变黑。贝类罐头加热杀菌可产生硫化氢等，与肉中的铁、铜以及金属罐表面溶出的铁、锡等结合产生硫化而变黑，添加 0.1%～0.5%的植酸可以防止变黑。③防止蟹肉罐头出现蓝斑。蟹是足节动物，其血液中有一种含铜的血蓝蛋白，在加热杀菌时所产生的硫化氢与铜反应，容易发生蓝变现象，添加 0.1%的植酸和 1%的柠檬酸钠可以防止出现蓝斑。④防止鲜虾变黑。为了防止鲜虾变黑使用 0.7%亚硫酸钠很有效，但是二氧化硫的残留量过高，若添加 0.01%～0.05%的植酸与 0.3%亚硫酸钠效果甚好，并且可以避免二氧化硫的残留量过高。我国规定：植酸可用于对虾的保鲜，使用时控制残留量在 20 mg/kg 以下。

4.4.3 茶多酚

茶多酚（pyrocatechin）又称维多酚。它是一类多酚化合物的总称，主要包括：儿茶素类（表没食子儿茶素、表没食子儿茶素没食子酸酯、表儿茶素没食子酸酯以及表儿茶素）、黄酮类、花青素类、酚酸类等化合物，其中儿茶素占茶多酚总量的 60%～80%。茶多酚是以绿茶为原料经过萃取法、沉淀法制取的。

性状与性能：茶多酚是由茶提取的抗氧化剂，为浅黄色或浅绿色的粉末，有茶叶味，易溶于水、乙醇、醋酸乙酯；在酸性和中性条件下稳定，最适宜 pH 为 4～8。茶多酚类物质是一些含有 2 个以上羟基的多元酚，具有很强的供氢能力，能与脂肪酸自由基结合，使自由基转化为惰性化合物，终止自由基的连锁反应。茶多酚抗氧化作用的主要成分是儿茶素。儿茶素的抗氧化能力最强，主要为以下 4 种物质：表儿茶素（EC）、表没食子儿茶素（EGC）、表儿茶素没食子酸酯（ECG）和表没食子儿茶素没食子酸酯（EGCG）。它们的浓度（以摩尔计）抗氧化能力的顺序为：EGCG＞EGC＞ECG＞EC。

茶多酚与柠檬酸、苹果酸、酒石酸有良好的协同效应，与柠檬酸的协同效应最好。与抗坏血酸、生育酚也有很好的协同效应。茶多酚对猪油的抗氧化性能优于生育酚混合浓缩物和 BHA、BHT；由于植物油中含有生育酚，所以茶多酚用于植物油中可以更加显示出其很强的抗氧化能力。茶多酚作为食用油脂抗氧化剂使用时，有在高温下炒、煎、炸过程中不变化、不析出、不破乳等优点。

茶多酚不仅具有抗氧化能力，它还可以防止食品褪色。并且能杀菌消炎，强心降压，还具有与维生素 P 相类似的作用，能增强人体血管的抗压能力。茶多酚对促进人体维生素 C 的积累也有积极作用，对尼古丁、吗啡等有害生物碱有解毒作用。

毒性：茶多酚无毒，对人体无害。

使用：按照《食品安全国家标准　食品添加剂使用标准》（GB 2760—2014）规定，茶多酚可以用于基本不含水的脂肪和油，糕点，含油脂的糕点馅料，腌腊肉制品（如咸肉、腊肉、板鸭、中式火腿、腊肠等)，最大使用量为 0.4 g/kg；酱卤肉制品类，熏、烧、烤肉类，油炸肉类，西式火腿(熏烤、烟熏、蒸煮火腿)类，肉灌肠类，发酵肉制品类，预制水产品(半成品)，熟制水产品(可直接食用)，水产品罐头，最大使用量为 0.3 g/kg；油炸食品，方便米面制品，膨化食品，最大使用量为 0.2 g/kg；复合调味料，植物蛋白饮料，最大使用量为 0.1 g/kg(以油脂中儿茶素计)；即食谷物，包括碾轧燕麦(片)，最大使用量为 0.2 g/kg；蛋白固体饮料，最大使用量为 0.80 g/kg。

使用方法是先将茶多酚溶于乙醇，加入一定量的柠檬酸配制成溶液，然后以喷涂或添加的形式用于食品。

4.4.4　茶黄素

茶黄素(theaflavins)是一类多酚羟基具茶骈酚酮结构的物质，占干茶重量的 0.5%～2%，是以新鲜茶叶或茶多酚为原料，利用新鲜茶叶中天然含有的多酚氧化酶系，经生物发酵、乙酸乙酯浸提、食品工业用吸附树脂纯化，再经浓缩、干燥制得的抗氧化剂。

性状与性能：茶黄素纯物呈橙黄色针状结晶，茶褐色或棕黄色，熔点 237～240℃，易溶于水、甲醇、乙醇、丙酮、正丁醇和乙酸乙酯，难溶于乙醚，不溶于三氯甲烷和苯。茶黄素溶液呈鲜明的橙黄色，水溶液呈弱酸性，pH 约 5.7，pH 在 4.6～7 范围内色泽较好，颜色不受茶提取液 pH 影响，但在碱性溶液中有自动氧化的倾向，且随 pH 的增加而加强。茶黄素具有抗氧化性，其抗氧化性可与维生素 C、BHA、BHT 相比。

毒性：茶黄素无毒，对人体无害。

使用：按照《食品安全国家标准　食品添加剂使用标准》(GB 2760—2014)规定，茶黄素作为抗氧化剂可用于多种食品类别，减缓食品中油脂氧化，保持产品风味。包括脂肪、油和乳化脂肪制品，基本不含水的脂肪和油，胶基糖果，焙烤食品，最大使用量为 0.4 g/kg；熟制坚果与籽类(仅限油炸坚果与籽类)，坚果与籽类罐头，胶基糖果，即食谷物，包括碾轧燕麦(片)，方便米面制品，碳酸饮料，特殊用途饮料，风味饮料，其他类饮料，果冻(如用于果冻粉，按冲调倍数增加使用量)，茶制品(包括调味茶和代用茶)，膨化食品，最大使用量为 0.2 g/kg；预制肉制品，熟肉制品，水产及其制品(包括鱼类、甲壳类、贝类、软体类、棘皮类等水产及其加工制品等)，预制水产品(半成品)，最大使用量为 0.3 g/kg；复合调味料，植物蛋白饮料，最大使用量为 0.1 g/kg；固体饮料，最大使用量为 0.8 g/kg。

4.4.5　甘草抗氧化物

甘草抗氧化物(licorice root antioxidant)的主要成分是黄酮类、类黄酮类物质。它是将甘草植物根、茎的水提物用乙醇或有机溶剂提取而制得。

性质与性状：甘草抗氧化物为一种粉末状脂溶性物质，熔点范围在 70～90℃。对于油脂有良好的抗氧化作用，据报道其抗氧化效果比 PG 更好。

毒性：甘草抗氧化物为无毒性物质，安全性高。

使用：按照《食品安全国家标准　食品添加剂使用标准》(GB 2760—2014)规定，甘草抗氧化物可以用于基本不含水的脂肪和油，熟制坚果与籽类(仅限油炸坚果与籽类)，油炸面制品，方便米面制品，饼干，腌腊肉制品类(如咸肉、腊肉、板鸭、中式火腿、腊肠等)，酱卤肉制品类，熏、烧、烤肉类，油炸肉类，西式火腿(熏烤、烟熏、蒸煮火腿)类，肉灌肠类，发酵肉制品类，腌制水产品，膨化食品，最大使用量为 0.2 g/kg(以甘草酸计)。

4.4.6 迷迭香提取物

迷迭香提取物(rosemary extract)含有多种有效的抗氧化成分,主要为:迷迭香酚、鼠尾草酚、迷迭香双醛、熊果酸和黄酮等化合物。

迷迭香提取物是从迷迭香的叶和嫩茎中分离出的抗氧化剂。

毒性:小鼠经口 LD_{50} 为 12 g/kg。具有高效无毒,结构稳定,耐高温等特点。

使用:按照《食品安全国家标准　食品添加剂使用标准》(GB 2760—2014)规定,迷迭香提取物可以用于植物油脂,最大使用量为 0.7 g/kg;动物油脂(猪油、牛油、鱼油和其他动物脂肪),熟制坚果与籽类(仅限油炸坚果与籽类),预制肉制品,酱卤肉制品类,熏、烧、烤肉类,油炸肉类,西式火腿(熏烤、烟熏、蒸煮火腿)类,肉灌肠类,发酵肉制品类,膨化食品,最大使用量为 0.3 g/kg。

有实验证明,在大豆油、花生油、棕榈油和猪油中迷迭香抗氧化剂具有很强的抗氧化作用,特别是在大豆油、猪油中,其抗氧化能力是 BHA 的 2～4 倍。

4.4.7 迷迭香提取物(超临界二氧化碳萃取法)

使用:《食品安全国家标准　食品添加剂使用标准》(GB 2760—2014)规定,迷迭香提取物(超临界二氧化碳萃取法)的使用同迷迭香提取物。此外,它还可用于蛋黄酱、沙拉酱,浓缩汤(罐装、瓶装),最大使用量为 0.3 g/kg。

4.4.8 竹叶抗氧化物(竹叶黄酮)

竹叶抗氧化物是由南方毛竹(淡叶竹)的叶子提取的抗氧化性成分,有效成分包括黄酮类、内酯类和酚酸类化合物,是一组复杂而又相互协同增效作用的混合物。其中黄酮类化合物主要是碳苷黄酮,4 种代表化合物为:荭草苷、异荭草苷、牡荆苷和异牡荆苷。内酯类化合物主要是羟基香豆素及其糖苷。酚酸类化合物主要是肉桂酸的衍生物,包括绿原酸、咖啡酸、阿魏酸等。其抗氧化作用可替代银杏提取物、茶叶提取物和葡萄籽提取物,已列入 GB 2760—2014,作为天然食品抗氧化剂使用。

性质与性状:竹叶抗氧化物为黄色或棕黄色的粉末或颗粒,无异味;可溶于水和一定浓度的乙醇,略有吸湿性,在干燥状态时相当稳定;具有平和的风味和口感,无药味、苦味和刺激性气味;品质稳定,能有效抵御酸解、热解和酶解,在某种情况下竹叶抗氧化物还表现出一定的着色、增香、矫味和除臭等作用。

竹叶抗氧化物的作用特点:具有阻断脂肪自动氧化的作用;能螯合过渡态金属离子;对沙门氏菌、金黄色葡萄球菌、肉毒梭状芽孢杆菌有一定的抑菌作用;并且还是一种天然的功能性保健品,动物试验证明,可以显著抑制脂质过氧化,具有降低甘油三酯、总胆固醇和低密度脂蛋白的作用。

毒性:ADI 为 43 mg/kg,一个标准体重(60 kg)的人允许的每日摄入量为 2 580 mg。

使用:按照《食品安全国家标准　食品添加剂使用标准》(GB 2760—2014)规定,竹叶抗氧化物可以用于基本不含水的脂肪和油,熟制坚果与籽类(仅限油炸坚果与籽类),油炸面制品,即食谷物,包括碾轧燕麦(片),焙烤食品,腌腊肉制品类(如咸肉、腊肉、板鸭、中式火腿、腊肠),酱卤肉制品类,熏、烧、烤肉类,油炸肉类,西式火腿(熏烤、烟熏、蒸煮火腿)类,肉灌肠类,发酵肉制品类，水产品及其制品（包括鱼类、甲壳类、贝类、软体类、棘皮类等水产品及其加工制品）和膨化食品，最大使用量为 0.5 g/kg；用于果蔬汁（浆）类饮料，茶（类）饮料，最大使用量为 0.5 g/kg（固体饮料按稀释倍数增加使用量）。

4.4.9 栎精

栎精（quercetin）为栎树皮中含有的物质，又称槲皮黄素，分子式为 $C_{15}H_{10}O_7$，分子量为 302。

性质与性状：栎精为一种含有 2 分子结晶水的黄色晶体，加热至 95～97℃失去水分成为无水物，在 314℃发生分解；溶于水、无水乙醇和冰醋酸，其乙醇溶液呈苦味。栎精为五羟黄酮，其分子中 2、3 位间有双键，3′、4′位处有 2 个羟基，具有能作为金属螯合作用或油脂等抗氧化过程中产生游离基团接受体的功能，还可作为油脂、抗坏血酸的抗氧化剂。

毒性：对每日允许量未作规定。

使用：除了用于食品抗氧化外，还可用作食品黄色素。

4.4.10 愈创树脂

愈创树脂（guaiac）是原产于拉丁美洲的愈创树的树脂，其主要成分是 α-愈创木脂酸、β-愈创木脂酸、愈创木酸以及少量胶质、精油等。

性状与性能：愈创树脂为绿褐色至红褐色玻璃样块状物，其粉末在空气中逐渐变成为暗绿色；有香脂的气味，稍有辛辣味，熔点 85～90℃，易溶于乙醇、乙醚、氯仿和碱性溶液，难溶于二氧化碳和苯，不溶于水。它对油脂具有良好的抗氧化作用。

毒性：大鼠经口 LD_{50} 为 7.5 g/kg。按 FAO/WHO（1994）规定，ADI 为 0～2.5 mg/kg。

使用：愈创树脂是最早使用的天然抗氧化剂之一，也是公认安全性高的抗氧化剂。我国虽然对愈创树脂早已有研究，但由于愈创树脂本身具有红棕色，在油脂中的溶解度小，成本高，所以目前还未列入食品添加剂。国外用于牛油、奶油等易酸败食品的抗氧化，一般只需添加 0.005%即有效。愈创树脂在油脂中用量为 1 g/kg 以下，还具有防腐的作用。

4.4.11 米糠素

米糠素（γ-oryzanol）又称谷维素，是以三萜（烯）醇为主体的阿魏酸酯的几种混合物。

性质与性状：米糠素为白色至浅黄色粉末或结晶性粉末；无臭，溶解于乙醇和丙酮，不溶于水；油溶性好，对于油脂有良好的抗氧化作用。

毒性：米糠素属于无毒性物质。

使用：除可以用作油溶性抗氧化剂之外，主要用于制药。

4.5 抗氧化剂使用注意事项

各种抗氧化剂都有其特殊的化学结构和理化性质，不同的食品也具有不同的性质，所以在使用时必须综合进行分析和考虑。

4.5.1 充分了解抗氧化剂的性能

由于不同的抗氧化剂对食品的抗氧化效果不同，当我们确定需要添加抗氧化剂时，应该在充分了解抗氧化剂性能的基础上，选择适宜的抗氧化剂品种。最好是通过试验来确定。处理问题时要从根源抓起，做到具体问题具体分析，这样才能从根本解决问题。

4.5.2 正确掌握抗氧化剂的添加时机

抗氧化剂只能阻碍氧化作用，延缓食品开始氧化败坏的时间，并不能改变已经败坏的后果，因此，在使用抗氧化剂时，应当在食品处于新鲜状态和未发生氧化变质之前使用，才能充分发挥抗氧化剂的作用。见微知著，未雨绸缪，防患于未然，这一点对于油脂尤其重要。

油脂的氧化酸败是一种自发的链式反应，在链式反应的诱发期之前添加抗氧化剂，才能阻断过氧化物的产生，切断反应链，发挥抗氧化剂的功效，达到阻止氧化的目的。否则，抗氧化剂添加过迟，在油脂已经发生氧化反应生成过氧化物后添加，即使添加较多量的抗氧化剂，也不能有效地阻断油脂的氧化链式反应，而且可能发生相反的作用。因为抗氧化剂本身极易被氧化，被氧化了的抗氧化剂反而可能促进油脂的氧化。

4.5.3 抗氧化剂及增效剂的复配使用

在油溶性抗氧化剂使用时，往往是 2 种或 2 种以上的抗氧化剂复配使用，或者是抗氧化剂与柠檬酸、抗坏血酸等增效剂复配使用，这样会大大增加抗氧化效果。采用不同的抗氧化剂复配协同抗氧化，就如同团队协作一样，齐心协力，物尽其用。

在使用酚类抗氧化剂的同时复配使用某酸性物质，能够显著提高抗氧化剂的作用效果，是因为这些酸性物质对金属离子有螯合作用，能够促进油脂氧化的金属离子钝化，从而降低了氧化作用。也有一种理论认为，酸性增效剂（SH）能够与抗氧化剂产物基团（A·）发生作用，使抗氧化剂（AH）获得再生。一般酚型抗氧化剂，可以使用抗氧化剂用量的 1/4～1/2 的柠檬酸、抗坏血酸或其他有机酸作为增效剂。

另外，使用抗氧化剂时若能与食品稳定剂同时使用也会取得良好的效果。含脂率低的食品使用油溶性抗氧化剂时，配合使用必要的乳化剂，也是发挥其抗氧化作用的一种措施。

国外销售的抗氧化剂多为复配品，如 Tenox(2)为 BHA、PG 和 CA 的复配品，Tenox(6)为 BHA、BHT、PG 和 CA 的复配品，不同的复配品对某种食品有特殊的抗氧化效果，使用时应注意说明。

4.5.4 选择合适的添加量

使用抗氧化剂的浓度要适当。虽然抗氧化剂浓度较大时，抗氧化效果较好，但它们之间并不成正比。由于抗氧化剂的溶解度、毒性等问题，油溶性抗氧化剂的使用浓度一般不超过 0.02%，如果浓度过大除了造成使用困难外，还会引起不良作用。水溶性抗氧化剂的使用浓度相对较高，一般不超过 0.1%。

4.5.5 控制影响抗氧化剂作用效果的因素

要使抗氧化剂充分发挥作用，就要控制影响抗氧化剂作用效果的因素。影响抗氧化剂作用效果的因素主要有光、热、氧、金属离子及抗氧化剂在食品中的分散性。

光（紫外光）、热能促进抗氧化剂分解挥发而失效。如油溶性抗氧化剂 BHA、BHT 和 PG 经加热，特别是在油炸等高温下很容易分解，它们在大豆油中加热至 170℃，其完全分解的时间分别是 BHA 90 min，BHT 60 min，PG 30 min。BHA 在 70℃、BHT 在 100℃以上加热会迅速升华挥发。

氧气是导致食品氧化变质的最主要因素，也是导致抗氧化剂失效的主要因素。在食品内部或食品周围氧浓度大，就会使抗氧化剂迅速氧化而失去作用。因此，在使用抗氧化剂的同时，还应采取充氮或真空密封包装，以降低氧的浓度和隔绝环境中的氧，使抗氧化剂更好地发挥作用。

铜、铁等重金属离子是促进氧化的催化剂，它们的存在会促进抗氧化剂迅速被氧化而失去作用。另外，某些油溶性抗氧化剂 BHA、BHT、PG 等遇到金属离子，特别是在高温下，颜色会变深。所以，在食品加工中应尽量避免这些金属离子混入食品，或同时使用螯合金属离子的增效剂。

抗氧化剂使用的剂量一般都很少，在使用时必须十分均匀地将其分散在食品中，才能充分发挥其抗氧化作用。

4.6　食品抗氧化剂的研究动态

目前，国内外研究抗氧化剂，主要是天然的、功能性抗氧化剂。许多实验证实，除食用油脂和含油食品的氧化变质与脂质过氧化有关外，很多成人病的发生、人体的衰老都与体内脂质过氧化有关。由于体内脂质过氧化产生的自由基与 DNA 反应，会引起 DNA 断裂、蛋白 DNA 交联和 DNA 的氧化变性。抗氧化剂的使用既可以防止食品氧化变质，又会在一定程度上防止人的衰老和成人病的发生。化学合成的油溶性抗氧化剂虽然抗氧化效果好，但是毒性较大，因此，人们致力于研究开发天然的、性能优良的抗氧化剂，来满足消费者对食品质量和对自身健康的要求。

多数天然抗氧化剂中的有效抗氧化成分是类黄酮类化合物和酚类物质。研究表明，这 2 类物质除了具有抗氧化作用外，还具有清除体内自由基、预防和治疗心脑血管疾病，舒张血管，抗癌、抗病毒、抗菌消炎、抗过敏，产生癌细胞阻断素，刺激免疫系统产生抗体，抑制磷脂酶 A_2、脂肪氧化酶、环加氧酶、黄嘌呤氧化酶等酶的活性作用。

4.6.1　类胡萝卜素类物质的抗氧化作用

类胡萝卜素是一类重要的植物色素，广泛存在于自然界的各种植物中，在动物及微生物中也发现有许多种类的类胡萝卜素存在。具有抗氧化功效的类胡萝卜素有：番茄红素（lycopene）、β-胡萝卜素（beta-carotene）、α-胡萝卜素（alpha-carotene）、玉米黄素（zeaxanthin）等。大量研究表明，类胡萝卜素是通过淬灭 O_2 来减少光敏氧化物的生成。

邱伟芬等通过研究番茄红素对食用油脂抗氧化作用的结果可知，随着番茄红素添加量的增加，菜籽油（0～0.005 0%）和猪油（0～0.002 5%）的氧化稳定指数值增大，且番茄红素对猪油具有较好的抗氧化效果。与化学合成抗氧化剂相比，在菜籽油中番茄红素的抗氧化能力优于 BHA、BHT，在猪油中优于 BHT；与天然抗氧化剂相比，番茄红素在 2 种食用油中的抗氧化能力与茶多酚相当，在菜籽油中抗氧化能力优于生育酚。

许飒等对类胡萝卜素抑制油脂的抗光敏氧化的研究也表明，类胡萝卜素——玉米黄素双棕榈酸酯、玉米黄素和 β-胡萝卜素对豆油和菜籽油的光敏氧化有抑制作用，并且抗氧化效果随着类胡萝卜素浓度的升高而增强。类胡萝卜素的抗光敏氧化作用主要来自其结构中的烯链，特别是共轭双键的数目。

赵萍对枸杞色素的提取及总抗氧化作用的研究结果可知，枸杞色素主要组分为β-胡萝卜素、玉米黄素、叶黄素，枸杞色素有一定的还原力，对DPPH·、O_2^-自由基、·OH有很好的清除作用，抗油脂氧化的效果也比较好，它的抗氧化作用随着浓度的增大逐渐增强。

朱元龙对紫苏叶抗氧化物的提取分离及其在油脂中抗氧化应用研究的结果也表明，紫苏叶中含有丰富的黄酮类物质，其抗氧化提取物对大豆油和花生油都有明显的抗氧化作用，提取物对花生油的抗氧化能力(PF=2.14)优于大豆油(PF=2.03)。0.2%添加量的提取物对大豆油的抗氧化作用强于BHT，与维生素E相当；对花生油的抗氧化作用均强于BHT和维生素E。

4.6.2 生物类黄酮物质的抗氧化作用

生物类黄酮对猪油及其他油脂具有抗氧化作用主要是由于类黄酮能够螯合催化油脂自动氧化的微量金属离子，另外生物类黄酮在油脂中还有清除自由基的作用，预防脂质过氧化的产生和阻断脂质过氧化的链式反应。

据报道，利用大豆异黄酮对大豆油、棉籽油和葵花籽油进行抗氧化实验，实验结果表明，大豆异黄酮的抗氧化效果明显优于TBHQ等合成抗氧化剂，并且由于大豆异黄酮来源于天然的大豆，安全性高。

李丹等报道，苦荞中黄酮类化合物均由槲皮素-3-葡萄糖云香糖苷、槲皮素-3-芸香糖苷(芦丁)、山萘酚-3-芸香糖苷和槲皮素等4种主要成分组成。其中芦丁含量最高，它们的抗氧化作用主要通过酚羟基与氧自由基反应，阻断油脂自动氧化的链式反应。苦荞黄酮对猪油和亚油酸所起的抗氧化效果不同，在猪油体系中含槲皮素较多的苦荞黄酮抗氧化作用强，在亚油酸体系中苦荞黄酮各组分协同抗氧化效果好。

据马希汉介绍，银杏叶提取物中所含有黄酮类、酚类物质可以消除自由基，对食用油脂有较强的抗氧化作用，可采用水回流提取法、80%乙醇回流法、石油醚-乙醇提取法3种方法得到银杏叶提取物，比较它们的抗氧化效果，可与BHT媲美。银杏叶提取物无毒副作用，且有较好的保健功能。银杏叶提取物中含有的黄酮类、萜类、生物碱、酚类及氨基酸等属于生物活性物质，还具有防治高血压、心脏病、老年性痴呆、糖尿病等多种疾病的作用。

张春兰等报道，以蔷薇果为原料，研究黄酮类提取物对菜籽油和猪油的抗氧化性。结果表明，蔷薇果黄酮类提取物对菜籽油及猪油均有一定的抗氧化作用，随添加量的增加，其抗氧化作用逐渐增强，在试验剂量范围内呈正相关。

张蕾等以豆油和猪油作为抗氧化实验的基质，用70%的乙醇超声波法提取荷叶中的黄酮类物质，研究荷叶黄酮对油脂基质的抗氧化性质。结果表明，荷叶黄酮提取液对动物油脂和植物性油脂均有明显的抗氧化作用，与其他几种抗氧化剂(柠檬酸、BHT、维生素C)相比，抗氧化活性在不同的基质中效果不同。在豆油基质中，柠檬酸与BHT的抗氧化作用较好，在猪油基质中，荷叶黄酮与BHT的抗氧化作用较好，同时柠檬酸对荷叶黄酮在油脂体系中的抗氧化活性具有较好的增效作用，能够有效清除过氧化自由基。

4.6.3 其他

日本学者研究的原花色素化合物(矢车菊素)在油脂或水相体系中都显示较强的抗氧化

性，其抗氧化机制是由于原花色素化合物有对自由基的捕捉作用、消除单旋态氧作用以及金属离子螯合作用等，葡萄酒中所含的色素也具有这种抗氧化作用。

Reveankar 发现在沙丁鱼油中添加 0.02%的脯氨酸与添加 0.1%的 BHA 具有同样的抗氧化效果，并且脯氨酸的抗氧化能力随添加量的增加而增加。

超氧化物歧化酶(SOD)可以通过清除超氧化物自由基而达到抗氧化效果，可以防止超氧化物自由基再参与金属催化的氧化连锁反应。

糖醇类化合物，由于如山梨糖醇、木糖醇等具有螯合金属离子的作用，也表现具有较强的抗氧化能力和抗氧化增效作用。

氨基酸和二肽类氨基酸如蛋氨酸、色氨酸、苯丙氨酸、脯氨酸等都能与金属离子螯合，是良好的辅助抗氧化剂。近年来，食品科学工作者发现，丙氨酸末端为氮的 9 种二肽比任何一种氨基酸的抗氧化能力都强，其中尤以丙氨酸-组氨酸、丙氨酸-酪氨酸、丙氨酸-色氨酸 3 种二肽抗氧化能力最强，值得大力开发。

植物多酚是一类具有抗氧化和清除自由基的活性物质，可作为天然食品添加剂中的抗氧化剂和保鲜剂。易运红等以乌龙茶与葡萄皮总多酚为研究对象，结果表明，精制乌龙茶与葡萄皮总多酚的还原力和羟自由基消除能力均优于同浓度的抗坏血酸，总多酚对·OH 的消除率达 50%时的浓度(IC_{50})为 17.60 μg/mL，抗氧化活性较好。

多糖是传统食品的主要活性成分，其在生物体内不仅可以提供能量、参与结构组织，同时还具有多种生物活性功能：如抗氧化、清除自由基、调节代谢等作用，是一种良好的天然抗氧化剂。李湘利等对芡实多糖的抗氧化性及抑菌特性进行了研究，结果表明，芡实多糖对猪油和芝麻油均有一定的抗氧化效果，在油脂氧化初期，其抗氧化效果与维生素 C 相近。张溢等通过芡实多糖的提取、抗氧化活性及对质粒 DNA 氧化损伤防护作用的研究，结果显示，芡实多糖清除 DPPH·、羟基自由基的能力较好，IC_{50} 分别为 1.78 mg/mL、6.96 mg/mL。敖光辉等对油樟叶多糖抗油脂氧化作用进行了研究，结果表明，油樟叶粗多糖对猪油和菜籽油均具有较好的抗氧化作用，且呈浓度依赖性；0.20%添加量的油樟叶粗多糖对猪油的抗氧化作用与 0.02% BHT 相当；0.50%添加量的油樟叶多糖对菜籽油的抗氧化作用与 0.02% BHT 相当；BHT 对油樟叶多糖抗猪油和菜籽油氧化作用均有协同增效作用；油樟叶多糖抗猪油氧化作用强于菜籽油。

总之，目前食品抗氧化剂的研究，主要是在寻找高效、安全的天然抗氧化剂，弄清其抗氧化物质的成分、作用机理，以便合理利用。这些天然抗氧化剂多数还具有抗衰老、抗癌、抗心血管等疾病的作用。所以，从一些用作食品原料或食品辅料的天然植物中提取并开发研究实用、高效、安全且成本低廉的天然抗氧化剂，是食品抗氧化剂研究的方向。

思考题

1. 什么是食品抗氧化剂？
2. 抗氧化剂主要依据哪些作用机理起作用？
3. 简述油溶性抗氧化剂的作用机理。
4. 抗氧化剂主要有哪些类型，各有何使用特点？
5. 抗氧化剂使用时应该注意哪些问题？
6. 简述开发研究抗氧化剂的意义。

二维码 4-1
第 4 章　思考题答案

参考文献

[1] 胡爱军,郑捷.食品原料手册.北京:化学工业出版社,2012.

[2] 韩长日,宋小平.精细有机化工产品生产技术手册(下卷).北京:中国石化出版社,2010.

[3] 邱伟芬,陶婷婷,汪海峰.番茄红素对食用油脂的抗氧化作用.中国油脂,2010,35(7):42-45.

[4] 易运红,张敏娟,吕君亮,等.茶与葡萄皮总多酚的提取、纯化及抗氧化活性.食品工业科技,2015,36(9):229-238.

[5] 赵萍,吴灿军,赵瑛,等.枸杞色素总抗氧化能力的研究.食品与发酵工业,2010,36(3):60-64.

[6] 朱元龙.紫苏叶抗氧化物的提取分离及其在油脂中抗氧化应用研究.福建农林大学硕士学位论文,2010.

[7] 张春兰,叶林,吴晓军,等.蔷薇果黄酮类物质对油脂的抗氧化作用.中国油脂,2010,35(1):44-46.

[8] 张蕾,乔旭光.荷叶黄酮对油脂抗氧化作用的研究.现代食品科技,2010,25(10):1180-1182.

[9] 张溢,孙培冬,陈桂冰,等.芡实多糖的提取、抗氧化活性及对质粒DNA氧化损伤防护作用的研究.食品工业科技,2015,36(11):122-126.

[10] 敖光辉,杜永华,魏琴,等.油樟叶多糖抗油脂氧化作用的研究.食品研究与开发,2015,36(7):14-17.

[11] 李湘利,刘静,燕伟,等.芡实多糖的抗氧化性及抑菌特性.食品与发酵工业,2014,40(11):104-108.

[12] Li R,Chen W C,Wang W P,et al. Antioxidant activity of Astragalus polysaccharides and antitumour activity of the polysaccharides and siRNA. Carbohydrate Polymers,2010,82(2):240-244.

[13] 曲伟,高燕,宋丽娟.龙井茶叶多糖的再认识及其结合物的抗氧化活性研究.北京联合大学学报,2017,31(2):44-47.

[14] 徐瑶瑶,徐思绮,王爽,等.黑木耳多糖模拟水解物的抗氧化及胃肠道分布规律研究[J].中国食品学报,2018,18(3):16-22.

[15] 雷月,宫延龙,朱速松,等.蓝靛果多酚冻干粉稳定性及其总抗氧化能力研究.食品工业科技,2017,38(13):78-83.

第5章
食品着色剂

学习目的与要求

熟悉食品着色剂的分类及发色机理，了解食品着色剂的发展动态，掌握食品着色剂的主要性状、特点、应用状况及使用时注意事项。

食品着色剂(food coloring agent),又名食品色素。食品着色剂是使食品赋予色泽和改善食品色泽的物质。它是以食品着色为目的的一类食品添加剂。食品的颜色是食品感官质量的重要指标之一,食品具有鲜艳的色泽不仅可以提高食品的感官质量,给人以美的享受,还可以增进食欲。很多天然食品都有很好的色泽,但在加工过程中由于加热、氧化等各种原因,食品容易发生褪色甚至变色,严重影响食品的感官质量。因此,在食品加工中为了更好地保持或改善食品的色泽,需要向食品中添加一些食品着色剂,以改善感官性质。

食品着色的发展历程大致可概括为:天然色素—人工合成食用色素—天然色素与人工合成食用色素并用—更加安全、稳定的天然食用色素。

在1850年英国人发明第一种合成食用色素苯胺紫之前,人们都是使用天然色素来着色。早在公元10世纪以前,古人就开始利用植物性天然色素给食品着色,最早使用色素的是大不列颠的阿利克撒人,当时他们用茜草植物色素做成玫瑰紫色糖果。美洲的托尔铁克人与阿芒特克族人相继从雌性胭脂虫中提取胭脂虫红,用于食品着色。我国自古就有用红曲米酿酒、酱肉、制红肠等习惯,西南一带用黄饭花、江南一带用乌饭树叶捣汁染糯米饭食用。

1856年英国人W. H. Perkins合成第一个人工染料苯胺紫后,人工合成染料借其特有的色艳、稳定性强、易于复配、价廉等优点很快替代了天然色素。随着化学合成色素及其生产技术在我国的传入,食品行业中也开始用合成色素取代天然色素进行相应的产品生产。

20世纪初,毒理学和生物学的研究不断深入,发现原先曾允许使用的人工合成食用色素中,大多数种类对人体都有不同程度的伤害,尤其有致癌、致畸、致突变的后果,这一点引起人们的高度重视,大部分具有一定毒性的合成色素被淘汰。

5.1 食品着色剂的种类及特性

着色剂又称食品色素,是以食品着色为主要目的,使食品赋予色泽和改善食品色泽的物质。目前世界上常用的食品着色剂有60余种,按其来源和性质分为食品合成着色剂和食品天然着色剂2类。

5.1.1 食品合成着色剂

食品合成着色剂,也称为食品合成染料,是用人工合成方法所制得的有机着色剂,合成着色剂的着色力强、色泽鲜艳、不易褪色、稳定性好、易溶解、易调色、成本低,但安全性低。其按化学结构可分成两类:偶氮类着色剂和非偶氮类着色剂。油溶性偶氮类着色剂不溶于水,进入人体内不易排出体外,毒性较大,基本上不再使用;水溶性偶氮类着色剂较容易排出体外,毒性较低,目前世界各国使用的合成着色剂有相当一部分是水溶性偶氮类着色剂。此外,食品合成着色剂还包括色淀和正在研制的不吸收的聚合着色剂。色淀是由水溶性着色剂沉淀在允许使用的不溶性基质上所制备的特殊着色剂,即在同样条件下不溶于水的着色剂制品。其着色剂部分是允许使用的合成着色剂,基质部分多为氧化铝,称为铝淀。

食用合成色素的一般性质如下。

(1) 溶解度。最重要的溶剂:水、醇(乙醇和甘油)以及植物油。油溶性合成色素一般很少使用,常用非油溶性合成色素的乳化、分散来着色。温度上升溶解度增加;水的pH低,溶解度降低,有形成色素酸的倾向;盐类可发生盐析,降低溶解度;水的硬度高易变成难溶解的色淀。

(2) 染着性。一种是在液体或酱状的食品基质中溶解，混合成分散状态；另一种是染着在食品的表面，要求对基质有一定的染着性，希望能染着在蛋白质、淀粉、糖类上面。柠檬黄的染着性较弱，易析出。

(3) 坚牢度。衡量食用色素品质的重要指标，指其在所染着的物质上对周围环境(或介质)抵抗程度的一种量度。有以下几项。

a. 耐热性：从热对色素稳定性的影响看，日落黄最稳定，柠檬黄、胭脂红、苋菜红、诱惑红、亮蓝较稳定，β-胡萝卜素、赤藓红、靛蓝较差；一般合成色素难以耐受 105℃以上高温，所以应避免长时间置于 105℃以上的高温环境下。

b. 耐酸性：一般食品大多是酸性的，β-胡萝卜素、赤藓红、靛蓝在酸性溶液中不够稳定。

c. 耐碱性：使用碱性膨松剂的糕点类，柠檬黄、日落黄(转红)、苋菜红(转蓝)、靛蓝在碱性溶液中易变色。

d. 耐氧化性：空气的自然氧化、氧化酶的影响、含游离氯的用水、共存的金属离子等；苋菜红、诱惑红、胭脂红、β-胡萝卜素、靛蓝、日落黄、柠檬黄等耐氧化还原性较差。

e. 耐还原性：主要指在食品制造、保藏中由微生物的作用导致的还原作用，或由抗坏血酸与亚硫酸盐具有的还原性引起的色素变化。

f. 耐紫外线(日光)性：透光薄膜的使用。光照对色素稳定性的影响，日落黄、柠檬黄较好，苋菜红、诱惑红、胭脂红、赤藓红、亮蓝尚可，β-胡萝卜素、靛蓝较差。

g. 耐盐性：主要是腌渍制品需考虑食用合成着色剂耐盐性问题。苋菜红、柠檬黄耐盐性较好，而靛蓝较弱。

h. 耐细菌性：不同色素对细菌的稳定性不同。柠檬黄、日落黄强，而靛蓝则较弱。

5.1.2　食品天然着色剂

食品天然着色剂大部分取自植物(如各种花青素、类胡萝卜素)，部分取自动物(如胭脂红)、矿物(如二氧化钛)和微生物(如红曲红)。食品天然着色剂按化学结构可以分成 6 类。

(1) 多酚类衍生物。花青苷属多酚类衍生物，由糖和花青素组成，是一类水溶性着色剂，广泛分布于植物中。花青苷类着色剂是目前食品工业中主要的一类着色剂，如越橘红、萝卜红、红米红、黑豆红、玫瑰茄红和桑葚红等。

黄酮类着色剂是多酚类衍生物中另一类水溶性着色剂，同样以糖苷的形式广泛分布于植物界。其基本化学结构是α-苯基苯并吡喃酮。这类着色剂的稳定性较好，但也受分子中酚羟基数和结合位置的影响。此外，光、热和金属离子对其也有一定的影响。

(2) 异戊二烯衍生物。如β-胡萝卜素、栀子黄、辣椒红等，类胡萝卜素是异戊二烯衍生物，属于多烯着色剂。它们广泛分布于生物界，颜色从黄、橙、红以至紫色都有，不溶于水，可溶于脂肪溶剂，属于脂溶性着色剂。类胡萝卜着色剂对 pH 较稳定，对热也比较稳定，但光和氧对它有破坏作用。

(3) 四吡咯衍生物(卟啉类衍生物)，如叶绿素、血红素等。

(4) 酮类衍生物，如红曲红、姜黄素等。

(5) 醌类衍生物，如紫胶红、胭脂虫红等。

(6) 其他类色素，如甜菜红、焦糖色等。按结构还可以分为：吡咯色素(叶绿素、血红素)、多烯色素(辣椒红、β-胡萝卜素)、酮醌类色素(红曲红、紫胶红)、吡啶类色素(甜菜红)等，还可包括某些无机色素。

天然食用着色剂来源于自然，种类繁多，且大多数无毒副作用，与合成着色剂相比具有突出的特性。天然食用着色剂的特性如：①大多数天然着色剂来源于可食的动植物，安全性高，低毒副作用，毒理学实验评价不高。②很多天然着色剂含有人体需要的营养物质或者本身就是维生素或者维生素类物质；一些天然着色剂具有药理作用，对某些疾病有防治作用，如黄酮类色素对心血管病的防治具有积极作用；还有一些色素具有抗氧化、镇痛、降压等作用。③天然着色剂色调自然，易被消费者接受，有一定的使用价值和经济价值。④有的品种有特殊香气，增加食品的风味。

但是与合成着色剂相比食用天然着色剂也存在不足：①稳定性较差，色调不稳定。一些着色剂只有 pH 在 2～6 时相对稳定，如红地球葡萄色素。②保色性差，由于天然着色剂在未被分离时与其他物质紧密结合，分离后，失去了细胞膜及其他生物机制的保护，易褪色。③应用范围窄，天然着色剂对环境要求高，专用性强。④纯度低，因为天然着色剂是从动植物中分离出来的，常共存有其他成分，纯化难度较大，提取纯化成本相对较高。

总之，与合成着色剂相比，天然着色剂具有安全性较高、着色色调比较自然等优点，而且一些品种还具有维生素活性（如 β-胡萝卜素），但也存在纯化成本高、着色力弱、稳定性差、色素含量低、容易变质、难以调出任意色调等缺点，一些品种还有异味、异臭。使用食用天然色素应采用一些保护措施，如和维生素 C 配合使用，可防止氧化；添加金属螯合剂，可避免金属离子的影响；制成微胶囊，增加耐光性等。

5.2 着色剂的发色机理

自然光是由不同波长的电磁波组成的，不同的物质能吸收不同波长的光。如果某物质所吸收的光，其波长在可见光区域（400～800 nm）以外，那么这种物质看起来是白色的；如果它所吸收的光，其波长在可见光区域，那么该物质就会呈现一定的颜色，其颜色是由未被吸收的光波所反映出来的，即被吸收光波颜色的互补色。例如，某种物质选择吸收波长为 510 nm 的光，这是绿色光谱，而人们看见它呈现的颜色是紫色，紫色是绿色的互补色。

不同波长相应的颜色及肉眼所见到的颜色如表 5-1 所示。

表 5-1 不同光波和颜色的关系

物质吸收的光		反射或透过的光（互补色）
波长/nm	相应的颜色	
400	紫色	黄绿色
425	蓝青色	黄色
450	青色	橙黄色
490	青绿色	红色
510	绿色	紫色
530	黄绿色	紫色
550	黄色	蓝青色
590	橙黄色	青色
640	红色	青绿色
730	紫色	绿色

物质之所以能吸收可见光而呈现不同的颜色，是因为其分子本身含有某些特殊的基团，即生色团(生色基或发色团)，食物中主要的生色团有：

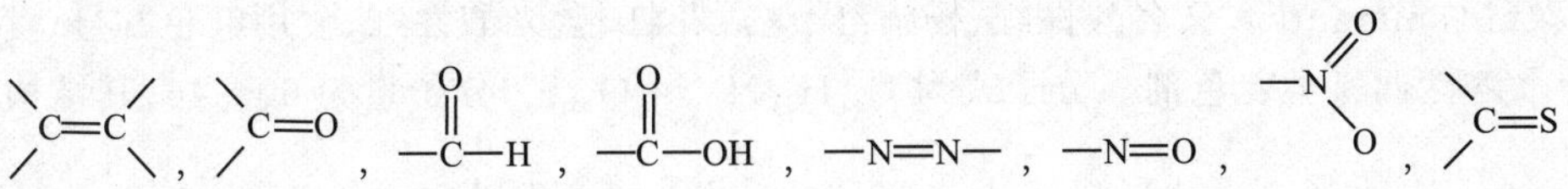

分子中含有一个上述生色基的有机物，由于它们的吸收波长在 200～400 nm 之间，仍是无色的。如果有机物分子中有 2 个或 2 个以上生色基共轭时，共轭体系中激发 π 电子所需能量降低，其最大吸收波长移向紫外光区或者可见光区，即吸收较长波段的光。共轭体系越长，则最大吸收峰的波长越长。当物质对光的吸收波长移至可见光区域时，该有机物就能显示颜色。例如，1,2-二苯基乙烯是无色的，但是在 2 个苯环之间连接 3 个共轭的碳-碳双键化合物，便开始显示淡黄色；连接 5 个共轭的碳-碳双键化合物，则呈橙色；连接 11 个共轭的碳-碳双键化合物则为黑紫色。

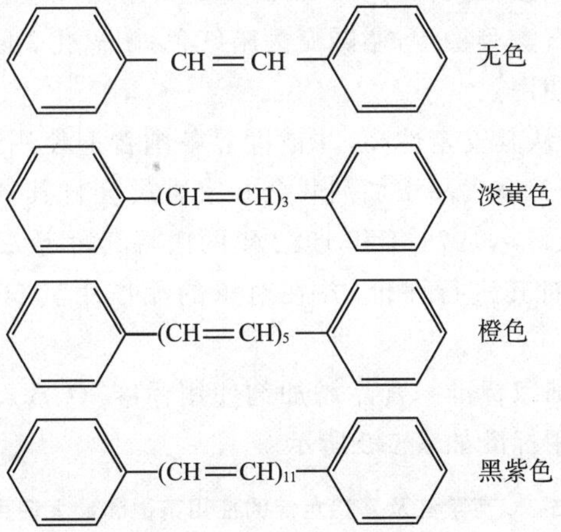

化合物中有些基团，如—OH，—OR，—NH_2，—NR，—SR，—Cl，—Br 等，它们本身的吸收波段在远紫外区，但这些基团与共轭键或生色基相连接，可使共轭键或生色基的吸收波移向长波方向而显色，通常将这些基团称为助色团(助色基)。在色素物质中，因助色团的数目或者取代位置的不同，会表现出不同的颜色。

食物中的色素化合物都是由发色团和助色团所组成的，它们的相互作用会使化合物分子的结构发生变化，因此能够呈现出各种不同的色素颜色。

5.3　食品合成着色剂及应用

食品合成着色剂的安全性问题日益受到重视，各国对其均有严格的限制，不仅在品种和质量上有明确的限制性规定，而且对生产企业也有明确的限制，因此在生产中实际使用的品种正在逐渐减少，我国允许使用的有 8 种，美国有 10 种，日本有 11 种，欧盟有 20 种。我国指定上海市染料研究所为全国唯一的生产单位。但是由于合成着色剂在稳定性和价格等方面的优点，世界总体的使用量仍在上升。现将我国允许使用的主要食品合成着色剂介绍如下。

5.3.1 苋菜红

苋菜红(amaranth),又名酸性红、杨梅红、鸡冠花红、蓝光酸性红、食用红色9号、食用赤色2号,为水溶性偶氮类着色剂。分子式为 $C_{20}H_{11}N_2Na_3O_{10}S_3$,分子量为604.46,其结构式为:

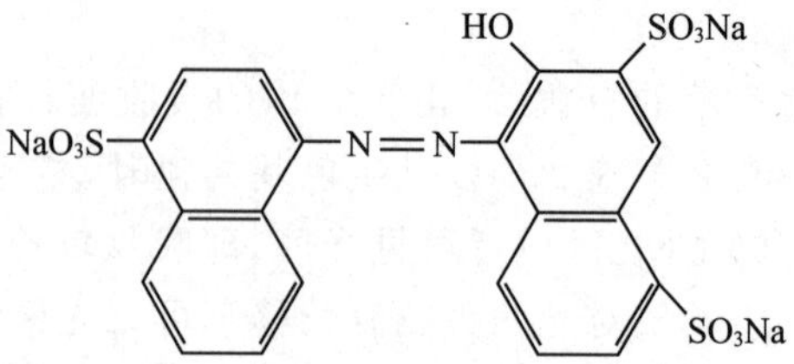

性状与性能:苋菜红为紫红色均匀粉末,无臭,易溶于水,0.01%的水溶液呈玫瑰红色,可溶于甘油及丙二醇,不溶于油脂等其他有机溶剂;21℃时溶解度为17.2%(水)、6.9%(10%乙醇)、0.5%(50%乙醇);最大吸收波长为(520±2)nm,耐细菌性差,有耐光性、耐热性、耐盐性,耐酸性良好,对柠檬酸、酒石酸等稳定,遇碱变为暗红色;耐氧化、还原性差,不适于在发酵食品及含还原性物质的食品中使用。

毒性:苋菜红多年来公认其安全性高,并被世界各国普遍使用。据1968年报道称苋菜红有致癌性,1972年FAO/WHO食品添加剂联合专家委员会将其ADI从0~1.5 mg/kg修改为暂定ADI为0~0.75 mg/kg,1978年和1982年两次将其暂定ADI延期。1984年该委员会根据所收集到的资料再次对其进行评价,并在对鼠的无作用量50 mg/kg的基础上,规定其ADI为0~0.5 mg/kg。

使用:按照《食品安全国家标准　食品添加剂使用标准》(GB 2760—2014)规定,苋菜红及其铝色淀的使用范围与使用标准如表5-2所示。

表5-2　苋菜红及其铝色淀的使用范围和最大使用量

食品名称/分类	最大使用量/(g/kg)
果酱,水果调味糖浆	0.3
固体汤料	0.2
装饰性果蔬	0.1
蜜饯凉果,盐渍的蔬菜,可可制品、巧克力和巧克力制品(包括代可可脂巧克力及制品)以及糖果,糕点上彩妆,焙烤食品馅料及表面用挂浆(仅限饼干夹心),果蔬汁(浆)类饮料,碳酸饮料,风味饮料(仅限果味饮料),配制酒,固体饮料果冻	0.05
冷冻饮品(食用冰除外)	0.025

FAO/WHO(1984)规定,苋菜红用于苹果酱或梨罐头、果酱或果冻,最大使用量为0.2 g/kg;小虾或对虾罐头,最大使用量为0.03 g/kg;冷饮,最大使用量为0.05 g/kg。它可单独或与其他着色剂并用。

5.3.2 胭脂红

胭脂红(ponceau 4R),又名丽春红4R、大红、亮猩红,为水溶性偶氮类着色剂。分子式为 $C_{20}H_{11}O_{10}N_2S_3Na_3$,分子量为604.46,其结构式为:

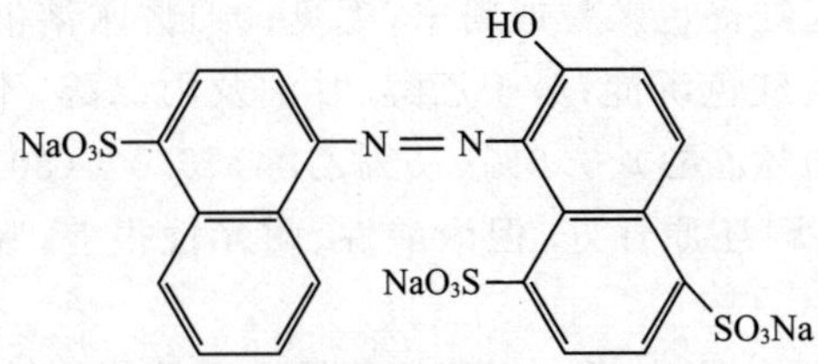

性状与性能：胭脂红为红色至深红色粉末或颗粒，无臭，溶于水，水溶液呈红色，溶于甘油，难溶于乙醇，不溶于油脂；20℃时在 100 mL 水中的溶解度为 23 g；耐光性、耐酸性、耐盐性较好，但耐热性、耐还原性相当弱，耐细菌性也较弱，遇碱变为褐色，着色性能差。

毒性：胭脂红经动物试验证明无致癌、致畸作用，ADI 为 0～4 mg/kg。目前除美国不许可使用外，绝大多数国家许可使用。

使用：按照《食品安全国家标准　食品添加剂使用标准》(GB 2760—2014)规定，胭脂红及其铝色淀的使用范围与使用标准如表 5-3 所示。

表 5-3　胭脂红及其铝色淀的使用范围和最大使用量

食品名称/分类	最大使用量/(g/kg)
果酱，水果调味糖浆，半固体复合调味料(蛋黄酱、沙拉酱除外)	0.5
调味糖浆，蛋黄酱，沙拉酱	0.2
调制乳粉和调制奶油粉	0.15
装饰性果蔬，水果罐头，糖果和巧克力制品包衣	0.1
调制乳，调味和果料发酵乳，调制炼乳(包括甜炼乳、调味甜炼乳及其他使用了非乳原料的调制炼乳)，冷冻饮品(食用冰除外)，蜜饯凉果，盐渍的蔬菜，可可制品、巧克力和巧克力制品(包括类巧克力和代巧克力)以及糖果(装饰糖果、顶饰和甜汁除外)，虾味片，糕点上彩妆，饼干夹心和蛋糕夹心，果蔬汁(肉)饮料，含乳饮料，碳酸饮料，果味饮料，配制酒，果冻，膨化食品	0.05
可食用动物肠衣，植物蛋白饮料，胶原蛋白肠衣(肠衣)	0.025

FAO/WHO(1984)规定，胭脂红用于果酱、果冻，最大使用量为 0.2 g/kg；速冻小虾或对虾以及小虾或对虾罐头，最大使用量为 0.03 g/kg。它可单独或与其他着色剂并用。

5.3.3　赤藓红

赤藓红(erythrosine)，又名樱桃红、食用色素红 3 号、四碘荧光素、新品酸性红，为水溶性非偶氮类着色剂。分子式为 $C_{20}H_6I_4Na_2O_5 \cdot H_2O$，分子量为 897.88，其结构式为：

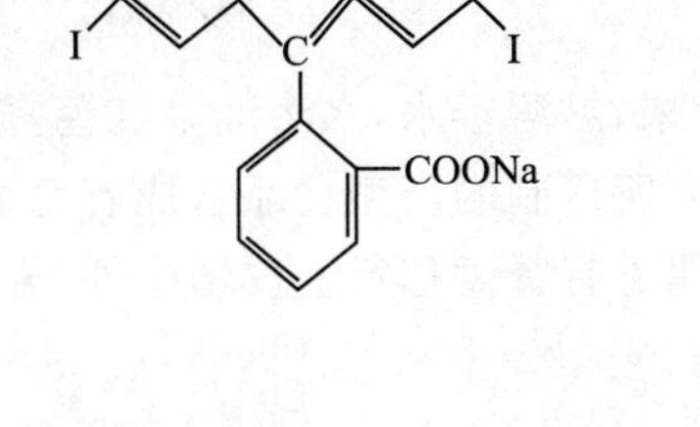

性状及性能：赤藓红为红褐色颗粒或粉末，无臭；0.1%水溶液呈微蓝的红色，酸性时生成黄棕色沉淀；碱性时产生红色沉淀；溶于乙醇、甘油及丙二醇，不溶于油脂；25℃时的溶解度为9.0%(水)、1.0%(50%乙醇)、0.6%(75%乙醇)、6.0%(50%丙二醇)、16.0%(50%甘油)。它的着色力强，耐热、耐还原性好，但耐酸性、耐光性很差，吸湿性强；最大吸收波长为(526±2)nm。

用途：由于赤藓红耐热、耐碱，故适于对饼干等焙烤食品的着色。因其耐光性差，可对罐头食品着色而不适于在汽水等饮料中添加，尤其是它在酸性(pH=4.5)条件下易变成着色剂酸沉淀，不适于对酸性强的液体食品和水果糖等的着色。

毒性：1974年FAO/WHO食品添加剂联合专家委员会曾规定其ADI为0～2.5 mg/kg。1984年再次评价，认为其无作用剂量不足，将ADI暂定为0～1.25 mg/kg；1986年暂定ADI为0～0.6 mg/kg；1988年再次调整ADI为0～0.05 mg/kg；1990年对其进行评价后暂定ADI为0～0.1 mg/kg。

使用：按照《食品安全国家标准　食品添加剂使用标准》(GB 2760—2014)规定，赤藓红及其铝色淀的使用范围与使用标准如表5-4所示。

表5-4　赤藓红及其铝色淀使用范围和最大使用量

食品名称/分类	最大使用量/(g/kg)
装饰性果蔬	0.1
凉果类，可可制品、巧克力和巧克力制品(包括代可可脂巧克力及制品)以及糖果(可可制品除外)，糕点上彩妆，酱及酱制品，复合调味料，果蔬汁(肉)饮料，碳酸饮料，果味饮料，配制酒	0.05
熟制坚果与籽类(仅限油炸坚果与籽类)，膨化食品	0.025

FAO/WHO(1984)规定，赤藓红用于苹果调味酱、梨罐头、果酱和果冻，最大使用量为0.2 g/kg；草莓、悬钩子、李子罐头的着色，最大使用量为0.3 g/kg。对什锦水果罐头(着色樱桃)和热带水果色拉罐头，可按良好生产规范添加。它也可用于小虾及对虾罐头，或速冻小虾与对虾(仅限热处理制品使用)，最大使用量为0.03 g/kg；午餐肉，最大使用量为0.015 g/kg；冷饮，最大使用量为0.1 g/kg。它可单独或与其他着色剂并用。

5.3.4　新红

新红(new red)属水溶性偶氮类着色剂。分子式为$C_{18}H_{12}N_3Na_3O_{11}S_3$，分子量为611.45，其结构式为：

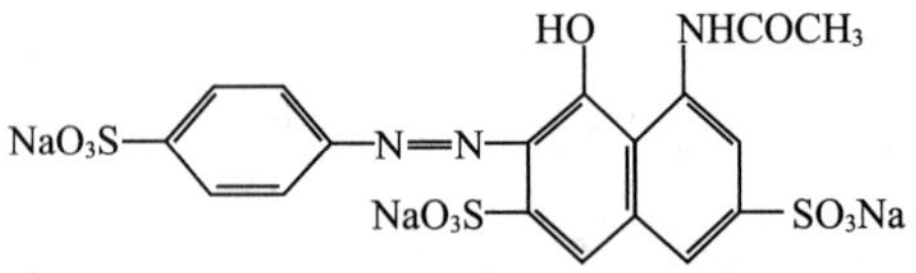

性状与性能：新红为红色粉末，易溶于水，水溶液呈红色，微溶于乙醇，不溶于油脂，具有酸性染料特性。它是上海染料研究所研制的新型食品合成着色剂。

毒性：经长期动物试验，除偶见有肾盂移行上皮增生外，未见致癌、致畸、致突变性，最大无作用量为0.5%。

使用：按照《食品安全国家标准　食品添加剂使用标准》(GB 2760—2014)规定，新红可用于凉果类，可可制品、巧克力和巧克力制品(包括代可可脂巧克力及制品)以及糖果(可可制品除外)，糕点上彩妆，果蔬汁(肉)饮料，碳酸饮料，果味饮料，配制酒，最大使用量为 0.05 g/kg；装饰性果蔬，最大使用量为 0.1 g/kg。

5.3.5　柠檬黄

柠檬黄(tartrazine)，又名酒石黄，为水溶性偶氮类着色剂。其结构式为：

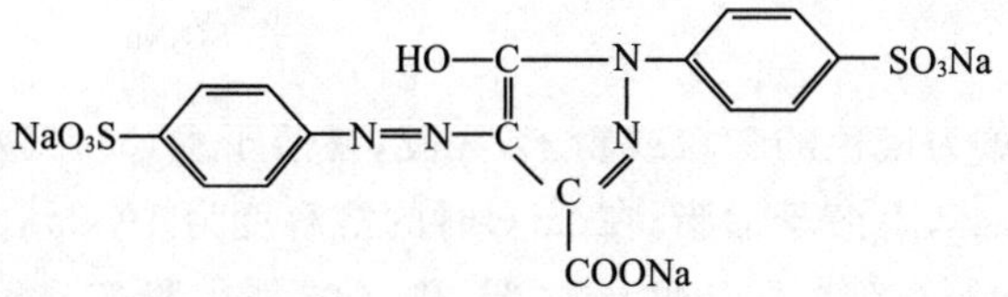

性状与性能：柠檬黄为橙黄色粉末，无臭；易溶于水，0.1%水溶液呈黄色，溶于甘油、乙二醇，微溶于乙醇，不溶于油脂；25℃时溶解度为 20%(水)、12.0%(25%乙醇)、4.0%(50%乙醇)、20.0%(25%丙二醇、25%甘油)；最大吸收波长为(428±2)nm；耐酸性、耐热性、耐盐性、耐光性均好，但耐氧化性较差。它遇碱稍变红，还原时褪色；在柠檬酸、酒石酸中稳定，着色力强。

毒性：柠檬黄经长期动物试验表明，安全性高，为世界各国普遍许可使用。ADI 为 0～7.5 mg/kg。

使用：按照《食品安全国家标准　食品添加剂使用标准》(GB 2760—2014)规定，柠檬黄及其铝色淀的使用范围与使用标准如表 5-5 所示。

表 5-5　柠檬黄及其铝色淀的使用范围和最大使用量

食品名称/分类	最大使用量/(g/kg)	备注
果酱，水果调味糖浆，半固体复合调味料	0.5	以柠檬黄计
焙烤食品馅料及表面用挂浆(仅限布丁、糕点)，其他调味糖浆，面糊(如用于鱼和禽肉的拖面糊)、裹粉、煎炸粉，除胶基糖果以外的其他糖粉	0.3	以柠檬黄计
固体复合调味料，粉圆	0.2	以柠檬黄计，按稀释倍数减少使用量
蜜饯凉果，装饰性果蔬，盐渍的蔬菜，可可制品、巧克力和巧克力制品(包括类巧克力和代巧克力)以及糖果(可可制品除外)，虾味片，糕点上彩妆，香辛料酱(如芥末酱、青芥酱)，饮料类(包装饮用水除外)，配制酒，油炸小食品，膨化食品	0.1	以柠檬黄计，固体饮料按冲调倍数增加使用量
即食谷物，包括碾轧燕麦(片)	0.08	以柠檬黄计
风味发酵乳，调味和果料发酵乳，调制炼乳(包括甜炼乳、调味甜炼乳及其他使用了非乳原料的调制炼乳)，冷冻饮品(食用冰除外)，焙烤食品馅料及表面用挂浆(仅限风味派馅料)，焙烤食品馅料及表面用挂浆(仅限饼干夹心和蛋糕夹心)，果冻	0.05	以柠檬黄计，如用于果冻粉，按冲调倍数增加

5.3.6 日落黄

日落黄(sunset yellow FCF),又名橘黄,为水溶性偶氮类着色剂。其结构式为:

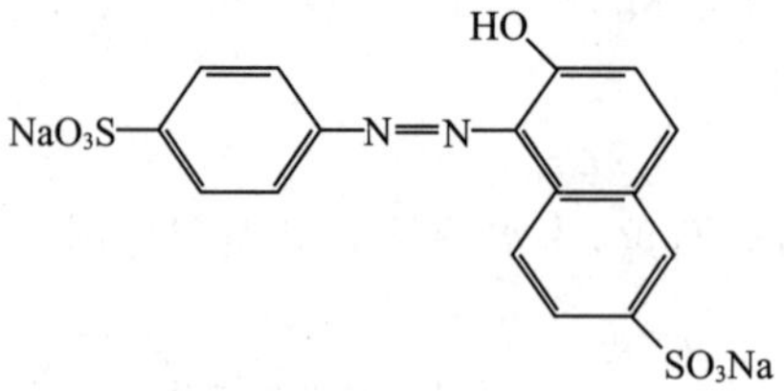

性状与性能:日落黄为橙色的颗粒或粉末,无臭,易溶于水,0.1%水溶液呈橙黄色;溶于甘油、丙二醇,但难溶于乙醇,不溶于油脂;在25℃时的溶解度为19.0%(水)、3.0%(50%乙醇)、20.0%(50%甘油)、7.0%(50%丙二醇);对光、热和酸都很稳定,唯遇碱呈红褐色,还原时褪色。

毒性:日落黄经长期动物试验,安全性高,为世界各国普遍许可使用。ADI为0~2.5 mg/kg。

使用:按照《食品安全国家标准　食品添加剂使用标准》(GB 2760—2014)规定,日落黄及其铝色淀的使用范围与使用标准如表5-6所示。

表5-6　日落黄及其铝色淀使用范围和最大使用量

食品名称/分类	最大使用量/(g/kg)	备注
固体饮料类	0.6	
果酱,水果调味糖浆,半固体复合调味料	0.5	
其他调味糖浆,巧克力和巧克力制品,除胶基糖果以外的其他糖果,糖果和巧克力制品包衣,面糊(如用于鱼和禽肉的拖面糊)、裹粉、煎炸,焙烤食品馅料及表面用挂浆(仅限布丁、糕点)	0.3	
装饰性果蔬,复合调味料,粉圆	0.2	
西瓜酱罐头,蜜饯凉果,可可制品、巧克力和巧克力制品(包括类巧克力和代巧克力)以及糖果(可可制品、装饰糖果、顶饰和甜汁除外),虾味片,糕点上彩妆,饼干夹心,果蔬汁(浆)饮料,植物蛋白饮料,碳酸饮料,果味饮料,乳酸菌饮料,配制酒,油炸小食品,膨化食品	0.1	
冷冻饮品(食用冰除外)	0.09	
调味乳,调味和果料发酵乳,调制炼乳(包括甜炼乳、调味甜炼乳及其他使用了非乳原料的调制炼乳)	0.05	
果冻	0.025	如用于果冻粉,按冲调倍数增加

FAO/WHO(1984)规定,日落黄用于调味酱、果酱、果冻、马茉兰,最大使用量为0.20 g/kg;小虾及对虾罐头,最大使用量为0.03 g/kg;冷饮,最大使用量为0.10 g/kg;酸黄瓜,最大使用量为0.30 g/kg。它可单独或与其他着色剂并用。

5.3.7　亮蓝

亮蓝(brilliant blue FCF)属水溶性非偶氮类着色剂。其结构式为：

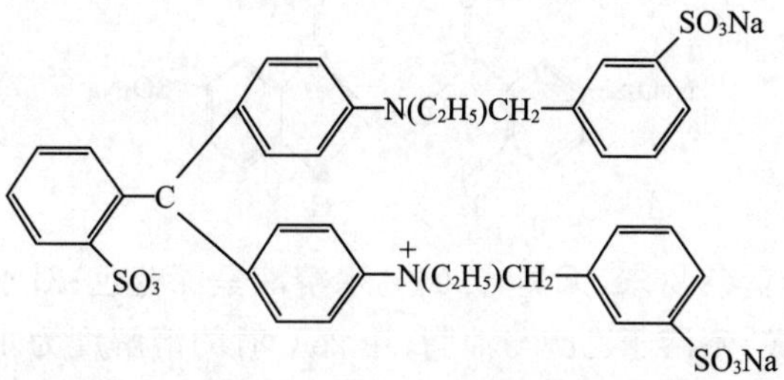

性状与性能：亮蓝为有金属光泽的深紫色至青铜色颗粒或粉末，无臭；易溶于水，水溶液呈亮蓝色；易溶于乙醇、丙二醇和甘油。它在25℃时的溶解度为20.0%(水)、2.0%(25%、50%、75%乙醇)、20%(25%～100%甘油)、20%(25%、50%、75%丙二醇)；耐光性、耐热性、耐酸性、耐盐性和耐微生物性均很好，耐碱性和耐氧化还原特性也好；弱酸时呈青色，强酸时呈黄色，在沸腾碱液中呈紫色。

毒性：亮蓝经动物试验证明，安全性高，ADI为0～12.5 mg/kg。

使用：按照《食品安全国家标准　食品添加剂使用标准》(GB 2760—2014)规定，亮蓝及其铝色淀的使用范围与使用标准如表5-7所示。

表5-7　亮蓝及其铝色淀使用范围和最大使用量

食品名称/分类	最大使用量/(g/kg)	备注
果酱，水果调味糖浆，半固体复合调味料	0.5	以亮蓝计
可可制品、巧克力和巧克力制品(包括代可可脂巧克力及制品)以及糖果	0.3	以亮蓝计
固体饮料类	0.2	以亮蓝计
装饰性果蔬，粉圆	0.1	以亮蓝计
熟制坚果与籽类(仅限油炸坚果与籽类)，膨化食品，焙烤食品馅料及表面用挂浆(仅限风味派馅料)	0.05	以亮蓝计
即食谷物，包括碾轧燕麦(片)(仅限可可玉米片)	0.015	以亮蓝计
调味和果料发酵乳，调制炼乳(包括甜炼乳、调味甜炼乳及其他使用了非乳原料的调制炼乳)，冷冻饮品(食用冰除外)，凉果类，虾味片，糕点上彩妆，饼干夹心，调味糖浆，果蔬汁(浆)饮料，含乳饮料，碳酸饮料，果味饮料，配制酒，果冻	0.025	以亮蓝计，如用于果冻粉，按冲调倍数增加

FAO/WHO(1984)规定，亮蓝用于青豆罐头、冷饮，最大使用量为0.1 g/kg；苹果调味酱、豌豆罐头、果酱和果冻，最大使用量为0.2 g/kg；酸黄瓜，最大使用量为0.3 g/kg。因其色度极强，故用量低，且通常与其他着色剂并用。

5.3.8 靛蓝

靛蓝(indigo carmine),又名酸性靛蓝、磺化靛蓝,为水溶性非偶氮类着色剂。其结构式为:

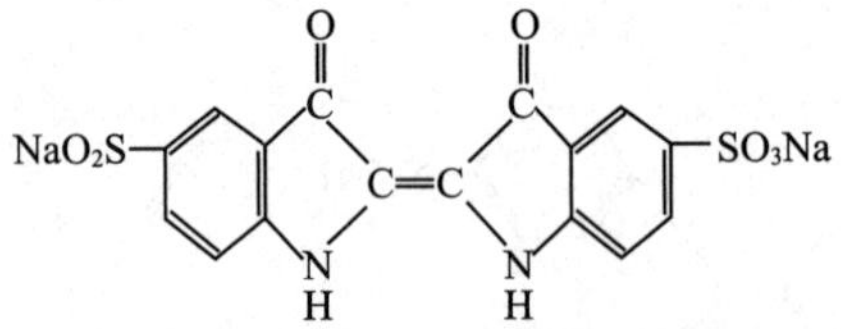

性状与性能:靛蓝为蓝色粉末,无臭,0.05%水溶液呈深蓝色;对水的溶解度较其他合成着色剂低,溶于甘油、丙二醇,不溶于乙醇与油脂;在25℃时的溶解度为1.6%(水)、1.0%(25%~100%甘油)、0.5%(25%乙醇)、0.3%(50%乙醇)、0.6%(25%丙二醇);对光、热、酸、碱、氧化都很敏感,耐盐性及耐细菌性较差,还原时褪色,但着色力好。

毒性:靛蓝经动物试验,安全性高,为世界各国普遍许可使用。ADI为0~5 mg/kg。

使用:按照《食品安全国家标准　食品添加剂使用标准》(GB 2760—2014)规定,靛蓝可用于除胶基糖果以外的其他糖果,最大使用量为0.3 g/kg;装饰性果蔬,最大使用量0.2 g/kg;蜜饯类,凉果类,可可制品、巧克力和巧克力制品(包括代可可脂巧克力及制品)以及糖果(可可制品除外),糕点上彩妆,焙烤食品馅料及表面用挂浆(仅限饼干夹心),果蔬汁(肉)饮料,碳酸饮料,风味饮料(仅限果味饮料),配制酒,最大使用量为0.1 g/kg;熟制坚果与籽类(仅限油炸坚果与籽类),膨化食品,最大使用量为0.05 g/kg;盐渍的蔬菜,最大使用量为0.01 g/kg。最大使用量以靛蓝计。

FAO/WHO(1984)规定,它用于苹果调味酱、豌豆罐头、果酱和果冻,最大用量为0.2 g/kg;冷饮,最大用量为0.1 g/kg。靛蓝的色泽比亮蓝暗,染着性、稳定性、溶解度也较差,实际应用较少。

5.3.9 诱惑红及其铝色淀

诱惑红(allura red; CNS:08.012; INS: 129)又称艳红、阿洛拉红、食用赤色40号,化学名称为1-(4′-磺基-3′-甲基-6′-甲氧基苯基偶氮)-2-苯酚-6-横酸二钠盐。分子式为$C_{18}H_{14}N_2Na_2O_8S_2$,分子量为496.42,其结构式如下:

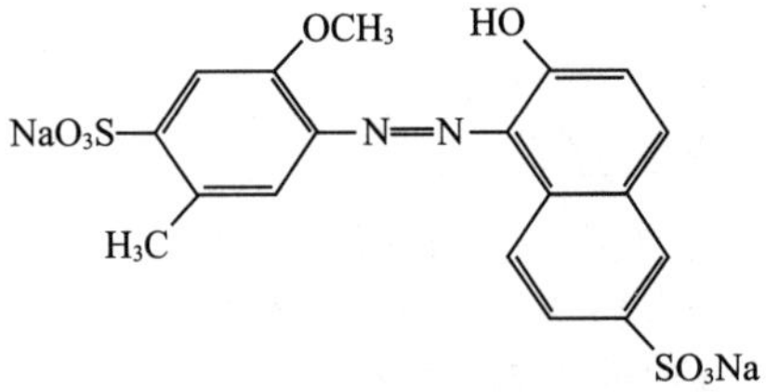

性状与性能:诱惑红为深红色均匀粉末,无臭;溶于水,可溶于甘油与丙二醇,不溶于乙醇、油脂,溶于水呈微带黄色的红色溶液;耐光、耐热性强,耐碱及耐氧化还原性差。

毒性:小鼠口服LD_{50}为10 g/kg。ADI为0~7 mg/kg。

使用:按照《食品安全国家标准　食品添加剂使用标准》(GB 2760—2014)规定,诱惑红及其铝色淀的使用范围与使用标准如表5-8所示。

表 5-8　诱惑红及其铝色淀使用范围和最大使用量

食品名称/分类	最大使用量/(g/kg)	备注
半固体复合调味料(蛋黄酱、沙拉酱除外)	0.5	以诱惑红计
可可制品、巧克力和巧克力制品(包括类巧克力和代巧克力)以及糖果,调味糖浆	0.3	以诱惑红计
饼干夹心,饮料类(除外包装饮用水类),油炸小食品,膨化食品	0.1	以诱惑红计
冷冻饮品(食用冰除外),水果干类(仅限苹果干)苹果干,即食谷物,包括碾轧燕麦(片)(仅限可可玉米片)可可玉米片	0.07	以诱惑红计
装饰性果蔬,糕点上彩妆,可食性动物肠衣类,配制酒,胶原蛋白肠衣(肠衣)	0.05	以诱惑红计
固体复合调味料	0.04	以诱惑红计
西式火腿(熏烤、烟熏、蒸煮火腿)类,果冻	0.025	以诱惑红计,如用于果冻粉,按冲调倍数增加
肉灌肠类	0.015	以诱惑红计

5.3.10　二氧化钛

二氧化钛(titanium dioxide),又称钛白、食用白色6号,分子式为 TiO_2。

性状与性能:二氧化钛呈白色无定形粉末状,无任何异味,乳浊度远好于混浊剂类产品,用量也更低;具有很强的耐酸、碱、盐、热特性,不溶于水、盐酸、稀硫酸、乙醇及其他有机溶剂,缓慢溶于氢氟酸和热浓硫酸;在环境pH为2～10范围内能保持极好的稳定性,适用于各种增加乳白度的食品中。

使用:按照《食品安全国家标准　食品添加剂使用标准》(GB 2760—2014)规定,二氧化钛可用于固体饮料类、糖果和巧克力制品包衣,按生产需要适量使用;凉果类,除胶基糖果以外的其他糖果、熟制坚果与籽类(仅限油炸坚果与籽类)、话化类、果冻、膨化食品及其他(仅限饮料浑浊剂),最大使用量为10.0 g/kg;胶基糖果、果酱、装饰糖果(如工艺造型,或用于蛋糕装饰)、顶饰(非水果材料)和甜汁、调味糖浆,最大使用量为5.0 g/kg;其他(仅限魔芋凝胶制品),最大使用量为2.5 g/kg;可可制品、巧克力和巧克力制品,包括代可可脂巧克力及制品,最大使用量为2.0 g/kg;蛋黄酱、沙拉酱,干制蔬菜(仅限脱水马铃薯),最大使用量为0.5 g/kg。

5.4　食品天然着色剂及应用

目前我国批准允许使用的食用天然色素共有48种,常用的有辣椒红、甜菜红、红曲红、胭脂虫红、高粱红、叶绿素铜钠、姜黄、栀子黄、胡萝卜素、藻蓝素、可可色素、焦糖色素等。天然着色剂色彩易受金属离子、水质、pH、氧化、光照、温度的影响,一般较难分散,染着性、着色剂间的相溶性较差,且价格较高。

5.4.1 常用的食品天然着色剂

5.4.1.1 萝卜红

萝卜红(radish red)是以红心萝卜为原料,经清洗,切丝,压榨得红色汁液。渣经酸性水溶液或乙醇水溶液抽提,得滤液。合并榨出的汁液及抽提的滤液,进行精制、干燥而得。其主要着色物质是含有天竺葵素的花青苷。其结构式为:

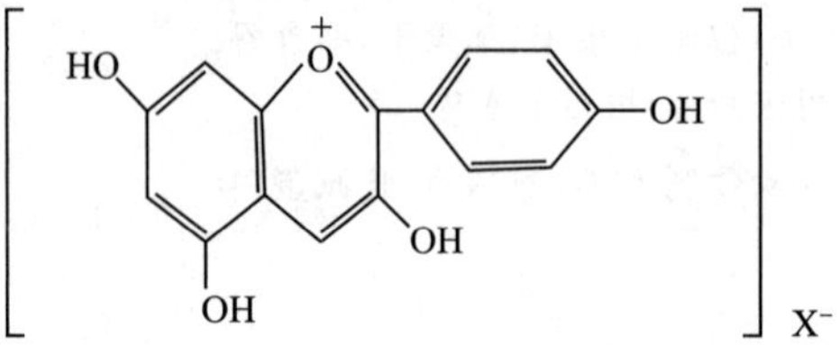

X为酸部分

性状与性能:萝卜红为深红色液体、膏状、固体或粉末,稍有特异臭,易吸潮,吸潮后结块,一般不影响使用;易溶于水及乙醇水溶液,不溶于无水乙醇、丙酮、氯仿、四氯化碳等极性较小的溶剂,不溶于非极性溶剂;耐光、耐氧、耐热,酸性溶液中呈橘红色,强碱液中呈黄色;pH 在 2～8 范围内溶液色调随介质依次呈现:橙红—粉红—鲜红—紫罗兰。Cu^{2+} 可使水溶液变为蓝色;Fe^{3+} 可使溶液变为锈黄色;Al^{3+}、Sn^{2+} 及抗坏血酸对它有保护作用。

使用:按照《食品安全国家标准　食品添加剂使用标准》(GB 2760—2014)规定,萝卜红可用于冷冻饮品(食用冰除外)、果酱、蜜饯类、糖果、糕点、酱及酱制品、半固体复合调味料、果蔬汁(浆)饮料、果味饮料、配制酒、果冻,按良好生产规范(GMP)需要适量使用。具体使用时,饮料的最大使用量为 0.02～0.7 g/kg;糖果的最大使用量为 0.1～0.6 g/kg;饼干、糕点的最大使用量为 0.4～0.8 g/kg。

使用注意事项:①萝卜红对介质 pH、金属离子(特别是 Cu^{2+}、Fe^{3+})、氧化剂、日光照射均不太稳定,使用时应特别注意。②抗坏血酸对萝卜红有保护作用,在使用时可应用一些抗坏血酸。③萝卜红适用于酸性、低温加工的食品着色,尤其适用于冷饮、冷食等着色,若用于热加工的食品着色,应掌握好着色时机。

5.4.1.2 葡萄皮红

葡萄皮红(grape skin extract),又名葡萄皮色素,为花青苷色素。将制造葡萄汁或葡萄酒后的残渣除去种子及杂物,经浸提、过滤、浓缩等精制,或进一步添加麦芽糊精、变性淀粉后经喷雾干燥制成。主要成分锦葵色素、芍药素、飞燕草素、3′-甲花翠素等。其结构式为:

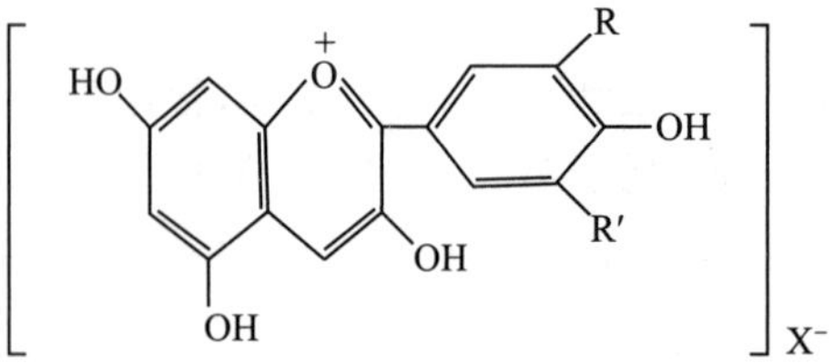

芍药素($C_{16}H_{13}O_6X$):R=OCH_3,R′=H;**锦葵色素**($C_{17}H_{11}O_7X$):R,R′=OCH_3;
飞燕草色素($C_{15}H_{11}O_7X$):R,R′=OH;3′-**甲花翠素**($C_{16}H_{13}O_7X$):R=OCH_3,R′=OH

X^- **为酸部分**

性状与性能：葡萄皮红为红至紫色液状、块状、粉末状或糊状，略带异臭；溶于水、乙醇、丙二醇，不溶于油脂；色调随 pH 而变化，酸性时呈红至紫红色，碱性时呈暗蓝色，铁离子存在时呈暗紫色；着色性不太强，维生素 C 可提高其耐光性，聚磷酸盐能使色调稳定。

使用：按照《食品安全国家标准　食品添加剂使用标准》(GB 2760—2014)规定，葡萄皮红可用于饮料类(包装饮用水除外)，固体饮料按照稀释倍数增加使用量，最大使用量为 2.5 g/kg；糖果，焙烤食品，最大使用量为 2.0 g/kg；果酱，最大使用量为 1.5 g/kg；冷冻饮品(食用冰除外)，配制酒，最大使用量为 1.0 g/kg。

5.4.1.3　红米红

红米红(red rice red)是由优质红米经萃取、浓缩制得，其主要着色物质是含矢车菊色素的花青苷。其结构式为：

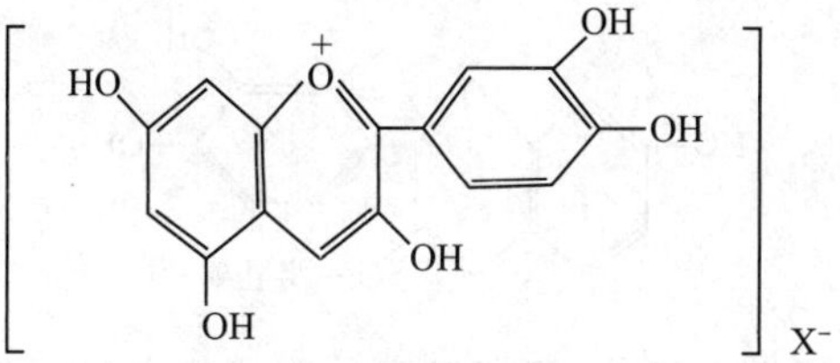

X⁻为酸部分

性状与性能：红米红为深红色液体、黑紫色膏状物或粉末，易溶于水和乙醇溶液，不溶于丙酮和石油醚；在酸性溶液中呈红至紫红色，随 pH 上升变成红褐色，碱性时为青褐色而到黄色，加热则为黄色；具有良好的着色性能，亲水性较强；稳定性好，耐热、耐光、耐储存，但对氧化剂敏感，遇锡变玫瑰红色，遇铅及多量 Fe^{3+}，则褪色并沉淀。

使用：按照《食品安全国家标准　食品添加剂使用标准》(GB 2760—2014)规定，红米红可用于调制乳，冷冻饮品(食用冰除外)，糖果，含乳饮料，配制酒，按正常生产需要适量使用。

使用注意事项：①红米红适用于酸性食品着色，最适 pH≤3。使用中应避免接触铅及大量铁离子，以防褪色及沉淀，且注意避免遇碱而变色。②用于汽酒生产，其产品 3 个月后有玫瑰茄一样沉淀，需予以注意。

5.4.1.4　越橘红

越橘红(cowberry red)是将杜鹃花科越橘属越橘果实破碎，用水或乙醇水溶液抽提、过滤、精制、减压浓缩，或进一步干燥而制得，其主要着色物质是含矢车菊素和芍药素的花青苷。其结构式为：

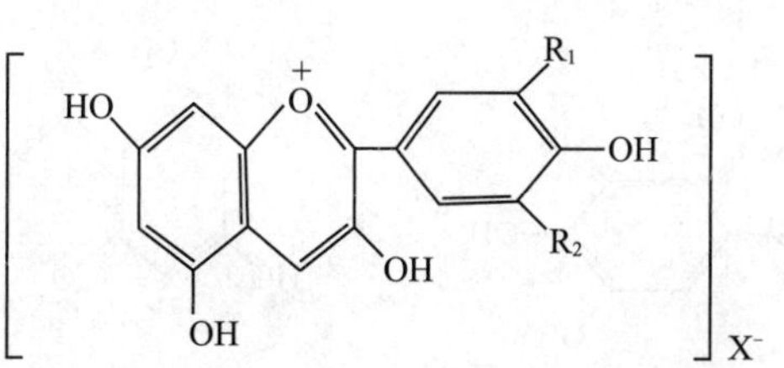

$R_1=OH$，$R_2=H$ 矢车菊素；$R_1=OCH_3$，$R_2=H$ 芍药素；X^- 为酸部分

性状与性能：越橘红为深红色液体、膏状、固体或粉末，稍有特异臭；易溶于水和酸性乙醇，不溶于无水乙醇，水溶液透明、无沉淀；色泽随 pH 变化而变化，酸性条件下呈红色，碱性条件

下呈橙黄色至紫青色；对光敏感，耐热性较好，遇铜、铁离子变色。

使用：按照《食品安全国家标准　食品添加剂使用标准》(GB 2760—2014)规定，越橘红可用于冷冻饮品(食用冰除外)，果蔬汁(浆)饮料，果味饮料，按生产需要适量使用。用它着色时，可带有一定的野果芳香气味。

使用注意事项：①越橘红在酸性条件下呈玫瑰红色，适用于酸性饮料。②越橘红对高价阳离子，特别是对铁离子敏感而变褐，在配制溶液时最好用去离子水。

5.4.1.5　黑豆红

黑豆红(black bean red)是以黑豆，即野大豆种皮为原料，用乙醇水溶液抽提、过滤、精制、干燥而得。其主要着色物质是含有矢车菊素-3-半乳糖的花青苷。分子式为 $C_{21}H_{21}O_{11}$，分子量为 449.39。其结构式为：

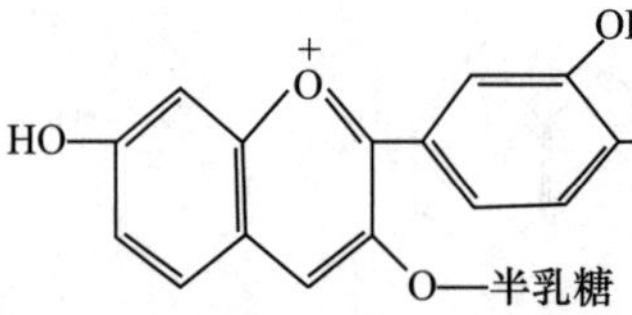

性状与性能：黑豆红为深红色液体、黑紫色膏状物或粉末，易溶于水和乙醇溶液，不溶于无水乙醇、丙酮、乙醚和油脂；其水溶液在酸性条件下为樱红色，中性条件下呈透明的紫红色，碱性条件下为蓝紫色；黑豆红对热较稳定，对铁离子、铅离子敏感，易变为棕褐色。

使用：按照《食品安全国家标准　食品添加剂使用标准》(GB 2760—2014)规定，黑豆红可用于糖果，糕点上彩妆，果蔬汁(浆)饮料，果味饮料，配制酒，最大使用量为 0.8 g/kg。

因结构特点，黑豆红在酸性条件下颜色鲜艳，耐光、耐热性较好，适用于多种酸性食品及饮料的着色。在糖果中的用量通常为 0.4～0.6 g/kg；汽水、葡萄酒等饮料中的用量为 0.5～0.8 g/kg。

使用注意事项：①黑豆红水溶液遇铁离子变棕褐色，用时应避免铁离子干扰。②黑豆红在酸性溶液中呈鲜艳红色，适用于酸性饮料着色。

5.4.1.6　玫瑰茄红

玫瑰茄红(hibiscetin，roselle)是以锦葵科木槿属一年生草本植物玫瑰茄干燥花萼为原料，用水浸提、过滤、精制、减压浓缩或干燥而制得，其主要着色物质是含氯化飞燕草素和氯化矢车菊素的花青苷。其结构式为：

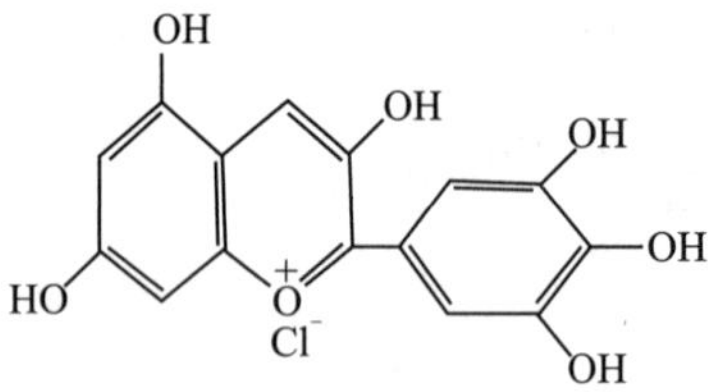

氯化飞燕草素

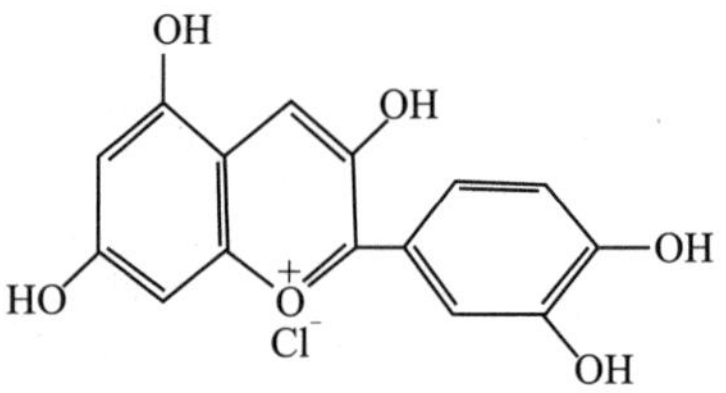

氯化矢车菊素

性状与性能：玫瑰茄红为深红色液体、膏状或固体粉末，呈酸性；中性—碱性时呈红—紫色，稍有特异臭，易溶于水、乙醇和甘油，难溶于油脂；耐热、耐光性不良，遇金属离子变色，添加植酸可螯合金属离子，提高其稳定性。

使用：按照《食品安全国家标准 食品添加剂使用标准》(GB 2760—2014)规定，玫瑰茄红可用于糖果，果蔬汁（浆）饮料，果味饮料，配制酒，按生产需要适量使用；硬糖，最大使用量为3～6 g/kg；琼脂软糖，最大使用量为1.6～2.4 g/kg。玫瑰茄红用于糖果着色时，若凉糖迅速（如制硬糖），虽经过135℃高温也很少降解，但冷却时间过长（如制软糖），则应在品温75℃以下着色，否则可有明显降解。

使用注意事项：①玫瑰茄红适用于酸性条件下着色。②玫瑰茄红水溶液对光、热、高价阳离子均敏感，使用时应注意。③因玫瑰茄红在新疆医学院进行的毒理试验发现有致突变作用。需进一步进行毒性研究，在未确定其安全性以前，使用应特别注意。

5.4.1.7 桑葚红

桑葚红(mulberry red)是由桑葚果中提取制得，以桑属植物成熟果穗为原料，经整理、压榨、过滤。滤渣经溶剂提取后过滤，合并滤液及滤渣提取液，经精制浓缩即得成品。如再经真空干燥或喷雾干燥则可得粉状产品。其主要着色成分是矢车菊-3-葡萄糖苷。其结构式为：

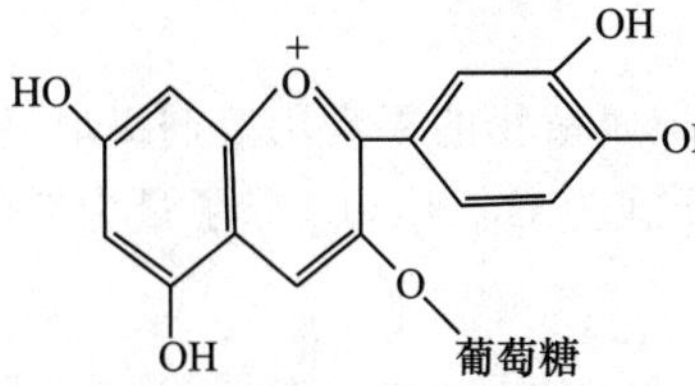

性状与性能：桑葚红为深紫红色浸膏，易溶于水和稀乙醇，不溶于非极性有机溶剂；在pH=2.8的柠檬酸-柠檬酸钠的缓冲溶液中最为稳定，并在513 nm处有最大吸收值；在酸性条件下，其溶液呈稳定的紫红色；中性时，呈紫色；碱性时，由紫变为紫蓝色。溶液最大吸收波长为512～514 nm。当Fe^{2+}、Cu^{2+}、Zn^{2+}及Fe^{3+}存在时，对色素有不良影响，而当K^{+}、Na^{+}、Ca^{2+}、Mg^{2+}和Al^{3+}存在时，则有护色作用。

使用：按照《食品安全国家标准 食品添加剂使用标准》(GB 2760—2014)规定，桑葚红可用于果糕类，果冻，最大使用量为5.0 g/kg；糖果，最大使用量为2.0 g/kg；果蔬汁（浆）饮料，风味饮料，果酒，最大使用量为1.5 g/kg。

使用注意事项：①桑葚红为花色苷类色素，在pH<5时，色泽较稳定，适宜偏酸性食物着色。②桑葚红遇铁、铜、锌等金属离子时，颜色极不稳定，故在储存或使用过程中，应避免与上述金属容器或设备接触。

5.4.1.8 黑加仑红

黑加仑红(blackcurrant red)是将黑加仑果实榨汁，渣用乙醇提取。将滤液及滤渣提取液合并，精制、干燥而得。含多种成分，其主要着色物质为飞燕草色素(delphinidin)$C_{15}H_{11}O_7X$和矢车菊色素(cyanidin)$C_{15}H_{11}O_6X$。其结构式为：

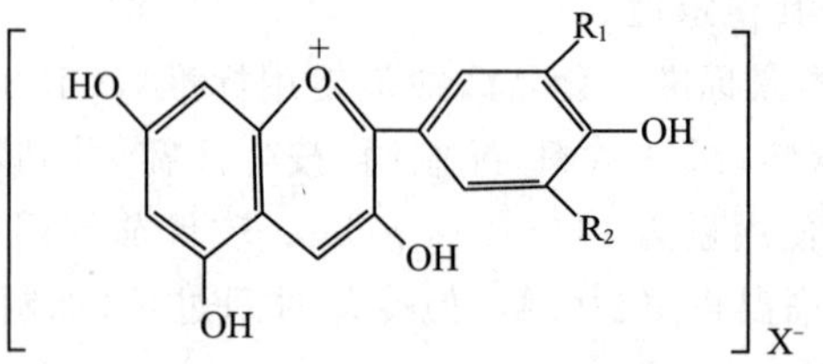

Ⅰ:飞燕草色素(delphinidin)$C_{15}H_{11}O_7X$,R_1,R_2 均为 OH;

Ⅱ:矢车菊色素(cyanidin)$C_{15}H_{11}O_6X$,R_1 为 OH,R_2 为 H;

X^- 为酸部分

性状与性能:黑加仑红为深红色粉末,有吸湿性,易溶于水,微溶于乙醇,不溶于丙酮、乙酸乙酯、乙醚、氯仿等弱极性及非极性溶剂;1%黑加仑红水溶液 pH 为 3.8 时,呈紫红色;pH<5.44 时,为稳定的紫红色;pH 为 5.45~6.45 时,为不稳定的紫红色;pH 为 7 左右时,为稳定的粉紫色;pH>7.44 时,为稳定的蓝紫色。黑加仑红耐光、耐热性良好,安全性高。

使用:按照《食品安全国家标准 食品添加剂使用标准》(GB 2760—2014)规定,黑加仑红可用于糕点上彩妆,果酒,按生产需要适量使用;碳酸饮料,最大使用量为 0.3 g/kg。

5.4.1.9 辣椒红

辣椒红(paprika red)是从辣椒属植物的果实用溶剂提取后去除辣椒素制得。其主要着色物质辣椒红素(capsanthin)。分子式为 $C_{40}H_{56}O_3$,分子量为 584.85。其结构式为:

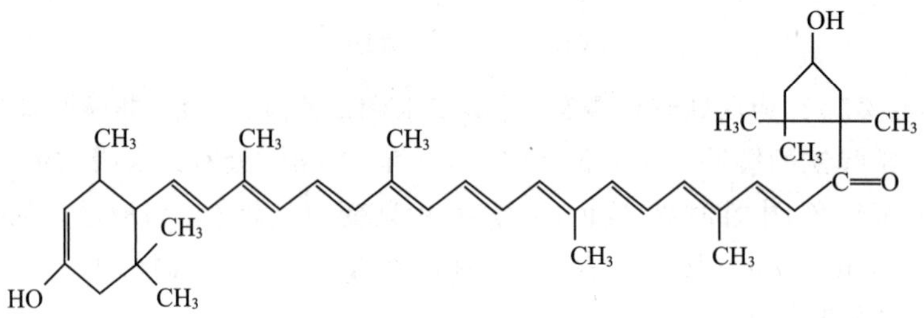

辣椒红素

性状与性能:辣椒红为深红色黏稠状液体、膏状或粉末,不溶于水,溶于油脂和乙醇,具有特殊气味或辣味。它的熔点为 176℃,在石油醚及汽油中最大吸收峰波长为 475.5 nm,在正己烷中为 504 nm,在二氧化碳中为 503 nm 和 542 nm,在苯中为 486 nm 和 519 nm;乳化分散性及耐热性、耐酸性均好,在 160℃下加热 2 h 几乎不褪色;耐光性稍差,波长 210~440 nm,特别是 285 nm 紫外光可促使辣椒红褪色,Fe^{3+}、Cu^{2+}、Co^{2+} 等重金属离子也可以使其褪色。辣椒红的着色力强,因稀释浓度不同色调由浅黄色至橙红色变化;遇铁、铜等金属离子褪色,遇铅离子产生沉淀。

使用:按照《食品安全国家标准 食品添加剂使用标准》(GB 2760—2014)规定,辣椒红可用于冷冻饮品(食用冰除外),糖果,糕点上彩妆,饼干,熟肉制品,冷冻鱼糜制品(包括鱼丸子等),酱及酱制品,复合调味料,油炸小食品,膨化食品,按生产需要适量食用;冷冻米面制,最大使用量为 2.0 g/kg;焙烤食品馅料及表面用挂浆,最大使用量为 1.0 g/kg;糕点,最大使用量为 0.9 g/kg;调理肉制品(生肉添加调理料),最大使用量为 0.1 g/kg。

此外,辣椒红在国外也可制成具有一定辣味的品种对食品进行调色、调味。

5.4.1.10　胭脂树橙(红木素,降红木素)

胭脂树橙(annatto extract)是以胭脂树(红木)种子为原料,经溶剂提炼、精加工而成的天然色素。因制法不同有水溶性和油溶性2种,在食品生产中,水溶性应用比较广泛,在国内外食品工业上受到广泛的应用。其主要成分为降红木素、红木素。

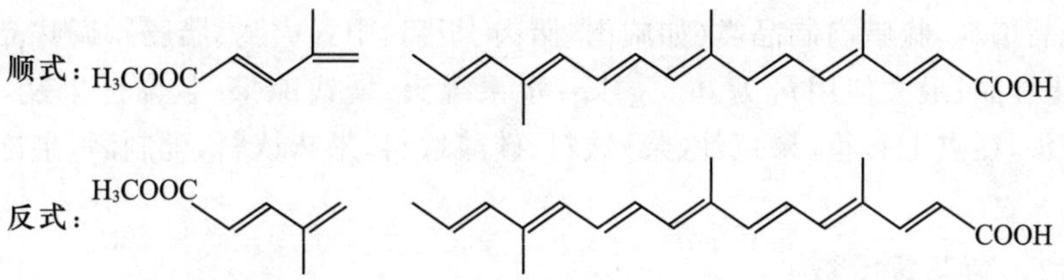

红木素

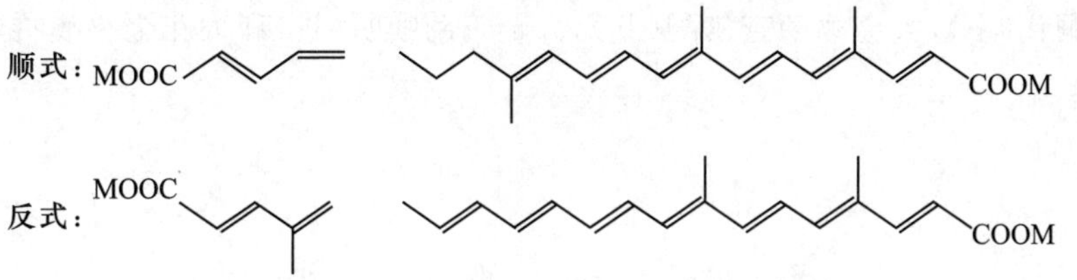

降红木素

M为Na或K

性状与性能:胭脂树橙为红褐色粉末或橙褐色液体,应用于食品中为诱人的橙黄色色调,色泽不受pH的影响,色泽光亮鲜艳,着色力强,在酸性条件下微沉淀,抗光性及耐热性较好。

使用:按照《食品安全国家标准　食品添加剂使用标准》(GB 2760—2014)规定,胭脂树橙可用于熟化干酪、再制干酪、冷冻饮品(食用冰除外)、果酱、代可可脂巧克力及使用可可脂代用品的巧克力类似产品、糖果、焙烤食品、果冻、饮料类(包装饮用水除外),最大使用量为0.6 g/kg;粉圆,最大使用量为0.15 g/kg;复合调味料,最大使用量为0.1 g/kg;即食谷物,包括碾压燕麦(片),最大使用量为0.07 g/kg;人造黄油(人造奶油)及其类似制品(如黄油和人造黄油混合品),最大使用量为0.05 g/kg;可可制品,西式火腿(熏烤、烟熏、蒸煮火腿)类,肉灌肠类,最大使用量为0.025 g/kg;其他油脂或油脂制品(仅限植脂末),最大使用量为0.02 g/kg(固体饮料按冲调倍数增加使用量);糕点,最大使用量为0.015 g/kg;膨化食品、面糊(如用于鱼和禽肉的拖面糊)、裹粉、煎炸,最大使用量为0.01 g/kg。

5.4.1.11　红花黄

红花黄(carthamus yellow,safflower yellow)是从菊科植物红花的花瓣中提取、浓缩干燥而得,主要呈色物质为红花黄及其氧化物。分子式为$C_{21}H_{22}O_{11}$,分子量为450.39,其结构式为:

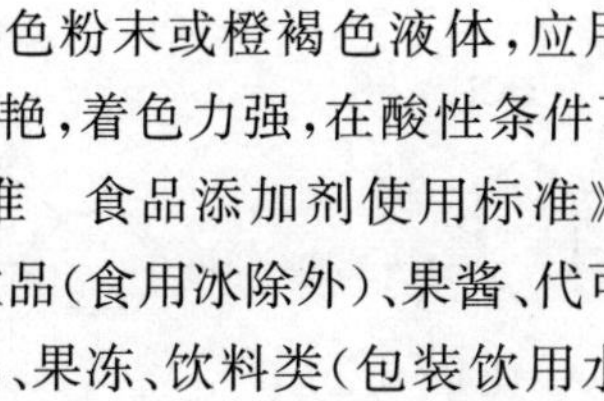

Glu为葡萄糖

性状与性能：红花黄为黄色或棕黄色粉末，易溶于水，微溶于乙醇，不溶于油脂，耐光性较好，对热相当稳定；在 pH 为 4.5～7 时呈黄色，色调稳定，在碱性溶液中则带红色；对淀粉的着色力强，对蛋白质稍差。

使用：按照《食品安全国家标准　食品添加剂使用标准》(GB 2760—2014)规定，红花黄可用于冷冻饮品(食用冰除外)，腌渍的蔬菜，熟制坚果与籽类(仅限油炸坚果与籽类)，方便米面制品，粮食制品馅料，腌腊肉制品类(如咸肉、腊肉、板鸭、中式火腿、腊肠)，调味品(盐及代盐制品除外)，膨化食品，最大使用量为 0.5 g/kg；水果罐头，蜜饯凉果，装饰性果蔬，蔬菜罐头，糖果，八宝粥罐头，糕点上彩妆，果蔬汁(浆)饮料，碳酸饮料，果味饮料，配制酒，果冻，最大使用量为 0.2 g/kg。

5.4.1.12　菊花黄浸膏

菊花黄(coreopsis yellow)浸膏是从菊科大金鸡菊的花中提取制得。其主要着色物质是大金鸡菊查尔酮苷(Ⅰ)，大金鸡菊查尔酮(Ⅱ)，大金鸡菊噢哢(Ⅲ)和大花金鸡噢哢苷(Ⅳ)。其结构式为：

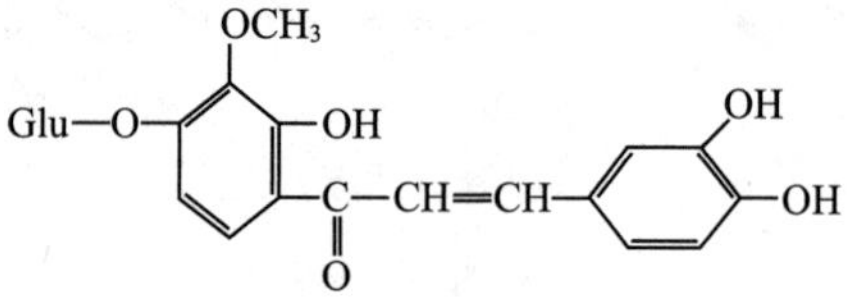

(Ⅰ)

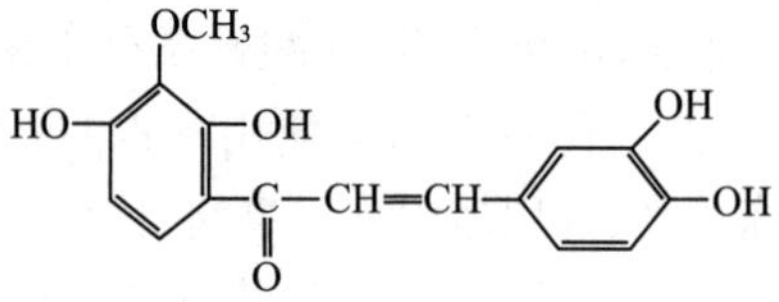

(Ⅱ)

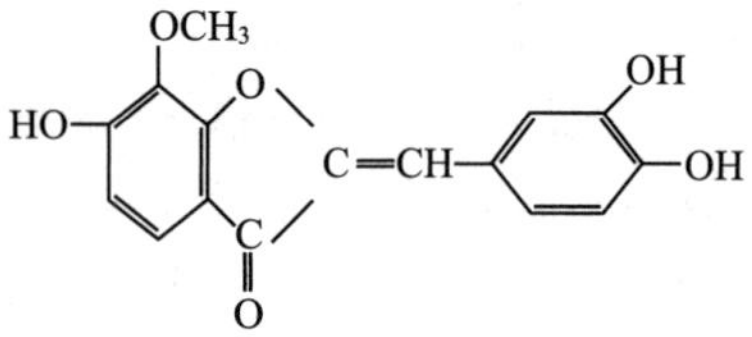

(Ⅲ)

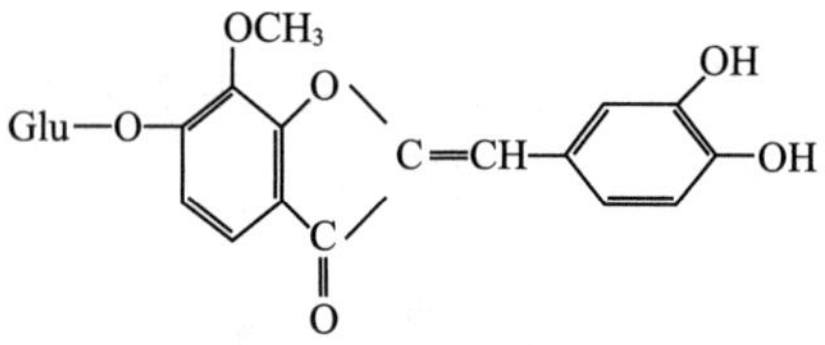

(Ⅳ)

Glu 为葡萄糖

性状与性能：菊花黄浸膏为棕褐色黏稠液体，易溶于水和乙醇，不溶于油脂，具有菊花的清香气味，溶液在酸性溶液中呈黄色，色调稳定，在碱性溶液中呈橙黄色，着色力强，耐光性、耐热性均较好，着色力较强。

使用：按照《食品安全国家标准　食品添加剂使用标准》(GB 2760—2014)规定，菊花黄浸膏可用于可可制品、巧克力和巧克力制品(包括代可可脂巧克力及制品)以及糖果，糕点上彩妆，果蔬汁(浆)类饮料，风味饮料(仅限果味饮料)，最大使用量为 0.3 g/kg。一般用量为 0.01%～0.02%，食品着色后可略有增香作用，效果甚好。

5.4.1.13　沙棘黄

沙棘黄(hippophae rhamnoides yellow)是从植物沙棘果渣中提取制得，含多种成分，主要着色物质为黄酮类和胡萝卜类色素。

性状与性能：沙棘黄为橙黄色粉末或黏稠液体，无异味，不溶于水，易溶于乙醇、乙醚等非极性溶剂，耐热性、耐光性强，遇铁、钙金属离子变色。

使用：按照《食品安全国家标准　食品添加剂使用标准》(GB 2760—2014)规定，沙棘黄可用于氢化植物油，最大使用量为 1.0 g/kg；糕点上彩妆，最大使用量为 1.5 g/kg。

5.4.1.14　玉米黄

玉米黄(maize yellow)是以黄玉米生产淀粉时的副产品黄蛋白为原料提取制得。其主要着色物质为玉米黄素(zeaxanthin)$C_{40}H_{56}O_2$ 和隐黄素(cryptoxanthin)$C_{40}H_{56}O_2$。其结构式为：

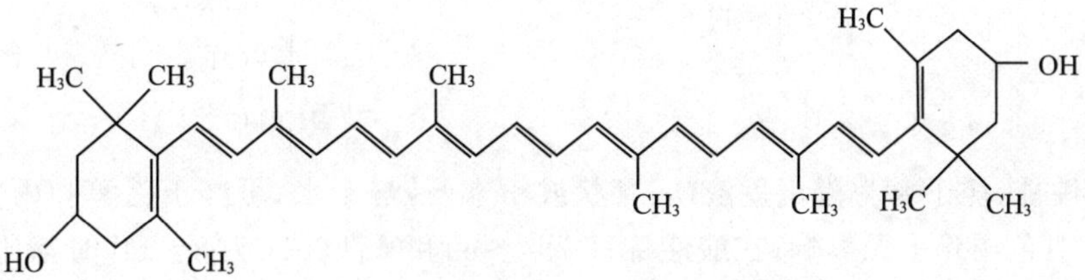

玉米黄素 $C_{40}H_{56}O_2$

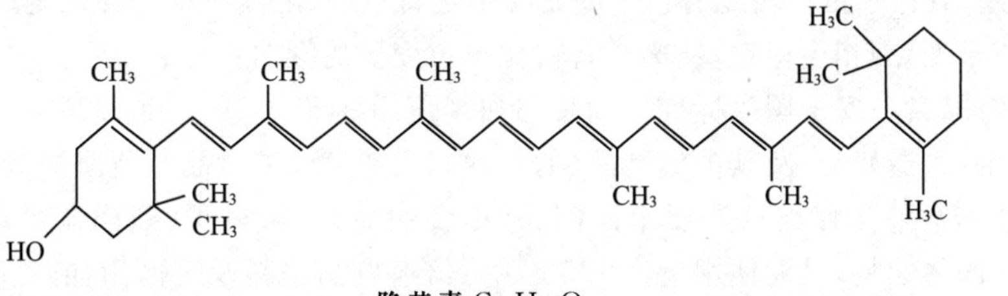

隐黄素 $C_{40}H_{56}O_2$

性状与性能：玉米黄在温度高于 10℃时为红色油状液体，低于 10℃时为橘黄色半凝固油状体；不溶于水，可溶于油脂、乙醚、石油醚和丙酮；在不同溶剂中的色调有差别，在苯中呈亮黄色，在甲醇中呈浅黄色，在氯仿中呈橙黄色，色调不受 pH 的影响；对光、热等敏感，40℃以下稳定，高温易褪色，但受金属离子的影响不大。

使用：按照《食品安全国家标准　食品添加剂使用标准》(GB 2760—2014)规定，玉米黄可用于氢化植物油，糖果，最大使用量为 5.0 g/kg。具体应用于人造奶油约为 0.5%，硬糖约为 0.3%，软糖为 0.4%。

5.4.1.15 栀子黄

栀子黄(gardenia yellow,crocin)是由茜草科植物栀子果实用水或乙醇提取的黄色色素,其主要着色物质为藏花素。分子式为 $C_{44}H_{64}O_{24}$,分子量为 977.21。其结构式为:

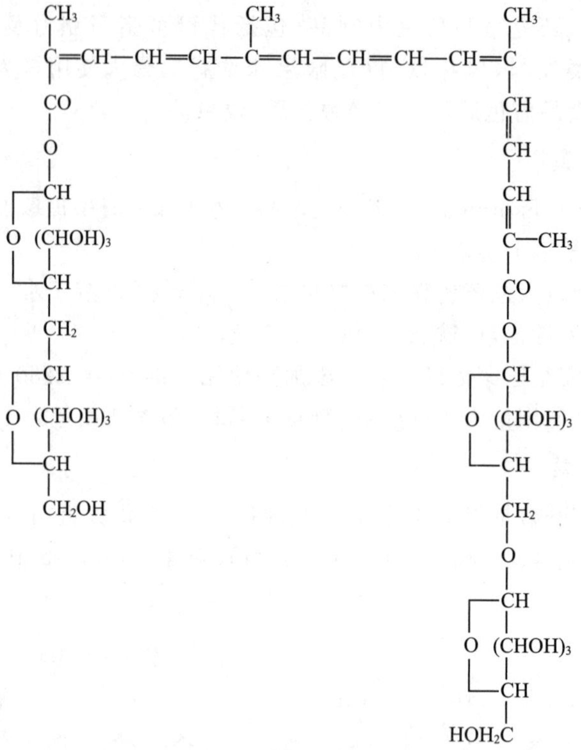

性状与性能:栀子黄为橙黄色液体、膏状或粉末,易溶于水,可溶于乙醇和丙二醇中,不溶于油脂;pH 对色调几乎无影响;在酸性(pH 为 4～6)和碱性(pH 为 8～11)时都比 β-胡萝卜素稳定,特别是碱性时黄色更鲜明;耐盐性、耐还原性和耐微生物特性均好,但耐热性、耐光性在低 pH 时较差;着色于蛋白质比着色于淀粉时稳定,但在水溶液中则不够稳定;对金属离子(除铁外,遇铁离子变黑)相当稳定,铁离子有使栀子黄变黑的倾向。

使用:按照《食品安全国家标准　食品添加剂使用标准》(GB 2760—2014)规定,栀子黄可用于人造黄油(人造奶油)及其类似制品(如黄油和人造黄油混合品)、腌渍的蔬菜、熟制坚果与籽类(仅限油炸坚果与籽类)、方便米面制品、粮食制品馅料、饼干、熟肉制品(仅限禽肉熟制品)、调味品,固体饮料,最大使用量为 1.5 g/kg;焙烤食品馅料及表面用挂浆、生湿面制品(如面条、饺子皮、馄饨皮、烧卖皮),最大使用量为 1.0 g/kg;糕点,最大使用量为 0.9 g/kg;冷冻饮品(食用冰除外),蜜饯类,坚果与籽类罐头,可可制品、巧克力和巧克力制品(包括类巧克力和代巧克力)以及糖果,生干面制品,果蔬汁(肉)饮料,果味饮料,配制酒,果冻(如用于果冻粉,以冲调倍数增加),膨化食品,最大使用量为 0.3 g/kg。

5.4.1.16 姜黄和姜黄素

1.姜黄

姜黄(turmeric yellow)是由蘘荷科姜黄属的多年生植物姜黄的地下根茎干燥、粉碎所得。

性状与性能：姜黄为黄褐至暗黄褐色粉末，有特殊的辛辣味；内含姜黄素 1%～5%，耐光性及耐热性较差，不溶于冷水，易溶于酒精、丙二醇、冰醋酸和碱溶液；在中性和酸性溶液中呈黄色，在碱溶液中呈红褐色；不易被还原，易与铁离子结合而变色；遇钼、钛、钽等金属离子时，颜色由黄色变为红褐色。

毒性：姜黄安全性高，为世界各国广泛应用。1986 年 JECFA 第 30 次会议再次评价其安全性时，认为姜黄（碎姜黄粉）是食品，不作为食品添加剂，故不规定其 ADI。

使用：按照《食品安全国家标准　食品添加剂使用标准》（GB 2760—2014）规定，姜黄的使用范围与使用标准如表 5-9 所示。

表 5-9　姜黄的使用范围和最大使用量

食品名称/分类	最大使用量/(g/kg)
冷冻饮品（食用冰除外），凉果类，装饰性果蔬，可可制品、巧克力和巧克力制品（包括类巧克力和代巧克力）以及糖果，糕点上彩妆，调味品，果蔬汁（肉）饮料，碳酸饮料，果味饮料，配制酒，油炸小食品	按生产需要适量食用
调制乳粉和调制奶油粉（包括调味乳粉和调味奶油粉）	0.4
膨化食品	0.2
饼干夹心	0.05
即食谷物，包括碾轧燕麦（片）	0.03
盐渍的蔬菜	0.01

因姜黄有特异臭和辛辣味，故多用于调味和着色。在咖喱鸡罐头中约加 1.7 g/kg，酸黄瓜中约加 0.3 g/kg。它可单独或与其他着色剂并用。

2. 姜黄素

姜黄素（curcumin）是由姜黄经乙醇等有机溶剂抽提、精制所得，为二酮类着色剂。它主要由姜黄色素、脱甲氧基姜黄色素和双脱甲氧基姜黄色素 3 个组分组成。其结构式为：

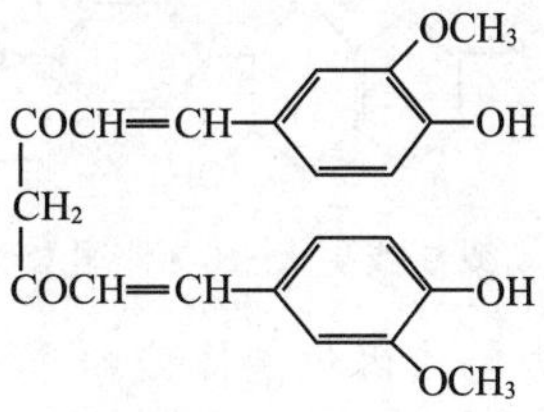

性状与性能：姜黄素为黄色结晶性粉末，不溶于冷水和乙醚，可溶于热水、乙醇和丙二醇，易溶于冰乙酸和碱性溶液；在乙醇溶液中最大吸收波长为 425 nm，熔点为 183℃；在中性或酸性条件下呈黄色，在碱性时则呈红褐色，对光、热、氧化作用以及铁离子等不稳定，但耐还原性好；着色力强，尤其是对蛋白的着色更好。

毒性：姜黄素经 JECFA 1986 年第 30 次会议再次评价其安全性时，仍维持 ADI 为 0～0.1 mg/kg。

使用：按照《食品安全国家标准　食品添加剂使用标准》（GB 2760—2014）规定，姜黄素可用于熟制坚果与籽类（仅限油炸坚果与籽类）、粮食制品馅料、膨化食品，按生产需要适量食用；胶基糖果，最大使用量为 0.7 g/kg；方便米面制品、调味糖浆、装饰糖果（如工艺造型，或用于蛋糕装饰）、顶饰（非水果材料）和甜汁，最大使用量为 0.5 g/kg；冷冻饮品（食用冰除外），最大使用量为 0.15 g/kg；面糊（如用于鱼和禽肉的拖面糊）、裹粉、煎炸粉，最大使用量为 0.03 g/kg；可可制品、巧克力和巧克力制品（包括类巧克力和代巧克力）以及糖果，碳酸饮料，果冻，最大使用量为 0.01 g/kg。

姜黄素在国外用于各种油脂，以恢复其在加工时损失的颜色，也可用于奶油、人造奶油和干酪的着色，用量可按正常生产需要添加。此外，它还可用于冰淇淋、馅饼、蛋糕、糖果、色拉调味料等食品的着色，用量通常为 0.2～60 mg/kg。

5.4.1.17 栀子蓝

栀子蓝（gardenia blue）是应用生物工程技术开发、研制出来的一种新型着色剂。它以栀子为基本原料，经微生物酶的作用制得。关于栀子黄如何转变成栀子蓝以及栀子蓝的结构目前尚无确切的报告。

性状与性能：栀子蓝为蓝色粉末，无异味，易溶于水和稀醇，不溶于有机溶剂；在 pH 为 2.5～8 范围内颜色稳定；对光、热、金属离子等都相当稳定，尤其是它可以和红、黄着色剂任意调配成各种中间色调，适应用于多种食品的着色，安全性高。

使用：按照《食品安全国家标准　食品添加剂使用标准》（GB 2760—2014）规定，栀子蓝可用于冷冻饮品（食用冰除外）、焙烤食品，最大使用量为 1.0 g/kg；熟制坚果与籽类（仅限油炸坚果与籽类）、腌渍的蔬菜、方便米面制品、粮食制品馅料、调味品（盐及代盐制品除外）、果蔬汁类及其饮料、固体饮料、蛋白饮料、膨化食品，最大使用量为 0.5 g/kg；果酱，糖果，最大使用量为 0.3 g/kg；果味饮料，配制酒，最大使用量为 0.2 g/kg。

5.4.1.18 可可壳色

可可壳色（cacao husk pigment）又叫可可着色剂，是将可可壳粉碎、焙炒后用热水浸提制得。可可壳中的黄酮类物质如儿茶酸、无色花青素、表儿茶酸等在焙炒过程中，经复杂的氧化、缩聚而成的颜色很深的多酚化合物，分子量在 1 500 以上。其结构式为：

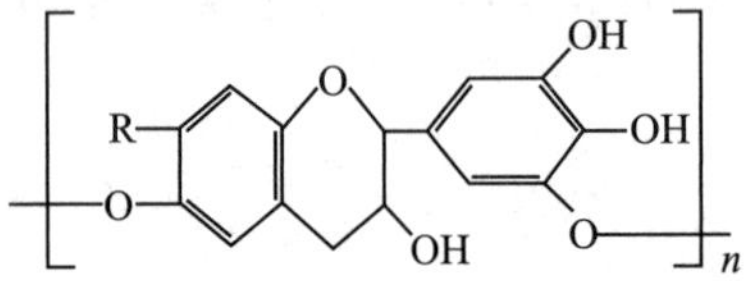

n＝5 或 6 或更大；R 为半乳糖醛酸

性状与性能：可可壳色为巧克力色或褐色液体或粉末，无异味，无臭，易溶于水，对光、热及氧化剂的稳定性均好，但遇还原剂易褪色；在 pH 为 4～11 时颜色稳定，pH＜4 时，着色剂析出，色调随 pH 增大而加深；对蛋白质及淀粉的染着性较好，特别是对淀粉的着色，远比焦糖色好，在加工及保存的过程中很少变化。

使用：按照《食品安全国家标准　食品添加剂使用标准》（GB 2760—2014）规定，可可壳色可用于可可制品、巧克力和巧克力制品（包括代可可脂巧克力及制品）以及糖果，糕点上彩妆，最大使用量为 3.0 g/kg；碳酸饮料，最大使用量为 2.0 g/kg；配制酒，最大使用量为 1.0 g/kg；糕点，最大使用量为 0.9 g/kg；面包，最大使用量为 0.5 g/kg；植物蛋白饮料，最大使用量为 0.25 g/kg；冷冻饮品（食用冰除外），饼干，最大使用量为 0.04 g/kg。

5.4.1.19 橡子壳棕

橡子壳棕（acorn shell brown）是以栎树（*Quercus* spp.）的果实，即橡子的果壳为原料，用水浸提，将滤液纯化、精制而得。橡子壳棕的化学成分为儿茶酚、花黄素、花色素连接糖基的化合物，化学式为 $C_{25}H_{32}O_{13}$，分子量为 540.00。其结构式为：

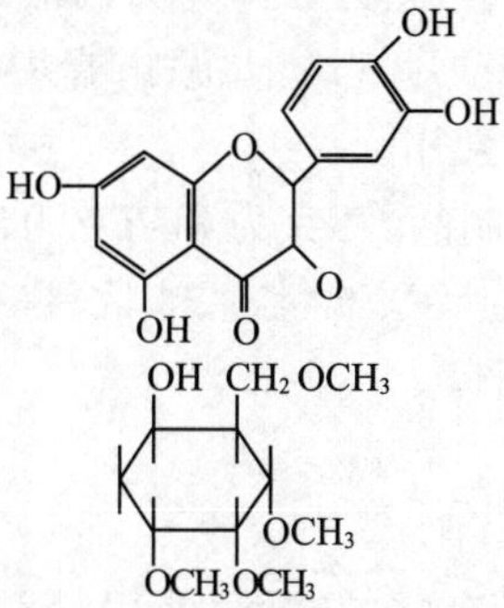

性状与性能：橡子壳棕是棕红色浸膏，味甜，无异臭，呈酸梅似果香。它易与水和乙醇水溶液互溶，在 pH 为 4～10 时稳定不沉淀，耐热、耐光、耐氧化，0.5%水溶液 100℃ 3 h 无明显降解；偏酸性，pH 为 3～4，在 pH 为 3.5～7 条件下稳定，但易与金属反应呈深棕色沉淀；溶于水、稀乙醇，0.5%～1%水溶液由黄色、橙黄色到橙红色变化，10%以上呈茶色，溶液色泽鲜艳，透明；极易溶于热水，不溶于油脂、乙醚和石油醚。

使用：按照《食品安全国家标准　食品添加剂使用标准》(GB 2760—2014)规定，橡子壳棕可用于可乐型碳酸饮料，最大使用量为 1.0 g/kg；配制酒，最大使用量为 0.3 g/kg。

5.4.1.20　焦糖

焦糖(caramel)别名焦糖色、酱色，依生产方法不同可分为 4 类。①普通焦糖，即不加氨生产焦糖；②苛性亚硫酸盐焦糖；③氨法焦糖；④亚硫酸铵焦糖。焦糖系糖类物质在高温下脱水、分解和聚合而成，为许多不同化合物的复杂混合物，其中某些为胶质聚集体。

性状与性能：焦糖为深褐色至黑色液体或固体，有特殊的甜香气和愉快的焦苦味；易溶于水，不溶于通常的有机溶剂及油脂，水溶液呈红棕色，透明，无混浊或沉淀；对光和热稳定，具胶体特性，有等电点，其 pH 依制造和产品不同而异，通常在 3～4.5 之间。

制法：以食品级糖类如葡萄糖、果糖、蔗糖、转化糖、麦芽糖浆、玉米糖浆、糖蜜、淀粉水解物等为原料，在 121℃以上高温下加热(或同时加压)使之焦化，并进一步处理制得。在生产过程中，按其是否加用酸、碱、盐等的不同，可分成 4 类。

毒性：大鼠经口 LD_{50}＞1.9 g/kg。ADI：①普通焦糖无须规定。②苛性亚硫酸盐焦糖不能提出。③氨法焦糖为 0～200 mg/kg。④亚硫酸铵焦糖为 0～200 mg/kg。

使用注意事项：①我国仅许可使用普通焦糖、氨法焦糖和亚硫酸铵焦糖。②焦糖具有胶体性质，在一般条件下均带有很少电荷；视生产方法的不同，可以带正电荷，也可以带负电荷；使用时应特别注意其与加用的食品的关系，选用不当则易产生混浊，影响使用效果。③一般来说，用于饮料的焦糖，其 pH 为 2.5～3.5，而加入酱油、醋的焦糖，其 pH 为 3.5～5。

使用范围和使用量我国《食品添加剂使用标准》(GB 2760—2014)规定如下。

(1) 普通焦糖可以在调制炼乳(包括加糖炼乳及使用了非乳原料的调制炼乳等)、冷冻饮品(食用冰除外)、可可制品、巧克力和巧克力制品(包括代可可脂巧克力及制品)以及糖果、面糊(如用于鱼和禽肉的拖面糊)、裹粉、煎炸粉、即食谷物，包括碾轧燕麦(片)、饼干、焙烤食品馅料及表面用挂浆(仅限风味派馅料)、调味糖浆、醋、酱油、酱及酱制品、复合调味料、果蔬汁(浆)

类饮料、含乳饮料、风味饮料(仅限果味饮料)、白兰地、配制酒、调香葡萄酒、黄酒、啤酒和麦芽饮料、果冻中按生产需要适量使用。

(2) 氨法焦糖可以在可可制品、巧克力和巧克力制品(包括代可可脂巧克力及制品)以及糖果、粉圆、即食谷物,包括碾轧燕麦(片)、饼干、调味糖浆、酱油、酱及酱制品、复合调味料、果蔬汁(浆)类饮料中按生产需要适量使用。

(3) 亚硫酸铵焦糖可以在可可制品、巧克力和巧克力制品(包括代可可脂巧克力及制品)以及糖果、酱油、果蔬汁(浆)类饮料、碳酸饮料、风味饮料(仅限果味饮料)、固体饮料中按生产需要适量使用。

5.4.2 食品天然着色剂的应用

由于天然食用着色剂具有很多有益的特性,使用时不仅起到着色的作用,还会发挥其药理、保健及增加风味等作用。天然食用着色剂可以广泛应用于饮料、糖果、乳制品、糕点、鱼、肉和罐头制品及调味料等各种食品中。

5.4.2.1 饮料

软饮料和酒精饮料中通常要加入着色剂全面着色,以烘托风味,使产品更具吸引力。由于消费者对于食品安全及保健作用的需求,一些天然着色剂会在饮料中使用,如月季花红素、越橘着色剂等。需要注意的是,许多饮料是装在透明容器中的,需要加入对光的稳定性较强的天然着色剂。

5.4.2.2 糖果和糕点

硬糖、棒棒糖、糖衣巧克力等都有色彩引人注目的糖衣来吸引消费者。由于这类产品会常暴露在阳光下,因此需要选用对光和氧化具有稳定性的水溶性天然着色剂。糕点上应用天然着色剂在增加安全的同时,会通过色泽增加食欲。乳浊型和油溶性着色剂在糕点中使用较多。

5.4.2.3 乳制品

乳制品中的乳蛋白可以与油溶性着色剂结合稳定,质地纯正,因此用于人造奶油和奶油中最理想的着色剂就是油溶性的天然着色剂,例如姜黄着色剂等。

5.4.2.4 鱼、肉和罐头制品

鱼、肉加工制品和罐头制品由于加工储藏过程中的处理工作,血红蛋白会发生变化,导致明显变色或者褪色。生产者为了吸引消费者,恢复产品原来的色泽,保持商品价值,会添加着色剂。目前用于这类食品中的天然着色剂主要有红着色剂甜菜红和辣椒红。这些天然着色剂取代有致癌风险的合成发色剂,提高了食品的安全性且发色效果良好。

5.4.2.5 加工蔬菜、水果和调味料

新鲜果蔬为了便于长时间储藏,常通过腌渍、加热、干燥等手段被加工成蜜饯果脯、脱水蔬菜、调味料等,在这个过程中,原本艳丽的颜色会改变、褪去。为了增加产品的吸引力,通常会选用水溶性天然着色剂来帮助校正色泽,例如叶绿素、辣椒黄色素、姜黄素、大麦芽和焦糖素等。

5.4.2.6 烘焙食品

烘焙食品是以粮油、糖、蛋等为原料，添加适当的辅料，并通过和面、成型、焙烤等工序制成的口味多样、营养丰富的食品，因其有美味、可口、食用方便等优点，受到人们的欢迎。特别是儿童，更钟情于颜色鲜艳的糕点，但经常食用含合成色素的糕点，对健康来说，无疑是潜在的杀手。因此，我国《食品添加剂使用卫生标准》规定，糕点只能用天然色素，而合成色素只能用于糕点上彩妆。用于烘焙食品天然着色剂类产品主要包括：天然色素喷粉、香粉系列产品；天然食品色素、色香油、果膏等产品。

5.4.2.7 保健食品、药品和化妆品

天然着色剂在保健食品、药品和化妆品行业已开始应用。如番茄红素，临床实验已证实具有抗氧化、消除增生、炎症、抑制突变、降低核酸损伤、减少心血管疾病及预防癌症、抗衰老等多种功能。在人的血液和组织中，番茄红素广泛分布，对细胞有很强的抗氧化保护作用，从而可以预防机体癌症和心血管病等多种疾病的发生。番茄红素是预防肺、前列腺、胃、胰、结直肠、食道、口腔、乳腺、肝、膀胱、宫颈等部位肿瘤，预防冠心病、动脉粥样硬化和某些慢性病的重要因子，及时补充天然番茄红素可抵御各类疾病和衰老。新疆红帆生物科技有限公司研制的“红帆”番茄红素采用了最先进的超临界流体萃取技术，保证番茄红素的含量全面保留，从而使“红帆”番茄红素具有更高的生物学功能。“红帆”番茄红素一经面市便广泛应用于临床研究。

5.4.3 天然着色剂的安全风险

天然色素并不绝对安全，在其来源、化学结构及提取加工过程中都存在安全风险。

5.4.3.1 天然色素的原料存在的安全风险

由于天然色素成分较复杂，有的色素成分没有被分离鉴定，本身含有某些危害物质，如藤黄素或者有毒的霉菌等。一些天然色素中包含某些无机色素，这些色素一般都是一些重金属或者金属盐类，一般毒性较大。

近年来，人类在作物的生产中大量使用农药，造成了空气、土壤、水源的污染。这些污染通过食物链在动、植物体内大量残留，在自然界中很难降解。天然色素从这些受污染的动、植物中提取出来，农药残留也会超标，不利于人体健康。

5.4.3.2 天然色素加工过程中的安全风险

天然色素在提纯分离过程中也会产生安全风险，目前国际上对天然染色素的提取大多使用正己烷、丙酮等有机溶剂，这些有机溶剂的安全性以及在后续工艺中的残留都会对天然色素的安全性产生影响。另外，天然色素在加工、精制的过程中，结构会发生改变，或混入杂质易被污染，造成安全风险。

5.4.3.3 天然色素在食品使用中的安全风险

天然色素在食品使用中存在的安全风险主要是超剂量、超范围使用及在混配天然色素的过程中所产生的反应等。安全性和功能的关键在于剂量，在一定剂量下有功能的物质超标使用就有可能产生毒性。任何物质的功能和安全性都是在一定剂量下评定的。另外，天然色素如果使用不当，色素和食品间会发生一些不良反应，也会对人体的安全产生危害。

5.4.3.4 天然食用色素的安全性评价

天然食用色素在食品中的使用关系到消费者的健康，天然食用色素的生产和使用中存在一些安全风险需要控制和降低，因此，相关部门对天然食用色素的安全要求是很高的。任何天然色素在被批准前要做大量的实验，提供大量可靠数据，对它们的安全性评价采用综合评价的方法。对于天然食用色素的安全性评价各国主要都基于动植物的毒性、毒理实验数据和使用色素的化学结构、性质、纯度及稳定性等因素进行评价。1994 年，世界卫生组织（WHO）、食品添加剂联合专家委员会（JECFA）对某些着色剂公布了毒理学评价结果，提出了人体最大日摄入量（ADI）的参考值。对于天然食用色素的安全性的评价方法，现阶段包含 3 个方面：毒理学检测、有害微量元素检验、卫生检验。

(1) 毒理学检测。毒理学检测评价包含毒性剂量测定与毒性实验，前者为测定某种天然色素对机体造成损害的能力；后者为研究动物在一定时间以一定剂量进入体内所引起的毒性反应，它一般分为急性毒性实验、遗传性毒性实验、亚慢性毒性实验和慢性毒性实验（包括致癌实验）这 4 个阶段。决定天然色素是否能应用于食品，主要取决于毒性在现阶段生产和生活条件下是否可以被控制。

(2) 有害微量元素检测。天然色素在生产、储存和运输过程中，可能会有一些有毒微量元素带入，为了保证天然食用色素的安全性，防止有毒物质的带入，必须对一些常见有害微量元素进行检测，各项检查项目不得超标。

(3) 卫生检验。在完成毒理学及微量元素检测合格后，还要对天然色素进行卫生检验。主要检验一些致病微生物和农药残留。检测需要按照标准方法严格检验，检验结果必须符合国家标准天然色素才能使用。一般对食用天然色素的要求是致病菌阴性。

5.4.3.5 有效控制及降低天然色素的安全风险

由于天然食用色素的安全风险存在于从源头到成品食用各个阶段，对于天然食用色素安全的控制也要贯穿整个从源头到成品的供应链，发现、明确、控制每一阶段的安全隐患。因此，关键控制点分析体系（hazard analysis critical control points，HACCP）和风险评估体系（risk assessments，RA）对导致食品安全问题的危害，进行风险识别、评估与控制，是控制和降低天然食用色素安全危害的最有效体系。早期风险识别工作包括建立专业数据库；建立风险出现的鉴别描述架构及食品安全风险出现的及时报告体系；分析食品安全警报趋势；以及回顾分析由微生物、生化、化学和真菌毒素等引起的食品安全风险特征等，是控制安全风险的关键。此外，对于食品安全风险的控制还集中在一些特殊的控制研究领域，特别是食品安全风险出现的早期发现、识别和评估；对于微生物风险、化学风险、生化风险以及全球气候转变带来的风险出现的研究与控制。因此，要有效地控制天然色素的安全风险就要从源头到成品进行逐一的风险识别与控制，这包含了天然色素的源头控制、加工及使用过程中的控制、管理和标准的控制。

1. 源头控制

源头控制即天然色素的原材料控制，原材料中存在的风险主要有 4 个方面：第一，天然色素本身成分比较复杂，一些原料未鉴定其安全性。对于这一类原料的使用要参考历史使用纪录，同时进行毒理学检测、有害微量元素检验、卫生检验等安全性评价。第二，原料中含有重金属等有毒成分，防止这类风险出现的方法主要有对各物质成分进行标识，在色素提取原料中用物理和化学的扫描技术，例如使用薄层色谱法(TLC)，扫描各种有毒成分，如重金属、马兜铃酸(aristolochic acid)等。第三，原料为活性微生物成分，在一定条件下产生毒素。由于这类天然物质的独特生理特性，对其安全风险检验主要依照使用这些活性微生物的潜在风险去评估，大量的评估主要在于这些原料本身的安全性的分析。使用者要对有毒禁用的种类严格控制，对色素使用的原料成分要严格标识，同时要了解活性物质在其生长条件及发酵介质中的特性与安全风险的联系，以及活性物质与重要抗生素的对抗性和肠胃反应等。第四，原料由于污染含有农药等有害化学物质的残留。降低这类化学污染需要选用相对传统、安全的种植、养殖的原料进行色素提取，同时对使用的天然及化合杀虫剂的安全性进行评估，另外，生物杀虫剂对环境与人类健康也有着影响，在选取色素原料时也要考虑到生物杀虫剂的使用情况和进行安全评估。

2. 加工及使用过程中的控制

在加工和使用过程中，有的色素特别是从天然草药中提取的色素会出现交叉污染以及同别的原料产生化学反应的安全危害。Kelly等研究表明，天然物质在某种环境中(加工或者消费过程中)会产生反应，例如与口腔或者肠道中的微生物相遇产生转换。对这种危害要建立一个各种相关物质化学反应危害及交叉污染数据库，严格控制物质使用中累积剂量，严格安全操作防止交叉污染。另外，天然色素在提纯分离过程中也会产生安全风险，有些使用的有机溶剂的安全性以及在后续工艺中的残留都会对天然色素的安全性产生影响。这些都需要在提取、纯化中进行改进。为了减少有害物质的残留，新的更加环保的技术已经逐渐应用在天然物质的提取中，例如利用二氧化碳和水代替一些有害的有机溶剂。目前超临界二氧化碳萃取技术由于全过程不用有机溶剂，萃取物无残留溶媒，同时防止了提取过程对人体的毒害和对环境的污染，成为应用发展最快的技术。

3. 管理和标准的控制

很多天然物的提取物质用于食物已经有较长的历史，但是没有明确的日摄入量(ADI)和未观察到的损害作用剂量(NOAEL)标准。目前，我国所使用的天然色素标准也仅有品种而没有明确剂量，大多数标准低于国际标准，很多天然色素无检测方法和指标。因此，要控制天然色素的安全风险，就要在天然色素的管理和标准上进行严格控制，要对使用天然色素的审批程序进行严格管理，包括原料来源、名称、取用部位、主要成分化学结构、检测方法、着色成分的纯度、灰分、溶剂残量、菌群数、稳定性实验、毒理检测、安全性级别等。在管理上建立和贯彻HACCP与良好生产规范(GMP)体系，对在食品原料中使用的天然物质逐一进行安全评估，建立起一个通用的评估框架。

5.5 国内外食用着色剂的发展动态

在当今世界的食用着色剂中，各个国家和地区的发展各不相同，其中美国占40%，是食用着色剂的消费大国。在欧盟，合成色素的使用量是天然色素的两倍，但在日本，合成色素的使用量不到天然色素的1/10。近年来，随着我国食品添加剂消费量和消费水平的不断提高，我国的食用着色剂的消费量也增长很快。

为了提高食用着色剂产品的开发和品质提高，国内外开展了多方面的研究工作。如开发大分子聚合物合成着色剂，这种着色剂几乎完全不会吸收，摄入人体后由肠道排出，不会对人体产生危害，可适用多种食品。此外，国内外制造商还在这些着色剂不同制剂和衍生产品上做文章，已满足用户对色调、性能等方面的不同要求。

无论是合成还是天然着色剂，目前面临的主要问题还是搞清主要成分的结构、色素成分的性质、功能性以及安全性。近年来，液滴逆流色谱法、大网格树脂吸附色谱法、凝胶色谱法、高效液相色谱法的应用使复杂的着色剂组分（特别在天然着色剂方面）分离和纯化取得了突破性进展。在化学结构鉴定方面，应用高磁场核磁共振和液相质谱联用等先进仪器设备和新的色谱技术，使着色剂主化学结构和副化学结构的探测与研究取得了飞跃性进展。如湖北省药品监督检验研究院建立了一种固相萃取-高效液相色谱法，该方法可测定食品中 8 种合成着色剂。在理化性质研究方面，国外用先进手段研究了着色剂的稳定、增色、变色、消色的机制，从分子水平提示了色素的理化性质。

在着色剂的合成、精制、干燥等生产过程中，采用高新技术（如膜分离技术和超临界二氧化碳萃取技术等）进行工艺参数优化、设备设计及制造，来提高生产能力和效率，提取工艺稳定性，降低能耗和成本，实现生产过程的连续化、自动化和清洁化，达到食品良好生产规范（GMP）要求是着色剂制造商所追求的目标。目前国内外已有厂家使用膜分离技术来生产食用着色剂产品，设备投资较大。

在毒理学研究上，近年来，美国除了大量开展对现有合成着色剂毒理学研究工作，对目前使用的色素进行毒理学再评价，并对合成食品着色剂中间体残留、副染料的形成和测定进行了深入研究。日本也对合成食品着色剂中中间体残留及杂质含量实行控制。为了确保食品着色剂的安全性，世界各国都致力于提高合成食品着色剂的纯度。

我国食品着色剂行业经过 20 多年的发展，食用着色剂的生产、销售和应用已经具有一定的水平和规模。据中国食品添加剂和配料协会着色剂专业委员会 2015 年行业年会报告指出，过去的一年，着色剂行业的发展呈现新常态下稳增长态势。预计 2015 年食用着色剂产销总量将达到 73.5 万 t，同比增长 2.94%；总销售额超过 60.4 亿元人民币，同比增长 13.27%；出口预计超过 12 788 t，出口创汇总额超过 4.12 亿美元。

据有关资料显示，我国在食用天然色素资源的开发、生产技术、工艺、装备水平等方面都有很大的提高，使得天然食用色素的品种、产量、质量也都取得了很大的进步。我国的科研工作者还在积极研究和开发茶色素、美人蕉花色素、茄子皮色素、红苷蓝色素、番茄红素、枸杞子红色素、板栗壳棕色素、牵牛花色素、花生衣色素、山楂红色素、血红素、鸡冠花红色素、灰白毛莓红色素等。另外，我国食用着色剂整体行业管理水平有了很大提高，其原因是我国企业规范化管理的水平不断提升，企业在现代管理理念和管理制度方面开始与国际先进水平接轨，而且这个进程在进一步加快。我国已经拥有一大批实力较强的食用着色剂骨干企业，形成了具有东方特色的着色剂产业。比如原料型色素产品的质量稳步提高，天然色素新品种不断增加，2015 年，氧化铁黄、栀子红被提出申报作为食品添加剂的新品种；天然色素产品应用不断开发，拓展了行业发展空间；在与国际接轨、思维创新、管理创新、技术创新等多方面取得了可喜的成果。

目前，我国食用着色剂产业的基本状况良好。截至 2015 年全行业产销将实现"稳增长"的目标。其中，天然着色剂辣椒红色素、叶黄素和栀子黄等品种增长幅度较大，辣椒红色素价格略有回升，过剩的产能正在慢慢消耗。叶黄素的价格提高幅度较大，但是也只是触底反弹后恢复理性阶段。栀子黄产销量的增幅也是在合理的空间内波动；最大品种焦糖色素稳定增长，姜黄素、红曲红、叶绿素铜钠盐等品种为负增长；合成着色剂及其复配产品呈现健康稳定的发展态势。

思考题

1. 什么是食品着色剂？
2. 食品着色剂的发色机理是什么？
3. 简述合成食品着色剂的特性。
4. 简述天然食品着色剂的特性。
5. 我国允许使用的食品天然着色剂有哪些？试举例说明。
6. 我国食品着色剂的发展趋势如何？

二维码 5-1
第5章
思考题答案

参考文献

[1] 成黎. 天然食用色素的特性、应用、安全性评价及安全控制. 食品科学，2012，13：399-404.

[2] 高彦祥. 食品添加剂（高等学校专业教材）. 北京：中国轻工业出版社，2011.

[3] 郝利平. 食品添加剂. 北京：中国农业出版社，2004.

[4] 郝利平，聂乾忠，陈永泉，等. 食品添加剂. 2版. 北京：中国农业大学出版社，2009.

[5] 惠秋沙. 天然色素的研究概况. 北方药学，2011，8：3-4.

[6] 黄文，蒋予箭，汪志君，等. 食品添加剂. 北京：中国计量出版社，2006.

[7] 凌关庭. 食品添加剂手册. 北京：化学工业出版社，1997.

[8] 马自超，庞世珍. 天然食用色素化学及生产工艺学. 北京：中国林业出版社，1994.

[9] 王清滨，陈国良. 食品着色剂及其分析方法. 北京：化学工业出版社，2004.

[10] 夏洁如，向晨茜，王洪伟. 食用天然色素功能应用及发展趋势. 中国酿造，2008（22）：1-3.

[11] 张春红. 食品着色剂手册. 北京：中国计量出版社，2006.

[12] 胡贝，李丽霞，刘红，等. SPE-HPLC 法测定食品中 8 种合成着色剂，食品工业，2020（1）：298-301.

第 6 章
食品护色剂

学习目的与要求

了解食品护色剂的定义，熟悉食品护色剂的作用机理，掌握常用的食品护色剂和护色助剂的特性与使用及使用过程中应该注意的事项和安全控制。

6.1 食品护色剂的护色机理与作用

近年来，随着我国经济的迅速发展，人民生活水平的不断提高，中国人对肉品的消费观念发生了显著的变化，人们对加工肉制品的要求越来越高。加工肉制品不仅要营养、健康、安全，还需要色、香、味、形俱全。色泽是食品给予消费者的第一印象，是产品竞争力的重要组成部分。随着食品加工技术的进步和对食品添加剂认识的不断成熟，根据加工需要，科学合理选用食品添加剂，可使加工肉制品更加科学合理化、品种更加多样化、色泽更诱人、品质更加营养安全化。因此，在肉制品加工中，通过选用合适的发色剂及发色助剂等食品添加剂，对赋予加工肉制品良好的色泽有着重要意义。

在食品的加工过程中，为了改善和保护食品的色泽，除了使用食用色素对食品进行着色外，有时为了改善食品的感官性状及提高其商品性能，还需要使用某些护色剂。

食品护色剂(food colour fixatives)按照《食品安全国家标准　食品添加剂使用标准》(GB 2760—2014)功能分类中的定义，食品护色剂指能与肉及肉制品中呈色物质作用，使之在食品加工、储藏等过程中不致分解、破坏，呈现良好色泽的物质。食品护色剂或称发色剂、呈色剂，护色剂因其是通过化学作用而呈现出稳定的色泽，所以区别于一般的食用色素。

食品护色剂一般泛指硝酸盐和亚硝酸盐类物质，硝酸盐和亚硝酸盐本身并无着色能力，但当其应用于动物类食品后，腌制过程中其产生的一氧化氮能使肌红蛋白或血红蛋白形成亚硝基肌红蛋白或亚硝基血红蛋白，从而使肉制品保持稳定的鲜红色。但由于腌肉中的亚硝酸盐能生成强致癌物——亚硝胺，因而使硝酸盐和亚硝酸盐的使用引起争议。目前普遍认为，只要严格控制好它们的使用量，就不会达到中毒的程度，相反，亚硝酸盐类物质还同时具有抑制微生物(尤其是肉毒梭状芽孢杆菌)生长和产生加工产品特有风味的作用。目前世界范围内还没有发现能完全取代传统护色剂的新物质，这也是目前国际包括国内法规、标准认可该类添加剂的主要原因。要了解肉制品的发色机理，首先必须了解肉类的化学性质。

6.1.1 肌红蛋白和血红蛋白

肉类在人类生活中占据着举足轻重的地位，而肉类的色素含量和色泽则影响了它的可接受性。肉类颜色的化学其实就是血红色素的化学，确切地说，屠宰后的肌肉更主要是一种色素即肌红蛋白的化学。原料肉的红色是由肌红蛋白(Mb)及血红蛋白(Hb)所呈现的一种感官性状。由于肉的部位不同及家畜禽品种的差异，其含量比例也不一样。对一块放血完全的原料肉而言，一般肌红蛋白所含血色素占剩余血色素的70%～90%，而血红蛋白只占10%～30%。由此可见，肌红蛋白是唯一的数量大到足以使原料肌肉着色的色素。

肌红蛋白是一种复杂的肌肉蛋白，其功能类似于血红蛋白，它们都能结合氧以供动物代谢所需。红细胞中的血红蛋白含有4条多肽链和4个血红素基因，血红素是以铁原子为中心的平面结构。血红素的生物功能是与1分子氧结合，然后由血液把氧从肺带至组织。肌红蛋白比血红蛋白小，仅为血红蛋白的1/4，它是由一个约150个氨基酸组成的多肽链与一个血红素相连而成。血红蛋白和肌红蛋白都是复合蛋白，它们的分子中除蛋白外，还有本质上非肽类的另一部分与肽链复合。蛋白部分又称为珠蛋白，非肽部分称为血红素，血红素由一个铁原子和一个卟啉大平面环2部分组成。在考虑肉的色泽与质量关系时，必然会涉及血红素、珠蛋白以及与氧化态铁(Fe^{3+})和还原态铁(Fe^{2+})结合的配位体所构成的各种结合物。肌红蛋白与氧分子共价络合成氧合肌红蛋白的反应称为氧合作用。这与肌红蛋白氧化生成高铁肌红蛋白完全不同。另外,这些络合物还可分成离子键型和共价键型,而共价键型的氧合肌红蛋白可以产生肉类理想的亮红色。

新鲜肉中还原型的肌红蛋白稍呈暗的紫红色,它在光谱的绿色部分(即 550 nm)有最大吸收,还原型的肌红蛋白很不稳定,极易被氧化。开始还原型肌红蛋白分子中 Fe^{2+} 上的结合水,被分子状态的氧置换形成氧合肌红蛋白(MbO_2),此时配位体未被氧化,仍为 2 价,呈现鲜红色;若继续氧化,肌红蛋白中的铁离子由 2 价被氧化成 3 价,变成高铁肌红蛋白(MMb^+),色泽变褐(棕色);若仍继续氧化,则变成氧化卟啉,呈现绿色或黄色。高铁肌红蛋白在还原剂存在的前提下,也可被还原成还原型肌红蛋白。由于肌红蛋白、氧合肌红蛋白与高铁肌红蛋白连续地相互转换,新鲜肉类的色泽是动态和可逆的。所以在有氧存在的条件下,紫色的肌红蛋白可氧化成氧合肌红蛋白,并产生人们熟悉的新鲜肉类的"红润",肌红蛋白也可氧化成高铁肌红蛋白而产生令人嫌弃的肉类所具有的棕色。需要记住,棕色的高铁肌红蛋白是已氧化的 Fe^{3+} 所形成的色素。另外,在新鲜肉中固有的还原性物质又不断地把高铁肌红蛋白还原成肌红蛋白(图 6-1)。

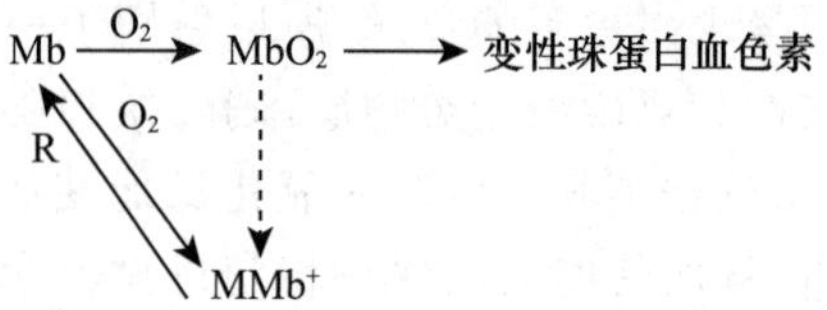

R为还原剂

图 6-1 新鲜肉的血红色素反应

6.1.2 护色剂的显色和护色机理

由于新鲜肉色泽的不稳定性,同时新鲜肉在加工中颜色还会发生很大的变化,为了使肉制品呈现鲜艳的红色,一般在加工过程中添加硝酸盐或亚硝酸盐。硝酸盐和亚硝酸盐在肉类腌制过程中往往是以混合盐的形式添加,硝酸盐在细菌(亚硝酸菌)的作用下可以还原成亚硝酸盐,亚硝酸盐在一定的酸性条件下会生成亚硝酸。一般动物类宰杀直至成熟后的肉,因肌肉中含有一定量的乳酸,pH 为 5.6~5.8,所以一般无须另外加酸即可最终生成亚硝酸,其反应式如下:

$$NaNO_2 + CH_3CHOHCOOH \rightleftharpoons HNO_2 + CH_3CHOHCOONa \quad (1)$$

亚硝酸很不稳定,即使在常温下也可分解产生亚硝基

$$3HNO_2 \rightleftharpoons H^+ + NO_3^- + 2NO + H_2O \quad (2)$$

分解产生的亚硝基会很快地与肌红蛋白反应生成鲜艳的、亮红色的亚硝基肌红蛋白(MbNO)其反应式为:

$$Mb + NO \rightleftharpoons MbNO \quad (3)$$

亚硝基肌红蛋白遇热后,释放出巯基变成了具有鲜红色的亚硝基血色原。由式(2)可知亚

硝酸分解生成的 NO 在含水体系中且有氧气存在的前提下最终也能形成少量的硝酸，其反应式为：

$$2NO + O_2 = 2NO_2 \qquad 2NO_2 + H_2O \longrightarrow HNO_3 + HNO_2 \tag{4}$$

少量的硝酸，不仅可使亚硝基氧化，抑制了亚硝基肌红蛋白的生成，同时由于硝酸具有很强的氧化作用，即使肉类中含有类似于巯基的还原性物质，也无法阻止部分肌红蛋白被氧化成高铁肌红蛋白。因而在使用硝酸盐与亚硝酸盐类的同时常使用 *L*-抗血酸、*L*-抗坏血酸钠、异抗坏血酸及其钠盐等还原性物质来防止肌红蛋白的氧化，同时它们还可以把氧化型的褐色高铁肌红蛋白还原为红色的还原型肌红蛋白，进而再与亚硝基结合以助发色。其反应路线如图 6-2 所示。

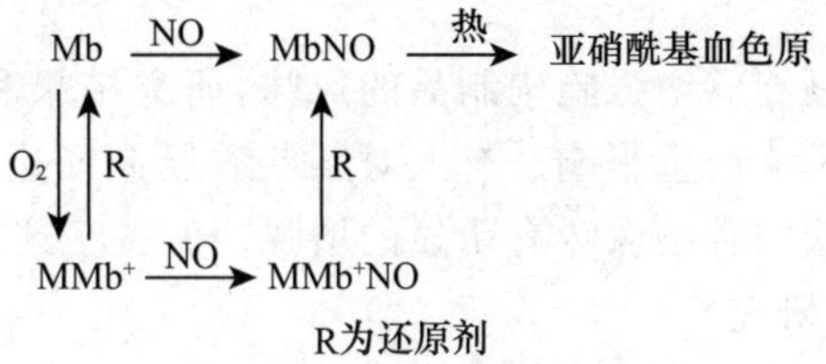

图 6-2　腌制肉的血红色素反应

显然，肉的腌制是肉色素化学的一个重要方面。由于大多数肉制品是经腌制处理后再行加工的，由此可见这个过程的重要性。上面已经讨论了亚硝酰基血色原的形成途径，根据报道这些反应都曾在试管中观察到。但在实际加工过程中，由于很多中间体在空气中不稳定，这些反应的大部分仅在相当强的还原条件下才能发生。通常将腌制肉的发色团或色素的形成分为如下 2 个过程：①生物化学反应，它把亚硝酸还原成一氧化氮，也把血色素中的铁还原成亚铁形式；②珠蛋白的热变性，只有当肉制品的品温加热到 60℃或更高温度时，变性才能发生，并可能引起其他蛋白与血红素的共沉淀。尽管对肉或肉制品中这种反应的完整机制尚不完全清楚，但已确定最终产物是亚硝酰基肌红蛋白（如不受热）或变性珠蛋白亚硝酰基血色原（如受热）。

6.2　食品护色剂及护色助剂

6.2.1　食品护色剂

食品护色剂的应用在我国已有悠久的历史，古代劳动人民在腌制肉类食品时就使用了硝石（硝酸钾），对肉制品的生产发展起了一定的促进作用。常用的食品护色剂主要有亚硝酸钠、亚硝酸钾、硝酸钠、硝酸钾。

6.2.1.1　亚硝酸钠、亚硝酸钾

1. 亚硝酸钠（sodium nitrite），分子式为 $NaNO_2$，分子量为 69.00。它是食品加工中最常用的护色剂。

性状与性能：亚硝酸钠为无色或微带黄色结晶，有咸味，易潮解，水溶液呈碱性反应。因外

观和滋味与食盐相似，使用过程特别需要注意误用。

亚硝酸盐类物质在肉制品中除了起护色作用外，对抑制微生物的增殖有着特殊的作用，其最终作用的有效成分显然是亚硝酸盐。研究表明：亚硝酸盐（150～200 mg/kg）可显著抑制罐装碎肉和腌肉中梭状芽孢杆菌的生长，尤其是肉毒梭状芽孢杆菌。pH 在 5～5.5 时，亚硝酸盐比其 pH 在 6.5 以上时能更有效地抑制肉毒梭状芽孢杆菌，亚硝酸盐抗微生物的机制迄今为止仍不十分清楚，但有人认为在缺氧条件下，亚硝酸与巯基作用生成了微生物不能代谢的化合物。在水中含有 0.1%～1%的亚硝酸盐可以看到其明显的作用，亚硝酸盐与食盐并用时其抑菌作用将增强。亚硝酸盐对肉毒梭状芽孢杆菌的特殊抑制作用，也是使用亚硝酸盐的重要理由。然而对于肉毒梭状芽孢杆菌并不构成威胁的那些保藏食品，FAO/WHO 所属食品添加剂联合专家委员会（JECFA）认为没有理由添加硝酸盐和亚硝酸盐。

亚硝酸盐另一个应用是能够增强腌肉制品的风味，研究结果和感官评定也表明亚硝酸盐主要通过抗氧作用对腌肉风味产生影响。有人对某些香肠制品进行的试验，结果使用亚硝酸盐的香肠比不使用亚硝酸盐的香肠风味有明显的增强。但关于这方面的详细机理目前尚不完全清楚，有待于今后进一步研究。

毒性：小鼠经口 LD_{50} 为 0.2 g/kg；人中毒量为 0.3～0.5 g，致死量为 3 g。FAO/WHO（1994）规定，ADI 为 0～0.2 mg/kg（以亚硝酸钠计的亚硝酸盐总量）。

亚硝酸钠在众多食品添加剂中是急性且毒性较强的物质之一。当人体大量摄取亚硝酸盐（一次性摄入 0.3 g 以上）进入血液后，可使正常的血红蛋白（Fe^{2+}）变成正铁血红蛋白（Fe^{3+}），便使血红蛋白失去携氧的功能，导致组织缺氧，在 0.5～1 h 内，产生头晕、呕吐、全身乏力、心悸、皮肤发紫、严重时呼吸困难、血压下降甚至于昏迷、抽搐而衰竭死亡。由于亚硝酸钠的外观、口味均与食盐相似，所以必须防止因误用而引起的中毒。国内加工企业或学校食堂因误用带来的安全事件也时有报道。为了防止误用护色剂或恶性安全事件的发生，一般强调食品生产企业对护色剂应有专人保管，同时生产过程应严格按照工艺文件添加，其使用范围和使用剂量等同于亚硝酸钾。

2. 亚硝酸钾（potassium nitrite），分子式为 KNO_2，分子量为 85.10。

性状与性能：亚硝酸钾为白色或微黄色晶体或棒状体，极易溶于水，也有很强的吸湿性；在潮湿空气中可缓慢转变成硝酸钾。

毒性：比亚硝酸钠略大。ADI 暂定和亚硝酸钠一样。

使用：按照我国《食品安全国家标准　食品添加剂使用标准》（GB 2760—2014）规定，亚硝酸钠、亚硝酸钾均可使用于腌腊肉制品类（如咸肉、腊肉、板鸭、中式火腿、腊肠等），酱卤肉制品类，熏、烧、烤肉类，油炸肉类，西式火腿（熏烤、烟熏、蒸煮火腿）类，肉灌肠类，发酵肉制品类，肉类罐头，最大使用量为 0.15 g/kg，但不同肉制品残留量控制要求是不同的。残留量以亚硝酸钠计，肉类罐头≤0.05 g/kg，西式火腿≤0.07 g/kg，其他肉制品≤0.03 g/kg。

6.2.1.2　硝酸钠、硝酸钾

1. 硝酸钠（sodium nitrate），分子式为 $NaNO_3$，分子量为 85.00。

性状与性能：硝酸钠为无色结晶或白色结晶，有时为带有浅灰色或浅黄色的粉末，具一定的咸味并有苦味，易吸湿；在常温下溶解度很高，可达 90%以上，10%的水溶液呈中性。硝酸钠在肉制品中受细菌作用，发生还原转变成亚硝酸钠，从而起到相同于亚硝酸钠对肉类的发色

作用，尤其在微酸性条件下更容易与肉中的肌红蛋白作用而发色。

毒性：大鼠经口 LD_{50} 为 1.1～2.0 g/kg。FAO/WHO(1994)规定，ADI 为 0～5 mg/kg(以硝酸钠计的硝酸盐总量)，硝酸盐的毒性作用主要是它在食物中、水中或在胃肠道内，尤其是在婴幼儿的胃肠道内被还原成亚硝酸盐所致。出生 6 个月内的幼儿对硝酸盐特别敏感，故不宜用于幼儿食品。HACSG(欧共体儿童保护集团)也建议对婴幼儿食品限制使用，我国目前相关标准中也没有特别规定。

2. 硝酸钾(potassium nitrate)，又名土硝、硝石、盐硝或火硝，分子式为 KNO_3，分子量为 101.10。

性状与性能：硝酸钾为无色透明结晶或白色的结晶状粉末，味咸，稍有吸湿性，易溶于水；25℃时溶解度为 38%；其可代替硝酸钠，作为混合盐的成分之一，用于肉类腌制。

毒性：大鼠经口 LD_{50} 为 3.2 g/kg。FAO/WHO(1994)规定，ADI 为 0～5 mg/kg(以硝酸钠计的硝酸盐总量)，在硝酸盐中，硝酸钾的毒性较强，其所含的钾离子对人体心脏有影响。

使用：按照我国《食品安全国家标准　食品添加剂使用标准》(GB 2760—2014)规定，硝酸钠、硝酸钾可使用于腌腊肉制品类(如咸肉、腊肉、板鸭、中式火腿、腊肠等)，酱卤肉制品类，熏、烧、烤肉类，油炸肉类，西式火腿(熏烤、烟熏、蒸煮火腿)类，肉灌肠类，发酵肉制品类，最大使用量为 0.5 g/kg，以亚硝酸钠(钾)计，残留量≤30 mg/kg。

6.2.2　食品护色助剂

在使用护色剂的同时，还常常加入一些能促进发色的还原性物质，这些物质称为发色助剂或护色助剂。发色助剂本身无色，也不能与肌红蛋白结合而起到直接发色作用，但它们能加快发色剂的发色过程，并使产生的亚硝基肌红蛋白保持稳定不被破坏。

护色助剂本身并无发色功能，但与护色剂配合使用可以明显提高护色效果，同时可降低护色剂的用量从而提高其安全性。护色助剂的使用机理主要是在肉制品的发色以及色泽稳定性当中，消除硝酸的形成，把高价铁离子还原为二价铁离子，形成稳定的呈色物质。

6.2.2.1　抗坏血酸及其盐类或异抗坏血酸及其盐类

抗坏血酸和异抗坏血酸及其钠盐是良好的助护色剂。关于它们的助护色机理已在前面护色机理中提及，主要是通过它们的还原性而实现的。发色助剂在肉制品的发色以及色泽稳定性当中起着相当重要的作用。抗坏血酸及其盐类和异抗坏血酸及其盐类由于其独特的作用，在肉制品生产中越来越受到重视。它既可以促进腌制发色、抑制氧化酸败，又可以降低产品中亚硝基的残留，阻断亚硝胺的形成。抗坏血酸及其盐类和异抗坏血酸及其盐类可以广泛应用于火腿肠、肉制品罐头、香肠、酱肉等多种肉制品中。靳烨等研究了抗坏血酸对香肠发色和色素稳定性的影响，结果发现，抗坏血酸的添加能加快发色速度，提高发色效果($P<0.05$)。添加量超过 800 mg/kg 时效果不再明显($P>0.05$)，但对色素的保持，大剂量(1 000 mg/kg)效果明显。

6.2.2.2　乙基麦芽酚

乙基麦芽酚是一种人们所公认的安全、可靠、用量少、效果显著的食品添加剂。由于其抗氧化性强，作为发色助剂广泛应用于肉类加工产品中。乙基麦芽酚的加入可以与肌红蛋白中的铁原子结合，不仅可以防止肌红蛋白的氧化、降解，促使大量的亚硝基与肌红蛋白充分结合，减少亚硝酸盐的残留量，而且在不添加亚硝酸盐的状态下，在某个工序中加入乙基麦芽酚，配合使用铁盐，会呈现与使用亚硝酸盐相同的色泽，乙基麦芽酚最重要的化学性质就是遇铁离子变红紫色。配合使用的铁盐可以是葡萄糖酸铁、柠檬酸铁等有机铁盐，既达到发色的目的又增加了微量元素的含量。在美国，用0.1%麦芽酚和0.04%的葡萄糖酸亚铁代替硝酸盐作为护色剂，在罐装肉中取得较好的效果。

6.2.2.3 烟酰胺

烟酰胺属于B族维生素，是一种食品强化剂，同时也具有助发色作用。烟酰胺在腌制过程中可与肌红蛋白结合，生成稳定性很高的烟酰胺肌红蛋白，呈现出类似亚硝基肌红蛋白的红色，有很好的助色作用，且烟酰胺对pH不敏感，难于被氧化。所以在肉类制品的腌制过程中添加适量的烟酰胺，可以防止肌红蛋白在从亚硝酸到生成亚硝基期间的氧化变色。如果在肉类腌制过程中同时使用*L*-抗坏血酸与烟酰胺，则护色效果更好，成品的颜色对光的稳定性要好得多，并能长时间保持色泽的稳定。烟酰胺的用量为0.01%～0.02%，在腌制或斩拌时添加，也可把原料肉浸渍在这些物质的0.02%水溶液中。严琼琼研究了苹果多酚与烟酰胺混合使用对猪肉色泽的影响，发现苹果多酚与烟酰胺混合使用不仅具有抗菌作用，而且具有护色作用。

6.2.2.4 葡萄糖内酯

葡萄糖内酯(简称GDL或内酯)又称葡萄糖酸-δ-内酯，是由葡萄糖氧化成葡萄糖酸或其盐类，经纯化脱盐、脱色、浓缩、结晶而制得，是一种多功能食品添加剂。葡萄糖内酯在含水食品环境中能缓慢水解生成葡萄糖酸，使肉类腌制时处于酸性还原环境，促进亚硝酸盐向亚硝酸转化，利于MbNO的生成。因此，将葡萄糖内酯用于午餐肉和碎猪肉罐头，可增加发色剂的效果，从而降低毒性较大的亚硝酸盐的用量，同时GDL还具有乳化作用、防腐作用等，可以提高肉糜罐头的品质，其适宜用量为0.3%。按照《食品安全国家标准　食品添加剂使用标准》(GB 2760—2014)规定，葡萄糖酸-δ-内酯属于可在各类食品中按生产需要适量使用的食品添加剂品种。

6.2.2.5 柠檬酸

柠檬酸是一种还原剂，具有较强的抗氧化，可以作为发色助剂广泛应用于肉品中，来改善肉品的色泽。研究发现，柠檬酸单独使用时作用不强，但是作为食品中常用的抗氧化剂和发色助剂，能和维生素C、烟酰胺、亚硝酸钠产生较强的协同作用。

6.2.2.6 葡萄糖

葡萄糖的作用是多方面的，它能促进肉中胶原蛋白的胀润，使组织柔软多汁，对成品风味也有一定的提高，但最主要还是它的护色作用。葡萄糖在肉表面枯草杆菌的作用下，能转变为乙酰甲基甲醇，这种化合物很容易氧化，故能防止NO^-肌色朊的生成和NO^-肌色朊的氧化，并保护亚硝酸盐不受氧化，加速腌制过程。对于普通的肉制品加工，其使用量为0.3%～0.5%比较合适。

6.2.2.7 护色助剂的协同

前面介绍的抗坏血酸及其钠盐是最常用的护色助剂，当其与品质改良剂磷酸盐同时使用时，不仅能提高肉制品的品质，而且护色效果也好。这是由于磷酸盐能螯合金属离子，有防止抗坏血酸氧化的功能。但需要注意的是为提高肉的持水性而加入的磷酸盐，因部分是偏碱性的，会造成pH向中性偏移，使护色效果不好，前面已经提及护色剂发色的最适pH为5.5左右；也有将抗坏血酸与柠檬酸或其钠盐混合使用的，柠檬酸是良好的金属离子螯合剂，可使抗坏血酸的助护色作用增强；也有人认为柠檬酸本身有护色作用，但也有理论认为由于柠檬酸的加入改变了肉制品的pH环境，从而提高了亚硝酸盐的护色效果，从这种意义上来讲，柠檬酸本身就是一种护色助剂。两种复配型的护色助剂的组成情况如表6-1所示。

表6-1　两种复配型的护色助剂的组成情况

种类	性状	组成比例
护色助剂Ⅰ	粉末	烟酰胺5，*L*-抗坏血酸钠30，*DL*-丙氨酸20，无水焦磷酸钠5，天然物40
护色助剂Ⅱ	粉末	*L*-抗坏血酸钠35，烟酰胺35，聚磷酸钠10，蔗糖酯5，醋酸钠8，天然物50

表6-1中的护色助剂主要适用于鱼肉、畜肉等加工品。

关于食品护色助剂的用量，根据产品类型不同添加量也略有差异。在日本，护色剂和护色助剂可同时允许用于类似于肉类罐头、洋火腿、香肠、培根肉、咸牛肉等肉制品。参考用量为：洋火腿中烟酰胺用量为原料肉的0.03％～0.045％；抗坏血酸钠用量为原料肉的0.02％～0.05％；异抗坏血酸钠为原料肉的0.02％～0.05％。一般在腌制或斩拌时添加，也可把原料肉浸渍在这些物质0.02％～0.1％的水溶液中以助护色。在实际使用过程中，必须按照我国食品添加剂使用标准GB 2760—2014严格执行。

6.3　食品护色剂的安全性使用及注意事项

6.3.1　食品护色剂的安全性

本章前面已经介绍了几种常用护色剂的应用，主要应用于肉制品的护色，抑制微生物的生长，同时产生特殊的风味。近年来，已经证明腌制过程中人为添加的亚硝酸盐参与生成的亚硝胺含量虽低，但可能达到有毒水平，因而使硝酸盐和亚硝酸盐的使用引起争议。有人认为只要控制它们的使用量（均已有ADI值），就不会达到中毒量的程度，相反的，它还同时有抑制微生物，尤其是对肉毒梭状芽孢杆菌生长的抑制作用和产生特殊风味的作用，认为是无可取代也无须取代的物质。硝酸盐天然存在于很多食品中（如菠菜），人的唾液和胃液中也存在亚硝基物质，只要不达到足够的量，对人体应该是安全的。但无论如何，亚硝胺是一种强的致癌物质是事实，癌细胞从诱发到扩散，有一个相当长的时间，没有必要去冒这种风险，尤其是6个月内的婴儿对硝酸盐类特别敏感，故欧洲联盟（EEC）的HACSG（儿童保护集团）建议亚硝酸盐不得用于儿童食品，硝酸盐应予限用。

亚硝胺是一类具有相当毒性的N$^-$亚硝基衍生物。亚硝胺能由第2或第3胺与大多数食品中的活性亚硝化试剂—N_2O_3作用而生成，反应式如下：

$$R_2NH + N_2O_3 \longrightarrow R_2N \cdot NO + HNO_3$$
$$R_2N + N_2O_3 \longrightarrow R_2N \cdot NO + R$$

胺的亚硝化反应可在食品的储藏和加工过程中发生，亚硝胺可由此路径摄入人体内。另外，在人体胃的强酸条件下，也可发生亚硝化反应，在那种情况下，摄入某些前体物质（NO_2^-或 NO_3^-），也能在体内产生亚硝胺或亚硝酰胺。

经过腌制加工的肉、鱼甚至于干酪产品是含有相当量亚硝胺的主要食品。目前有资料表明，通常亚硝胺存在的量在$(10\sim40)\times10^{-9}$ 范围内。在大多数情况下，二甲基亚硝胺是主要化合物，当然也检测到其他种类亚硝胺的存在。在已检测的 100 种以上的 N^- 亚硝基化合物中，约 80%对实验动物的一种或多种组织有致癌作用。而且，当同时给动物喂大剂量的亚硝酸盐和胺类化合物时，能在其体内生成足以致癌的亚硝胺。

在 6.2.2 食品护色助剂及应用中已经讨论了抗坏血酸和异抗坏血酸及其钠盐是良好的助护色剂，与护色剂配合使用可以获得良好的护色效果。最近的研究也表明，像抗坏血酸钠和异抗坏血酸钠那样的还原剂在牛肉香肠中能抑制二甲基亚硝胺的生成。这些还原剂抑制亚硝化反应的程度与还原剂的种类及实验条件密切相关。还原剂与亚硝酸盐有高度的亲和力，在食品加工中乃至于机体内能防止亚硝化作用，几乎能完全抑制亚硝基化合物的生成。所以在肉类腌制时添加适量的抗坏血酸或其钠盐，能够防止致癌物的生成。

6.3.2 食品护色剂使用注意事项

从食品安全卫生角度出发，对食品护色剂的使用问题应予以高度重视，在使用中应注意到如下几个方面。

(1) 在肉制品加工中应严格控制亚硝酸盐及硝酸盐的使用量。

(2) 虽然硝酸盐与亚硝酸盐的使用受到很大限制，但至今国内外仍在继续使用。这与它的护色功能、抑菌功能、改善制品风味的功能是分不开的，迄今尚未发现理想的替代物质。更重要的原因可能还要归于亚硝酸盐对肉毒杆菌的抑制作用。据报道，在不使用亚硝酸盐的情况下，肉制品肉毒杆菌毒素中毒事件将显著增加。所以在考虑使用标准时，就须在亚硝胺致癌的可能性和防止肉毒素中毒的危险性之间进行权衡。在限制或降低使用量的同时，必须在工艺上通过采取提高杀菌强度或添加其他防腐剂等相应的措施，以充分保证有效地防止肉毒中毒，确保产品安全。亚硝酸钠的添加量在 24 mg/kg 以下护色不良，24～40 mg/kg 护色良好。护色程度随添加量的增加而增加，护色较好的有效添加量，亚硝酸钠为 132 mg/kg，其最终产品中亚硝酸根的残留为 40 mg/kg。在酱卤肉制品中 40 mg/kg 的残留量显然已经超出了食品添加剂使用标准 GB 2760—2014 的限值，需要知道添加量相同的情况下，残留量与加工工艺包括护色助剂的使用情况有着密切的相关性。

(3) 在使用护色剂的同时配合使用一些护色助剂，一方面可以提高护色效果，改善产品色泽；另一方面可适当减少硝酸盐或亚硝酸盐的添加量，减少最终有毒物质亚硝胺在人体体内的积累。用亚硝酸钠 0.01～0.03 g/kg，加上抗坏血酸 0.05 g/kg 即可成功腌制。

亚硝酸盐理想的护色 pH 为 5.5 左右，在偏离此 pH 太大呈碱性的条件下，护色效果将会受到影响，在使用持水剂磷酸盐类化合物时，尤应注意。

(4) 为了降低亚硝酸根的残留量，以减少亚硝胺形成的可能，世界各国科技工作者正在进行各种研究工作，包括对硝酸盐类护色剂新取代物的研究，已经发现某些氨基酸和肽类化合物对肌红蛋白有发色效果。用一氧化氮直接发色，配合加入抗坏血酸可以显著改善发色，并能强烈地降低成品中亚硝胺的水平。如单纯从发色角度考虑，在产品中添加少量的天然色素，如红曲色素、甜菜色素能够替代一部分硝酸盐和亚硝酸盐的发色，从而减少护色剂的使用量，降低亚硝胺的水平。扬州亲亲集团生产的梅林牌午餐肉，添加少量的红曲色素配合降低使用标准的护色剂，其生产出来的产品色泽良好，风味均与添加亚硝酸盐的产品相仿。但如果完全以色素来取代护色剂的发色，目前难以解决风味较差的问题，另外就是肉毒杆菌的控制问题。与此同时，一些新的研究工作，如确定在人体体内和食品中产生亚硝化反应的条件，对于亚硝胺在不同的地理位置导致人类癌病的机制等都正在研究之中。

(5) 护色剂使用的有关法规及最新研究动态。世界各国和我国的相关法规和标准对护色剂的使用范围、使用剂量及产品中残留量的控制都有严格的规定。我国自《食品安全国家标准　食品添加剂使用标准》(GB 2760—2011)到《食品安全国家标准　食品添加剂使用标准》(GB 2760—2014)标准的修订，对护色剂的使用范围基本没有变化，只允许添加于肉制品。而对其添加量和不同产品残留量的控制越来越严格。同时国家质量监督检验检疫总局自2003年实施对加工食品的市场准入以来，对添加剂都实行了严格的备案制度，尤其对护色剂的管理要求更高，作为加工企业必须有专人负责对护色剂的管理和添加；严禁使用非食品级的工业硝；严禁超范围、超剂量添加食品护色剂。

6.3.3　食品护色剂及其使用的研究进展

鉴于护色剂在急性毒性和慢性毒性两方面的影响，世界各国包括我国科技工作者在对如何减少护色剂使用量和寻求新的替代物方面开展了广泛的研究，解万翠等报道了利用动物血细胞为原料，制备亚硝基血红蛋白的研究结果，结果表明，在光照条件下，亚硝基血红蛋白具有良好的稳定性和极佳的赋色效果；同时也降低了亚硝酸钠在肉制品加工过程中的用量，增加了出品率。马美湖(2001)把亚硝基血红蛋白色素添加到香肠等肉制品的效果较为理想，色泽、风味、稳定性、保存性与对照组无差别，同时大大降低了肉制品中亚硝酸钠的残留量，真正实现了低硝肉制品，保证了肉制品的安全性。陶菲(2002)等把腌肉色素添加到火腿肠中，测定结果显示添加亚硝酸钠的火腿肠红色度为6.79，与加色素(0.01%)的几个样品红色度相差甚小。武彩霞等研究了不同浓度条件下的柠檬酸铁、柠檬酸和*L*-抗坏血酸钠对羊排的发色作用，研究结果发现，当柠檬酸铁、柠檬酸和*L*-抗坏血酸钠的质量比为2∶1∶2时发色效果最佳，且当柠檬酸铁的质量分数为0.05%，柠檬酸的质量分数为0.025%，*L*-抗坏血酸钠的质量分数为0.05%时的发色效果好于试验中的其余组。张婷婷等研究发现，红曲红色素具有优异性能，如耐高温、耐氧化、pH稳定和独特的蛋白着色效果，是一种安全、无毒、高效的色素。在发酵香肠制作中具有良好的抗菌抑菌作用，在肉品低硝研发中效果显著。综观国内外的研究报道，新研究结果在对肉毒杆菌的抑菌效果方面与传统护色剂的比较不多。

思考题

1. 什么是食品护色剂？
2. 食品护色剂在肉制品加工中的主要功能包括哪些？
3. 硝酸钠和亚硝酸钠的发色速度、使用标准有什么不同？
4. 维生素C在肉类腌制加工中主要有什么作用？
5. 食品护色剂和护色助剂在应用过程中应该注意哪些方面？

二维码6-1
第6章
思考题答案

参考文献

[1] 食品安全国家标准　食品添加剂使用标准:GB 2760—2014. 北京:中国标准出版社,2014.

[2] 靳烨. 抗坏血酸、烟酸和 pH 对香肠发色和色素稳定性的影响. 肉类研究,1994(4):22.

[3] 严琼琼,唐书泽,孙承锋. 苹果多酚对冷却猪肉腐败菌抑菌效果的影响. 食品研究与开发,2009,30(10):117-121.

[4] 武彩霞,靳烨,莎丽娜. 柠檬酸铁作为发色剂对改善羊排色泽的研究. 农产品加工(学刊),2007(6):16-18.

[5] 张婷婷,陈丽琴,张宾乐,等. 肉脯中亚硝酸盐发色作用替代品的研究. 中国调味品,2018,43(12):66-70.

第 7 章

食品漂白剂

学习目的与要求

了解食品漂白剂的定义，熟悉食品漂白剂的作用机理，掌握常用的食品漂白剂的特性与使用方法及使用时应该注意的问题。

因食品原料具有不良色泽或是在加工过程中颜色发生了变化，而出现令人厌恶的呈色物质，导致食品色泽不均匀，往往会影响消费者的购买欲望。

食品漂白剂(food bleaching agents)指能够破坏、抑制食品发色因素，使其褪色或使食品免于褐变的物质。食品漂白剂按作用机理分为还原型和氧化型 2 类，不同于采用吸附方式除去着色物质的脱色剂。漂白剂多数具有毒性和一定的残留量，真正适用于食品的品种不多，开发低毒性、低残留量的复合型食品漂白剂是目前发展的趋势。

7.1 食品漂白剂的作用机理

7.1.1 还原型漂白剂的作用机理

能使着色物质还原而起漂白作用的物质为还原型漂白剂，所有的还原型漂白剂都属于亚硫酸类化合物，如亚硫酸氢钠、亚硫酸钠、低亚硫酸钠、焦亚硫酸钾等。无论是还原型漂白剂还是氧化型漂白剂除了具有漂白作用外，大多数对微生物也有显著的抑制作用，所以又可将其看作防腐剂。由于还原型漂白剂的特殊性又可将其看作褐变抑制剂和抗氧化剂。

亚硫酸类物质在食品加工中的应用已有很长历史。自古以来，人们就利用浸硫、熏硫来保藏与漂白食品，其本质就是利用的这类物质的防腐功能和漂白功能。无论哪种含硫抑制剂，最终都是通过在使用过程中释放出二氧化硫而起作用的。

二氧化硫和亚硫酸盐在水溶液中生成亚硫酸、酸式亚硫酸根离子和亚硫酸根离子，反应式如下：

$$SO_2 + H_2O \rightleftharpoons H_2SO_3$$

$$2H_2SO_3 \rightleftharpoons (H^+ + HSO_3^-) + (2H^+ + SO_3^{2-})$$

它们的相对百分比取决于溶液或体系的 pH，pH 为 4.5 或更低时，HSO_3^- 和未离解的亚硫酸占大部分。现已证明，在酸性介质中，二氧化硫是最有效的防腐剂，这种效果来自离解的亚硫酸分子，而 pH 低于 3 时，未离解的亚硫酸占大部分。至于在低 pH 时二氧化硫的抗微生物效果增强，这可能是因为未离解的亚硫酸能较容易地透过细胞壁造成的。在此不作为本节重点讨论。

植物性食品的褐变，多与氧化酶的活性有关，根据是否有酶参与可以分为酶促褐变和非酶褐变。已知最有效的非酶褐变抑制剂可能是二氧化硫，二氧化硫抑制非酶褐变的化学机制尚未完全搞清，或许涉及酸式亚硫酸与活性羰基的作用。酸式亚硫酸能与还原糖和醛式中间体可逆地结合，因此阻止了含羧基的化合物与氨基酸的缩合反应，进而防止了由糖氨反应所造成的非酶褐变。这些酸式亚硫酸的加成产物和二氧化硫对类黑精色素的漂白作用共同有效地抑制了褐变的过程。亚硫酸和果蔬中糖的结合能力很强，其结合强弱顺序为阿拉伯糖＞葡萄糖＞果糖＞蔗糖。同样这种结合与 pH 有着密切关系，pH 越低其结合速度越慢。

二氧化硫也能有效地抑制某些酶催化反应，特别是酶促褐变。植物组织中的酚类化合物在酶(多酚氧化酶)的催化下氧化产生褐色素，从而使某些新鲜果蔬在搬运或前加工时产生一系列质量问题。然而，把添加了柠檬酸的亚硫酸盐或酸式亚硫酸盐喷洒或滴注在新鲜果蔬上，可有效地控制去皮后片状马铃薯、胡萝卜和苹果的酶促褐变。这主要是因为亚硫酸是一种强还原剂，自身对氧化酶活性有很强的抑制作用，同时也正因为它的还原性，可以使酶促反应的某些中间体产生逆转。

在很多食品体系中，二氧化硫还有显著的抗氧化作用。由于亚硫酸是强的还原剂，它能消耗组织中的氧，从而抑制了氧化酶的活性，对于防止果蔬中维生素 C 的破坏很有效，但通常并不以此为主要使用目的。啤酒中添加二氧化硫能明显抑制啤酒在储藏时产生的氧化风味。当二氧化硫存在时，鲜肉的红色能有效地得以保持。因它可掩蔽劣质肉制品的破坏，食品法规并不许可使用这种方法。我国食品添加剂法规规定，不得以掩盖食品的腐败变质而使用食品添加剂。

7.1.2　氧化型漂白剂的作用机理

能使着色物质氧化分解而漂白的为氧化型漂白剂，有过氧化氢（常用于面条、食用油脂、琼脂、干酪、鱼子、鱼糕及无菌包装材料）、过氧化钙（用于面团调节剂、果蔬保鲜时使乙烯氧化、小麦粉漂白）、过氧化丙酮、过氧化苯甲酮、过氧化苯甲酰（用于小麦粉漂白）、高锰酸钾（用于水质净化、脱臭、消毒，面粉和酒类）、二氧化氯（用于小麦面粉）等。氧化型漂白剂除了用于面粉处理剂的过氧化苯甲酰等少数品种外，在我国实际应用很少。至于过氧化氢，我国仅许可在某些地区用于生牛乳保鲜、袋装豆腐干，不作为氧化型漂白剂使用。

在小麦粉中应用氧化型漂白剂可使小麦粉白度增加 3～4 度，且白度稳定，从而提高了小麦粉的等级和价格，使小麦粉熟化期从 2 个月缩短至 1～2 d，缩短周转期消耗库存。漂白后的小麦粉吸水量有所提高，最终延长了保存期。但是氧化型漂白剂使用于小麦粉也会带来一些缺陷，其最大缺点是氧化型漂白剂不但能使黄色的 β-胡萝卜素褪色，同时也可使维生素 A、维生素 E、维生素 B_1 遭到破坏，从而使营养价值受到很大的破坏。

7.2　常用的食品漂白剂

7.2.1　还原型漂白剂

1981 年澳大利亚和美国科学家等提出了亚硫酸盐使用的安全性问题，随后又有不少这方面的报道，报道称二氧化硫可诱发过敏性疾病和哮喘，同时破坏维生素 B_1。关于亚硫酸盐的使用问题，关键在于控制总的二氧化硫残存量，据美国实验生物社会生命科学研究部 1985 年发表的“对亚硫酸制剂 GRAS 情况的复审”，提出各种用亚硫酸盐处理过的食品中总的二氧化硫残存量应满足一定的指标要求。

《食品安全国家标准　食品添加剂使用标准》（GB 2760—2014）对二氧化硫及亚硫酸盐类的使用标准规定，最大使用量以二氧化硫残留量计（表 7-1）。

二氧化硫的残留量不等同于二氧化硫制剂的使用量。因为在加工食品的过程中，一般经加热、搅拌、抽真空、预煮、漂洗等处理方法或过程可以脱除大部分的硫，只要严格把握添加量并注意工艺上的合理控制，二氧化硫的残留量就不会因超标而影响食用者的健康，在使用亚硫酸及其盐类来处理果蔬原料时，会使果蔬色泽消退，其中以花青素（红色或紫色）最为明显，类胡萝卜素（黄色）次之，叶绿素则几乎不会受到影响。值得使用者注意的是，当这类还

表 7-1 二氧化硫及亚硫酸盐类的使用标准

	食品名称/分类	最大使用量/(g/kg)	备注
二氧化硫、焦亚硫酸钾、焦亚硫酸钠、亚硫酸钠、亚硫酸氢钠、低亚硫酸钠	啤酒和麦芽饮料	0.01	最大使用量以二氧化硫残留量计，浓缩果蔬汁（浆）按浓缩倍数折算，固体饮料按稀释倍数增加使用量，甜型葡萄酒及果酒系列产品最大使用量为 0.4 g/L
	食用淀粉	0.03	
	淀粉糖（果糖、葡萄糖、饴糖、部分转化糖等）	0.04	
	经表面处理的鲜水果，竹笋与酸菜罐头，干制的食用菌和藻类，蘑菇罐头，坚果与籽类罐头，生湿面制品（如面条、饺子皮、馄饨皮、烧卖皮）（仅限拉面），冷冻米面制品（仅限风味派），调味糖浆，半固体复合调味料，果蔬汁（浆），果蔬汁（浆）类饮料	0.05	
	水果干类，腌渍的蔬菜，可可制品、巧克力和巧克力制品（包括代可可脂巧克力及制品）及糖果，饼干，食糖	0.1	
	干制蔬菜，腐竹类（腐竹、油皮）	0.2	
	葡萄酒，果酒	0.25 g/L	
	蜜饯凉果	0.35	
	脱水马铃薯	0.4	

原型漂白剂存在或达到一定的浓度时，有色物质的消退效果很好，但当漂白剂消失时，或当食品在加工、储藏过程中，由于空气中氧的氧化作用，这类色素会再次显色。

下面就食品加工中常用的还原型漂白剂介绍如下。

7.2.1.1 二氧化硫

二氧化硫（sulfur dioxide；CNS：05.001；INS：220），又称亚硫酸酐，分子式为 SO_2，分子量为 64.07，它是由燃烧的硫磺或黄铁矿制得。

性状与性能：二氧化硫在常温下为一种无色的气体，但有强烈的刺激臭，有窒息性，熔点 −76.1℃，沸点 −10℃，在 −10℃时冷凝成无色的液体。二氧化硫易溶于水或乙醇，对水的溶解度为 22.8%（0℃），5%（50℃）。二氧化硫溶于水后，一部分水化合成亚硫酸，亚硫酸不稳定，即使在常温下，特别是暴露在空气中时，很容易分解，当加热时更为迅速地分解而放出二氧化硫。

在果蔬制品加工中，熏硫时二氧化硫的还原作用可起到对酶氧化系统的破坏、阻止氧化，使果实中单宁类物质不致氧化而变色，达到漂白的目的。对于果脯、蜜饯类产品来说它可以使其成品保持浅黄色或金黄色。对于一般果蔬干制品而言同样可以得到较理想色泽的成品。二氧化硫除具有漂白作用外，还可以改变细胞膜的透性，在脱水蔬菜的干制过程中，可明显促进干燥，提高干燥率。另外，二氧化硫在溶于水后形成亚硫酸，对微生物具有强烈的抑制作用，可达到防腐的目的。

毒性：二氧化硫是一种有害气体，在空气中浓度较高时，对于眼和呼吸道黏膜有强刺激性。

使用：在我国传统的特产食品以及果干和果脯的加工中，包括当今一些脱水蔬菜的加工过程中多数采用浸硫或熏硫的方法对原料或半成品进行漂白，以防褐变。所谓熏硫其实就是通过硫磺产生二氧化硫作用于食品的。硫磺是不能直接加入食品的，只允许用于熏蒸。二氧化硫残留量与其他亚硫酸及其盐类漂白剂相同，可参考亚硫酸钠。我国规定车间空气中最高允许浓度为20 mg/m³。果蔬加工过程中，使用亚硫酸类漂白剂，特别是进行熏硫处理时，必须注意熏硫室要密闭。车间内有二氧化硫大量逸散的工序或阶段，通风应保持良好。熏硫室中二氧化硫浓度一般为1%～2%，最高可达3%，熏硫时间30～50 min，最长可达3 h。二氧化硫使用后二氧化硫最大残留量应符合《食品安全国家标准　食品添加剂使用标准》(GB 2760—2014)规定(表7-1)。

7.2.1.2　亚硫酸钠

亚硫酸钠(sodium sulfite;CNS:05.004,INS:221)，分子式为Na_2SO_3，分子量为129.06，分为无水品与七水合品2种。

性状与性能：无水亚硫酸钠为白色粉末或小结晶，含水亚硫酸钠为无色单斜晶系结晶；无水品易溶于水，微溶于乙醇，对水的溶解度为13.9%(0℃)，28.3%(80℃)，在空气中缓慢氧化成硫酸盐，但比含水晶体要稳定；无臭或几乎无臭，具有清凉咸味和亚硫酸味。其水溶液呈碱性，1%水溶液的pH为8.3～9.4。由于亚硫酸钠呈碱性，其与酸反应产生二氧化硫，具有强烈的还原性。

毒性：小鼠经口LD_{50}为600～700 mg/kg(以SO_2计)，ADI为0～0.7 mg/kg(1983，以SO_2计)。

使用：使用亚硫酸钠时必须注意调节好使用环境，即浸渍用亚硫酸钠水溶液的pH，以防二氧化硫在产品中超标，而且这类食品在经过漂白后都要经过水洗，以去除多余的二氧化硫。亚硫酸钠使用后二氧化硫最大残留量应符合《食品安全国家标准　食品添加剂使用标准》(GB 2760—2014)规定(表7-1)。

7.2.1.3　焦亚硫酸钠

焦亚硫酸钠(sodium pyrosulfite;CNS:05.003;INS:223)，原名偏重亚硫酸钠，分子式为$Na_2S_2O_5$，分子量为190.10。

性状与性能：焦亚硫酸钠为白色粒状粉末或无色晶体或白色至黄色结晶状粉末；带SO_2气味，在空气中可释放出二氧化硫而分解，易溶于水，难溶于乙醇；1%水溶液的pH为4～5.5。亚硫酸氢钠与焦亚硫酸钠呈可逆反应，商品一般为两者的混合物。

$$2NaHSO_3 \underset{+H_2O}{\overset{-H_2O}{\rightleftharpoons}} Na_2S_2O_5$$

使用：焦亚硫酸钠价格低、臭味较小，常用于水果蔬菜的漂白。目前在我国浅色蔬菜的加工和保鲜过程中，如蘑菇、莲藕、马蹄、牛蒡、白芦笋、山药等产品中，多使用焦亚硫酸钠溶液进行护色，当然各厂工艺有些出入。如在蘑菇罐头的加工过程中，将新鲜的蘑菇原料运至加工厂的过程中就有采用湿菇湿运的，也有采用湿菇干运的。经过护色后，原料加工成的蘑菇罐头色泽及风味均好，而且经过预煮、漂洗后成品中二氧化硫的最大残留量应符合《食品安全国家标准　食品添加剂使用标准》(GB 2760—2014)规定(表7-1)。

我国饼干工业中用焦亚硫酸钠作为饼干面团改良剂，使用前将其配制成20%的溶液，在面团调制过程中，分次加入未成熟的面团中。由于焦亚硫酸钠在面团调制过程中释放的二氧化硫对面团筋力的削弱作用，在面粉面筋质强度和韧度较大时，少量加入，可以防止饼干成品因筋力过大造成的变形。韧性面团可根据面粉筋力情况酌量加入，而一般在油糖比例高的酥性面团和甜酥性面团中尽量不使用，这时因为油糖的加入本身已经阻止了面筋蛋白的吸水膨胀，防止了大量面筋的形成，无须再加入还原剂。

7.2.1.4 焦亚硫酸钾

焦亚硫酸钾（potassium pyrosulifite；CNS：05.002；INS：224），分子式为 $K_2S_2O_5$，分子量为 222.31。

性状与性能：焦亚硫酸钾为白色结晶性粉末，有二氧化硫气味，溶于水，难溶于乙醇；与酸接触可逸出二氧化硫，潮湿空气中可氧化为亚硫酸盐。

毒性：兔经口 LD_{50} 为 0.6～0.7 g/kg；ADI 为 0～0.7 mg/kg（以 SO_2 计，FAO/WHO，1998）。

使用：我国容许在啤酒及新鲜葡萄等中使用焦亚硫酸钾，二氧化硫的最大残留量应符合《食品安全国家标准　食品添加剂使用标准》（GB 2760—2014）规定（表 7-1）。

7.2.1.5 亚硫酸氢钠

亚硫酸氢钠（sodium bisulphate，sodium hydrogen sulfite；CNS：05.005；INS：222），又称酸式亚硫酸钠，分子式为 $NaHSO_3$，分子量为 104.96。

性状与性能：亚硫酸氢钠为白色或黄色块状晶体或粉末，由碳酸钠溶液吸收制硫酸的尾气或硫磺燃烧产生的二氧化硫，生成亚硫酸氢钠结晶，有强烈的二氧化硫气味；易溶于水，微溶于乙醇，水溶液呈酸性，为浅黄色；在空气中不稳定，缓慢氧化成硫酸钠并放出二氧化硫，与无机酸反应产生二氧化硫；1%水溶液 pH 为 4～5.5，还原性强，有效二氧化硫含量 61.59%。实际应用时，亚硫酸氢钠与焦亚硫酸钠以不同比例混合。

毒性：大鼠经口 LD_{50} 为 0.115 g/kg；ADI 为 0～0.7 mg/kg（FAO/WHO，1994）。

使用：使用亚硫酸氢钠后二氧化硫的最大残留量应符合《食品安全国家标准　食品添加剂使用标准》（GB 2760—2014）规定（表 7-1）。

7.2.1.6 低亚硫酸钠

低亚硫酸钠（sodium hydrosulfite；CNS：05.006），又称保险粉、连二亚硫酸钠、次亚硫酸钠，分子式为 $Na_2S_2O_4$，分子量为 174.11。

性状与性能：低亚硫酸钠为白色至灰色结晶粉末，二氧化硫通入锌粉悬浮液中生成连二亚硫酸钠，在其中加入碳酸钠或氢氧化钠溶液，则生成低亚硫酸钠，再用氯化钠将其析出，干燥即可。低亚硫酸钠无臭或稍有二氧化硫气味；易溶于水，不溶于乙醇；极不稳定，有强还原性，易氧化分解，析出硫；受潮或露置空气中失效，并可能燃烧；加热至 75～85℃以上时容易分解，至 190℃时发生爆炸。它是亚硫酸盐类漂白剂中还原、漂白力最强的。其二水合物不稳定，碱性介质中加热脱水得无水物，有效二氧化硫含量 73.56%。

毒性：兔经口 LD_{50} 为 0.6～0.7 g/kg（以 SO_2 计）；ADI 为 0～0.7 mg/kg（以 SO_2 计，FAO/WHO，1994）。

使用：使用低亚硫酸钠后二氧化硫的最大残留量应符合《食品安全国家标准　食品添加剂使用标准》（GB 2760—2014）规定（表 7-1）。

7.2.1.7 硫磺

硫磺（sulphur；CNS：05.007），也称硫，元素符号 S，分子量为 32.06。

性状与性能：硫磺为黄色或浅黄色脆性结晶，片状或粉末，利用熔矿法从天然磷矿或黄铁矿中提取，并在精馏炉中提纯获得；也可由含硫天然气、石油废气燃烧回收得到。硫磺容易燃烧，燃烧温度为 248～261℃，燃烧时产生二氧化硫气体；熔点为 112.8～120℃，沸点为 444.6℃。

硫磺不溶于水，稍溶于乙醇和乙醚，溶于二硫化碳、四氯化碳和苯；液体蒸发时，硫析出，成为菱形晶系的黄色透明结晶，具有八面体形。

毒性：其安全性参考亚硫酸钠。

使用：GB 2760—2014 规定，硫磺可用于水果干类、蜜饯凉果、干制蔬菜、经表面处理的鲜食用菌和藻类、食糖、魔芋粉等食品的漂白，但仅限于熏蒸。

7.2.2　氧化型漂白剂

氧化型漂白剂主要包括氯制剂与一些过氧化物类物质，它们借氧化作用显示其漂白功能，同时具有较强的杀菌功能。其杀菌功能较一般防腐剂如山梨酸、苯甲酸要强。氧化型漂白剂的性质普遍都不稳定，易于分解，作用不能持久，有的漂白剂有异味，所以一般很少直接添加到食品中去，即使添加到食品中，由于氧化型漂白剂的毒副作用都较强，一般在形成成品前都要将其除去或严格控制其残留量。下面就常用的氧化型漂白剂的应用介绍如下。

7.2.2.1　偶氮甲酰胺

偶氮甲酰胺(azodicarbonamide；CNS：13.004；INS：927a)分子式为 $C_2H_4N_4O_2$，分子量为116.08。

性状与性能：偶氮甲酰胺纯品为黄色至橘红色结晶性粉末，无臭，具有漂白与氧化双重作用，是一种面粉快速处理剂，常用作面粉的强筋剂来添加，增强面筋的弹性和韧性，改善面团流变学特性和机械加工性能。偶氮甲酰胺本身与面粉不起作用或作用较小，但当添加于面粉中加水搅拌成面团时，很快释放出活性氧，将小麦蛋白质内的硫氰根氧化为二硫键，使蛋白质链相互连接而构成面团网状结构，从而改善面团的物理操作性质及面制品的组织结构。

使用：偶氮甲酰胺已在国外广泛使用，并通过 FDA 及 WHO 的批准认证，是替代溴酸钾的立项产品。我国已将其列入《食品安全国家标准　食品添加剂使用标准》(GB 2760—2014)，作为面粉处理剂，可在小麦粉中使用，最大使用量为 0.045 g/kg。

7.2.2.2　过氧化丙酮

过氧化丙酮(acetone peroxide)为单体或线型二聚过氧化丙酮的混合物(主要为 2,2-氢过氧丙烷)，含少量高级聚合物，作为食品添加剂用的，通常与食用载体(如玉米淀粉)混合。

性状与性能：过氧化丙酮与玉米淀粉的混合物为白色流散性细粉，初次打开容器时具有类似于过氧化氢的辛辣气味，三聚体为结晶状，熔点为 97℃。过氧化丙酮系强的氧化剂，应避免触及皮肤和眼睛。过氧化丙酮主要是通过其应用过程中所产生的过氧化氢达到漂白的作用，其所能产生的过氧化氢数量必须大于或等于 16%。

毒性：ADI 不作规定(FAO/WHO，2001)。

使用：过氧化丙酮主要应用于面粉的漂白，它能够使面粉中的一些色素物质如 β-胡萝卜素、叶黄素、叶红素等氧化而褪色，同时它还能加速面粉和水果的成熟。新鲜的面粉，由于其面筋蛋白的比例不尽合理，焙烤性能较差，在氧化剂的作用下，面筋蛋白的亚基会转变为面筋蛋白，改善面粉的焙烤性能；也有理论认为氧化剂对面团性能的改良作用，涉及面筋蛋白中巯基的氧化。过氧化丙酮也是面团的调节剂，它能提高面筋的筋力，使其更加适合于对面筋筋力要求较高的一些面制品的加工，如面包、面条等。我国未将其列入《食品安全国家标准　食品添加剂使用标准》(GB 2760—2014)。

7.2.2.3 过氧化氢

过氧化氢(hydrogen peroxide),又名双氧水,分子式为 H_2O_2,分子量为 34.01。

性状与性能:过氧化氢为无色透明液体,无臭或略带刺激性臭味;100%的过氧化氢纯品,相对密度 1.464 9,熔点-0.89℃,沸点 151.4℃。过氧化氢可与水任意混溶,在食品中所使用的过氧化氢浓度为 27.5%或 50%,具有强漂白作用和杀菌作用;遇有机物或光、热等会促进其分解并产生氧,在过氧化氢酶、过氧化物酶或碱的作用下分解成水和氧;为防止过氧化氢在保存中的分解,常使用磷酸盐、有机酸盐等稳定剂。过氧化氢在碱性条件下(pH 为 10~12)漂白作用最强。

使用:过氧化氢是强氧化剂,由于它的氧化性使其具有漂白的功能和防腐的功能,兼用于淀粉的变性剂。在食品加工中主要用于鱼糜、小麦粉、食用油脂、琼脂、蛋白、干酪等漂白作用。近年来广泛用于纸塑无菌包装材料在包装前的杀菌。日本仅限用于青鱼子漂白。《食品安全国家标准　食品添加剂使用标准》(GB 2760—2014)规定,过氧化氢可以作为食品工业用加工助剂,用于保证食品加工能顺利进行,残留量不需限定。由于过氧化氢极易破坏维生素 C,现已很少使用,使用时不得使用铁、铜、铝等容器,可使用陶器、玻璃、不锈钢和聚乙烯等容器。2018 年国家食品安全风险评估中心发布的 GB 2760—2014 修订征求意见稿中,进一步将过氧化氢的使用功能与范围规定为淀粉糖加工工艺。

7.2.2.4 稳定态二氧化氯

稳定态二氧化氯(chlorine dioxide),分子式为 ClO_2,分子量为 67.45。

性状与性能:二氧化氯为红黄绿色气体,有不愉快臭气,对光较不稳定,可受日光分解,微溶于水(0.3 g/100 mL,25℃);冷却压缩后成红色液体,沸点 11℃,熔点-59℃,含游离氯 25%以上。

毒性:ADI 为 0~30 mg/kg。

使用:稳定态二氧化氯通常用于油脂、蜂蜡、小麦粉的漂白,同时还可用作氧化剂、杀菌剂、杀虫剂、水质净化剂。在用于小麦粉漂白时,通过二氧化氯气体发生装置使产生的气体直接导入螺旋输送式搅拌机中,与小麦粉充分接触,达到漂白的目的。

按照《食品安全国家标准　食品添加剂使用标准》(GB 2760—2014)规定,稳定态二氧化氯也可作为防腐剂用于经表面处理的鲜水果,经表面处理的新鲜蔬菜,最大使用量为 0.01 g/kg;鱼类加工,最大使用量为 0.05 g/kg。

7.2.2.5 其他

氧化型漂白剂的种类较多,除上面提及的以外,还有过氧化苯甲酰[$(C_6H_5CO)_2O_2$]、亚硝酰氯(NOCl)、二氧化氮(NO_2)、四氧化二氮(N_2O_4),这种氧化型漂白剂主要的应用是对面粉的漂白同时兼有对面团改良的作用,可以说既是漂白剂又是改良剂,当它们与面粉接触时,立即发生作用。还有一部分主要用作面团改良剂的氧化剂,并非在面粉阶段而是在面团阶段起作用,它们就不具备或很少具备漂白的功能,属于这类的添加剂有溴酸钾($KBrO_3$)、碘酸钾(KIO_3)和过氧化钙(CaO_2)等。

过氧化苯甲酰为无色或白色颗粒或粉末。毒性:ADI 为 0~40 mg/kg。过氧化苯甲酰通常以 0.06 g/kg 的比例在小麦制粉碾磨时添加于面粉之中作为面粉处理剂、漂白剂使用。通常它与硫酸钙、碳酸镁、磷酸二钙、碳酸钙和磷酸铝钾这样的稀释剂或稳定剂一起添加,稀释至 20%左右使用。过氧化苯甲酰是一种自由基引发剂,添加后需要几个小时才能分解产生引发类胡萝卜素氧化所需的自由基,并开始起漂白作用,有理论认为类胡萝卜素的氧化褪色,主要为类胡萝卜素的共轭双键氧化断裂成共轭双键较少的无色化合物。

用于面粉的气体氧化剂漂白效果各不相同，但它们都能有效地改善面粉的焙烤性能。尽管用二氧化氯处理面粉仅略微改变了面粉的色泽，但用处理过的面粉所制成的面团的性质都得以改善。氯气广泛地用于软麦蛋糕粉的漂白和改良。氯气氧化产生盐酸，并略微降低了pH，因而改善了蛋糕的焙烤性质。由空气通过一个强大的电弧而产生的四氧化二氮（N_2O_4）和其他氧化物或氮气，只是具有中等效力的漂白剂，但经过它们处理的面粉却有着良好的焙烤性质，在此不作详细讨论。

7.3　食品漂白剂的使用注意事项及研究进展

7.3.1　食品漂白剂使用的相关法规

综观世界各国和我国的相关法规和标准对漂白剂的使用范围、使用剂量及产品中残留量的控制都有严格的规定。我国自 GB 2760—86 到 GB 2760—2014 标准的修订，对漂白剂的使用范围进行了较大的调整与修订，对于添加量和不同产品残留量的控制也是越来越严格，与此同时也增补了一些新型品种。如我国出口日本的莲藕产品二氧化硫残留量限值由 20 世纪 80 年代的 50 mg/kg 下降到目前的 20 mg/kg。同时国家质量监督检验检疫总局自 2003 年实施对加工食品的市场准入以来，对添加剂都实行了严格的备案制度；严禁使用非食品级的工业漂白剂，如吊白块、甲醛等具有漂白功能的化学品；严禁超范围、超剂量添加使用漂白剂。生产使用者必须严格按照我国相关法规、标准（GB 2760—2014 及每年增补修订版）和输入国（地区）的要求进行使用漂白剂。

7.3.2　还原型漂白剂的使用注意事项

已列入 GB 2760—2014 的漂白剂以亚硫酸及其盐类为主，此类还原型漂白剂使用时必须注意以下几个方面。

（1）食品中如果含有金属离子，则可以将残留的亚硫酸氧化。此外，金属离子还能显著地促进已还原色素的氧化变色。所以在生产中应注意不要混入铜、铁、锡及其他金属离子，同时为了除去食品或水中原来含有的这些金属离子，可以同时考虑使用金属离子螯合剂。柠檬酸、EDTA-2Na、植酸等都有螯合金属离子的作用。已经发现漂白以后的莲藕片复色与莲藕中铁离子的含量直接相关。适量添加柠檬酸、植酸能明显抑制这种变化。

（2）亚硫酸盐类的溶液易于分解失效，生产过程中最好是现配现用。

（3）用亚硫酸盐类漂白的物质，由于二氧化硫消失容易复色，所以通常会对食品中二氧化硫的残留量进行控制，部分残留的二氧化硫能明显抑制复色，起到保持产品色泽稳定的作用。如莲藕中 10～15 mg/kg 的二氧化硫残留能明显防止产品在储运过程中的黑变和红变，但每个产品都有残留量的限制，内销产品与外销产品的残留标准也不一样，故对特定产品必须按规定的残留量使用。同时残留量高的制品会造成食品存在二氧化硫气味。

（4）二氧化硫在一些果蔬汁的加工中，由于果蔬原浆中二氧化硫的残留，同时对产品复配过程中添加的香料、色素和其他添加剂也有影响，所以在使用时必须充分考虑这些因素。

（5）亚硫酸盐类使用时，由于其渗入果蔬组织，加工中若不把果蔬破碎，只用简单的加热方式是较难除尽二氧化硫的，所以用亚硫酸盐类漂白的水果只适宜于制作果酱、果干、果酒、果脯、蜜饯等一些块型较小的产品，而且这些产品在后加工过程中实施了加热、抽真空等工序可以促使二氧化硫的逸散，但在加工整形罐头产品时，必须加以注意，稍不注意二氧化硫残留量很易超过标准要求。已发现白桃罐头的加工过程中二氧化硫残留含量如果超过 40 mg/kg，将严重地导致镀锡薄钢板罐体的腐蚀，产生大量的硫化斑（FeS 的成分），并由此在罐内产生大量的硫化氢，这一点更应引起我们的注意。在二氧化硫残留量超过标准的果蔬饮料罐中，这一现象也时有发生。

（6）亚硫酸盐能破坏硫胺素，不宜用于肉类、乳制品以及鱼类制品。

（7）亚硫酸盐易与醛、酮、蛋白质等反应。

7.3.3 食品漂白剂的研究进展

7.3.3.1 食品中二氧化硫的检测方法

作为还原型漂白剂起主要作用的成分，二氧化硫具有较强的还原性，能够破坏食品本身营养成分，在影响食品质量的同时，过量的二氧化硫残留会导致食用者有咽喉疼痛、胃部不适等不良反应，同时对肝脏有一定的损害。因此，加强对食品中二氧化硫及亚硫酸盐的监督和检测已成为食品安全的重中之重，研究与应用二氧化硫及亚硫酸盐含量的测定技术，是实现监督管理的有效措施之一。食品基质的差异性，使二氧化硫检测需要不同的方法，且检测原理也各不相同。目前，应用于食品中二氧化硫检测的方法主要有如下几种。

（1）滴定法。常见的滴定法有直接滴定碘量法和蒸馏-碱滴定法。直接滴定碘量法原理是氧化还原滴定，检测对象为游离态亚硫酸盐及亚硫酸盐总量，特别适用于测定葡萄酒中的亚硫酸盐；但对于脱水大蒜、姜制品等含有较多挥发性芳香物质的样品，滴定终点的颜色不稳定，易褪色，不能保持 30 s 不消失，因此点难以判定。

蒸馏-碱滴定法的原理是蒸馏并吸收酸碱滴定，检测对象为亚硫酸盐总量，取样量在 10～100 g 范围内灵活掌握，检测范围宽，可以避免样品中因亚硫酸盐分布不均所致结果重现性差的现象；此法蒸馏时间短，终点易判断。但此法需要专门的全玻璃蒸馏装置，操作中需用脱气的水，充入的氮气也需是高纯度的；由于有机酸含量高的样品，产生挥发性有机酸，测定时会产生误差，氮气流量应严格控制在 0.5～0.6 mL/min，过低则回收率低，过高则样品中有机酸的影响较大使二氧化硫检测结果偏高。

《食品安全国家标准　食品中二氧化硫的测定》(GB 5009.34—2016)在上述 2 种方法的基础上，进一步规定了基于滴定法测定食品中总二氧化硫的方法。即在密闭容器中对样品进行酸化、蒸馏，蒸馏物用乙酸铅溶液吸收，吸收后的溶液用盐酸酸化，碘标准溶液滴定，根据所消耗的碘标准溶液量计算出样品中的二氧化硫含量。

（2）比色法。盐酸副玫瑰苯胺法可以检测食品中的二氧化硫含量，其主要原理是利用亚硫酸盐与其反应生成稳定的络合物，再与甲醛及盐酸副玫瑰苯胺作用生成紫红色络合物，在波长 550 nm 处测定溶液吸光度，与标准系列比较定量。该方法为测定食品中微量二氧化硫的主要方法，具有操作简单、灵敏度高、再现性好的优点，是实际检测中最常用方法。但是该方法的线性范围窄，对于亚硫酸盐含量高的样品，需对样品稀释后测定。其次，在该方法中使用了有毒试剂四氯汞钠，且用量大，易对环境造成汞污染。另外，对于某些本身有红色或玫瑰红色的样品，如葡萄酒等，则对在 550 nm 处测定波长产生干扰，并且因偏差无任何规律可循，使干扰无法消除。

有研究人员用甲醛溶液吸收盐酸副玫瑰苯胺分光光度法测定了白砂糖中的二氧化硫。用EDTA-2Na缓冲液代替四氯汞钠吸收液对食品中的二氧化硫进行了测定，结果与国标方法一致。为了避免某些样品自身颜色很深，对550 nm处的测定波长产生干扰，往往采用蒸馏法对样品进行前处理。日本食品卫生协会使用的蒸馏-比色法是将样品酸化后在氮气流中加热蒸馏，以氢氧化钠溶液接收，接收液与碱性品红和甲醛混合液进行显色反应。

(3) 色谱法。主要为气相色谱法和离子色谱法。气相色谱法的原理是在硫酸介质中亚硝酸与环己基氨基磺酸钠反应生成环己醇亚硝酸酯，环己醇亚硝酸酯在常温下呈气态，在40℃水浴条件下平衡30 min，顶空法进样，以气相色谱仪FID检测器进行定量测定。非常适合用气相色谱仪进行定量测定。气相色谱测定亚硝酸盐具有方法简便、线性范围宽、检测限低、适用范围广等特点，可用于肉制品样品的测定。

离子色谱法是20世纪70年代发展起来的一种新型液相色谱分析技术，这种方法具有快速、简便、灵敏、选择性好的优点，可在高基体浓度下检测低浓度成分，减少或免除样品的提纯，可同时测定多组分和分析不同化合价态，从而弥补了经典化学方法和其他仪器分析手段的不足。其测定亚硫酸盐及其盐类原理是：试样中的亚硫酸在20%磷酸酸性条件下，于90℃水浴中通氮气分离，收集在三乙醇胺溶液中，随后采用离子色谱测定食品中残留亚硫酸盐和天然亚硫酸盐。此外，蒸馏-电感耦合等离子体发射光谱法也可用于测定食品中二氧化硫的含量，该方法已于2020年1月被浙江省质量合格评定协会批准为协会团体标准。

(4) 其他检测方法与技术。主要有电化学法、化学发光法、微流控技术、快速检测试剂盒等方法，普遍具有灵敏度高、操作简便等特点。

电化学法及传感器是将涂有石墨、环氧树脂、固化剂的铜或金电极浸泡在饱和4-甲基哌啶二硫代氨基甲酸钾水溶液和饱和硝酸汞水溶液中各1 h。然后用此电极来测定SO_3^{2-}，其线性范围为$5\times10^{-6}\sim0.1$ mol/L。用恒流库仑计产生的碘来氧化SO_3^{2-}，通过检测过量的碘来测定SO_3^{2-}，其线性范围为0.015～25 mg/L。电化学方法具有较高的灵敏度，二氧化硫传感器主要用电化学方法，还有用压电晶体传感器同时测定二氧化硫及相对湿度，用表面声波传感器测定二氧化硫等。电化学传感器具有灵敏度高、使用方便等优点。

化学发光法因其灵敏度高、操作简便，受到了重视，二氧化硫的化学发光分析早有报道。有人提出了SO_3^{2-}化学发光反应机制，在酸性介质中，某些氧化剂可氧化SO_3^{2-}产生发光，当某些化合物存在时，可使化学发光增强。因此，人们便将化学发光法用于测定亚硫酸盐。有研究人员还发明了一种简便、灵敏的萃取光度法，即用甲醛溶液固定二氧化硫，在pH为4.76的乙酸盐介质中，二氧化硫与碘酸盐反应生成I_2，I_2与过量Cl^-形成稳定的ICl^-后，与2,7-二氯荧光素反应，生成易被有机溶剂萃取的碘代二氯荧光素。

近年来，微流控技术逐渐发展，不仅能够极大降低试剂的消耗量，同时还具有分析速度快、检测通量高、设备体积小、自动化程度高、非专业人员使用、成本低等优点。有学者基于微流控技术与分光光度法，研制出了一套用于水产品中过氧化氢、二氧化硫和甲醛快速检测的微流控芯片系统。该系统在一次性扇形微流控芯片上集成了进样、显色反应及检测单元，能够在5 min内实现对水产品中过氧化氢、二氧化硫和甲醛3种指标的准确检测，检出限分别可达到0.4、0.2、0.3 mg/L，回收率在92.38%～107.98%，相对标准偏差均低于4%，适用于对三种目标物进行现场、快速、全自动、高通量检测，适合基层非专业人员开展筛选需求，体现了微流控芯片在食品快速检测应用中的巨大潜力。

目前市场上还出现了食品二氧化硫现场快速检测试剂盒、仪器，其工作原理为食品中的二氧化硫与显色剂反应生成有色化合物，采用目视比色分析方法，直接在二氧化硫快速检测色阶卡上读出食品中二氧化硫的含量。仪器操作简单，使用方便，可随身携带，即时现场检测。其测定下限为 10.0 mg/kg，测定范围为 10.0～1 000.0 mg/kg。检测速度快，样品和试剂用量少，无污染，具有广阔的应用前景。

7.3.3.2 将试纸应用于食品中过氧化氢残留的快速检测

过氧化氢作为廉价有效的防腐剂、漂白剂，在食品加工中以助剂列入国标但未被明确限量，因此普遍被一些食品生产企业超量或非法使用，食品中过氧化氢残留超标会对消费者健康造成巨大威胁。传统的过氧化氢检测方法复杂且耗时较长，不适应现场快速、准确检测过氧化氢残留的需求。有学者研究利用酶促反应原理，将含有 1 g/L 的四甲基联苯胺和 10 μg/mL 的辣根过氧化物酶混合溶液作为显色剂，并加入适当的保护剂，以定量滤纸为载体，经真空干燥后制成过氧化氢快速检测试纸。该试纸能够在 8 s 内对食品中的过氧化氢残留进行半定量检测，最低检出限达到 0.5 mg/L，并且操作简单，价格低廉，可以应用于食品流通领域的各个环节。

7.3.3.3 新型二氧化氯溶液制备工艺的研究

二氧化氯是新一代环保安全高效的消毒剂，同时也是优良的水处理剂、漂白剂、食品保鲜剂、防腐剂、除臭剂。稳定态二氧化氯因具有不挥发、不易燃、易储存的特点而备受青睐。二氧化氯的制备方法有很多，从方法上分，可分为化学法和电解法；从原料上分，可分为氯酸钠法和亚氯酸钠法；从还原剂上分，可分为 Mathieson 法、Solvey 法和 R 法。因亚氯酸钠法价格昂贵，电解法设备投资大，近年来制备方法的研究多选择氯酸钠法，以氯酸钠为原料、硫酸为酸化剂、甲醇为还原剂，针对二氧化氯得率问题改良原料用量、反应温度等工艺条件，并使产品质量符合二氧化氯溶液国家食品添加剂的标准，反应式为：

$$4NaClO_3 + 4H_2SO_4 + CH_3OH \longrightarrow 4ClO_2 + HCOOH + 4NaHSO_4 + 3H_2O$$

反应生成的二氧化氯气体吸收溶解于食品添加剂级的碳酸钠、氢氧化钠、双氧水制成的吸收液中，从而成为稳定态二氧化氯溶液，二氧化氯收率达到 88.9%。

7.3.3.4 漂白剂漂白效果的影响因素及其对食品风味的影响

有学者研究发现，不同种类的漂白剂在不同温度下漂白效果不尽相同。以对乳清蛋白的漂白效果为例，将“切达干酪”中的乳清蛋白分离出来以后，分别用 50～500 mg/kg 过氧化氢、25～500 mg/kg 过氧化苯甲酰在较热温度下（68℃）或较低温度下（4℃）进行漂白处理。结果表明，过氧化氢在 4℃的漂白能力较 68℃有了一个非常明显的下降，而过氧化苯甲酰的漂白能力并没有受到温度改变的影响。此外，液态食品中干物质含量的不同，对不同漂白剂的漂白效果也有显著影响。

有些情况下过氧化氢等漂白剂的添加会造成部分食品产生异味，而目前对于异味产生的具体作用机制以及异味的发展变化过程尚不明确。有研究认为在食品溶液体系中漂白剂同铁之间发生的反应可能起到关键作用，而对铁同过氧化氢之间的作用已经广泛地开展了研究，其反应过程中受到反应物浓度、温度、pH 以及外界环境的影响较大，因此漂白后异味的产生需要考虑多方面的因素。

思考题

二维码 7-1
第7章 思考题
答案

1. 什么是食品漂白剂？氧化型漂白剂和还原型漂白剂的漂白机理、应用范围有什么不同？除漂白功能以外它们还有其他哪些功能？

2. 还原型漂白剂在应用过程中应该注意哪些方面？

3. 简述漂白剂解决食品褐变、改善视觉指标的方法、机制及应用。

4. 常用的检测食品中残留二氧化硫含量的方法有哪些？

参考文献

[1] 孙宝国. 食品添加剂. 2版. 北京：化学工业出版社，2014.

[2] 迟玉杰. 食品添加剂. 北京：中国轻工业出版社，2013.

[3] 高彦祥. 食品添加剂. 北京：中国轻工业出版社，2014.

[4] 李宏彦，王二梅，邓跃伟. 食品添加剂二氧化硫的质量检测方法研究. 河南科技，2011，07(下)：55.

[5] 谢莉，窦燕峰，郭会灿，等. 食品中过氧化氢残留快速检测试纸的研制. 现代食品科技，2011，27(9)：1160-1162.

[6] 陆清，许强. 二氧化氯溶液制备工艺的研究. 中国酿造，2014，33(1)：74-76.

[7] 周新丽，申炳阳，孔兵，等. 用于水产品中甲醛、双氧水和二氧化硫同时快速检测的微流控芯片系统研制. 食品与发酵工业，2019，45(4)：187-192.

[8] Wang L，Xu L. Cyclic Voltammetric determination of free and total sulfite in muscle foods using an acetylferrocene-carbon black-poly(vinyl butyral) modified glassy carbon electrode. Journal of Agricultural and Food Chemistry，2014，62(42)：10248-10253.

[9] Listiyani M A D，Campbell R E，Miracle R E，et al. Effect of temperature and bleaching agent on bleaching of liquid Cheddar whey. Journal of Dairy Science，2012，95(1)：36-49.

[10] Jervis M G，Smith T J，Drake M A. The influence of solids concentration and bleaching agent on bleaching efficacy and flavor of sweet whey powder. Journal of Dairy Science，2015，98(4)：2294-2302.

[11] Jervis S M，Drake M. The impact of iron on the bleaching efficacy of hydrogen peroxide in liquid whey systems. Journal of Food Science，2013，78(2)：R129-137.

第 8 章

食品增稠剂

学习目的与要求

熟悉食品增稠剂的概念、影响增稠剂作用效果的因素，了解食品增稠剂在食品中的作用，掌握增稠剂的种类、特性、使用及注意事项。

食品增稠剂(thickening agents)指可以提高食品黏稠度或形成凝胶,从而改变食品的物理性状、赋予食品黏润、适宜的口感,并兼有乳化、稳定或使呈悬浮状态作用的物质。食品增稠剂一般都能够在水中溶解或分散,能增加流体或半流体食品的黏度,并能保持所在体系的相对稳定的物质。

增稠剂分子中含有许多亲水基团,如羟基、羧基、氨基和羧酸根等,能与水分子发生水化作用。增稠剂分子质点大小一般在 1～100 nm 之间,质点水化后以分子状态高度分散在水中,构成单相均匀分散体系。因此,食品增稠剂是一类高分子亲水胶体物质,具有亲水胶体的一般性质。

8.1 影响增稠剂作用效果的因素

8.1.1 结构及分子量对黏度的影响

一般增稠剂是在溶液中容易形成网状结构或具有较多亲水基团的胶体,具有较高的黏度。因此,具有不同分子结构的增稠剂,即使在相同浓度和其他条件下,黏度也可能有较大的差别。同一增稠剂品种,随着平均分子量的增加,形成网状结构的概率也增加,增稠剂的黏度与分子量密切相关,分子量越大,黏度也越大。食品在生产和储存过程中黏度下降,其主要原因是增稠剂降解,分子量变小。

8.1.2 浓度对黏度的影响

随着增稠剂浓度的增高,增稠剂分子的体积增大,相互作用的概率增加,吸附的水分子增多,故黏度增大。

8.1.3 pH 对黏度的影响

介质的 pH 与增稠剂的黏度及其稳定性的关系极为密切。增稠剂的黏度通常随 pH 发生变化,如海藻酸钠在 pH 为 5～10 时,黏度稳定;pH<4.5 时,黏度明显增加(但在此条件下由于发生酸催化降解,造成黏度不稳定,其在接近中性条件下使用较好)。在 pH 为 2～3 时,藻酸丙二醇酯呈现最大的黏度,而海藻酸钠则沉淀析出。明胶在等电点时黏度最小,而黄原胶(特别在少量盐存在时)pH 变化对黏度影响很小。多糖类苷键的水解是在酸催化条件下进行的,故在强酸介质的食品中,直链的海藻酸钠和侧链较小的羧甲基纤维素钠等易发生降解造成黏度下降。在酸度较高的汽水、酸奶等食品中,宜选用侧链较大或较多,位阻较大,又不易发生水解的藻酸丙二醇酯和黄原胶等。海藻酸钠和 CMC 等则宜在豆奶等接近中性的食品中使用。

8.1.4 温度对黏度的影响

随着温度升高,分子运动速度加快,一般溶液的黏度降低,如在通常使用条件下的海藻酸钠溶液,温度每升高 5～6℃,黏度就下降 12%。温度升高,化学反应速度加快,特别是在强酸条件下,大部分胶体水解速度大大加快。高分子胶体解聚时,黏度下降是不可逆的。为避免黏度不可逆的下降,应尽量避免胶体溶液长时间高温受热。少量氯化钠存在时,黄原胶的黏度在

－4～＋93℃范围内变化很小，这是增稠剂中的特例。位阻大的黄原胶和藻酸丙二醇酯，热稳定性较好。

8.1.5 切变力对黏度的影响

一定浓度的增稠剂溶液的黏度，会随搅拌、泵压等的加工、传输手段而变化，变化的规律在食品物性学中介绍。

8.1.6 增稠剂的协同效应

如果增稠剂混合复配使用时，增稠剂之间会产生一种黏度叠加效应，这种叠加可以是增效的，混合溶液经过一定时间后，体系的黏度大于各组分黏度之和，或者形成更高强度的凝胶。这种叠加也可以是减效的，例如阿拉伯胶可降低黄蓍胶的黏度。有时，单独使用一种增稠剂得不到理想的结果，须同其他一些乳化剂复配使用，发挥协同效应。在增稠剂中有较好增效作用的组合包括CMC与明胶，卡拉胶、瓜尔豆胶和CMC，琼脂与刺槐豆胶，黄原胶与刺槐豆胶等。

8.1.7 其他因素对黏度的影响

除了pH和温度对黏度影响较大以外，还有多方面影响黏度的因素。在海藻酸钠溶液中添加非水溶剂或增加能与水相混溶的溶剂（如酒精等）的量，溶液的黏度会提高，并最终导致海藻酸钠的沉淀。高浓度的表面活性剂会使海藻酸钠黏度降低，最终使海藻酸盐从溶液中盐析出来，单价盐也会降低海藻酸钠的黏度。由于聚合程度不同，分子量差别也很大，因此增稠剂无准确固定的分子量，一般用平均分子量或分子量范围表示。

8.2 增稠剂在食品加工中的作用

食品增稠剂除了增稠、胶凝作用外，还具有以下功效。

8.2.1 起泡作用和稳定泡沫作用

增稠剂可以发泡，形成网络结构，它的溶液在搅拌时像小肥皂泡一样，可包含大量气体，并因液泡表面黏性增加使其稳定。蛋糕、啤酒、面包、冰淇淋等使用鹿角菜胶、槐豆胶、海藻酸钠、明胶等作发泡剂。

8.2.2 黏合作用

香肠中使用槐豆胶、鹿角菜胶的目的是使产品成为一个集聚体，均质后组织结构稳定、润滑，并利用胶的强力保水性防止香肠在储藏中失重。阿拉伯胶可以作为片、粒状产品的结合剂。在粉末的颗粒化、香料的颗粒化和其他用途中使用。

8.2.3 成膜作用

增稠剂能在食品表面形成非常光润的薄膜，可以防止冰冻食品、固体粉末食品表面吸湿而导致的质量下降。这层膜还可以使果品、蔬菜保鲜，并有抛光作用。作被膜用的有醇溶性蛋白、明胶、琼脂、海藻酸等。当前，可食用包装膜是增稠剂发展的方向之一。

8.2.4　保健作用

在低热食品的生产中增稠剂都是大分子物质，许多来自天然胶质，在人体内几乎不消化最终被排泄掉，所以用增稠剂代替部分糖浆、蛋白质溶液等作为原料，很容易降低食品的热量，这种方法已在果酱、果冻、调料、点心、饼干、布丁中采用，并向更广泛的方面继续发展。

8.2.5　保水作用

增稠剂有强亲水作用。在肉制品、面粉制品中能起改良品质的作用。如在面类食品中，增稠剂可以改善面团的吸水性，调制面团时，增稠剂可以加速水分向蛋白质分子和淀粉颗粒渗透的速度，有利于调粉过程的顺利进行。增稠剂能吸收几十倍乃至上百倍于自身重量的水分，并有持水性，这个特性可改善面团的吸水量，增加产品的重量。由于增稠剂有凝胶特性，使面制品黏弹性增强，淀粉α化程度高，不易老化变干。

8.2.6　矫味作用

增稠剂对一些不良的气味有掩蔽作用。其中环糊精效果较好，但绝不能将增稠剂用于腐败变质的食品。

掌握了增稠剂的性质、作用，再根据食品工艺上的要求，就可以选择合适的增稠剂，使增稠剂在食品中合理使用。常用增稠剂在食品中的用途如表8-1所示。

表8-1　常用增稠剂在食品中的用途

功效特征	用途	常用增稠剂
胶黏、包胶、成膜作用	糕点糖衣、香肠、粉末固定香料及调味料、糖衣	琼脂、角豆胶、鹿角藻胶、果胶、CMC、海藻酸钠
膨松、膨化作用	疗效食品、加工肉制品	阿拉伯胶、瓜尔豆胶
结晶控制	冰制品、糖浆	CMC、海藻酸钠
澄清作用	啤酒、果酒	琼脂、海藻酸钠、CMC、瓜尔豆胶
混浊作用	果汁、饮料	CMC、鹿角藻胶
乳化作用	饮料、调味料、香精	丙二醇藻蛋白酸酯
凝胶作用	布丁、甜点心、果冻、肉冻	海藻酸钠、果胶、琼脂
脱膜、润滑作用	橡皮糖、糖衣、软糖	CMC、阿拉伯胶
保护性作用	乳、色素	松胶、CMC
稳定、悬浮作用	饮料、汽酒、啤酒、奶油、蛋黄酱等	丙二醇藻蛋白酸酯、鹿角藻胶、果胶、瓜尔豆胶
防缩剂	奶酪、冰冻食品	瓜尔豆胶等
发泡剂	糕点、甜食	CMC、果胶

8.3　常用食品增稠剂及应用

8.3.1　天然增稠剂

8.3.1.1　食用明胶

食用明胶(edible gelatin)是动物的皮、骨、韧带等含的胶原蛋白，经部分水解后得到的高分子多肽的高聚物。食用明胶的化学组成中，蛋白质约占 82% 以上，分子式为 $C_{102}H_{151}N_{31}O_{39}$，分子量为 50 000～60 000。

性状与性能：食用明胶为白色或淡黄色、半透明、微带光泽的薄片或细粒，有特殊的臭味；不溶于冷水，可溶于热水，溶液冷却后即凝结成胶块。食用明胶的凝固力较弱，浓度在 5%以下不能形成凝胶。为了形成较结实的凝胶，浓度一般掌握在 15%左右，温度 20～25℃，高于 30℃，凝胶融化。凝胶富于弹性，口感柔软。

食用明胶在食品工业中有着重要的作用，除了具有增稠作用外，添加到食品中可提高食品的营养价值。因它是一种蛋白质，除缺少色氨酸外，含有其他全部必需氨基酸，是生产特殊营养食品的重要原料。

毒性：食用明胶主要为蛋白质，本身无毒。ADI 不需要规定。但需注意防止污染。

使用：按照《食品安全国家标准　食品添加剂使用标准》(GB 2760—2014)规定，食用明胶属于可在各类食品中按生产需要适量使用的添加剂。在冷饮制品中利用食用明胶吸附水分的特性作为稳定剂使用。在冰淇淋的冻结过程中，食用明胶形成凝胶，可以阻止冰晶增大，能保持冰淇淋有柔软、疏松和细腻的质地。食用明胶在冰淇淋混合原料中的用量一般在 0.5%左右，若用量过多将使冻结搅拌时间延长。在使用前先将食用明胶用冷水冲洗干净，加热水制成 10%溶液后混入原料中。食用明胶的胶凝作用，如果从 27～38℃不经搅拌缓慢地冷却到 4℃进行老化，能使混合原料有最大的黏度。

在生产糖果特别是软糖、奶糖、蛋白糖和巧克力时可应用食用明胶，使柔软的糖坯具有稳定的坚韧性及弹性，能承受较大的荷重而不致变形。在制造奶糖时，食用明胶的用量一般为砂糖和淀粉糖浆总量的 2.5%～3%，如砂糖 8 kg，淀粉糖浆 12 kg，食用明胶为 0.6 kg。使用时食用明胶先用 2 倍量不超过 20℃的水浸泡 1～2 h，至食用明胶成凝胶，然后水浴使之融化(热水温度不应超过 50℃)，过滤后经搅拌混合，制成糖坯。其用量依品种各异，一般用量为 1.0%～3.5%，个别的可高达 12%。

在某些罐头制品中也使用食用明胶作为增稠剂，如生产原汁猪肉罐头时使用猪皮胶，用量约为 1.7%。在午餐肉内，食用明胶的用量一般为 3%～5%。火腿罐头也使用食用明胶，可在火腿罐头装罐后向表面撒一层食用明胶粉，形成透明度良好的光滑表面，454 g 罐每罐添加 8～10 g 食用明胶。在生产啤酒或酒精时，可用食用明胶作为澄清剂，用量为 0.02%。

食用明胶可用于胶冻食品，如奶油蛋糕上的奶油花、栗子羹类的小食品以及辣椒油的增稠，夹心饼干中的夹层等方面。

食用明胶有一定的发泡能力，能形成稳定气溶胶，凝固温度低，发泡速度快。当食用明胶浓度增加 0.2%时，搅打时间要比其他搅打剂减少 30%，它的单独使用比鸡蛋和乳蛋白的混合使用更方便。食用明胶在糕点中作搅打剂时，1 kg 食用明胶约可代替 6 kg 鸡蛋。食用明胶作为搅打剂还可在果汁软糖、牛轧糖、水果软糖、软太妃糖、充气糖果、稀奶油等中作为稳定剂，能控制糖结晶体变小，防止糖浆中的油水相对分离。食用明胶剧烈搅拌可产生大量泡沫，而且这些泡沫又能在较长的时间内保持不合并、不破碎。因此它又是一种良好的食品发泡剂，可以制作棉花糖。

糖食制品中，食用明胶可当作胶黏剂。如将食用明胶溶于浓缩糖浆中，食用明胶含量在 1.5%～9%范围内，用这种糖浆可胶黏各类甜食。

食用明胶中含赖氨酸 4.1%～5.9%，与小麦粉、米一起食用，有明显的营养互补效果。在疗效食品中，用于治疗缺铁性贫血，控制人体肥胖及糖尿病疗效食品。

8.3.1.2　酪蛋白酸钠

酪蛋白酸钠(sodium caseinate),又称酪朊酸钠、干酪素钠,是由牛乳分离制得,为乳酪蛋白的钠盐。

性状与性能:酪蛋白酸钠为白色至淡黄色的微粒或粉末,无臭,无味,可溶于水。酪蛋白酸钠具有很强的乳化、增稠作用。在食品工业中,常用它增进脂肪和水的保持力,防止脱水收缩,有助于食品加工时,各成分的均匀分布,从而进一步改善食品的质地和口感,因而广泛用于各种食品,包括面包、饼干、糖果、糕点、冰淇淋、酸乳饮料以及人造奶油、卤汁、快餐和肉制品等。由于酪蛋白含有人体所需的全部必需氨基酸,营养价值高,除了作为增稠、乳化作用外,还可用作蛋白质的增补。

毒性:ADI不需要规定(FAO/WHO,2001);LD_{50} 为 400～500 g/kg。

使用:按照《食品安全国家标准　食品添加剂使用标准》(GB 2760—2014)规定,酪蛋白酸钠属于可在各类食品中按生产需要适量使用的添加剂。在食品中的一般用量为,冰淇淋0.3%～0.7%,饼干5%,面包2%～5%,咖啡、可可、果酱5%～10%,肉制品1.52%;在婴儿配方食品及较大婴儿和幼儿配方食品中,最大使用量为1.0 g/kg。酪蛋白酸钠具有乳化、增稠和胶凝性等特性,因而广泛应用于香肠、火腿、午餐肉等肉糜类制品中。

肉糜类制品:酪蛋白酸钠具有良好的乳化、增稠、胶黏性及柔和的风味和良好的持水性,可用于午餐肉、香肠、火腿肠等肉类制品中,既可以使脂肪乳化而不析出,又可以改善成品的质感和口感。肉制品中及水产制品中用量为1%～3%。据报道,当加入2%的酪蛋白酸钠时,该肉制品的持水力可增加37%。

焙烤食品:酪蛋白酸钠常用于焙烤食品,具有良好的乳化性,可以提高产品质量,延长货架期,从营养角度考虑,酪蛋白酸钠具有强化蛋白质的功能。作为强化剂用于面包、饼干的焙烤,其用量为5%。酪蛋白酸钠还可以大大补充谷物蛋白质中酪蛋白的不足,从而提高焙烤食品的营养价值。

乳制品:酪蛋白酸钠本身既可认为是一种乳制品,将其应用于乳品,可以提高制品的质量。用在冰淇淋中,可使其具有柔软细腻的口感和良好的膨胀率对优质冰淇淋非常重要;可解决生产乳固体饮料时通常易出现的蛋白质含量低于国家标准8%和产品比体积小的问题;蛋白饮料中可增加其胶凝能力和提高其硬度,使之口感更好,从而提高产品质量。

可食性薄膜:在目前大力发展方便食品、快餐食品的同时,可食性包装材料对防止内包装材料对于食品的污染有着重要的意义。

8.3.1.3　阿拉伯胶

阿拉伯胶(Arabic gum),又称阿拉伯树胶、金合欢胶,由金合欢树的渗出液制得。它是一种由多种糖类组成的高分子聚合物,分子量为260 000～1 160 000。

性状与性能:阿拉伯胶为无定形琥珀色干粉,无臭,无味,溶于水,不溶于油和多数有机溶剂;在水中可形成清晰而胶黏的溶液,呈弱酸性,水中的溶解度可达50%。阿拉伯胶具有表面活性,能使水的表面张力降低。其溶液的黏度与其浓度和pH有关,25℃下,50%的溶液黏度最高,pH在6～7时,出现黏度最高值。酒精与电解质的存在降低溶液的黏度,柠檬酸钠的存在则可提高其黏度。另外随着时间的延长黏度也会下降。

毒性:经大量毒物学和毒理学实验证实阿拉伯胶无毒。FAO/WHO(1985)规定:ADI不需要规定。

使用:按照《食品安全国家标准　食品添加剂使用标准》(GB 2760—2014)规定,阿拉伯胶属于可在各类食品中按生产需要适量使用的添加剂。阿拉伯胶在食品上应用非常广泛,作为食品添加剂,它主要影响食品的黏度、形状和质构,使最终产品具有所希望的性质。

牛乳制品:阿拉伯胶作为稳定剂用于各种冷冻牛乳制品如冰淇淋、冰糕等,其具有强吸水性,可以结合大量的水并以水化的形式保持这些水分,阻止形成大冰晶,其缺点是阻止冰淇淋的快速融解。阿拉伯胶在干酪中的添加量为0.8%;稀奶油中为0.5%。

焙烤制品:主要利用其相对低的吸水性和在冷水中可溶解的特性。阿拉伯胶能形成黏度大约为同浓度糖液2倍的透明液。当用于糖衣或表面涂抹料时,可提供可流动性、光滑性和黏接性,也可赋予糖衣柔性和可塑性。

糖果制品:阿拉伯胶是广泛用于糖果加工中的增稠剂,因为它具有阻止糖结晶和保持脂肪类成分均匀分散的能力。在含脂肪类糖果中,如卡拉密尔糖、太妃糖,阿拉伯胶保持脂肪在产品中均匀分布,防止脂肪类物质上浮到表面形成易氧化的脂膜。阿拉伯胶也可用于较软的琼脂基棉花糖类产品改善质构。阿拉伯胶与水解大豆蛋白质一起可作为充气糖果的搅打剂和稳定剂,如棉花糖、软质卡拉密尔糖、牛轧和糖霜。各种阿拉伯胶的混合物也能使用,因为这样可降低成本;更多地作为外涂糖衣用于胶姆糖、坚果、巧克力、软心豆粒糖等产品;也可以作为喷雾干燥风味剂、维生素、色素和其他油溶物质的包容剂。阿拉伯胶可用于低糖、低热量的疗效糖果中,因为它能够代替糖的充实感和质构。当阿拉伯胶与微晶纤维一起用时,可使不同食品的热量降低35%～50%。阿拉伯胶已用于口香糖、水果糖和胶冻糖中,在口香糖中的添加量为5.6%;在糖果和糖霜中添加量为12.4%;硬糖和咳嗽糖浆中添加量为4.5%;软糖添加量为85%。

饮料:阿拉伯胶也可用于制备合成果肉和制作仿水果饮料。阿拉伯胶作为饮料中有效的泡沫稳定剂和软饮料工业中制备浓缩液的乳化剂使用。很多用于饮料的乳液是用阿拉伯胶作为乳化剂制造的。利用阿拉伯胶的某些可叠加性质,可用2种胶的混合物制备一些饮料的乳化剂;还有一种用途是将阿拉伯胶与植物油混合喷雾干燥,生产一种用于饮料或饮料粉中的凝固剂。阿拉伯胶在饮料和饮料的基料中添加量为2%;在冷饮中的添加量为1%。

冷冻食品:阿拉伯胶用作冷冻食品如冰淇淋、不含乳的冷冻甜食、土耳其冰果子露中的稳定剂。这是因为阿拉伯胶具有强吸水性,可黏合大量的水并以水化的形式保持这些水分,在冰淇淋内部形成更精细的结构,以防止冰晶的析出。使用阿拉伯胶的主要缺点就是制得的冰淇淋入口后不能速溶。阿拉伯胶在饮料、巧克力、冰淇淋、果酱中的最大使用量为0.5～5.0 g/kg。

罐头:阿拉伯胶在青刀豆、黄刀豆、甜玉米、蘑菇、芦笋、青豌豆、胡萝卜等罐头食品中的使用量为1%。

适当比例的牛奶或冰淇淋和阿拉伯胶混合,混合物缓慢地加热,待混合物均匀态时浇注入模,冷却后包装。这种制品在热饮料中速溶,而在冷冻过程中比单纯的牛奶或冰淇淋保存性更好。阿拉伯胶可作婴儿食品的保护胶体。

风味固定作用:阿拉伯胶广泛用于风味物质的胶类化和固定化。典型的风味固定剂配方为4份阿拉伯胶和1份风味油的乳化状混合物。提高阿拉伯胶与风味油的比例(9∶1)可以提高稳定性。多数干制品如餐末点心粉、布丁粉、饮料粉、蛋糕粉和汤基料等都用胶囊化风味物质来保证产品质量。

风味物质乳化剂：许多风味物质(如橙、柠檬、酸橙、樱桃)的乳状液、某些无醇饮料(root-beer)和色素物质乳状液均可用阿拉伯胶制备。

保护膜：用阿拉伯胶作为保护膜包容的维生素在常温下储藏1年后仍能保留85%的维生素活性。阿拉伯胶也已用于制造含富马酸的胶囊化调味料，保护富马酸及改善其溶解性。

疗效食品：因阿拉伯胶消化率较低，可用作疗效食品中的无热量填充物质。它能有效地替代糖的疏松性和质构。将阿拉伯胶和黄原胶一起使用制造稳定的搅打或充气低热产品，如奶油、人造奶油、表面涂抹料、冷冻点心和糊状食品。

8.3.1.4　罗望子多糖胶

罗望子多糖胶(tamarind gum，tamarind polysaccharide)，是从豆科植物罗望子树的荚果种子中提取的多糖胶，由半乳糖、木糖与葡萄糖组成，分子量为25万～65万。

性状与性能：罗望子多糖胶为黄褐色或灰色粉末，无臭，无味；可在冷水中分散并溶胀，加热则成黏稠溶液；不溶于一般有机溶剂，但能与甘油等亲水性胶互溶。它有类似果胶的特性，但形成凝胶后比果胶有更强的抗冲击性能，相同同浓度的罗望子胶冻的强度是果胶的2倍；且在中性和酸性溶液中都能形成胶冻，耐酸、耐盐、耐热性能良好。除此之外，罗望子胶粉也可与乙醇通过氢键作用形成高强度凝胶，这种性质是其他多糖胶所不具备的。

毒性：无毒。大鼠经口LD_{50}为9 260 mg/kg。ADI不需要规定。

使用：按照《食品安全国家标准　食品添加剂使用标准》(GB 2760—2014)规定，罗望子多糖胶可用于冷冻饮品(食用冰除外)，可可制品、巧克力和巧克力制品(包括巧克力和代巧克力)以及糖果，果冻，最大使用量为2.0 g/kg。如用于果冻粉，按冲调倍数增加。

罗望子多糖胶还有优良的化学和热稳定性，在醋酸或含盐水溶液中于97℃加热1 h，黏度残存率比刺槐豆胶及瓜儿豆胶高2.5倍。

在生产油炸肉制品时，添加罗望子多糖胶的面糊能均匀地附在肉制品的表面。罗望子胶的黏附性能良好，对于烧肉、烧鸡以及蔬菜等的调味汁要求黏附在制品表面不脱落，单独使用罗望子多糖胶或将罗望子多糖胶与其他胶体并用，都能取得显著的效果。

在牛奶中添加0.5%左右的罗望子多糖胶可增强制品的稠厚感和甜味，同时不会有黏口的感觉，用于低脂牛奶或脱脂牛奶，口感就像全脂牛奶一样。

8.3.1.5　田菁胶

田菁胶(sesbania gum)是从豆科植物田菁的种子中提取的多糖胶。它是以半乳糖为支链的甘露糖聚合物(半乳甘露聚糖)。

性状与性能：田菁胶为奶油色松散粉末；溶于水呈黏稠状胶体溶液，其黏度可比海藻酸钠高近10倍。

毒性：雌性大鼠经口LD_{50}为19.3 g/kg，雄性大鼠经口LD_{50}为18.9 g/kg。属于无毒品，ADI不需要规定。

使用：田菁胶可以作为乳化剂、增稠剂、稳定剂、保鲜剂和胶凝剂。按照《食品安全国家标准　食品添加剂使用标准》(GB 2760—2014)规定，田菁胶可用于冰淇淋类，最大使用量为5 g/kg；生干面制品、方便米面制品、面包，最大使用量为2.0 g/kg；植物蛋白饮料，最大使用量为1.0 g/kg。

8.3.1.6 琼脂

琼脂(agar),又名琼胶、冻粉或洋菜。由海藻提取制得,属多糖类物质,主要由聚半乳糖苷组成。

性状与性能:琼脂依制法不同,可有条状、片状、粒状和粉状等,颜色由白至淡黄,半透明,具胶质感;无臭或有轻微的特征性气味,不溶于冷水;在冷水中浸泡时,徐徐吸水膨胀软化,吸水率可高达20倍;在沸水中极易分解成溶胶,温度降低后便成凝胶。即使0.5%的低浓度也能形成凝胶,1.5%的琼脂溶胶在32～39℃之间可以形成坚实而有弹性的凝胶,并在85℃以下不融化为溶胶。这一特性可用以区别于其他海藻胶。

琼脂的凝胶强度在pH为4～10范围内变化不大,当pH小于4、大于10时其凝胶强度大大下降。琼脂形成的凝胶硬,使制品具有明确的形状,但发脆、组织粗糙、表面易收缩起皱。当与卡拉胶复配使用时,可以得到柔软、有弹性的制品;与糊精、蔗糖复配使用,凝胶强度升高;而与海藻酸钠和淀粉并用,凝胶强度下降。琼脂耐热性较强,但若长时间特别是酸性条件下加热也可失去凝胶能力。

毒性:本品ADI不需要规定。

使用:按照《食品安全国家标准 食品添加剂使用标准》(GB 2760—2014)规定,琼脂属于可在各类食品中按生产需要适量使用的添加剂。琼脂主要被用作食品组分和微生物研究中的培养基质。在食品工业中,主要应用琼脂的胶凝、乳化作用和稳定性质。可用于以下食品加工中。

焙烤食品:由于琼脂的持水性、保鲜性和稳定性大量被用于焙烤产品的生产。琼脂用于食品顶上装饰品,挂糖衣中可阻止成品对透明包装纸的黏合。琼脂浓度为0.2%～0.5%时阻止并束缚游离水出现在糖衣和装饰品上。在蛋糕里,琼脂用量为0.1%～1.0%,具有保鲜性质。在一些焙烤产品中它被用作抗黏剂。

糖果点心:琼脂用于糖果食品是由于它的胶凝性质。用于糖果片、胶冻果脯、琼脂糖等中,糖果中琼脂浓度为0.3%～1.8%。在制造琼脂软糖方面,质量好的琼脂一般用量为1.5%,即可制成有足够冻力的软糖;质量差的琼脂一般用量往往要超过2.0%。在糖衣中用量为0.2%～0.5%,具有稳定作用,可作为防粘连剂,防止包装粘连。用于以小豆馅为主甜食品,如羊羹和栗子羹等可作胶凝剂,用量一般为小豆馅的1%。在果冻中可添加0.3%～1.8%的琼脂。

牛奶产品:在奶油乳酪和酸乳酪中,加入不同牛奶产品的琼脂浓度为0.05%～0.85%,可以将"乳清分离"降为最小。琼脂与其他的水性胶质如刺槐豆胶和动物胶复配使用,可稳定和改善果汁饮料、冰淇淋和凝结酸化牛奶产品。琼脂也可与黄蓍胶和刺槐豆胶结合使用,改善冰冻奶油和果汁饮料的光洁度和黏稠度。在乳酪中的应用是根据酸乳酪类型而定的,一般加入浓度为0.14%～0.64%。在干酪中添加量为0.8%。稀奶油、增香酸奶及其制品中添加量为0.5%。

酒类:琼脂用于果汁、葡萄酒和醋的浓度为0.05%～15%。冷饮,添加量为1%。

家禽和鱼类产品:琼脂在装罐的肉、家禽和鱼类产品中作为增稠和胶凝剂。沙丁鱼及其制品、鲭鱼和鲹鱼罐头中添加量为2%。浓度为0.5%～2.0%时,它可在块料周围形成膜,阻止产品在加工、分割和储藏时受到损伤。琼脂在这些产品里要比海藻胶和卡拉胶好,这是由于它凝胶强度大、熔点较高和耐热性强。琼脂也可用来抑制一些罐装鱼和特殊肉类产品(如鲱鱼、羊舌头)脱锡,防止腌制肉类产品褪色。在家禽和家禽产品中,琼脂既可用作保护涂层,也可用作水溶性抗生素制备的媒介物,延长它们的货架寿命。

果酱罐头：将琼脂加入果酱和水果罐头中作胶凝剂代替商用的果胶。在制造柑橘酱时，每500 kg橘肉、橘汁加琼脂3 kg；制造低糖菠萝酱每125 kg碎果肉加琼脂1 kg，高糖菠萝酱则加375 g即可。它与高甲氧基果胶相比，其优点是不需加入蔗糖就能形成凝胶，这有利于制备无糖和低热果酱和水果罐头。最近报道有人将异丙醇沉淀的琼脂溶液用在果酱和水果罐头里，浓度为2.0%～2.5%，以改善产品的感官质量和物化性质。

冰淇淋：琼脂在冰淇淋中添加0.3%左右可提高凝结能力，提高黏度和膨胀率，防止冰晶析出，使产品组织细腻。

调味料：琼脂用于调味料中可作为增稠剂，可增加汁液黏度，延缓结晶析出。

其他产品：琼脂被用于一些特殊产品制备，如谷类、肉类代用品和不同甜点心，包括无淀粉牛奶甜点心和香肠。对肉冻类甜点心，琼脂和海藻胶、羧甲基纤维素及果胶结合使用。用于果酒中可作澄清剂。琼脂可以用于快速凝结和慢速凝结的面包糖衣；与糖和磨碎的红小豆制成的胶冻状甜食品羊羹；淀粉和琼脂可以制成淀粉琼脂食用纸，其厚度为10～15 μm。

琼脂在动物和人的排泄物里大量存在，说明通过人的消化系统琼脂未能降解，吸入高剂量也是无害的。食品级琼脂已被证实为非致癌物质。其他研究发现，每天食用22.5 g食品级琼脂对人体吸收的钙、铜没有影响，这个浓度比日常人们期望消耗的水性胶体要高得多。

8.3.1.7　海藻酸钠

海藻酸钠(sodium alginate)，又称藻酸钠、海藻胶或藻朊酸钠，由海藻提取。分子式为$(C_6H_7O_6Na)_n$，分子量为3 200～25 000。

性状与性能：海藻酸钠为白色或淡黄色粉末，几乎无臭、无味，溶于水成黏稠状胶体溶液，具有吸湿性。海藻酸易与金属离子结合，在海藻酸的金属盐中，除了Na、K、Mg、NH_4^+的盐类能溶于水外，其他金属盐均不溶于水。海藻酸钠在pH为5～10时黏度稳定，pH降至4.5以下时黏度明显增加，当pH达到3时，产生不溶于水的海藻酸沉淀析出。单价电解质降低其黏度。

海藻酸钠易与蛋白质、淀粉、明胶、阿拉伯胶、CMC、甘油、山梨醇等共溶，所以可与多种食品原料配合使用。

毒性：大鼠经口LD_{50}＞5 g/kg。FAO/WHO(1984)规定，ADI为0～25 mg/kg(以海藻酸计)。美国食品与药物管理局(1985)将其列为一般公认安全物质。大鼠静脉注射LD_{50}为100 mg/kg。GRAS：FDA-21CFR 173，310，184，1724。ADI无须规定(FAO/WHO，1994)。

使用：按照《食品安全国家标准　食品添加剂使用标准》(GB 2760—2014)规定，海藻酸钠可用于原味发酵乳(全脂、部分脱脂、脱脂)，稀奶油，黄油和浓缩黄油，生湿面制品(如面条、饺子皮、馄饨皮、烧卖皮)，生干面制品，香辛料类，果蔬汁(浆)，咖啡饮料类，按生产需要适量使用；其他糖和糖浆(如红糖、赤砂糖、槭树糖浆)，最大使用量为10 g/kg。

牛奶制品：海藻酸钠与卡拉胶复配使用于巧克力牛奶饮料中，可以悬浮可可颗粒，形成口感圆润、黏度均一的产品，所用海藻酸钠浓度不大于0.25%。在牛奶摇动时，海藻胶抑制无机盐析出。海藻酸钠加入酸乳酪、酸性饮料、罐奶油、乳酪和奶油乳酪等奶制品中，其功能为阻止乳清分离、给予奶液稠度、阻止脂肪分离、导致凝乳形成和控制黏度，一般所用浓度不超过0.5%。在溶化的奶酪中，干海藻酸钠的含量应该是0.3%～0.5%，将80份熔化的奶酪和20份1.5%的海藻酸钠溶液混合，可以得到海藻酸钠含量为0.3%的奶酪。并且由于海藻酸钠的存在会阻止和防止这种奶酪渗水。

馅饼:海藻酸钠可以稳定馅饼中的淀粉体系,不会掩盖其风味,它们产生的稠体,可增进口感。

冷冻食品:海藻酸钠可作为稳定剂应用于冰淇淋生产,它可阻止大冰晶和(或)乳糖晶体形成,它阻止表面晶体化,阻止并提高混合物的黏度,抑制糖转移到晶体表面。使冰淇淋组织柔软、口感圆润,还可以改善味道使熔点下降,所用海藻酸钠的浓度为0.1%～0.5%。海藻酸钠用作冰牛奶(冰冻甜点心、含奶油浓度2%～7%)的稳定剂,可提高稠度、降低熔点,使之具有奶油般口感,海藻酸钠浓度为0.2%～0.5%。海藻酸钠可使冷冻水果表皮光滑;由于加入的糖能使水果中的水含量保持有效的稳定,因此也能保持水果的色泽和天然香味。

布丁:海藻酸钠在布丁或牛奶蛋糊的生产中具有重要作用。这是因为海藻酸钠在室温下形成凝胶的速度快,并能保持柔软性。海藻酸钠和卡拉胶复配可以用于生产低热、无糖布丁和牛奶蛋糊,因为这2种增稠剂不需加糖就能形成凝胶。以海藻胶为基质的布丁具有无淀粉、在室温下风味好的优点。在这些产品的生产中,应加入一定的隔离剂,如磷酸三钠、磷酸二钠、焦磷酸四钠或三聚磷酸钠,用以阻止牛奶中的钙盐和海藻酸的反应,可使颗粒结构得到改善,加入的海藻酸钠浓度不少于0.5%。

果酱和水果罐头:海藻胶也用于无糖果酱和水果罐头,不需要加入糖就可以形成一定的黏稠度,一般的海藻酸钠的浓度不超过1%。

焙烤食品:海藻酸钠在焙烤食品中也有重要的意义。如酥皮糖霜、糕点里的馅,它在这些产品中的浓度范围是0.1%～1.0%。用浓度为0.3%～0.5%的海藻酸钠,可以阻止在炸面饼圈和其他焙烤食品受热时冒汗、黏合和裂口。

面食:由于海藻酸钠具有强亲水性、黏结性,加入面条、挂面等面制品中能提高制品的韧性,减少断头率,蒸煮后不黏条,不烂汤,耐存放,口感好。特别对于面筋率低的面粉效果更佳。依面筋率高低海藻酸钠的加入量为0.1%～0.3%。

糖浆和顶上装饰品:将海藻胶加入冰淇淋果汁、调味汁、喷泉汁和水果、巧克力顶上装饰品中时,得到了光滑的组织、较好的稠度,并改善它们的外观、味道、颜色和浇铸浓度。

饮料:海藻酸钠加入饮料中,可以形成较光滑的组织结构和散发比较好的气味,并能增加其悬浮性,所用浓度范围为0.10%～0.25%。另外加入0.04%～0.08%海藻酸钠及其衍生物还可以稳定啤酒的泡沫。

肉、家禽和鱼类产品:海藻胶衍生物可用于调整肉类和海洋食品生产。粉末状海藻酸钠、碳酸钙和乳酸混合后,当体系pH降低时,会形成海藻钙胶体,用于牛排、牛肉烧烤肋骨、羊肋骨、猪排、牛肉、鸡架、鱼片等肉制品加工中。使产品在煮沸或冷冻中都保留着原来的结构。

仿造食品:海藻胶(如海藻酸钙)被用来制作仿造食品。海藻胶仿造食品的主要应用是水果类似物的生产,使其产品具有良好的组织和公认的形状。用这种方法生成的水果类似物包括苹果、桃子、梨和杏应用于焙烤食品、调味品、果酱、糖果、酸乳酪。海藻酸钠还用于模仿鱼子酱的生产,包括挤压的洋葱圈、虾片、鱼圈和烘馅饼。用混合的小方块或研磨组分(如虾、肉、鱼)和海藻胶基质混合物混合生产这些产品。

米纸:以海藻酸钠作增强剂,利用其胶体的高黏滞性与淀粉类浆料混合来提高米纸薄膜的强度,取得良好效果。加入0.5%的海藻酸钠能使薄膜强度提高13%,且透明度、光泽度良好,摺之不易破裂,用它包装的糖果不易吸水发烊,且比琼脂淀粉薄膜制作方便,成本低。

冻胶:海藻酸钠用于冻胶的配方是:砂糖,用量为91.74%;精制海藻酸钠,用量为3.81%;

柠檬酸，用量为2.75%；六偏磷酸钠，用量为1.10%；磷酸二钙，用量为0.37%；香精和着色剂，用量为0.23%。该配方能经受冷冻-熔化循环的全过程，熔化后仍具有令人满意的食用质量，保持良好的胶体形态，不发生渗液或收缩，适用于冷冻甜食品和冷冻色拉。还可以用来覆盖水果、蔬菜、肉、禽类和类似产品作为保护层。

番茄调味品：在番茄调味品中，加入精制海藻酸钠时，可使调味汁和水分保持在调味品自身中而不渗入馅饼和通心粉中。海藻酸钠的浓度一般占番茄调味品总质量的0.3%～0.5%。

疗效食品：海藻酸钠可作疗效食品的基材。海藻酸钠含有丰富的食物纤维，在人体内可改变食物通过肠道的时间，延缓胃的排空，促进胃肠蠕动，帮助消化。可以吸收体内水分，形成一个过滤系统，阻止脂肪吸收，降低血中胆固醇、血脂、血糖，对糖尿病、冠心病、肥胖症有一定的治疗作用。此外，海藻酸钠能抑制肠道对放射性锶、镉及重金属铅等吸收，它与这些重金属在体内结合后，随粪便排出体外。

海藻酸钠可以用于稳定、增稠不同调味品、卤肉汁、低热色拉调味品、饮食调料和罐头食品调料或卤汁。

8.3.1.8　卡拉胶

卡拉胶(carrageenan)，又名鹿角藻胶、角叉胶，由某些红海藻提取制得。它是由半乳聚糖所组成的多糖类物质，分子量为15万～20万。

性状与性能：卡拉胶为白色或淡黄色粉末，无臭，味淡；易溶于热水成半透明的胶体溶液，不溶于冷水，但可溶胀成胶块状，不溶于有机溶剂。它的水溶液具有高度黏性和胶凝特点，其凝胶具有热可逆性，即加热时熔化，冷却时又形成凝胶。尤其是与蛋白质类物质作用，形成稳定胶体的性质，这是卡拉胶作为增稠剂最突出的特点。

卡拉胶是*D*-吡喃半乳糖以3,6-脱水半乳糖组成的高分子多糖类硫酸酯的钙、镁、钾、钠、铵盐根据分子中硫酸酯在吡喃糖(六环糖)环上的结合形态，产生了7种主要类型的卡拉胶：κ-型、ι-型、λ-型、μ-型、υ-型、ξ-型、θ-型。目前工业主要生产和使用的是前3种。

毒性：大鼠经口(其钙盐和钠盐混入25%的玉米油)LD_{50}为5.1～6.2 g/kg。FAO/WHO(1984)规定ADI为0～75 mg/kg。

使用：卡拉胶在食品生产中可作为增稠剂、胶凝剂、稳定剂、乳化剂、成膜剂使用，以改善食品的品质与外观。按照《食品安全国家标准　食品添加剂使用标准》(GB 2760—2014)规定，卡拉胶可用于稀奶油、黄油和浓缩黄油，生湿面制品(如面条、饺子皮、馄饨皮、烧卖皮)，香辛料类，果蔬汁(浆)，按生产需要适量使用；其他糖和糖浆(如红糖、赤砂糖、槭树糖浆)，最大使用量为5.0 g/kg；生干面制品，最大使用量为8.0 g/kg；在婴幼儿配方食品中，最大使用量为0.3 g/L，以即食状态食品中的使用量计。

卡拉胶的具体使用如下。

乳制品：κ-卡拉胶可加入巧克力牛奶饮料、无菌牛奶、脱脂牛乳中，它有稳定和增稠作用，所用浓度为0.025%～0.35%。κ-卡拉胶也能用于高脂奶产品，如炼乳中加入浓度为0.005%的κ-卡拉胶，在生产和储存中防止脂肪分离。0.03%浓度的κ-卡拉胶也能用于一些婴儿产品，目的是为了防止奶油、黄油、植物油和乳浆从奶蛋白中分离出来。另一方面，λ-卡拉胶在牛奶饮料中也有广泛的应用。它可加到速溶饮料、巧克力奶粉和营养饮料中，使有奶粉和(或)豆蛋白的混合物中的可可粉和蛋白质稳定，从而使产品有奶油口味，富有质感，卡拉胶的加入量为0.02%～0.03%。λ-卡拉胶也能用于牛奶(或鸡蛋等)和冰淇淋中，同CMC(羧甲基纤维素)和

MC(甲基纤维素)结合,可改善饮料品质,使制成冷奶的泡沫稳定及有良好口感。同κ-和ι-卡拉胶一样,λ-卡拉胶也加入调味牛奶、牛奶和冰淇淋中,以形成所预定的黏度、脂肪和蛋白质混合良好的乳液、稳定的悬浮粒子,加入卡拉胶的浓度为0.025%~0.12%。浓度为0.01%~0.05%的κ-卡拉胶加入一些乳酪中,可以起到防止脂肪分离、乳液分层、赋形、形成凝胶等作用。

水果冻:卡拉胶是一种很好的胶凝剂,可以与水制成水果冻。用明胶做水果冻的缺点是其凝固点和熔化点低,制备和储藏都得用冰箱。采用果胶的缺点是需要加高浓度的糖和调至适当的pH才能凝固。卡拉胶没有这些缺点,故使用较多。

羊羹和红豆酱:用豆沙做羊羹时,可加入卡拉胶作凝固剂,其效果和琼脂一样。在制造红豆酱产品时,可加入卡拉胶作增稠剂、稳定剂和凝固剂,使酱体分散均匀,口感好。

冷冻甜食:κ-卡拉胶在冰淇淋、冰奶、冻牛奶布丁这些产品中用作第二稳定剂。黄原胶、洋槐豆胶、瓜尔胶和CMC钠这些胶都能用作冷冻甜食的主要稳定剂,因为它们都有很好的保水能力。通常κ-卡拉胶的加入量为0.01%~0.5%;水果冻中为0.5%~1.0%。对低脂肪、低热量、低钠及无糖而又具有冰淇淋的外观、组织和香味等性质的疗效食品,可以用甘露醇或山梨醇代糖作甜味剂,加无脂肪的牛奶和无钠的卡拉胶作稳定剂和乳化剂,加入少量奶油、香料和色素制成似冰淇淋的食品。

果酱和水果罐头:κ-卡拉胶同洋槐豆胶一起或同ι-卡拉胶一起,可用于低热量的、无糖的水果罐头中。其加入浓度通常为0.5%~1.2%。有时加入少量甲氧基果胶、瓜尔胶、钾盐和柠檬酸钠以改变特殊的结构特点,如涂敷性。

饮料:卡拉胶加入一些柠檬水果饮料混合物中和一些冷冻的浓缩饮料中,以悬浮果肉颗粒得到所需要的口感。尽管产品pH比较低,胶体在干燥或冷冻储藏条件下仍显示了较好的稳定性。卡拉胶作为澄清剂在啤酒中的添加量为0.002 g/kg。

酒类:卡拉胶作为一种天然的澄清防浊剂,应用于酒类产品的酿造中,进而酿造出澄清透明、无颗粒析出且有深厚口感的酒类。

酱汁和色拉调味汁:添加ι-卡拉胶可以改善酱汁和色拉调味汁组分的流动性和稳定性。ι-卡拉胶用作乳化剂、增稠剂和分散剂,在色拉调味汁中ι-卡拉胶浓度为0.3%~0.5%。也用于各种酱汁,如烧烤用的番茄酱和墨西哥酱中。

糖浆和调味品:在巧克力糖配方中,用浓度0.5%~1.0%的λ-卡拉胶与牛奶混合成增稠糖体,并用0.15%的λ-卡拉胶生产糖浆。糖浆的黏度在室温和冷冻温度下变化较小。λ-卡拉胶比别的树胶在室温下更稠厚,而冷冻温度下更稀薄。这就抵消了糖浆在冷冻时变稠的趋势。这种独特的流体控制特性能使得糖浆中添加20%以上的可可,仍不改变糖浆的流动性,这样可以生产出巧克力味浓的糖浆。

肉、人造肉、鱼和宠物食品:κ-和ι-卡拉胶可以添加到各种肉、人造肉、鱼及宠物食品中,可以保鲜,保持其营养价值,并使产品更容易从罐头中取出。加入浓度为0.2%~0.5%。在沙丁鱼及其制品、鲭鱼等罐头制品中添加量为2 g/kg。

速溶茶和速溶咖啡:在茶和咖啡的提取物中加入卡拉胶作稳定剂,可制成干粉状或膏状。这样的产品饮用时非常方便,用热水或凉开水冲开便可饮用。

面包:在面包中加卡拉胶能增加其保水能力,从而延缓变硬,保持新鲜防老化,添加量为0.03%~0.5%。

8.3.1.9 果胶

果胶(pectin)系指可溶性果胶,其主要成分是多缩半乳糖醛酸甲酯,分子量为23 000～710 000。

性状与性能:果胶为淡黄褐色的粉末,稍有特异臭;溶于水则生成黏稠状液体,如果与3倍或3倍以上的砂糖混合,则更易溶于水,在酸性溶液中比在碱性溶液中稳定。根据果胶分子的酯化度,可将其分为高甲氧基果胶和低甲氧基果胶。酯化度指酯化的半乳糖醛酸基与总的半乳糖醛酸基的百分比值。在典型的高甲氧基果胶分子中,酯化度为75%。完全甲基化的果胶即酯化度为100%时,甲氧基理论含量为16.3%。一般以酯化度50%为高甲氧基果胶与低甲氧基果胶的区分值,高甲氧基果胶的酯化度为50%～80%,低甲氧基果胶的酯化度为25%～50%。甲氧基含量>7%者为高甲氧基果胶,而<7%者为低甲氧基果胶。高甲氧基果胶在加糖、加酸后,可以凝冻,低甲氧基果胶在加糖、加酸后,还需添加多价金属离子如钙等方能凝冻。有时低甲氧基果胶用氨水解并(由氨)引入酰胺到果胶分子中,则产生酰胺化的低甲氧基果胶。普通低甲氧基果胶与酰胺化的低甲氧基果胶的性质相似。高甲氧基果胶主要从天然水果与植物的组织中提取,而低甲氧基果胶主要通过工业制取而来。

毒性:果胶是由植物中提取出的天然食用增稠剂,对人体无毒害,安全性很高,ADI为0～250 mg/kg。酰胺化果胶ADI为0～25 mg/kg。果胶的ADI不作特殊规定(FAO/WHO,2001)。

使用:按照《食品安全国家标准 食品添加剂使用标准》(GB 2760—2014)规定,果胶可用于原味发酵乳(全脂、部分脱脂、脱脂),稀奶油,黄油和浓缩黄油,生湿面制品(如面条、饺子皮、馄饨皮、烧卖皮),生干面制品,其他糖和糖浆(如红糖、赤砂糖、槭树糖浆),香辛料类,葡萄酒,按生产需要适量使用;果蔬汁(浆),最大使用量为3.0 g/kg。

果酱:生产果酱时,如原料中果胶含量少,则可以用果胶作为增稠剂,使用量为0.2%以下。生产低糖果酱时,使用量为0.6%左右,配方中如果使用酰氨化低甲氧基果胶或低甲氧基果胶,且水果和水中一般含有足够的钙离子。采用此配方时不必再加入钙盐。

软糖:添加量一般为0.5%～2.5%。加0.5%的制品品质极嫩,加2.5%的制品质嫩而坚实。果胶软糖具香味浓郁等特点。若与其他凝胶剂同时使用,可增加弹性、黏性和咀嚼的口感性。使用时还原糖量在25%～30%,糖中水分量18%～22%。制造果胶软糖时,一定要选择适宜的pH,合适的pH有助于果胶-糖凝胶体的形成。不同类型果胶形成凝胶,有不同的pH范围。采用高甲氧基果胶制造软糖时,最适pH为3.3～3.6,通常用酯化度60%左右的慢凝产品;用低甲氧基果胶时,最适pH为4～4.5,需加钙盐。该pH一般用外加酸(如柠檬酸)来调节,同时,外加酸能使产品产生可口的酸味,衬托出产品的水果香味。

乳饮料:在乳饮料与酸乳饮料中,添加高甲氧基果胶,能有效地稳定制品及改善其风味,尤其对人工发酵的酸乳比使用化学方法酸化的乳饮料效果更好。由于这一作用,使果汁与牛乳混合经加热后,仍能保持良好的稳定性,延长产品的储藏期,高甲基果胶的添加量为0.05%～0.6%。果胶在干酪中的添加量为0.8%;在发酵酸牛奶中添加量为0.05%～0.6%;在稀奶油、乳脂干酪中添加量为2.5%。

罐头:果胶在蘑菇、芦笋、青豆等罐头、水果基质的婴儿罐头食品、冷饮等中的添加量为1%;在沙丁鱼和鲭鱼罐头中添加量为2%。

速溶饮料粉:加入果胶能够给人以天然饮料的感觉,并起稳定和增稠作用。

浓缩果汁、果汁饮料和果汁汽水：果胶主要起增稠剂作用，还可提高口感。通常，用特殊黏度的高甲氧基果胶。浓缩果汁中一般可加 0.1%～0.2%，在果汁饮料和果汁汽水中一般加 0.05%～0.1%，在乳化香精中，我国也有些厂家使用果胶作乳化稳定剂。

保健品：高脂果胶可用于各种伤口敷料中，其良好的亲水性质可维持伤口洁净，并加速伤口愈合。果胶也广泛用于处理溃疡和其他胃不适症状，其成膜性能是这方面应用的基础。特别设计的果胶能在胃中细胞表面成膜，成为防止胃酸的保护层。

8.3.1.10 瓜尔豆胶

瓜尔豆胶与槐豆胶一样属于称为半乳甘露聚糖的种子储藏多糖，这些特殊的多糖由以 α-1,6-糖苷键，连接的单个吡喃半乳糖作为支链，D-吡喃甘露糖以 β-1,4-糖苷键连接为主链构成。已报道的瓜尔豆胶分子量为 2.2×10^5～2.6×10^6，范围很广，但是，大多数研究者趋向于取较低值。该胶的内源组成成分是蛋白质类物质，在磨制和纯化后剩下的种子胚乳整体，据其以共价键与多糖连接，至少是部分以共价键与多糖连接。在瓜尔豆胶中含量最丰富的氨基酸依次为甘氨酸、谷氨酸和天冬氨酸。

毒性：大鼠口服 LD_{50} 为 7 060 mg/kg。GRAS：FDA-21CFR 184.1339。ADI 无须规定(FAO/WHO，1994)。

在食品生产上只允许使用天然瓜尔豆胶，它的用途在于其能以较低成本形成黏稠溶液，改善食品的加工特性和感官特性，瓜尔豆胶在食品加工中最大允许使用浓度为低于 2%(m/m)。

牛乳制品：在牛乳产品中使用瓜尔豆胶是为了赋予产品成型性、光滑性、咀嚼性和给予冰淇淋慢融性。瓜尔豆胶与其他胶(槐豆胶、卡拉胶)和乳化剂能通过结合自由水和增加混合物黏度阻止有砂粒感的较大乳糖结晶和冰结晶的生成。瓜尔豆胶也可以添加到冰牛奶、冷冻冰饮料、冰糕等冷冻牛乳制品中。在软奶酪、涂抹糊状品和调味汁制造中，通过添加瓜尔豆胶结合大量的自由水来改善产品的光滑性、可口性和可分散性。

焙烤制品：瓜尔豆胶可添加到糕点、脆皮松饼、饼干和馅饼的皮料中，通常添加量低于 1%。它能赋予最终产品良好的特性，使加工顺利进行。在深层油炸产品中(如炸面包圈等)，添加 1%瓜尔豆胶可降低产品吸附(吸收)油脂的速率。瓜尔豆胶添加到糖衣制品中改善带糖衣食品的外观，避免糖衣黏附到透明玻璃纸包装上。用于这种特殊用途的瓜尔豆胶浓度约为总糖衣重量的 0.3%。

肉类制品：瓜尔豆胶以 0.5%加到罐装肉制品中主要作用为降低肉及其他辅料在烹煮过程中的暴沸；控制液相黏度；开罐后内容物易倾倒。瓜尔豆胶在香肠及其他填馅类肉制品中的作用为在制肉糜时可迅速结合游离水分；改善肠衣的充填性；消除烹煮、烟熏和储藏期间脂肪和游离水的分离与移动；改善冷却后产品的坚实度。在这些产品中瓜尔豆胶用量为 0.1%。

酱油和调味料：瓜尔豆胶用于沙司、色拉调料和比萨饼调料中阻止相分离及赋予产品良好口感。添加瓜尔豆胶后这些产品可表现良好的可倾倒性，优良的黏滞性和可口性，通常所用浓度为 0.2%～0.8%。

疗效(营养)饮料：由于无糖和低糖饮料缺少一般饮料的形态及口感，瓜尔豆胶与人工合成甜味剂一起使用可使产品有适当的黏度。它在酸性条件下有抗水解能力，它在冷水中的溶解性，及本身无味和价格低廉，使之有广泛的使用范围。使用的量为饮料质量的 0.1%～0.15%。瓜尔豆胶也可加到果肉饮料和某些果汁饮料中保持充填和储藏过程中果肉均匀分散，添加量为 0.25%～0.75%。此外，瓜尔豆胶是一种水溶性膳食纤维，对人体肠道功能的消化吸收很有帮助。

其他类产品近年来，瓜尔豆胶的各种新用途不断有报道出现，在某些巧克力浆液和巧克力粉中，使用瓜尔豆胶和卡拉胶的混合物作稳定剂和悬浮剂。瓜尔豆胶作为泡沫稳定剂用于咖啡提取物的真空泡沫干燥中。最近，有人使用产品总重1%的瓜尔豆胶来改善热挤压膨化玉米粗粉的碎裂强度、吸水性和膨胀性。另外，瓜尔豆胶可应用于天然涂膜保鲜法，起到延缓果蔬衰老的作用。

8.3.1.11　黄原胶

黄原胶(xanthan gum)，又称汉生胶或黄杆菌胶，是由微生物发酵(黄单胞菌培养)提取制成，为高分子酸性杂多糖(由葡萄糖、甘露糖与葡萄糖醛酸组成)，分子量在100万以上。

性状与性能：黄原胶为白色或浅黄棕色粉末，易溶于水，有良好的增稠性能。即使低浓度也有很高的黏度，其1%水溶液的黏度相当于明胶的100倍。它耐酸、碱，抗酶解，且不易受温度变化影响，尤其是它具有触变性与假塑性，此特性大大增加其在食品工业中的应用，并赋予食品以良好的感官性能。黄原胶pH高时，可受多价离子或阳离子影响而降低黏度；但pH在2～12范围内，有一致的和很高的黏度。对大多数盐类稳定，添加食盐可提高黏度和稳定性。黄原胶与其他增稠剂如与刺槐豆胶、瓜尔豆胶并用，可增强黏度，并有形成凝胶的性能。它还具有一定的乳化、稳定性。

黄原胶是一种由β-(1,4)-D-吡喃葡萄糖单体聚合体为骨架的微生物多糖。黄原胶结构中带支链是其具有特殊抗水解能力以及有独特化学、物理性质的主要原因。黄原胶的共价结构与其增稠、悬浮及凝胶作用之间有密切关系。近期研究证实，黄原胶蛋白质组成中的主要氨基酸是丙氨酸、谷氨酸、天冬氨酸和甘氨酸。

毒性：ADI为0～10 mg/kg，小鼠经口LD_{50}＞10 g/kg。

使用：按照《食品安全国家标准　食品添加剂使用标准》(GB 2760—2014)规定，黄原胶可用于稀奶油，香辛料类，果蔬汁(浆)，按生产需要适量使用；生湿面制品(如面条、饺子皮、馄饨皮、烧卖皮)，最大使用量为10.0 g/kg；黄油和浓缩黄油，其他糖和糖浆(如红糖、赤砂糖、槭树糖浆)，最大使用量为5.0 g/kg；生干面制品，最大使用量为4.0 g/kg；特殊医学用途婴儿配方食品，最大使用量为9.0 g/kg，使用量仅限粉状产品，液态产品按照稀释倍数折算。

饮料：黄原胶可以给予橙味及果味饮料良好的风味和爽口的感觉。而且黄原胶的融变性使果汁有良好的黏着性。由于用量小，所以比添加其他胶类的口感好，果汁风味更容易释放。此外，还能控制果汁的渗透和流动，用量为0.2%～1%。它可作为风味物质乳状液的稳定剂加到饮料中，并且能使不溶物质很好地悬浮。黄原胶的量为最终产品的0.001%～0.1%。

罐头：由于其有独特的热稳定性和良好的悬浮性，黄原胶可用于罐头食品、鸡肉、火腿、土豆、金枪鱼和通心粉色拉等产品，其配方中都有含黄原胶的调料。黄原胶可代替部分淀粉，1份黄原胶可代替3～5份淀粉。

奶油制品、乳制品：奶油制品、乳制品中添加量少量黄原胶可改进质量，使产品结构坚实、易切片，更易于释放香味，口感更加细腻清爽。在冰淇淋和乳制品中使用黄原胶，可使制品稳定，用量为0.1%～0.25%。黄原胶与槐豆胶和羧甲基纤维素钠复配使用，可稳定由直接酸化牛奶生产的酸奶。在冷冻食品中，对于多次冷冻、解冻情况，黄原胶能提供良好稳定性能和保水性能，以减少冰冻晶。黄原胶还可给予制品滑爽口感，延长其货架寿命和耐高温性能。在稀奶油、乳脂干酪中添加量为5 g/kg；在发酵后经热处理的增香型酸奶中添加量为5 g/kg。

调味料：黄原胶有利于保持调味酱中液体的流动性。一般浓度达0.1%左右就有效，这些产品的酸含量和盐含量都不会影响黄原胶的持水力。黄原胶也已广泛应用在方便倾倒的色拉调料中，含有0.25%～0.3%黄原胶的调料其货架稳定性可达数月且具有良好的流动性，防止这些食品吸水后卷曲和流动，利于成形。用黄原胶代替调味品中的辅料淀粉，有助于消除面糊似的口感，利于风味释放。1份黄原胶可代替5～20份淀粉。

冷冻食品：淀粉类产品在经1或2次冷冻、解冻循环后老化现象非常突出，添加0.05%～0.1%黄原胶能保持冷冻、解冻循环5次以上淀粉不老化。用添加0.2%黄原胶来稳定的冰淇淋和冰糕，使得产品有良好的抗热收缩性和口感。在商业应用上，黄原胶与槐豆胶、瓜尔豆胶复配使用时浓度达0.08%～0.1%就有稳定作用。

液体食品：利用低浓度的黄原胶能长时间有效地悬浮水中的果肉，这样可以保持风味、浓度和口感的均一性。用量为0.2%～1%，在碳酸饮料中有稳定气体的作用。

焙烤食品：面包、糕点中添加黄原胶可以使焙烤食品保持一定的湿度，从而改进其口感。它与淀粉结合可以防止淀粉的结构变形，推迟淀粉老化，延长焙烤食品的储藏期和货架期。另外，黄原胶还可以与淀粉、果酱及色素、香精等混合制作焙烤食品的馅料，这种馅料不脱水收缩。黄原胶单独或与槐豆胶合用于糖衣，可使制品组织光滑，延长货架期，提高制品对加热或冷冻的稳定性，用量为0.25%。用黄原胶作风味面包的乳化剂，得到了稳定性好，质地光滑的风味面包。和常规的风味面包乳化剂相比，节省了制作时间，降低成本。

糖果：淀粉软糖制造时可添加黄原胶和槐豆胶各0.11%，有利于加工。黄原胶可作为夹心糖的胶黏剂，在充气糖果中可用作气泡稳定剂，含有0.05%～0.75%黄原胶的巧克力液体糖果，储藏稳定性大为提高。

果冻、果酱：用于果冻，黄原胶可赋予其胶状态，加工填充物时，使果冻的黏度降低从而节省劳动力并易于加工。在果酱中加入黄原胶，可以改善其口感和持水性，提高产品的质量，添加量在0.5%左右。在奶油、花生酱等餐用糖浆中可加入0.1%的黄原胶作稳定剂，以提高制品的质量。

乳化香精：在乳化香精中加入少量的黄原胶与变性淀粉的复配物，可起到阿拉伯胶在乳化香精中的作用；还能延缓变性淀粉老化，使乳化香精稳定，长时间储藏。在果胶中加入黄原胶，可以改善口感和持水性，提高产品的质量，添加量在0.5%左右。在奶油、花生酱等餐用糖浆中可加入0.1%的黄原胶作稳定剂，以提高制品质量。

果蔬：黄原胶对蔬菜和水果具有保鲜作用。利用黄原胶即可配制不含亚硫酸盐的保鲜剂，防止果蔬出现皱缩、干枯、褐变等生理、生化变化。保鲜剂中添加黄原胶后，能有效地延长生菜和生果的储藏期。

肉制品：在肉制品中加入黄原胶，可起到使肉嫩化的作用，同时具有持水性，提高出品率，提高制品的质量，添加量为0.05%～0.2%。

鱼类制品：黄原胶在沙丁鱼及其制品的罐头中添加量为10 g/kg；在鲭鱼的罐头中添加量为20 g/kg。

方便食品：黄原胶在低热量点心制品、充气点心、早餐饮品、汤料和沙司中作为稳定剂和增稠剂使用。

中式食品：研究表明糖醋里脊若使用黄原胶，浸炸后表皮膨胀度高，呈现出松泡状态，口感酥松，无硬皮现象；使用淀粉则在冷凉后易老化，外观及口感变差。

8.3.1.12 β-环状糊精

β-环状糊精(β-cyclodextrine),简称β-CD,是由淀粉经微生物酶作用后提取制成的由7个葡萄糖残基以α-1,4-糖苷键结合构成的环状结构的低聚糖,分子式为$(C_6H_{10}\text{-}O_5)_7$,分子量为1 135。

性状与性能:β-环状糊精为白色结晶性粉末,无臭、味甜;溶于水,溶解度为1.85 g/100 mL,难溶于甲醇、乙醇和丙酮;与碘发生络合反应显黄色。

由于其为环状结构,中间的空洞内可以包入各种物质,形成各种包接物。此包接物具有改善各种物质物理性能的作用,有广泛用途。它还可以提高难溶于水的物质的溶解度,改善其物理化学性质。此外,β-环状糊精的环状空洞内具有疏水性,而外侧呈亲水性,因此它还具有界面活性剂的作用。

毒性:大鼠、小鼠口服LD_{50}均>20 g/kg。ADI暂定0~6 g/kg(FAO/WHO,1994)。β-环状糊精是由吡喃型葡萄糖环合成的,没有毒性。雌性或雄性大鼠、小鼠经口LD_{50}均>3~10 g/kg,犬口服LD_{50}>5 g/kg。

使用:按照《食品安全国家标准　食品添加剂使用标准》(GB 2760—2014)规定,β-环状糊精属于可在各类食品中按生产需要适量使用的添加剂。

β-环状糊精在食品中主要起增稠、稳定作用,提高和改善食品的组织结构,消除和掩盖食品的特异臭和苦味,提高食品的风味,并且具有一定的抗氧化作用。常用于包接天然色素,提高色素的稳定性;包接易挥发香料,可使其不易挥发;掩蔽不良气味,如消除某些产品的异味异臭。它还可以添加到速溶饮料、软饮料、罐头食品、调味品等中,改善和提高产品的品质;β-环状糊精对糖果有明显的防潮效果,其与多糖类制成保鲜剂,涂于面包、糕点表面,可起到保水、保形作用,改善表面光泽和新鲜度,增加产品弹性;在除口臭型药物牙膏中加入β-环状糊精,其除口臭效果明显增强;香烟的过滤嘴用β-环状糊精处理后,能有效地吸附烟草中的焦油和尼古丁。其应用于方便米面制品及预制肉制品中,最大使用量为1.0 g/kg;应用于胶基糖果中,最大使用量为20.0 g/kg。

β-环状糊精在包埋易挥发的香精中,香精与β-环状糊精的浓度比为1∶1;在乳化油性食品的乳化剂配料中,可用10份β-环状糊精、4~10份增稠剂和0.02~200份水溶性蛋白;用于制作固体酒和果汁粉中,可将含乙醇43%的威士忌100 mL,加水186 mL,β-环状糊精糖浆143 mL,混合,喷雾干燥成固体酒;在橘子罐头中添加糖浆量的0.2%~0.4%,以防止产生白色沉淀;在冷冻蛋白粉末中添加糖浆量的0.25%;在200 mL洋葱汁的乙醇液中,添加75 g β-环状糊精可包埋葱汁的结晶;在100 g β-环状糊精中加入85~90 mL芝麻油,可进行芝麻油的包埋。

8.3.2 化学合成增稠剂

8.3.2.1 羧甲基纤维素钠

羧甲基纤维素钠(sodium carboxymethyl cellulose),简称CMC-Na,是葡萄糖聚合度为100~2 000的纤维素衍生物,分子式为$[C_6H_7O_2(OH)_2OCH_2COONa]_n$,分子量为$(242.16)_n$。

性状与性能:羧甲基纤维素钠为白色纤维状或颗粒状粉末;无臭,无味,有吸湿性;易分散在水中形成透明的胶体溶液,溶液的黏度随温度的升高而降低。当温度低于20℃时,CMC-Na水溶液的黏度随温度的下降而迅速降低;当温度在20~45℃之间时,黏度下降缓慢,温度高于

45℃,黏度完全消失。CMC-Na 水溶液的黏度也受 pH 的影响。当 pH 为 7 时,黏度最大,通常 pH 为 4～11 较合适,pH 在 3 以下时,易生成游离酸沉淀。其耐盐性较差,但它可与某些蛋白质发生胶溶作用,生成稳定的复合体系,从而扩展蛋白质溶液的 pH 范围。

毒性:小鼠经口 LD_{50} 为 27 g/kg,ADI 为 0～25 mg/kg。

使用:按照《食品安全国家标准　食品添加剂使用标准》(GB 2760—2014)规定,羧甲基纤维素钠属于可在各类食品中按生产需要适量使用的添加剂。

通常羧甲基纤维素钠在国外可应用于以下几个方面。

人工甜味剂:使用人工甜味剂时,常以少量人工甜味剂加入大量的水中,此时,水溶液无糖水那样的黏稠性。因此,人工甜味剂常与 CMC-Na 并用,添加于水果罐头的汁液中。

果酱、番茄酱或乳酪:这类食品中添加 CMC-Na,不仅增加黏度,而且可增加固形物的含量,还可使其组织柔软细腻。在生产果酱时,如果果胶不足,可用 CMC-Na 代替。在果酱、奶油奶酪、花生奶油、巧克力奶酪等中添加量为 0.5%～1%。融化干酪添加量为 0.8%。酪浓干酪,惯用稀奶油添加量为 0.5%。

面包、蛋糕:在面包和蛋糕中添加 CMC-Na,可增加其保水作用,防止老化及油渗出,添加量一般为 0.1%～0.2%。在速煮面中使用羧甲基纤维素钠,可使制品均匀,改善结构,容易控制水分,便于操作,添加量为 0.5%。

油脂、香料和粉状食物的固形剂:用 20%～60%的 CMC-Na 水溶液,与油脂、香料等混合均匀,乳化后,采用真空浓缩或喷雾干燥成粉,同时易溶于水。

果蔬:将果蔬用含对羟基苯甲酸酯的 2%～3%羧甲基纤维素钠的溶液涂覆,可以保鲜、防霉和保持风味。

鱼类制品:CMC-Na 在沙丁鱼、鲭鱼罐头中添加量为 2%。

肉类制品、蛋、水果、蔬菜等:以 2%～3%的 CMC-Na 水溶液喷洒于食物表面,可在表面形成一种极薄的膜,可长期储存食物,保持风味,防止发酵。食用时用水冲洗即可,十分方便。

方便面:在方便面中加入 CMC-Na,较易控制水分,且可减少面条的吸油量及减少面条因油脂酸败而使制品败坏的可能性,并可增加面条的光泽,一般用量为 0.36%。

酱油:在酱油中添加 CMC-Na,以调节酱油的黏度,使酱油具有滑润口感。

冰淇淋:CMC-Na 对于冰淇淋的作用类似于海藻酸钠,但 CMC-Na 的价格低廉,溶解性好,保水作用也较强。所以,CMC-Na 常与其他乳化剂并用,以降低成本。而且 CMC-Na 与海藻酸钠并用有相乘作用。通常 CMC-Na 与海藻酸钠混用时的用量为 0.3%～0.5%,单独使用时,需要 0.5%～1%。

酸性饮料:CMC-Na 本身在酸性条件下不够稳定,所以必须制成耐酸性的 CMC-Na,它可用于许多食品中。①配制酸奶。制酸奶有 2 种方法,一是微生物发酵法,二是配制法。后一种方法是在牛奶中加入酸,此时牛奶中的酪蛋白会沉淀,所以可先在牛奶中添加耐酸的 CMC-Na 后,再加酸,则可防止蛋白质沉淀,提高制品的耐热性,延长制品的存放时间。②制果汁牛奶。制果汁牛奶时,酪蛋白也会沉淀,此时加入 0.3%的耐酸性 CMC-Na,则可防止沉淀。③制乳酸饮料。脱脂牛奶经杀菌、冷却后,在接种乳酸菌发酵过程中乳蛋白常有凝集的现象,且保存时极不稳定,加入耐酸性的 CMC-Na,可避免此情况。

果汁饮料:加工果汁饮料,常因过滤不良而混有果肉,导致蛋白质由于受果肉中酶的作用而生成沉淀。添加 CMC-Na 可以防止此现象。

8.3.2.2 淀粉磷酸酯钠

淀粉磷酸酯钠(sodium starch phosphate),是由正磷酸钠分散在乙醇溶液中加入淀粉,在120～170℃下反应制得的淀粉衍生物。

性状与性能:淀粉磷酸酯钠为白色粉末,无臭,可溶于水,形成透明糊状物,1%水溶液pH为6.5～7.5,不溶于乙醇,水溶液黏性很大,在低温时很稳定,加温后黏度下降。

毒性:小鼠口服 LD_{50} 为9.24 g/kg。ADI不需要规定(FAO/WHO,1994)。

使用:淀粉磷酸酯钠可作为增稠剂、稳定剂、悬浮剂。它比一般的增稠剂易分散于水中,在低温下稳定。因含有磷酸酯,与金属有螯合作用,可防止食品褐变。

按照《食品安全国家标准　食品添加剂使用标准》(GB 2760—2014)规定,淀粉磷酸酯钠可用于脂肪含量80%以上的乳化制品,冷冻制品(食用冰除外),果酱,粮食和粮食制品,包括大米、面粉、杂粮、块根植物、豆类和玉米提取的淀粉等(不包括原粮及焙烤制品),调味品,饮料类(包装饮用水除外),按生产需要适量使用。

8.3.2.3 羧甲基淀粉钠

羧甲基淀粉钠(sodium carboxymethyl starch),简称羧甲基淀粉或CMS-Na,由淀粉处理制成。

性状与性能:羧甲基淀粉钠为白色或微黄色粉末,在常温下溶于水,形成透明状液体,它吸水后体积可膨胀200～300倍,其1%水溶液的pH为6.5～8,当溶液呈酸性时稳定性较差,呈碱性时较稳定;有增稠性,其黏度与产品的分子量及淀粉分子中的羧甲基钠基团的数目有关,性质与羧甲基纤维素钠相近。

毒性:大鼠口服 LD_{50} 为9 026 g/kg。小鼠经口 $LD_{50}>15$ g/kg,FAO/WHO(1984)规定,ADI不作限制性规定。

使用:按照《食品安全国家标准　食品添加剂使用标准》(GB 2760—2014)规定,羧甲基可用于果酱、酱及酱制品,最大使用量为0.1 g/kg;冰淇淋类,最大使用量为0.06 g/kg;面包,最大使用量为0.02 g/kg;方便米面制品,最大使用量为15.0 g/kg。

通常羧甲基淀粉钠可应用于以下几个方面。

米面制品:羧甲基淀粉钠用于面包和糕点中可通过改善面制品的增稠性、稳定性和保水性,提高面粉的弹性和粉力,改善制成品的形状、味道和色泽。其应用于面制品中,可提高冻融稳定性。添加羧甲基淀粉钠后黏度稳定,低温保藏时具有良好的保水性,适用于冷冻食品和方便食品。

冰淇淋:羧甲基淀粉钠应用于冰淇淋中能提高其膨胀率并改善其口感和外观,能替代食品胶类以降低生产成本。

8.3.2.4 羟丙基淀粉

羟丙基淀粉(hydroxypropyl starch,HPS),为天然淀粉经氧化丙烯处理形成的淀粉衍生物。

性状与性能:羟丙基淀粉为白色或近白色细微粉末,无臭、无味;几乎不溶于冷水,在水中加热泡涨后完全糊化,具有增稠、稳定的作用。具有糊化温度低、流动性好、黏度和透明度都较好的特性。羟丙基淀粉成膜性好,凝沉性弱和冻融稳定性好,对酸碱等也较稳定。

毒性:小鼠口服 $LD_{50}>15$ g/kg。对人体无毒害,ADI不需要规定(FAO/WHO,1994)。

使用：羟丙基淀粉可作为增稠剂、稳定剂、乳化剂和凝胶剂。使用时可代替明胶或海藻胶。与蔗糖、橙汁混合制成布丁，在储藏期间可抗两相分离。此外，羟丙基淀粉凝胶透明性强，持水性好。按照《食品安全国家标准　食品添加剂使用标准》(GB 2760—2014)规定，羟丙基淀粉可用于果酱，肉罐头类，复合调味料，果冻，最大使用量为 30.0 g/kg；冰淇淋类，最大使用量为 12.0 g/kg。如用于果冻粉，按冲调倍数增加。另外，有研究表明羟丙基淀粉的加入可使酸性食品具有较好的稳定性，并在低温保藏过程中具有良好的持水性。

思考题

二维码 8-1
第 8 章　思考题答案

1. 什么是食品增稠剂？
2. 影响增稠剂作用效果的因素有哪些？
3. 食品增稠剂在食品中起什么作用？
4. 常用天然增稠剂有哪些种类？如何使用？
5. 人工合成增稠剂有哪些种类？如何使用？

参考文献

[1] 苏生显，许永安. 红藻胶的理化特性及应用研究进展. 现代农业科技，2013(10).

[2] 黄洁，王安凤. 瓜尔豆胶研究进展. 食品研究与开发，2011(1).

[3] 方芳，顾正彪，洪雁，等. 淀粉基食品乳化剂及其应用. 中国粮油学报，2014(2).

[4] 食品安全国家标准　食品添加剂使用标准：GB 2760—2014. 北京：中国标准出版社，2014.

[5] 韩明会，于海龙，朱莉伟，等. 罗望子胶的流变学性质及凝胶特性研究. 中国野生植物资源，2015，34(3).

[6] 曾津金，王富刚. 黄原胶在中式菜肴中的应用——以糖醋里脊为例. 肉类工业，2020(2).

[7] 刘英，邱逸凡，许希贤. 果胶研究和应用进展. 现代食品，2019(24).

第9章

食品乳化剂

学习目的与要求

熟悉食品乳化剂的概念、乳化剂的作用原理和影响乳化效果的因素，了解乳浊液的特性与HLB值概念，掌握常见食品乳化剂的基本特性及应用，了解食品乳化剂使用注意事项与应用进展。

食品乳化剂(emulsifying agents)的使用,从20世纪20年代美国人加卵磷脂于面包中,至今已有较长的历史了。其广泛用于饮料、乳品、糖果、糕点、面包、方便面等食品的加工过程中。

食品乳化剂指能改善乳化体中各种构成相之间的表面张力,形成均匀分散体或乳化体的物质。食品乳化剂添加于食品后可显著降低油水两相界面张力,使互不相溶的油(疏水性物质)和水(亲水性物质)形成稳定乳浊液的食品添加剂。食品乳化剂是表面活性剂的一种,其分子结构的共同特点是分子两端不对称,一端是极性的亲水基,另一端是非极性的疏水基(图9-1)。一般地讲,疏水基团均为碳氢链结构,亲水基团因种类不同而不同,正是由于这种两亲分子结构特点决定了乳化剂的特殊用途。

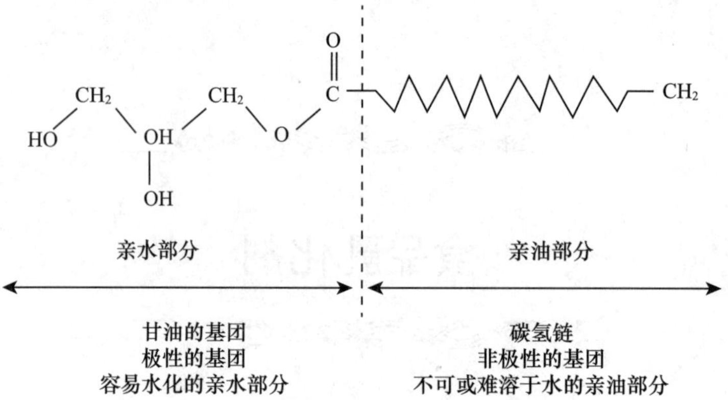

图9-1 乳化剂的两亲分子结构示意图

9.1 乳化剂的作用

食品是含有水、蛋白质、糖、脂肪等组分的多相体系,因而食品中许多成分是互不相溶的,由于各组分混合不均匀,致使食品中出现油水分离、焙烤食品发硬、巧克力及糖果起霜等现象,影响食品质量。乳化剂能改善食品多相体系中各组分之间的表面张力,使之相互融合,从而改进食品组织结构、口感、外观,简化和控制加工过程,提高食品保存性的一类添加剂。

9.1.1 乳化作用

把水和油一起注入烧杯,稍静置就会出现分层,在分界面处形成一层明显的接触膜,即使是加以强烈的振荡或者搅拌使两者互相混合,但这种用机械的方法制成的分散状态也是不稳定的,一旦静置,还会分层,如果在此体系中加入少量乳化剂,再进行搅拌混合,则油就可以以微小的液滴分散于水中,形成乳浊液,这种现象就叫乳化。乳化剂使用得当,乳浊液的稳定性就好,很难再分层。

实际上,任何界面两侧的两相都存在着极性差异,例如水-油系统,水相有极性而油相无极性,水-蒸气系统,水相极性较强,而气相极性较弱,加入乳化剂后,界面上乳化剂分子亲水的一端趋向钻入水中,而疏水的一端趋向于进入无极性或极性较弱的一相中,而成定向排列,正是由于这一定向排列的特点决定了乳化剂的乳化性能。乳化剂分子就像一座桥一样将互不相溶的两相物质均匀、稳定地分散在一个体系中。食品是一种多成分,多相体系,也是一个界面体系，乳化剂的使用，降低了这些界面的表面张力，使物质处于一种均匀的、稳定的状态，防止油水分离，防止糖和油脂的起霜，防止蛋白凝集或沉淀，从而改善和维持食品品质。此外，乳化剂可以提高食品耐盐、耐酸、耐热、耐冷冻保藏的稳定性，乳化后营养成分更易为人体消化吸收。

9.1.2　起泡作用

泡沫实质是一种气体分散在液体介质中的多相不均匀体系，是一种热力学不稳定体系，有过剩的表面自由焓。它的稳定性受表面张力和液膜强度影响。一般表面张力低，排液速度降低，液膜变薄，有利于泡沫稳定。

好的泡沫结构在食品如啤酒、蛋糕、冷冻甜食和食品上的饰品物是必要的。乳化剂可被吸附在气-液界面上降低界面张力，增加了气体和液体的接触面积，有利于发泡和泡沫的稳定。泡沫的性质决定了产品的外观和味觉，恰当地选择乳化剂是极重要的。

9.1.3　悬浮作用

固体以极细小的颗粒形式均匀地悬浮在液体介质中叫作分散。单纯的聚合物小颗粒和水的混合物，由于相对密度不同及颗粒相互黏结的结果，不能形成稳定的分散体系。但是在加入少量乳化剂后，就会在聚合物颗粒表面上吸附一层乳化剂分子，在每一个小颗粒上都带一层同号电荷，使每个小颗粒能稳定地分散并悬浮在介质中。一般分散颗粒大小为 0.1～100 μm。

用于悬浮液的乳化剂，对不溶性颗粒也有润湿作用，这有助于确保产品的均匀性。悬浮液乳化剂通常和稳定剂或增稠剂共用，在食品工业上，巧克力、乳酸饮料、植物蛋白饮料是常见的悬浮液。

9.1.4　破乳作用和消泡作用

在许多需要破乳化作用过程中，例如在制作糕点和冰淇淋时，添加甘油脂肪酸、蔗糖脂可起发泡作用，有利于大量气泡的产生。而在某些食品加工工艺及用发酵方法制造食品时，起泡作用往往会造成危害，因此，为了消除这些有害泡沫的影响，就需加入表面活性剂作为消泡抑制剂。例如在炼乳和豆制品制作中，添加甘油脂肪酸脂可以起到消泡的作用。

9.1.5　络合作用

乳化剂都具有与乳化粒子相互作用的能力，能以络合的方式加到被保护的粒子上，从而使被保护粒子的电荷和溶剂化物膜增强，体系的稳定性得到提高。

大多数乳化剂的分子中有线形的脂肪酸长键，可与直链淀粉连接成为螺旋状复合物，可降低淀粉分子的结晶程度，并进入淀粉颗粒内部阻止支链淀粉的结晶。此外，乳化剂可使面制品中加入的油脂分散性变好，阻止淀粉分子的膨胀，从而推延了面包、糕点等淀粉类制品的老化、回生、沉凝，保持其柔软性起到保鲜的作用，延长货架期。乳化剂加入面团后，与面筋蛋白形成复合物，即乳化剂的亲水基结合麦胶蛋白，亲油基结合麦谷蛋白，面筋蛋白分子变大，形成结构牢固、细密的面筋网络。在这种网络状结构中，层与层之间可滑动，不易断裂，增强了面筋的机械强度，提高了面团的持气性，使产品体积增大。特别是在处理不能形成面筋的大豆蛋白时使用乳化剂可以促进脂类对大豆蛋白的束缚，增强与其他成分的联系。在有水存在时，乳化剂与脂类作用，形成稳定的油水混合体系；与脂类和蛋白质形成氢键或偶联络合物，强化了面团的网状结构，提高了面团的弹性和吸水性，增加了揉面时空气混入量，缩短发酵时间，使面包等制品膨松、柔软。乳化剂还具有保水保鲜的作用，可防止在储运过程中水分散失现象的发生，抑制成品变硬掉渣和改善复蒸性。在面包和蛋卷的生产中，乳化剂可阻滞粒状胶固化，这种胶固化会引起消费者的不新鲜感。生产上采用甘油单酸酯和甘油二酸酯来阻止面包颗粒状碎屑的坚固化，这种方式已经应用很多年，如果配合吐温混合使用，则具有抗硬化作用和调理面团2个特性。

9.1.6 结晶控制

脂肪对食品质构的影响是通过结晶构建的网络结构，与非脂肪物质相互作用而产生。脂肪的可再结晶和塑性对食品质量有非常重要的作用，如面团起酥、巧克力焙化、饼干和糖果的质构等。食品乳化剂的脂肪酸基团与油脂的脂肪酸基团组成类似，乳化剂对油脂的成核过程和晶型转变都有影响。在成核过程中可阻碍脂肪结晶(例如在色拉油或食用油中)，避免形成大的结晶簇，造成人造黄油、涂抹料、巧克力等脂肪类食品出现“砂砾”质构样或者较差的感官形态。

巧克力在存放过程中，也会发生一种晶型向另一种晶型转变的现象，并且在产品表面出现灰白色的斑点，称为“起霜”，消费者常常将这些斑点误认为是菌落而拒绝消费。晶霜的出现与巧克力存放条件有关，如果存放温度波动大，会使巧克力中的脂肪发生熔化和再结晶，薄片晶型向柱状晶型转变，这2种晶型使巧克力表面由原来的平坦发亮变成凸凹不平，光线经过凸凹表面的反射，给人一种黯淡的灰色感。乳化剂可以结合到脂肪晶体晶格中起到调节作用。如司盘-65、乳酸单甘酯(LACTEM)、柠檬酸单甘酯(CITREM)等与甘油三酯的β晶型共结晶、从而阻止固态晶体向高熔点的β晶型转变。这些乳化剂在可可脂代用品(CBS)或类可可脂(CBE)中对晶型调节也有相似作用，促进可可脂的结晶变得微细和均匀，效果以司盘-65为好。还有人将辛癸酸甘油酯ODO和乳化剂(如GMS、SPAN、PGE、吐温等)复配使用，促进油脂之间的相溶性，使晶体大小均一，产品更具光泽。

对人造奶油、起酥油等固态油脂加工而言，因为油脂的不同晶型会赋予食品不同的感官性能和食用性能，对产品的外观、口感有很大的影响，所以对油脂结晶的控制非常重要。人造黄油和低脂涂抹料中混合脂肪构成中，含有部分氢化的葵花油或者低芥酸菜油，这种人造黄油和涂抹料有很强的转变为β大晶体的趋势，存放2～3周，β大晶体出现，使产品变成“砂砾”质构和口感。此外，由于晶相表面积减少，可能出现液态油分离现象，这种变化会被消费者认为是产品缺陷而拒绝接受。但是如果在上述产品中添加0.3%～0.5%的司盘-65，就可以延缓甚至完全避免β晶型的出现。

9.1.7 润湿作用

乳化剂具有提高亲水亲油的性能，具有有效的润湿性，乳化剂的选择受润湿类型控制。在奶粉、可可粉、麦乳精、速溶咖啡、粉末饮料冲剂和汤味料等食品中使用乳化剂，可提高其分散性、悬浮性和可溶性，如吐温类乳化剂，加入量为0.1%时效果较好。有助于方便食品在冷水或热水中速溶和复水。如亲水性固体(蛋白质粉)，加入水中迅速润湿，形成外湿内干，易结块，在其中添加一些极性低、亲脂性好的卵磷脂，可降低粉末的润湿速度，达到速溶。又如疏水性悬浮固体(全脂奶粉)，具有类似脂肪的表面，加入极性高、亲水性好的卵磷脂，可消除脂肪与水之间的相互排斥性，使产品迅速分散于液体中，达到速溶。

9.1.8 润滑作用

甘油单酸酯和甘油二酸酯都具有较好的润滑效果，对淀粉制品挤压时可获得优良的润滑性，能有效地用于食品加工过程。在焦糖中加入0.5%～1.0%的该类型乳化剂，能减少对切刀、包装物和消费者牙齿的黏结力。

9.1.9 降低黏度

乳化剂有降低黏度的作用，可作饼干、口香糖等的脱模剂，并使制品表面光滑。在巧克力中，降低成本和黏度、提高物料的流散性；在口香糖中，使产品不粘牙，并具有增塑性和柔软性；在制糖工业中，乳化剂降低糖蜜黏度，可增加糖的回收率。巧克力是蔗糖、可可、奶油等的混合物，原料的黏度较大，某些乳化剂可包覆在巧克力颗粒的表面，减少颗粒之间的摩擦力，增加流动性，从而减少了黏度，利于注模。

上面较为详细介绍了乳化剂在食品工业中的作用，近年来有些新型的乳化剂兼有杀菌、防腐、营养等多种功效。脂肪酸淀粉糖脂(如麦芽糖醇、葡萄糖、低聚糖等)，是天然营养多功能的食品乳化剂。随着生物技术和遗传工程的应用，已经开发出一系列具有表面活性生物物质的产品并用于食品生产，例如，从非生物蛋白中获得的蛋白基表面活性剂、蛋白水解产物和蛋白质衍生物等。应当指出，不同的乳化剂、同一乳化剂在不同条件下以及不同乳化剂的配用，其作用效果是有差异的，在食品加工过程中，应根据食品种类加工条件、方法的不同，正确地选用食品乳化剂以及合理进行复合使用，达以最佳使用效果。

9.2 乳浊液及乳化剂的亲水亲油平衡值

乳浊液指2种或2种以上不相混溶的混合物，其中一种液体以微粒的形式分散到另一种液体里形成的分散体。乳浊液体系中，被分散的间断的相叫内相，外部的液体叫连续相(或外相)。食品上主要包括胶态分散(增溶)，及气体在液体中的分散(即发泡)等类型。液体、固体和气体混合成的乳浊液可以分为以下2种类型：①油滴分散到水介质里，通常指水包油(O/W)型乳浊液，油滴为内相，水为连续相；②水滴分散到油或脂肪介质里，通常指油包水(W/O)型浮浊液，水滴为内相，油或脂肪为连续相。

乳浊液可以是像水一样的液体，也可以像固体脂肪一样的黏性液体。它具有两相或多相食品系统的其他特性。牛奶是典型的天然乳浊液，奶油食品，色拉调味品等都是经过加工制得的乳浊液类型的食品。乳浊液类型的食品可根据内相含量多少分为低内相比(<30%)、适中内相比(30%～70%)和高内相比(70%～77%) 3种。牛奶、奶油、充气冰淇淋、固体的蛋糕(糊状)、代用奶制品、奶酪及其涂抹食品等属于低内相比的水包油型乳浊液；重奶油、液体起酥乳浊液、肉类乳浊液、腊肉、香肠等属于适中内相比的水包油型乳浊液；蛋黄酱、色拉调味品等属于高内相比的水包油型乳浊液；奶油、人造奶油等属于低内相比的油包水型乳浊液。

9.2.1 乳浊液的性质

乳浊液的性质包括物理性质和化学性质。乳浊液的性质与连续相的性质和连续相对内相的比例有关。下面简单介绍一下乳浊液的一些重要性质。

9.2.1.1 外观

乳浊液的外观随原料的颜色、折光率的不同及分散相颗粒大小而变化，在不同的折光指数条件下，颗粒大小在 0.5～5 μm 时可制得不透明的乳状液，连续相颜色通常能控制产品颜色，将颗粒大小降到只有几纳米大小，小于可见光的波长或使两相的折光率相同时，可获得透明的乳浊液。

9.2.1.2 分散性

乳浊液的分散作用与乳浊液类型有关，如果外相是水，乳浊液可分散到水或水溶性溶剂中；如果外相是油，它可以使油物质分散或稀释。用分散性来判断乳浊液的类型是很有效的。食品上的乳浊液大多是水包油型乳浊液。

9.2.1.3 黏度

乳状液的黏度通常是随外相的黏度、外相对内相的比率和分散液珠颗粒大小的变化而变化，所以乳浊液的黏度也取决于乳化剂的类型和浓度。当乳浊液为低内相比时，乳浊液黏度与外相相似；当内相浓度增大时，产品黏度也增大；当内相体积比外相体积大时，黏度明显增大，这种现象是由于乳浊液中颗粒密集引起的。由于乳浊液中颗粒表面总是存在着一定静电荷，其界面的移动伴有电阻，因此乳浊液的黏度实际上要复杂得多，影响乳浊液黏度的因素主要有连续相和分散相黏度、分散相与连续相的容量比、乳化剂所引起的界面膜性质、电气黏性、分散相滴液粒径分布。乳浊液黏度的测定可用旋转黏度计、针入黏度计、落球式黏度计、毛细管黏度计等方法。

9.2.1.4 颗粒大小

颗粒大小通常用内相颗粒直径表示。如果大小相同，通常用乳浊液颗粒大小出现的范围表示，也就是说用颗粒最小值和最大值表示颗粒存在的范围，含有较小直径的颗粒的乳状液是均匀细腻的乳状液，含有较大颗粒的是粗糙的乳状液。颗粒大小与乳化剂的类型、质量、制备乳状液的技术和组合的加入顺序有关。大多商业用乳浊液的颗粒在 0.5～2.5 μm，颗粒细小且相似的乳浊液，稳定性好，乳浊液颗粒大小差异大，则稳定性差。

9.2.1.5 微粒电荷

乳浊液的分散相都可以用电泳的方法判断微粒所带电荷，这种电荷可能是一种组分电离引起的或非离子乳浊液的电子摩擦引起的，这种电荷在离子体系中比非离子体系中多得多。一般来讲，颗粒小的微粒电荷能提高乳浊液的稳定性，高黏度乳浊液的微粒电荷稳定性的影响比流体乳浊液小。

9.2.1.6 导电性

乳浊液的导电性是由连续相的导电性决定的，水包油型乳浊液的导电性好，而油包水型乳浊液的导电性差，因此，用导电试验来判断乳浊液类型也是一个好方法。

9.2.1.7 pH

在过去的几年中，人们对乳浊液 pH 的重要性有了较多的认识，用 pH 判断乳浊液的性能取得了满意的效果。根据乳化剂特性，非离子乳化产品适用的 pH 在 3～10 范围内。

9.2.1.8　稳定性

稳定性是乳浊液的重要性质，稳定性要通过储藏的时间、黏度及储藏环境等来考察的。稳定性受分散微粒聚合的影响，聚合的比率又取决于乳化剂的类型和浓度、乳浊液的黏度、组成相、分散颗粒大小、微粒电荷以及储藏条件。

9.2.1.9　防腐

乳浊液在制备和使用过程中会受到微生物的污染，商业出售的产品中因含有防腐剂而不会出现微生物过速增长，用防腐体系保护乳浊液是很有必要的。许多公司将所生产的产品进行破坏试验来判断防腐剂体系的防腐效果。

9.2.2　乳化剂的分类

乳化剂性质的差异，除与烃基的大小、形状有关外，还主要与亲水基的不同有关，亲水基团的变化比疏水基团要大得多，因而乳化剂的分类，一般也就以亲水基团的结构，即按离子的类型而划分。

9.2.2.1　离子型乳化剂

当乳化剂溶于水时，凡是能离解成离子的，称为离子型乳化剂，如果乳化剂溶于水后离解成一个较小的阳离子和一个较大的包括烃基的阴离子基团，且起作用的是阴离子基团，称为阴离子型乳化剂。如果乳化剂溶于水后离解生成的是较小的阴离子和一个较大的阳离子基团，且发挥作用的是阳离子基团，这个乳化剂称为阳离子型乳化剂。两性乳化剂分子也是由亲油的非极性部分和亲水的极性部分构成，特殊的是亲水的极性部分既包含阴离子，也包含阳离子。

在离子型乳化剂工业中，阴离子型乳化剂是发展得最早，产量最大，品种最多，工业化最成功的一类。食品工业中常用的阴离子型乳化剂有烷基羧酸盐、磷酸盐等，常用的两性乳化剂有卵磷脂等。阳离子型乳化剂在食品工业中应用较少。

9.2.2.2　非离子型乳化剂

非离子型乳化剂在水中不电离，溶于水时，疏水基和亲水基在同一分子上，分别起到亲油和亲水的作用。正是因为非离子型乳化剂在水中不电离，也不形成离子这一特点，使得非离子型乳化剂在某些方面具有比离子型乳化剂更为优越的性能。

以上的分类，是按照乳化剂的结构特点进行的。实际生产中，也有根据乳化剂的亲水、亲油相对强弱进行分类，分为亲水性乳化剂和亲油性乳化剂。一般地说，亲水性强的乳化剂形成的主要是水包油型（O/W）乳浊液，亲油性强的乳化剂形成的主要是油包水型（W/O）乳浊液。但是应当指出，用乳化剂配制乳浊液时，它不仅要受乳化剂本身的影响还要受体系中物质组成、pH、温度等条件的影响。

9.2.3　乳化剂的亲水亲油平衡值

前面已经介绍了，乳化剂都具有两亲分子结构特点，实际上乳化剂的乳化特性和许多功效通常是由其分子中亲水基的亲水性和亲油基的疏水性的相对强度所决定的，良好的乳化剂在它的亲水和疏水基之间必须有相当的平衡。1949 年格尔芬（Griffin）首先提出了乳化剂的亲水亲油平衡（hydrophilic lipophilic balance）的概念，并用 HLB 值表示乳化剂的亲水性。

HLB值是关于乳化剂性能的一个指标，由于乳化剂分子中同时有亲油、亲水两基团，整个分子亲水的倾向，取决于两类基团的作用的比较，是两者亲和力平衡后，分子所表现的综合效果。所以目前HLB值的计算公式主要是下列2种形式：

差值式：
$$\text{HLB}=\text{亲水基的亲水性}-\text{亲油基的憎水性} \tag{1}$$

比值式：
$$\text{HLB}=\frac{\text{亲水基的亲水性}}{\text{亲油基的憎水性}} \tag{2}$$

对于不同类型的乳化剂，式(1)、式(2)可以变化成不同的具体形式。如

戴微斯法：
$$\text{HLB}=7+\sum\text{亲水基团值}-\sum\text{亲油基团值}$$

亲水基团值和亲油基团值已由前人测出，可以查到，再根据分子结构进行计算。又如

川上法：
$$\text{HLB}=7+11.7\log\frac{\text{亲水基部分分子量}}{\text{亲油基部分分子量}}$$

而且实践表明某些类型的乳化剂的HLB值具有累加性：对于2种或2种以上的乳化剂并用时，复合乳化剂的HLB值可根据下式计算：

$$\text{HLB}_{AB}=\frac{\text{HLB}_A\times m_A+\text{HLB}_B\times m_B}{m_A+m_B} \tag{3}$$

式中：m_A为A种乳化剂的质量；m_B为B种乳化剂的质量；HLB_A为A的HLB值；HLB_B为B的HLB值；HLB_{AB}为A、B混合后复合乳化剂的HLB值。

有些类型的乳化剂的HLB值用式(1)、式(2)、式(3)也无法准确表示，那么就只能通过乳化标准油实验来测定了。测定中，一般以石蜡(HLB值为0)、十二烷基硫酸钠(HLB值为40)为标准。

HLB值的测定、计算方法很多，但是测算出的HLB值一般都在一个数值范围之内，所以得明确乳化剂的亲水性，就可以知道它亲油性能相对大小和强弱，也就知道了乳化剂的两亲性质，这对于了解乳化剂的功效，正确使用乳化剂都有指导作用。一般来说，HLB值越高表明乳化剂亲水性越强，反之亲油性越强，常用食品乳化剂的类型及HLB值如表9-1所示。

表9-1 常用食品乳化剂的类型及HLB值

乳化剂名称	类型*	HLB
单硬脂酸甘油酯	N	3.8
单月桂酸甘油酯	N	5.2
双乙酰酒石酸单(双)甘油酯	N	8.0～10.0
聚氧乙烯木糖醇酐单硬脂酸酯	N	4.7
山梨醇酐单月桂酸酯(又名司盘-20)	N	8.6
山梨醇酐单棕榈酸酯(又名司盘-40)	N	6.7
山梨醇酐单硬脂酸酯(又名司盘-60)	N	4.7
山梨醇酐三硬脂酸酯(又名司盘-65)	N	2.1
山梨醇酐单油酸酯(又名司盘-80)	N	4.3

续表 9-1

乳化剂名称	类型*	HLB
聚氧乙烯(20)山梨醇酐单月桂酸酯(又名吐温-20)	N	16.9
聚氧乙烯(20)山梨醇酐单棕榈酸酯(又名吐温-40)	N	15.6
聚氧乙烯(20)山梨醇酐单硬脂酸酯(又名吐温-60)	N	14.9
聚氧乙烯(20)山梨醇酐单油酸酯(又名吐温-80)	N	15.4
蔗糖脂肪酸酯	N	3.0～16.0
硬脂酰乳酸钙	A	5.1
硬脂酰乳酸钠	A	8.3
大豆磷脂	N	8.0

* N 为非离子型乳化剂;A 为阴离子型乳化剂。

9.2.4　HLB 值与乳化剂的作用

乳化剂在溶液中有乳化、润湿、分散、增溶、起泡、消泡等一系列表面活性作用,HLB 值与以上使用的关系如图 9-2 所示。

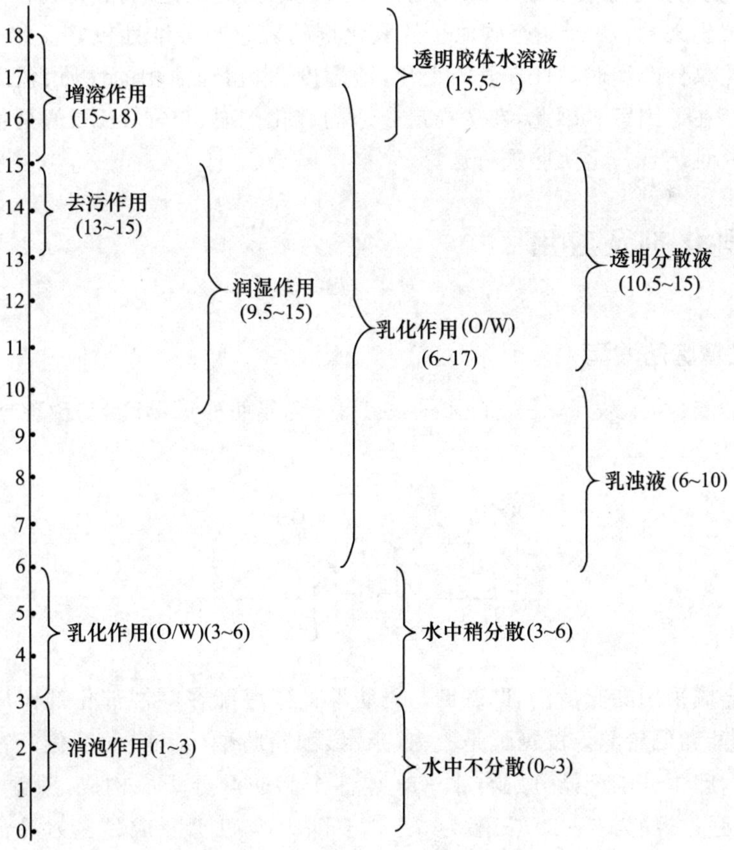

图 9-2　乳化剂 HLB 值及其适用性

可以看出,HLB值在很大程度上决定着乳化剂的使用性能。所以,有了HLB值,就可以在性质上了解乳化剂的亲油、亲水性,在应用上了解乳化剂的主要功能,再根据食品的组分、工艺要求,来选择所需要的乳化剂。例如,要乳化一种食用油,在众多的乳化剂中如何正确选择。首先就是根据这种油被乳化所需要的HLB值来选择具有相同或相近HLB值的乳化剂。因此,在食品工业中只要涉及乳化剂的使用,考虑的第一个指标就是HLB值。

应该指出,HLB值并不能表明一个表面活性剂的乳化作用的效率(efficiency,即所需乳化剂的浓度)和效力(effectiveness,即形成乳液的稳定性),而只能表示出形成乳状液的可能类型。甚至在某些情况下连乳状液的类型也不能完全肯定。在某些情况下,一种乳化剂可随浓度不同或用量之多少,使所得乳液为O/W或W/O型。有时,甚至用HLB值2～17的表面活性剂皆可制备出水包油型乳状液。

由于HLB值没有考虑分子结构的特异性,而乳化剂的性质、功效还与亲水、亲油基的种类、分子的结构和分子量有关。实践经验证明,不同种类的亲油基其亲油性强弱顺序排列如下:脂肪基>带脂烃链的芳香基>芳香基>带弱亲水基的亲油基。

亲油基和亲水基与所亲和的物料结构越相似,则它们的亲和性越好。在结构方面,亲水基位置在亲油基链一端的乳化剂比亲水基靠近亲油基链中间的乳化剂亲水性要好。在分子量方面,分子量大的乳化分散能力比分子量小的好。直链结构的乳化剂,乳化特性是在8个碳原子以上才显著表现出来的,10～14个碳原子的乳化剂的乳化与分散性较好。此外,HLB值未能合理地考虑乳化条件改变时,HLB值的变化,即温度、水相和油相的性质、辅助表面活性剂和其他添加剂的存在等因素。因此,在选择最合适的乳化剂时,单靠HLB值是很不够的。还应考虑多种因素并且结合一定实验进行选择。

9.3 常用乳化剂及应用

9.3.1 蔗糖脂肪酸酯

蔗糖脂肪酸酯(sucrose esters of fatty acid),又名脂肪酸蔗糖酯,简称蔗糖酯、SE,其结构式为:

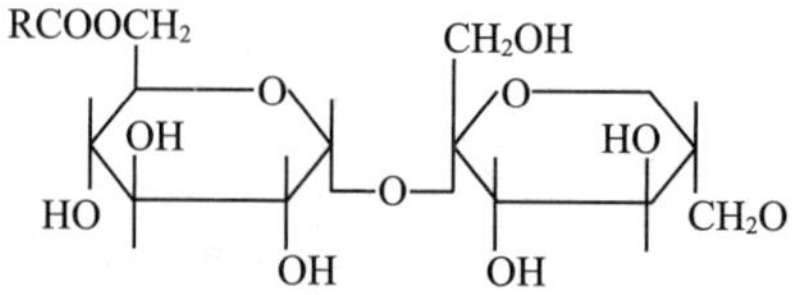

蔗糖酯的合成采用酯交换法,即蔗糖与脂肪酸低碳醇酯在碱性催化剂作用下发生酯交换反应,得到蔗糖酯和低碳醇。蔗糖酯是蔗糖(亲水)和脂肪酸(亲油)的酯化产物,分为单酯、二酯和三酯、多酯,即1分子蔗糖分别与1,2,3或多个脂肪酸分子所构成,蔗糖单酯HLB值为10～16,亲水性强;二酯为7～10,三酯为3～7,多酯为1,蔗糖酯成品多为混合物。作为食品添加剂使用的脂肪酸多为软脂酸和硬脂酸。其乳化作用由分子内具有高亲水性的蔗糖分子和具有亲油性的脂肪酸基团所致。产品依蔗糖羟基酯化数不同,可获得从亲油性强到亲水性强的不同系列产品(表 9-2)。

表 9-2　不同 HLB 值蔗糖的单酯率比较表

HLB	单酯率/%	多酯率/%	国外商品名	HLB	单酯率/%	多酯率/%	国外商品名
3	20	80	S-370	11	55	45	S-1170
5	30	70	S-570	13	60	0	F-140
7	40	60	S-770	15	70	30	O-1570 S-1570 P-1570
9	50	50	S-970	16	75	25	P-1670

注:S为硬脂酸,P为软脂酸,O为油酸。

性状与性能:由于其脂肪酸种类和酯化度不同,蔗糖脂肪酸酯可为白色至微黄粉末、蜡样块状或无色至微黄色稠厚凝胶,无臭或微臭;溶于乙醇、微溶于水(单酯溶于温水、双酯难溶于水);水溶液有黏性和湿润性,乳化作用良好;软化点 50～70℃,120℃以下稳定,145℃以上可分解,在酸性或碱性条件下加热可皂化;有旋光性,对淀粉有特殊的防老化作用(使淀粉的特殊碘反应消失,糊化温度明显上升)。

毒性:蔗糖脂肪酸酯毒性小,大鼠口服 LD_{50} 为 39 g/kg。ADI 暂定 0～20 mg/kg。

使用:蔗糖脂肪酸酯可用于肉制品、香肠、乳化香精、冰淇淋、糖果、巧克力、饮料、八宝粥、焙烤食品等作乳化用,也可作为保湿膜的成分,用于橘子、苹果、鸡蛋的保鲜。蔗糖脂肪酸酯还经常用于其他食品添加剂的稳定剂。按照《食品安全国家标准　食品添加剂使用标准》(GB 2760—2014)规定,蔗糖脂肪酸酯的使用范围和标准如表 9-3 所示。

表 9-3　蔗糖脂肪酸酯使用范围和最大使用量

项目	食品名称/分类	最大使用量/(g/kg)	备注
蔗糖脂肪酸酯	稀奶油(淡奶油)及其类似品;基本不含水的脂肪和油;水油状脂肪乳化制品;水油状脂肪乳化制品类以外的脂肪乳化制品,包括混合的和(或)调味的脂肪乳化制品;可可制品、巧克力和巧克力制品(包括代可可脂巧克力及制品)以及糖果;乳化天然色素	10.0	
	果酱;专用小麦粉(如自发粉、饺子粉等);面糊(如用于鱼和禽肉的拖面糊)、裹粉、煎炸粉;调味糖浆;调味品;即食菜肴	5.0	
	生湿面制品(如面条、饺子皮、馄饨皮、烧卖皮);生干面制品;方便米面制品;果冻	4.0	如用于果冻粉,按冲调倍数增加使用量
	调制乳;焙烤食品	3.0	
	冷冻饮品(食用冰除外);经表面处理的鲜水果;杂粮罐头;肉及肉制品;鲜蛋(用于鸡蛋保鲜);饮料类(包装饮料用水除外)	1.5	固体饮料按稀释倍数增加使用量

实际使用时，一般先将蔗糖酯以少量水(或油、乙醚等)混合、润湿，再加入所需量的水(油、乙醇等)，并适当加热，使蔗糖酯充分溶解与分散。它用于肉制品、鱼糜制品，可改善水分含量及制品的口感，用量为0.3%～1%(HLB值为1～16)；用于焙烤食品，可增加面团韧性，增大制品体积，使气孔细密、均匀，质地柔软，防止老化，用量为面粉的0.2%～0.5%；用于饼干、糕点，可使脂肪乳化稳定，防止析出，改善制品品质，用量为0.1%～0.5%(HLB值为7)；用于巧克力，可抑制结晶，防止起霜，用量为0.2%～1.0%(HLB值为3～9)；用于泡泡糖，使之易于捏合，提高咀嚼感，改善风味和软度，添加量为胶基的0.1%～0.2%(HLB值为5～11)；用于冰淇淋，增加乳化及分散性，提高比体积，改进热稳定性、成形性和口感；用于油脂，用量为1.0%～10%；用于炼乳、掼奶油以稳定乳液，可防止水分离，提高奶油膨胀力，用量为0.1%～0.5%(HLB值为1～16)；用于人造奶油，可改善奶油和水的相溶性，对防溅有效，用量为0.1%～0.5%(HLB值为1～3)；用于乳化香精、固体香精，最适用于柠檬油、橘子油、葡萄油的稳定乳化，防止制品中的香料损失，用量为0.05%～0.2%(HLB值为7～16)；用于禽、蛋、水果、蔬菜的涂膜保鲜，具有抗菌作用，保持果蔬新鲜，延长储存期，用量为0.3%～2.5%(HLB值为5～16)。此外也可用于豆奶、冷冻食品、沙司、饮料、米饭、面条、方便面、饺子等。由于乳化剂的协同效应，单独使用蔗糖酯远不如与其他乳化剂配合使用，适当复配后乳化效果更佳。

9.3.2 单、双甘油脂肪酸酯(油酸、亚油酸、棕榈酸、山嵛酸、硬脂酸、月桂酸、亚麻酸)

单、双甘油脂肪酸酯(mono-and diglyceroles of fatty acids)是一类甘油脂肪酸酯，性质与使用情况基本相似。在我国最常用的主要是单甘油硬脂酸酯。单甘油硬脂酸酯又名单甘酯、甘油单硬脂酸酯，分子量为358，其结构式为：

$$\begin{array}{l} CH_2OCOR \\ | \\ CH_2OH \\ | \\ CH_2OH \end{array}$$

—COR为硬脂酸残基

性状与性能：单甘油硬脂酸酯为乳白至微黄色蜡样固体，无臭、无味；溶于乙醇、热脂肪油和烃类，不溶于水，强烈振荡于热水中可分散成乳液态；单甘酯是乳化性很强的油包水型(W/O)乳化剂，HLB值为3.8，市售有含40%单酯的混合酯和含90%以上的分子蒸馏单甘酯，其HLB值为2.8～3.5。

毒性：ADI不作限制性规定。

使用：甘油脂肪酸酯可根据具体情况添加于多种食品中，如糖果、巧克力糖、饼干、面包、乳化香精、冰淇淋等，达到乳化分散等作用。在糖果生产中，这类产品用于饴糖可降低熬糖黏度防止粘牙，防止奶糖油脂分离，增加光泽，还可以防止巧克力砂糖结晶和油水分离，并增加细腻感。在面包生产中，可与SSL(硬脂酸乳酸钠)，CSL(硬脂酸乳酸钙)混用，防止老化，改良组织结构，增加柔性和体积。

按照《食品安全国家标准　食品添加剂使用标准》(GB 2760—2014)规定，甘油脂肪酸酯的使用范围与使用标准如表9-4所示。

表 9-4 甘油脂肪酸酯使用范围和最大使用量

项目	食品名称/分类	最大使用量/(g/kg)
甘油脂肪酸酯	稀奶油;生湿面制品(如面条、饺子皮、馄饨皮、烧卖皮);婴幼儿配方食品;婴幼儿辅助食品	按生产需要添加
	生干面制品	30.0
	黄油和浓缩黄油	20.0
	其他糖和糖浆[如红糖、赤砂糖、冰片糖、原糖、果糖(蔗糖来源)、糖蜜、部分转化糖、槭树糖浆等]	6.0
	香辛料类	5.0

9.3.3 司盘类乳化剂

司盘类乳化剂(span,arlacel,sorbitan fatty acid ester)是山梨醇酐脂肪酸酯的商品名,也有译为斯潘的,其结构式为:

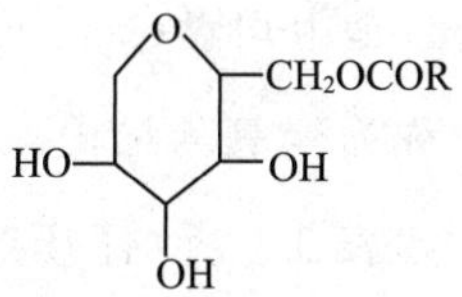

—COR 为脂肪酸残基

制备时由于所用的脂肪酸不同,可制得一系列不同的脂肪酸酯,主要包括山梨醇酐单月桂酸酯(司盘-20)、山梨醇酐单棕榈酸酯(司盘-40)、山梨醇酐单硬脂酸酯(司盘-60)、山梨醇酐三硬脂酸酯(又名司盘-65)、山梨醇酐单油酸酯(司盘-80)。

性状与性能:山梨醇酐脂肪酸酯为淡黄色至黄褐色的油状或蜡状,有特异的臭气,其 HLB 值为 1.8~8.6,可溶于水或油,适于制成 O/W 型和 W/O 型 2 种乳浊液。

毒性:山梨醇酐脂肪酸酯的安全性高,ADI 为 0~25 mg/kg。

使用:山梨醇酐脂肪酯类乳化剂可用于植物蛋白饮料、雪糕巧克力、果汁型饮料、牛乳、奶糖、冰淇淋、面包、糕点、固体饮料、奶油、速溶咖啡、干酵母、氢化植物油等多种食品。它用于冰淇淋制作,可增大其容积;用于面包、糕点制作,可防止制品老化,改善品质;用于巧克力制作,可防止起霜,以改善光泽,增进滋味,增强柔软性;用于口香糖胶基,可改善胶基品质、奶糖可使油脂分散均匀,防止起霜。此外还可以用于水果蔬菜的保鲜涂膜等。

按照《食品安全国家标准 食品添加剂使用标准》(GB 2760—2014)规定,山梨醇酐脂肪酸酯的使用范围与使用标准如表 9-5 所示。

表 9-5 山梨醇酐脂肪酸酯使用范围和最大使用量

项目	食品名称/分类	最大使用量/(g/kg)	备注
山梨醇酐脂肪酸酯	脂肪,油和乳化脂肪制品(植物油除外)	15.0	
	稀奶油(淡奶油)及其类似产品;氢化植物油;可可制品、巧克力和巧克力制品,包括代可可脂巧克力及制品;速溶咖啡;干酵母	10.0	

续表 9-5

项目	食品名称/分类	最大使用量/(g/kg)	备注
山梨醇酐脂肪酸酯	植物蛋白饮料	6.0	
	调制乳;经表面处理的新鲜水果;经表面处理的新鲜蔬菜;冰淇淋、雪糕类;除胶基糖果以外的其他糖果;面包;糕点;饼干;果蔬汁(浆)类饮料;固体饮料(速溶咖啡除外)	3.0	
	豆类制品	1.6	以每千克黄豆的使用量计
	风味饮料(仅限果味饮料)	0.5	
	其他(仅限饮料混浊剂)	0.05	

9.3.4 吐温类乳化剂

吐温类乳化剂(polysorbate/tween)是由司盘(span)在碱性催化剂存在下和环氧乙烷(氧化乙烯,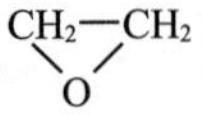)加成、精制而成,也称为聚氧乙烯山梨醇酐脂肪酸酯。由于其脂肪酸种类的不同,可有一系列产品,其 HLB 值如表 9-1 所示。FAO/WHO 食品添加剂法规委员会许可使用的为聚氧乙烯(20)山梨醇酐脂肪酸酯,包括聚氧乙烯山梨醇酐单月桂酸酯(吐温-20,HLB 值为 16.7)、聚氧乙烯山梨醇酐单软脂酸酯(吐温-40,HLB 值为 15.6)、聚氧乙烯山梨醇酐单硬脂酸酯(吐温-60,HLB 值为 15.0)、聚氧乙烯山梨醇酐单油酸酯(吐温-80,HLB 值为 14.9)。

毒性:由吐温-80 到吐温-20,其 HLB 值越来越大,是因为加入的聚氧乙烯逐渐增多。聚氧乙烯增多,乳化剂的毒性随之增大。故吐温-20 和吐温-40 很少作为食品添加剂使用,食品上主要使用吐温-60 和吐温-80,其 ADI 为 0～25 mg/kg。

吐温-60 为山梨糖醇氧乙烯与单硬脂酸部分酯化而成的非离子型乳化剂,是淡黄色油状液体或半凝胶体,有特殊臭味及苦味;溶于水,苯胺、醋酸乙酯及甲苯,不溶于矿物油及植物油;凝固温度 20～30℃;HLB 值为 14.6;常温下耐酸、碱及盐,为 O/W 型乳化剂。

吐温-80 为山梨糖醇氧乙烯与单油酸部分酯化而得非离子型乳化剂,是淡黄至橙色油状液体(25℃),有轻微特殊气味,略苦,极易溶于水(水溶液无臭或几乎无臭),溶于乙醇、非挥发油、醋酸乙酯及甲苯,不溶于矿物油和石油醚;凝固温度小于 80℃;HLB 值为 15.0;常温下耐酸、碱、盐,为 O/W 型乳化剂。

使用:国外广泛使用吐温-60 用作糕点乳化剂,用量为 0.45%。我国规定用于吐温-60 面包时,最大用量为 2.5 g/kg;用于乳化香精时,最大用量为 1.5 g/kg;用于豆制品工艺中消泡剂时,最大用量为 0.05 g/kg(按每千克黄豆的使用量计);用于半固体调味料时,最大用量为 4.5 g/kg。吐温-80 在糖果、糕点中应用较少,主要用于乳制品,如冰淇淋、稀奶油中,最大用量为 1.0 g/kg;牛乳中,最大用量为 1.5 g/kg。

按照《食品安全国家标准　食品添加剂使用标准》(GB 2760—2014)规定,聚氧乙烯山梨醇酐脂肪酸酯的使用范围与使用标准如表 9-6 所示。

表 9-6 聚氧乙烯山梨醇酐脂肪酸酯的使用范围和最大使用量

项目	食品名称/分类	最大使用量/(g/kg)	备注
聚氧乙烯山梨醇酐脂肪酸酯	脂肪、油和乳化脂肪制品(植物除外)	20.0	
	其他(仅限乳化天然色素)	10.0	
	水油状脂肪乳化制品;水油状脂肪乳化制品以外的脂肪乳化制品,包括混合的和(或)调味的脂肪乳化制品;半固体复合调味料	5.0	
	固体复合调味料	4.5	
	面包	2.5	
	糕点;含乳饮料;植物蛋白饮料	2.0	
	调制乳;冷冻饮品(食用冰除外)	1.5	
	稀奶油;调制稀奶油;液体复合调味料(不包括醋和酱油)	1.0	
	果蔬汁(浆)类饮料固体饮料	0.75	按稀释倍数增加使用量
	饮料类(包装饮用水及固体饮料除外)	0.5	
	豆类制品	0.05	以每千克黄豆的使用量计

9.3.5 改性大豆磷脂

大豆磷脂(soybean phospholipid),又可简称为磷脂,由生产大豆油的副产品提制而成,其结构式为:

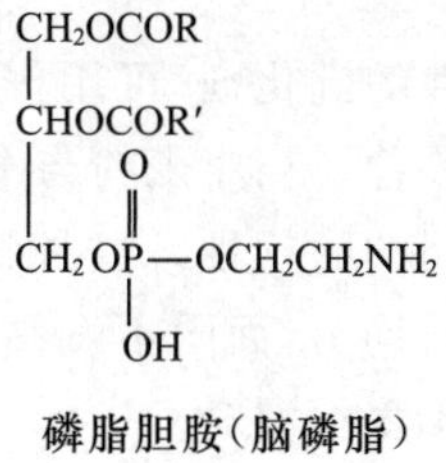

磷脂胆胺(脑磷脂)

改性大豆磷脂(modified soybean phospholipid)别名羟化卵磷脂,主要成分有磷酸胆碱、磷酸胆胺、磷脂酸和磷酸肌醇。改性大豆磷脂是以天然磷脂为原料,经过氧化氢、过氧化苯酰、乳酸和氢氧化钠或是过氧化氢、乙酸和氢氧化钠羟基化后,再经物化处理、丙酮脱脂得到粉粒状无油无载体的改性大豆磷脂。

性状与性能:改性大豆磷脂为浅黄色至黄色粉末或颗粒状,有特殊的“漂白”味,部分溶于水,但在水中很容易形成乳浊液,比一般的磷脂更容易分散和水合;极易吸潮,易溶于动植物油,部分溶于乙醇。

毒性:ADI 不需要规定。

使用:改性大豆磷脂的水分散性、溶解性及乳化性等均比大豆磷脂好,因而乳化效果更好,用量更少,同样可应用于多种食品中。它用于人造黄油(氢化油),起到乳化、防溅、分散等作用,最大用量为 0.1%~0.35%;用于油脂乳化剂,起到油水乳化作用,乳化油可以代替纯油脂，有改进食品质量、节约食品加工用油的效果。在巧克力中添加 0.2%～0.3%，起保形、润湿的作用，能防止因糖分的再结晶而引起的发花现象。糖果中添加 0.5%，特别是对含有坚果及蜂蜜的糖果，能防止渗油及渗液，对口香糖能起留香的作用，用量为 0.2%～0.3%，此外还可用于其他制品，如蛋制品等。

按照《食品安全国家标准　食品添加剂使用标准》(GB 2760—2014)规定，改性大豆磷脂可在各类食品中按生产需要适量使用。

9.3.6 硬脂酰乳酸钙、硬脂酰乳酸钠

硬脂酰乳酸钙(calcium stearyl lactylate)和硬脂酰乳酸钠(sodium stearyl lactylate)分别又名硬脂酰乳酰乳酸钙(CSL)和硬脂酰乳酰乳酸钠(SSL)，其结构式为：

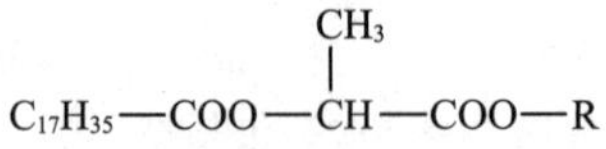

R 为 Ca 或 Na

性状与性能：硬脂酰乳酸钙为白色至黄色粉末或薄片状固体，有特殊的气味；硬脂酰乳酸钠为白色或浅黄白色粉末或脆性固体，微有焦糖气味，难溶于水，溶于有机溶剂，加热时易溶于植物油、猪油。硬脂酰乳酸钙加水强烈混合可完全分散，不适宜做油包水型(W/O)乳化剂。溶解度(在 100 mL 各溶剂中)在水中，20℃时 0.5 g；在乙醇中，20℃时 8.3 g。pH 为 4.7(2% 水悬浊液)。硬脂酰乳酸钠溶于乙醇和热油脂，不溶于水，能分散于温水中，具有吸湿性，为油包水型(W/O)乳化剂。

毒性：硬脂酰乳酸钙小鼠经口 LD_{50} 为 10.985 g/kg，ADI 为 0～20 mg/kg。硬脂酰乳酸钠 ADI 为 0～25 mg/kg。

使用：硬脂酰乳酸钙是一种疏水性的乳化剂，可用作面包的品质改良剂，易与小麦粉中的面筋胶体结合，可使面筋的性质得到改善。当小麦粉与水混合时，可以大大地增加面筋的稳定性和弹性，进而可以增加小麦面粉面团的耐揉性。这种特性对于面包生产的机械化、自动化、连续化操作极为有利，并可使面包品质均一，面团不发黏，添加时可先取数倍于硬脂酰乳酸钙的小麦粉与其充分混匀后，再与全部小麦粉混合。

硬脂酰乳酸钠的使用参见硬脂酰乳酸钙。硬脂酰乳酸钠使用于糕点、面包、火腿肠、乳饮料，使用于水包油型(O/W)脂肪乳化剂时，最大使用量为 5.0 g/kg。《食品安全国家标准　食品添加剂使用标准》(GB 2760—2014)规定，硬脂酰乳酸钙和硬脂酰乳酸钠的使用范围与使用标准如表 9-7 所示。

表 9-7　硬脂酰乳酸钙和硬脂酰乳酸钠的使用范围与使用标准

项目	食品名称/分类	最大使用量/(g/kg)	备注
硬脂酰乳酸钙和硬脂酰乳酸钠	其他油脂或油脂制品(仅限植脂末)	10.0	
	稀奶油；调制稀奶油；奶油类似品；水油状脂肪乳化制品；水油状脂肪乳化制品以外的脂肪乳化制品，包括混合的(或)调味的脂肪乳化制品	5.0	

续表 9-7

项目	食品名称/分类	最大使用量/(g/kg)	备注
硬脂酰乳酸钙和硬脂酰乳酸钠	调制乳；风味发酵乳；冰淇淋、雪糕类；果酱；干制蔬菜(仅限脱水马铃薯粉)；装饰糖果(如工艺造型，或用于蛋糕装饰)、顶饰(非水果材料)和甜汁；专用小麦粉(如自发粉、饺子粉等)；生湿面制品(如面条、饺子皮、馄饨皮、烧卖皮)；发酵面制品；面包；糕点；饼干；肉灌肠类；调味糖浆；蛋白饮料；茶、咖啡、植物(类)饮料；特殊用途饮料；风味饮料	2.0	固体饮料按稀释倍数增加使用量
	植物油脂	0.3	

9.3.7　木糖醇酐单硬脂酸酯

木糖醇酐单硬脂酸酯(xylitan monostearate)，又称失水木糖醇酐单硬脂酸酯，简称 LS-60M，分子量为 400.58，其结构式为：

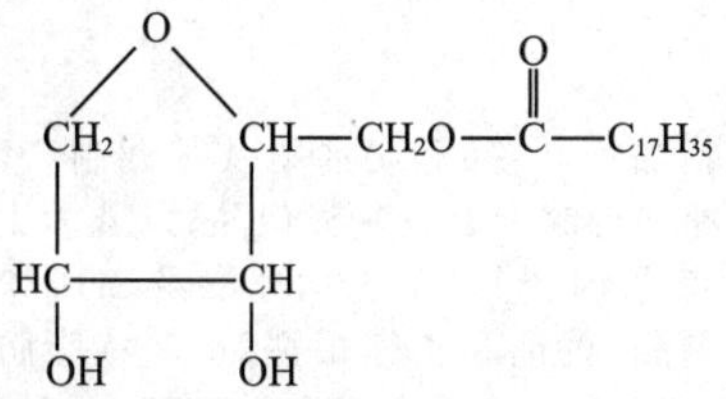

性状与性能：木糖醇酐单硬脂酸酯为淡黄色或棕黄色蜡状固体物，无臭，溶于甲苯、二甲苯、酯、醇等多种有机溶剂，不溶于冷水，在热水中分散成乳状液，在常温下对酸、碱、盐稳定。木糖醇酐单硬脂酸酯为亲油性乳化剂，其性能与甘油单硬脂酸酯、山梨醇酐单硬脂酸酯相似。

毒性：ADI 为 25 mg/kg。

使用：《食品安全国家标准　食品添加剂使用标准》(GB 2760—2014)规定，木糖醇酐单硬脂酸酯可用于糖果、氢化植物油，最大使用量为 5.0 g/kg；糕点、面包，最大使用量为 3.0 g/kg。

9.3.8　双乙酰酒石酸单(双)甘油酯

双乙酰酒石酸单(双)甘油酯[diacetyl tartaric acid ester of mono(di)glycerides，DATEM]，其结构式为：

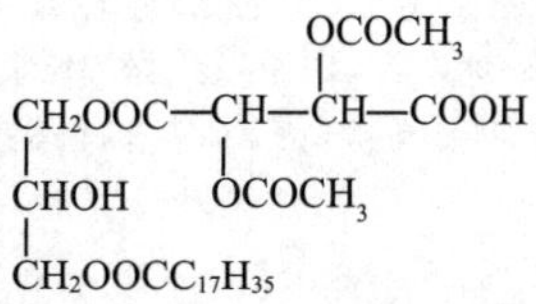

性状与性能：当用饱和脂肪酸时它是一种白色或淡黄色粉状固体，熔点 45℃；当用不饱和脂肪酸时它是黄色膏体或黏稠液体。国内常见的状态是乳白色粉末或颗粒状固体，pH 为 4 左右呈弱酸性，熔化温度在 45℃左右，HLB 值为 8.0～9.2，具有特殊的乙酸气味，能够分散于热水中，能与油脂混溶，溶于乙醇、丙二醇等有机溶剂，属非离子型乳化剂。因为 DATEM 的吸湿性大，细粉在夏季高温潮湿(或储存不当)时特别容易结块，通常制成粒状或将细粉与

20%的抗结剂混合。双乙酰酒石酸单(双)甘油酯具有较强的乳化、分散、防老化等作用,是良好的乳化剂和分散剂;能有效增强面团的弹性,韧性和持气性,减少面团弱化度;增大面包、馒头体积、改善组织结构;与直链淀粉相互作用,延缓和防止食品的老化。

毒性:ADI 为 0～50 mg/kg,小鼠经口 LD_{50}>10 g/kg,美国食品与药物管理局(1985)认定为 GRAS 物质(一般公认安全物质)。

使用:双乙酰酒石酸单(双)甘油酯用于稀奶油,可使产品滑润细腻;用于黄油和浓缩黄油,防止油脂析出,提高稳定性;还可用于糖、糖浆及香辛料;用于植脂末可使产品乳液均一稳定,口感细腻。实际使用时将它加入 60℃左右的温水中,制成膏状后,再按适当比例加入使用或将它先与油脂溶匀后,再进行进一步加工。将面粉与其直接混合均匀使用。《食品安全国家标准　食品添加剂使用标准》(GB 2760—2014)规定,双乙酰酒石酸单(双)甘油酯的使用范围与使用标准如表 9-8 所示。

表 9-8　双乙酰酒石酸单(双)甘油酯的使用范围与使用标准

项目	食品名称/分类	最大使用量/(g/kg)	备注
双乙酰酒石酸单(双)甘油酯	胶基糖果	50.0	
	焙烤食品;膨化食品	20.0	
	风味发酵乳;乳粉(包括加糖乳粉)和奶油粉及其调制产品(乳粉和奶油粉除外);干酪和再制干酪及其类似品;以乳为主要配料的即食风味食品或其预制产品(不包括冰淇淋和风味发酵乳);水油状脂肪乳化制品;黄油和浓缩黄油;水油状脂肪乳化制品以外的脂肪乳化制品,包括混合的和(或)调味的脂肪乳化制品;冷冻饮品(食用冰除外);水果干类;干制蔬菜;除胶基糖果以外的其他糖果;装饰糖果(如工艺造型,或用于蛋糕装饰)、顶饰(非水果材料)和甜汁;生湿面制品(如面条、饺子皮、馄饨皮、烧卖皮);生干面制品;油炸面制品;方便米面制品;冷冻米面制品;预制肉制品;熟肉制品;水产及其制品(包括鱼类、甲壳类、贝类、软体类、棘皮类等水产及其加工制品等)(不包括鲜水产);半固体复合调味料;发酵酒(葡萄酒除外)	10.0	
	稀奶油(淡奶油)及其类似品	6.0	
	调制乳;稀奶油;脂肪类甜品;其他油脂或油脂制品(仅限植脂末);除果酱外的果酱(如印度酸辣酱);面糊(如用于鱼和禽肉的拖面糊)、裹粉、煎炸粉;谷类和淀粉类甜品(如米布丁、木薯布丁);其他再制蛋;其他蛋制品;其他糖和糖浆[如红糖、赤砂糖、冰片糖、原糖、果糖(蔗糖来源)、糖蜜、部分转化糖、槭树糖浆等];液体复合调味料(不包括醋,酱油);果蔬汁(浆)类饮料;蛋白饮料;碳酸饮料;茶、咖啡、植物(类)饮料;特殊用途饮料;风味饮料;蒸馏酒;果酒	5.0	固体饮料按稀释倍数增加使用量
	杂粮粉;食用淀粉	3.0	
	果泥;装饰性果蔬;水果甜品,包括果味液体甜品;发酵的水果制品;腌渍的蔬菜;经水煮或油炸的蔬菜;其他加工蔬菜;腌渍的食用菌和藻类;经水煮或油炸的藻类;其他加工食用菌和藻类;熟制豆类;果冻	2.5	如用于果冻粉,按冲调倍数增加使用量
	醋、油或盐渍水果;蜜饯凉果	1.0	
	香辛料类	0.001	

9.3.9 丙二醇脂肪酸酯

丙二醇脂肪酸酯(propylene glycol fatty acid ester),其结构式为:

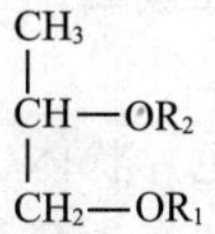

R_1:代表1个脂肪酸基团和氢(单酯时)

R_2:代表2个脂肪酸基团(双酯时)

性状与性能:丙二醇脂肪酸酯为白色至浅黄褐色的粉末、薄片、颗粒或蜡状块体,或为黏稠状液体。它的颜色和形态与构成脂肪酸的种类有关,如脂肪酸为硬脂酸、软脂酸时,则制品为白色固体;若由油酸、亚油酸等不饱和酸构成的,则制品为浅黄色液体;由月桂酸酯化构成的,为流动态体。它无气味或稍有香气和滋味。纯丙二醇单硬脂酸酯的 HLB 值为 3.4,是亲油性乳化剂,不溶于水(与热水激烈搅拌混合后可乳化),溶于乙醇、乙酸乙酯、氯仿等有机溶剂。丙二醇脂肪酸酯的乳化力不是很强,很少单独使用,常与甘油脂肪酸酯复配使用,可提高乳化效果。

毒性:大鼠口服 $LD_{50}>10$ g/kg。ADI 为 0～25 mg/kg。

使用:丙二醇脂肪酸酯用作乳化剂、消泡剂、稳定剂,作为乳化剂 HLB 值小,乳化活性不强,很少单用,常与单双甘油酯等其他乳化剂配合使用,起增效作用。但丙二醇脂肪酸酯有一个特性就是它具有α-晶型倾向性,并能使其他乳化剂(如单甘酯)的α-晶型稳定,从而使单甘酯保持或延缓α-晶型向β-晶型转换,使之具有良好的乳化稳定性能。它可用于人造奶油,防止水分离及水飞溅;用于起酥油,能防止面包、西点等老化,改善其制造过程;用于冰淇淋可以提高膨胀性和保型性;具有很好充气能力,形成轻而稳定的泡沫,因而在酥蛋面包、干酪面包和蛋糕裱花奶油等食品中具有广阔的市场。丙二醇脂肪酸酯用于糕点,可缩短糕点配合料的混调时间,改善制造过程,防止制品老化和增大制品体积,用量为 0.05%～0.2%;还用于乳及乳制品、冷冻饮料、复合调味料、油炸食品、脂肪、油和脂肪乳化剂、乳化脂肪制品等多种食品,《食品安全国家标准　食品添加剂使用标准》(GB 2760—2014)规定,丙二醇脂肪酸酯的使用范围与使用标准如表 9-9 所示。

表 9-9　丙二醇脂肪酸酯的使用范围与使用标准

项目	食品名称/分类	最大使用量/(g/kg)
丙二醇脂肪酸酯	复合调味料	20.0
	脂肪、油和乳化脂肪制品	10.0
	乳及乳制品(巴氏杀菌乳、灭菌乳、特殊膳食用食品涉及品种除外),冷冻饮品(食用冰除外)	5.0
	糕点	3.0
	熟制坚果与籽类(仅限油炸坚果与籽类),油炸面制品;膨化食品	2.0

日本和美国除将它用于面包和糕点外,还用于人造奶油和冰淇淋中,在人造奶油中主要起防止水滴分离和水分“飞溅”的作用,在冰淇淋中主要起提高发泡性和保形性作用。

9.3.10 酪朊酸钠

酪朊酸钠(sodium caseinate)即酪蛋白酸钠,用凝乳酶或酸沉淀法(如盐酸、硫酸)制取生酪蛋白,然后将其在水中分散、膨润,再添加氢氧化钠、碳酸钠或碳酸氢钠的水溶液,经蒸发喷雾干燥或冷冻干燥后即得。

性状与性能:酪朊酸钠为白色至浅黄色片状体、颗粒或粉末,无臭,无味或微有特异香气和口味;易溶于水,水溶液呈中性,在其中加酸产生酪蛋白沉淀。酪朊酸钠因其分子中同时具有亲水基团和疏水基团,因而具有一定的乳化性,但其乳化性受一定的环境条件所影响,例如,pH 的变化即可明显影响其乳化性能。酪朊酸钠在等电点时的乳化能力最小,低于等电点时其乳化能力可增大,在碱性条件下其乳化能力较大,且随 pH 增高而加大。酪朊酸钠具有很好的起泡性,其起泡力随浓度增加而增大,当浓度在 0.5%~0.8%范围内时,起泡力最大。钠、钙等离子的存在可降低其起泡力,但可增加其泡沫稳定性。

毒性:美国食品与药物管理局将其列为一般公认安全物质,无毒性。我国对其 ADI 不作限制性规定。

使用:按《食品安全国家标准　食品添加剂使用标准》(GB 2760—2014)规定,酪朊酸钠作为乳化剂可在各类食品中按生产需要适量使用。

9.4 影响乳化剂作用效果的因素与应用进展

9.4.1 乳化效果的影响因素

9.4.1.1 乳化剂的用量

乳化剂的用量与分散相的量和乳滴大小有关。若用量太少,液滴界面不能达到饱和吸附,乳化膜密度则过小或不足以包裹乳滴;用量过多,乳化剂不能完全溶解,一般在普通乳的用量为 5~100 g/L。对于 W/O 型乳剂,乳化剂的用量至少应高于其在油相的临界胶束浓度,才能包围水滴,并且随温度升高,乳化剂的用量增加。

9.4.1.2 相体积分数

一般乳化剂的相体积分数(φ)为 20%~50%。通常 φ 低于 20%时,乳化剂不稳定,而达 50%时则较稳定。

9.4.1.3 黏度和温度

乳化剂两相具有较高的黏度也是乳化剂稳定的重要原因。乳滴黏度高,可减慢其聚集速度;连续相的黏度高时,可降低乳滴的沉降速率。但是,乳化过程中黏度越大,所需的乳化功就越大。升高温度可以降低表面张力和黏度,有利于剪切力的传递和乳化剂的形成,但同时也加剧了乳滴的运动,促进其合并。对于一些聚氧乙烯类非离子表面活性剂,当温度升高到一定程度时,聚氧乙烯链与水之间的氢键断裂,使其在水中的溶解度急剧下降并析出,溶液由清变浊或分层,这一现象称为起昙,此温度称为昙点(cloud point)。当温度降低到昙点以下时,有些溶液恢复澄明,有的则难以恢复。因此需加热灭菌的这类制剂应格外注意。吐温类有起昙现象,所以乳化温度易控制在 70℃左右;用非离子乳化剂时,温度不宜超过其昙点。降低温度比升高温度的影响还大，往往使乳化剂的稳定性降低，甚至破裂。

9.4.1.4 乳化搅拌时间

乳化开始时搅拌可促使乳滴形成，继续搅拌则可增加乳滴间碰撞的机会，促使乳滴合并，所以乳化搅拌的时间不能过长。

9.4.1.5 其他

乳化剂中的其他成分、制备乳化剂选用的方法、乳化设备等都直接影响乳化剂的制备和稳定性。如乳化剂中的电解质 $Mg(NO_3)_2$、$Al(NO_3)_3$、NaCl、Na_2SO_4 可能使非离子型表面活性剂和高分子乳化剂盐析，影响乳化剂的稳定性。又如乳化设备的机械力过大时，可能导致乳滴大小不一；剪切力过大时，有可能在分散乳滴的同时，增加乳滴的碰撞机会，使其聚集。

9.4.2 乳化剂使用中的注意事项

(1) 各种乳化剂 HLB 值是选择乳化剂的仅具参考性的数据，只有结合实践经验，经过试验，选用适宜的乳化剂，才可达到提高乳化体系稳定性的预期效果。如在冰淇淋等冷冻食品中，HLB 值高的乳化剂可阻止糖类等产生结晶；而在人造奶油中，HLB 值低的乳化剂则可阻止油脂产生结晶。

(2) 控制适当的乳化剂添加量，在面包、糕点、饼干中的添加量一般不超过面粉的 1%，如果目的主要是乳化，则应以配方中油脂总量为添加基准，一般为油脂的 2%～4%。

(3) 理想的乳化剂，应该是水相、油相的亲和力都较强。故应用中多取 HLB 值高和 HLB 值低的 2 种乳化剂混用，常致相乘效果。

(4) 选水溶性乳化剂时，乳化剂亲油基与乳化体系中的有机溶液的结构越相似，乳化效果越好。

(5) 使用中应与增稠剂和比例调节剂等配合使用，乳化剂的复合使用更有利于降低界面张力，甚至能达到零，界面张力越低，越有利于乳化。由于界面张力降低，界面吸附增加，分子定向排列更加紧密，界面膜增强，防止了液滴的聚集倾向，有利于乳浊液的稳定。

9.4.3 乳化剂的复配与应用

近几年，食品乳化剂配方应用研究成为乳化剂研究中的焦点。由于单一乳化剂具有性质上的局限性，使乳化剂的作用难以充分发挥，但复配可消除这一缺陷，起到事半功倍的效果。食品乳化剂的复配一般分为 3 种类型：第一种是乳化剂间复配，即将有不同性质的乳化剂进行复配，产生协同增效作用，这个可应用于蛋糕油和人造奶油等产品的制造；第二种是功能复配，即将乳化剂与增稠剂、品质改良剂、防腐剂等不同功能的食品添加剂复配，目的是发挥功能作用，如将乳化剂和增稠剂复配可制成冰淇淋乳化稳定剂、蛋白饮料稳定剂等，将乳化剂与增稠剂、淀粉酶等复配可制成面包改良剂等；第三种是辅助复配，即它是以一种乳化剂为主，然后以添加 2 种或 2 种以上填充料或分散剂作为辅助剂加以复配。采用复合乳化稳定剂具有以下优点：①复合乳化稳定剂的高温处理，确保了该产品有良好的微生物指标。②避免了每个单体稳定剂、乳化剂的缺陷，得到整体的协同效应。③充分发挥每种亲水胶体的有效作用。④可获得良好膨胀率、抗融化性能、组织结构及口感的产品。⑤提高生产的精确性与良好的经济性。

复配技术主要为以蔗糖酯和大豆磷脂为主的复配乳化剂；以单甘酯和蔗糖酯为主的复配

乳化剂;以 span、tween 和单甘酯为基础材料的复配制品;由各种乳化剂、增稠剂和品质改良剂等食品添加剂复配成专用乳化剂。目前使用较为广泛的是乳化剂和其他食品添加剂的复配。现如今国内推出的复配型乳化剂已广泛应用于面包、糕点、饼干、人造奶油、冰淇淋、饮料、乳制品及仿乳制品、巧克力、肉制品、豆制品、糖果、罐头、料理等各类食品。

在豆腐加工中,当豆浆加热至 80℃时,添加豆腐质量 0.1%的单甘酯,搅拌均匀后,再加入凝聚剂,可提高豆腐得率 9%～13%,同时,豆腐制品质地更加细腻,成形后不易破碎,口味也更佳。由于单甘酯在低温条件下有发泡作用,但在高温下却有良好的消泡作用,其在豆浆沸煮过程具有消泡作用,可防止溢锅。在大豆蛋白中添加乳化剂可使大豆蛋白的乳化功能得到改善,水分分散性增强,故在以大豆蛋白为配料的速溶食品中常常添加单甘酯。

在冰淇淋中,单甘酯常与蔗糖酯、聚甘酯、失水山梨醇脂肪酸酯及二乙酰酒石酸甘油酯等配合使用,用于冰淇淋的制作,改善冰淇淋组织结构,防止产生冰霜,形成细微均匀的气泡和冰晶,提高储存期间的稳定性,有较好的保形性。添加量为冰淇淋总重量的 0.2%～0.5%。

在饮料中,单硬脂酸甘油酯、蔗糖酯、山梨醇酐脂肪酸酯等复配的乳化剂,可使饮料增香、混浊化,并获得良好的色泽。由于乳化剂的协同效应,蔗糖脂肪酸酯与其他乳化剂复配使用,在食品中的应用更广泛。应用时先将蔗糖脂肪酸酯复配乳化剂用适量冷水调合成糊状,再加入所需的水,升温至 60～80℃,搅拌溶解或将蔗糖脂肪酸酯复配乳化剂加到适量的油中,搅拌令其溶解和分散,再加到制品原料中。

在制作焙烤面包时,卵磷脂的加入有助于得到理想的体积、组织结构以及良好的稳定性;在冰淇淋中,能保证脂肪颗粒及其他成分均匀分布;在冷冻处理中,可控制冰晶的生长,有助于空气的混入。此外,卵磷脂还能与其他稳定剂产生协同作用,增加对游离水的结合,改善产品组织的柔软性,卵磷脂的用量为 0.5%。单硬脂酸甘油酯与蔗糖酯、吐温类配合共同使用时,可用作糕点起泡剂,通过形成"蛋白-单甘酯"复合体使蛋糕容积大、气泡致密均匀。

丙二醇脂肪酸酯的乳化、发泡能力取决于其单酯的含量,单酯含量越高,乳化、发泡性能越好,但其乳化能力比同纯度的单甘酯差,很少单独使用,常与单脂肪酸甘油酯复配使用,以提高乳化效果。它具有α-晶型倾向性,能使其他乳化剂(如单甘酯)的α-晶型保持或延缓α-晶型向β-晶型转化,从而使乳化剂具有良好的乳化稳定性能。

思考题

二维码 9-1
第 9 章　思考题
答案

1. 什么是食品乳化剂?什么是乳浊液?
2. 影响乳化效果因素有哪些?
3. 食品乳化剂的作用有哪些?
4. HLB 值表示什么?研究 HLB 值有何意义?
5. 使用食品乳化剂应该注意哪些问题?
6. 复配乳化剂优点有哪些?举例说明复配乳化剂在食品工业上的应用。

参考文献

[1] 食品安全国家标准　食品添加剂使用标准:GB 2760—2014. 北京:中国标准出版社,2014.

[2] 黄文,江美都,肖作兵,等.食品添加剂.北京:中国质检出版社,2013.

[3] 凌关庭,王亦芸,唐述朝.食品添加剂手册.北京:化学工业出版社,1989.

[4] 朱蝶,胡蓝,汪师帅.乳化剂分类、作用及在食品工业中应用.现代食品,2019(9):7-10,13.

[5] 刘昊天,李媛媛,孔保华.天然乳化剂在食品乳状液中的应用研究进展.食品工业,2017,38(7):223-227.

[6] 徐宝财,王瑞,张桂菊等.国内外食品乳化剂研究现状与发展趋势.食品科学技术学报,2017,35(4):1-7.

[7] 周建平.天然乳化剂在食品乳状液中的应用研究.食品安全导刊,2019(7):139.

[8] 许栗,黎代权,余茜,等.面包复合改良剂的研究.食品研究与开发,2020,41(11):47-52.

[9] 苗攀登,李莹莹,刘钟栋.我国食品乳化剂现阶段发展的问题以及机理探究.中国食品添加剂,2017(10):177-182.

[10] 梁克中,黄美英,方荣美,等.复配食品乳化剂在食品生产中的应用研究进展.食品与药品,2015,17(6):455-456.

[11] HPLA B,KWH A,CKSSA B,et al. Pickering emulsion hydrogel as a promising food delivery system:Synergistic effects of chitosan Pickering emulsifier and alginate matrix on hydrogel stability and emulsion delivery. Food Hydrocouoids,2020,103:105659.

[12] LL Schramm. Emulsions,Foams,and Suspensions-Fundamentals and Applications. Wiley,2005.

[13] DJM Clements. Food Emulsions. 2nd Edition. CRC Press,2004.

第10章

食品用香料与香精

学习目的与要求

熟悉食品用香料与香精的概念、分类，掌握食品用香料与香精的主要性状、特点、应用及使用注意事项，了解食品用香料与香精的研究进展。

食品用香料、香精是一类可影响食品口感和风味的属于高度浓缩的食品添加剂，在食品生产中广泛应用。食品用香料、香精在食品配料中所占比例虽然很小，但对食品的风味起着举足轻重的作用，在引起人们的食欲、增加人们的愉悦感、促进人体对营养成分的消化和吸收方面具有积极作用。食品的香气与香味是很重要的感官指标。食品正是有了香料、香精的点缀才变得丰富多彩、琳琅满目。食品用香料、香精的应用为人们创造了不同品种、不同口味、不同香气特征，满足各类人群要求的食品。食品用香料、香精的应用对提高人们饮食生活的品位，丰富食品种类有着重要的意义。食品用香料、香精在改善食品质量、降低生产成本、弥补食品气味缺陷，增加食品的美味与芳香等方面发挥着重要的作用。

10.1　食品用香料与香精的种类及安全性

10.1.1　食品用香料与香精的种类

食品用香料、香精一般指符合国家安全要求的用于食品赋香的香料单体或混合物，是食品生产中必不可少的赋香物质。食品用香料、香精产品分为天然香料、生物技术香料、合成香料和香精 4 个生产许可产品单元。

食品用香料指能够用于调配食品香精，并使食品增香的物质。这些香料单体或混合物可以是天然提取物或由人工合成。天然香料，如：柠檬油、甜橙油、橘子油、留兰香油、薄荷素油等，在使用中可作为单体使用，也可以与其他香料复配使用。人工合成香料，如：香兰素、乙基香兰素、乙酸乙酯、苯甲醛、柠檬醛、洋茉莉醛、γ-癸内酯、δ-十一内酯、乙基麦芽酚等，多为单体香料。这些单体香料在自然界一些植物中也含有，也可利用生物技术制备，但是绝大部分是人工合成的，很少单独使用，多用以复配制备香精。

食品用香精由各种食品用香料和许可使用的附加物经调配与加工制成的，赋予食品香味的食品添加剂。它由一种或多种食品用香料物质、溶剂及食品加工助剂组成的具有一定香气特征和浓度的混合物，其组成复杂，少的由几种单体香料组成，多则由十几种、几十种甚至上百种香料组成。食品用香精按其物理状态可分为乳化香精、固体香精、液体香精、微胶囊香精等；按其使用范围，可分为冷饮用香精、焙烤用香精、酒用香精、奶类香精等。

在食品加工生产中，按照《食品安全国家标准　食品添加剂使用标准》(GB 2760—2014)要求，下列食品中不得添加食品用香精、香料，具体产品包括：巴氏杀菌乳、灭菌乳、发酵乳、稀奶油、植物油脂、动物油脂、无水黄油、无水乳脂、新鲜水果、新鲜蔬菜、冷冻蔬菜、新鲜食用菌和藻类、冷冻食用菌和藻类、原粮、大米、小麦粉、杂粮粉、食用淀粉、生肉、鲜肉、鲜水产、鲜蛋、食糖、蜂蜜、盐及代盐制品、6 个月以下婴幼儿配方食品、饮用天然矿泉水、饮用纯净水、其他类饮用水、茶叶、咖啡。

食品用香料、香精品种由原来的天然香料、合成香料、调配香精等发展到利用微生物发酵、酶技术、基因工程等生物化工技术，按照人们的意愿和要求来生产天然等同的生物技术食品用香料、香精。这些生物技术食品用香料安全性高，香气自然柔和逼真，对加香产品的内在质量改善明显，大大提高了加香产品的质量档次，且生产原料价廉易得，生产过程环境污染少，深受消费者的喜爱。

10.1.2 食品用香料与香精的安全性

食品添加剂的安全卫生质量引起人们极大关注的同时,也引起了国家有关部门的高度重视。国家市场监督管理总局、国家卫生健康委员会等部门相继采取了一系列的措施,如食品用香料、香精生产采用"生产许可证、卫生许可证"制度、生产品种上报相关部门备案;国家技术监督部门定期现场巡视、监督抽查检验、制定相关的标准法规等;确保食品用香料、香精的安全和卫生生产。为保证食品用香料、香精的安全使用,国内在食品用香料与香精的生产、销售或经营活动中,使用食品用香料与香精的所有企业需要按照《食用香料香精产品生产许可实施细则》使用。

食品用香料与香精的种类很多,香精由食品用香料和许可使用的稀释剂等所组成,一般只需对食品用香料进行安全性评价。食品用香精在食品中的用量通常很小,而每种香料在香精中所占的比例则更小,一些香料的用量仅有百万分之一,甚至更少。食品用香料与香精的风味必须与食品的风味相适应,否则,量大或使用不合适反而使消费者不能接受。因此,食品用香料与香精是一类属于"自我限量"的食品添加剂,超剂量、超范围使用的案例也相对较少。

10.2 食品用香料

香料是具有挥发性的有香物质。凡是有气味物质的分子都具有一定的生香(发香)基团。生香基团又称为发香团(发香基)。主要的发香基团如表 10-1 所示。

表 10-1 不同物质的发香团

基团	结构	基团	结构
羟基	R—OH	苯基	RC_6H_5
酮基	RC═OR′	硝基	$R—NO_2$
醛基	RCHO	亚硝酸基	R—ONO
羧基	RCOOH	酰胺基	$R—CONH_2$
醚基	ROR′	氰基	R—CN
酯基	RCOOR′	内酯	RCOO—C

香料之所以发香,是因为其分子内含有一个或数个发香团,这些发香团在分子内以不同的方式结合,使得食品用香料具有不同类型的香气和香味。

香料按来源不同,可分为天然香料和人工合成香料两大类。天然香料多含有复杂的成分,并非单一的化合物。天然香料包括动物性香料和植物性香料,在食品生产中所用的香料主要是植物性香料,多以植物的花、果实、叶、根、茎、种子等为原料,采用蒸馏法、浸提法、冷榨(磨)法、吸收法、超临界萃取法等制备,得到精油、浸膏、酊剂、香膏、香树脂、油树脂和净油等类型的香料产品。人工合成香料是通过化学合成的方法制取的香料化合物,目前世界上合成香料已达 5 000 多种,食品中常用的有 400 多种。

香料的挥发性比较大,需要置于避光容器中密封避热保存。

10.2.1　常用的天然香料

食品中常用的天然香料主要有柑橘油类和柠檬油类。柑橘油类和柠檬油类都属于芸香科植物的产物，其中有甜橙油、酸橙油、橘子油、红橘油、柚子油、柠檬油、香柠檬油、白柠檬油、橙叶油等品种，最常用的是甜橙油、橘子油和柠檬油。其他使用较多的天然香料还有薄荷素油和留兰香油等。天然香料多由植物的不同器官经过水蒸气蒸馏法、压榨法等提取而得，但蒸馏产品一般品质较差。这里仅讨论几种在食品中经常使用的天然香料。

10.2.1.1　甜橙油

甜橙油(orange oil)是由芸香科(Rutaceae)植物甜橙的果皮，用水蒸气蒸馏法、压榨法或用磨橘机以冷磨法提取。

性状与性能：甜橙油为黄色、橙色或深橙黄色的油状液体；具有清甜的橙子香气和温和的芳香滋味；相对密度 0.842～0.846，折射率 1.472～1.474；溶于乙醇。其主要成分是柠檬烯，含量达 90%以上，并含有癸醛、辛醇、芳樟醇、十一醛、甜橙醛等成分。

使用：甜橙油广泛用以配制多种食用香精，是橘子、甜橙等果香型香精的主要原料，可直接添加于糖果、糕点、饼干、冷饮等食品中，尤其是高档的橘子汁、柠檬汁等果汁中。按照《食品安全国家标准　食品添加剂使用标准》(GB 2760—2014)规定，允许使用各种甜橙油配制各种食品用香料。

美国香料生产者协会(FEMA)规定(单位：mg/kg)：甜橙油用于饮料 210，冷饮 330，糖果 1 000，焙烤制品 430，布丁类 1 300，胶姆糖 4 200，酒类 5，早餐谷类 49，肉类制品 10，调味料 32，涂层 190，糖浆 0.34。

10.2.1.2　橘子油

橘子油(mandarin oil)是由芸香科植物柑的果皮经压榨或蒸汽蒸馏而得。

性状与性能：橘子油为黄色油状液体，具有清甜的橘子香气；相对密度 0.854～0.859，折射率 1.475～1.478；能溶于 7～10 倍容积的 90%乙醇中。橘子油主要成分为柠檬烯及邻 N-甲基-邻氨基苯甲酸甲酯，还有癸醛等。

使用：橘子油广泛用于配制多种食用香精，是橘子型香精的主要原料，可直接添加于食品中，常用于浓缩柑橘汁、柑橘酱等柑橘类产品中。按照《食品安全国家标准　食品添加剂使用标准》(GB 2760—2014)规定，允许使用橘子油配制各种食品用香料。

FEMA 规定(单位：mg/kg)：软饮料 62，冷饮 160，糖果 350，焙烤食品 190，布丁类 30，胶姆糖 83。

10.2.1.3　柠檬油

柠檬油(lemon oil)由芸香科植物柠檬的果皮用磨橘机以冷磨法提取，也可经压榨或蒸馏得到。

性状与性能：柠檬油为鲜黄色澄明的油状液体，具有清甜的柠檬果香气，味辛辣微苦；相对密度 0.849～0.855，折射率 1.474 0～1.475 5，旋光度+57°～+65.6°；易溶于乙醇中。柠檬油主要成分为柠檬烯和柠檬醛等。

使用：柠檬油广泛用以配制多种食用香精，是柠檬型香精的主要原料，可直接添加于糖果、糕点、饼干、冷饮等食品中，尤其是高档柠檬汁及柑橘类、果汁类常用的赋香剂。按照《食品安全

国家标准　食品添加剂使用标准》(GB 2760—2014)规定,允许使用柠檬油配制各种食品用香料。

FEMA 规定(单位:mg/kg):软饮料 230,冷饮 280,糖果 1 100,焙烤食品 580,布丁类 340,胶姆糖 1 900,早餐谷类 140,调味品 10～80,肉类 25～40,糖浆 65。

10.2.1.4　留兰香油

留兰香油(spearmint oil),又称薄荷草油、绿薄荷油等。留兰香油主要来源为唇形科植物留兰香的茎、叶,由其蒸馏而得。

性状与性能:留兰香油为无色或略带黄色,或黄绿色液体,具有留兰香叶的特征香气;相对密度 0.938 0～0.948 0,折射率 1.485 0～1.496 0,旋光度－60°～－55°。其含酮量为 80%,主要成分系左旋芹酮,全溶于等量 80%(体积分数)乙醇中。

使用:留兰香油可直接用于糖果等食品中,是胶姆糖的主要赋香剂之一。硬糖中也经常使用。按照《食品安全国家标准　食品添加剂使用标准》(GB 2760—2014)规定,允许使用留兰香油配制各种食品用香料。

10.2.1.5　薄荷素油

薄荷素油(mentha arvensis oil),又称薄荷油。它是由蒸馏唇形科植物薄荷的茎、叶而得,薄荷原油经单离去除大部分薄荷脑后所剩余的油即为薄荷素油。

性状与性能:薄荷素油为无色、淡黄色或黄绿色的澄明液体,有薄荷香气,味初辛后凉。它在水中溶解度很小,溶于乙醇、乙醚、氯仿及脂肪油中;遇热易挥发,易燃;相对密度 0.890 0～0.910 0,折射率 1.485 0～1.471 0,旋光度－28°～－16°。薄荷素油主要成分为薄荷脑(约占 50%以上)、乙酸薄荷酯、薄荷酮等。

使用:薄荷素油是配制薄荷型香精的主要原料之一。按照《食品安全国家标准　食品添加剂使用标准》(GB 2760—2014)规定,允许使用薄荷素油配制各种食品用香料。

10.2.1.6　*L*-薄荷脑

L-薄荷脑(*L*-menthol),也称天然左旋薄荷脑或天然薄荷脑,学名为 1-甲基-4-异丙基环己醇-3,又称薄荷醇,是一种单萜醇。它有 12 种异构体,本品为左旋薄荷脑,分子式为 $C_{10}H_{20}O$,分子量为 156.27。它是由天然薄荷原油经冷却、结晶、分离而制得 *L*-薄荷脑。

性状与性能:*L*-薄荷脑为无色针状或棱柱状结晶,具有薄荷油特有的清凉香气;熔点 42～44℃,有升华性;微溶于水,易溶于乙醇、乙醚、氯仿和石油醚,与冰乙酸、液体石蜡、脂肪油或挥发油任意混合。

毒性:大鼠经口 LD_{50} 为 3 300 mg/kg。ADI 为 0～0.2 mg/kg。

使用:*L*-薄荷脑是配制薄荷型香精的主要原料,如在有些薄荷型香精的配方中薄荷脑占 10%～18%。它可与其他香料配合或单独用于糖果、胶姆糖、饮料、冰淇淋等食品的赋香。按照《食品安全国家标准　食品添加剂使用标准》(GB 2760—2014)规定,允许使用 *L*-薄荷脑配制各种食品用香料。

FEMA 规定(单位:mg/kg):软饮料 35,冷饮 68,糖果 400,焙烤食品 130,胶姆糖 1 100。

10.2.1.7　桉叶油

桉叶油(eucalyptus oil)主要成分为桉叶素,其含量不低于 80%。桉叶油可由桉叶树、香樟树、樟树等的枝叶提取而得。分子式为 $C_{10}H_{18}O$，分子量为 154.25。其结构式为：

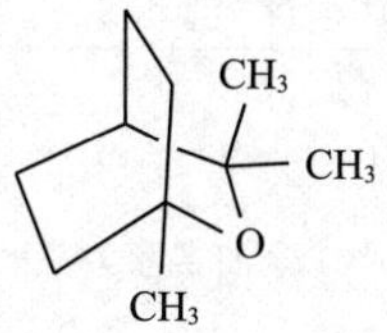

性状与性能：桉叶油为无色或微黄色液体，具桉叶素的清凉香气；相对密度 0.904 0～0.905 0，折射率 1.458 0～1.470 0，旋光度－10°～＋10°；全溶于 5 倍容量的 70％乙醇中。

使用：按照《食品安全国家标准　食品添加剂使用标准》(GB 2760—2014)规定，桉叶油用于清凉型香精的调制，可按生产需要适量使用。

FEMA 规定(单位：mg/kg)：软饮料 0.13，冷饮 0.50，糖果 15，焙烤食品 0.5～0.4，胶姆糖 190。

10.2.1.8　桂花浸膏

桂花浸膏(osmanthus fragrans flower concrete)系用沸点 68～71℃的香花浸提用的石油醚溶剂在室温下浸提桂花而得的产品。

性状与性能：桂花浸膏为黄色或棕黄色膏状物，具有桂花香气；熔点范围 40～50℃，酸值≤40，净油含量≥60％。

使用：广泛用于具有桂花香型的各类食品调香。按照《食品安全国家标准　食品添加剂使用标准》(GB 2760—2014)规定，桂花浸膏可按生产需要适量用于配制各种食用香精。在实际使用中，除用于桂花香精外，还可用于蜜饯香精、茶叶香精或其他复方香精及酒用香精中。

10.2.1.9　墨红浸膏

墨红浸膏(crimson glory rose concrete)系用石油醚浸提墨红鲜花制取浸膏，得膏率为 0.14％～0.16％。

性状与性能：墨红浸膏为橙红色膏状物，具有纯正的墨红鲜花香气；熔点范围 40～50℃，酸值≤20，酯值≥20％，净油含量≥30％。

使用：墨红浸膏可用于饮料、糖果、烟草等。按照《食品安全国家标准　食品添加剂使用标准》(GB 2760—2014)规定，墨红浸膏可按生产需要适量用于配制各种食用香精。它可用于调配杏、桃、苹果、草莓、桑葚、梅等果香型和花香型食用香精。

常用天然香料，其产品应该符合一定的规格，天然香料的标准规格如表 10-2 所示。

表 10-2　天然香料的标准规格

指标名称	桂花浸膏①	桉叶油，80％②
色状	黄色或棕黄色膏状物	无色或微黄色液体
香气	桂花香气	具有桉叶素的清凉香气
相对密度		0.904 0～0.905 0
折射率		1.458 0～1.470 0

续表 10-2

指标名称	桂花浸膏①	桉叶油，80%②
旋光度		−10°～+10°
溶解度		符合规定
含量/%	≥60%（净油含量）	Ⅰ≥80（桉叶素计）
熔点范围/℃	40～50	Ⅱ≥85（桉叶素计）
酸值	≤40	
其他		黄樟油素含量＜20 mg/kg

①引自《桂花浸膏》QB/T 1797—2011。

②引自《1,8-桉叶素含量80%的桉叶(精)油》QB/T 2545—2011。

10.2.2 常用的合成香料

合成香料一般不单独用于食品的加香，多配成食用香精后使用。食品中直接使用的合成香料仅有香兰素、苯甲醛和*DL*-薄荷脑等少数品种。下面主要介绍几种我国常用的合成香料。

10.2.2.1 香兰素

香兰素(vanillin)，俗称香草粉，化学名称为3-甲氧基-4-羟基苯甲醛。分子式为 $C_8H_8O_3$，分子量为152.15。其结构式为：

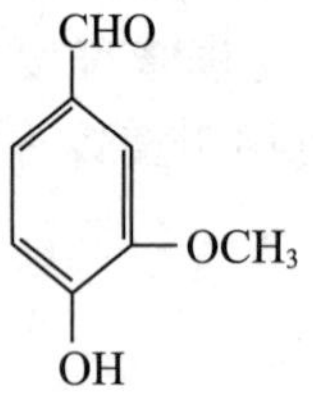

香兰素天然存在于香荚兰豆、安息香膏、秘鲁香膏及吐鲁香膏等中。我国目前主要由邻氨基苯甲醚经重氮水解，生成愈创木酚，继后用愈创木酚在对亚硝基二甲基苯胺和催化剂存在下，和甲醛缩合，生成香兰素，再经萃取分离、真空蒸馏和结晶提纯而得结晶状香兰素成品。

性状与性能：香兰素为白色至微黄色结晶，熔点81～83℃，具有香荚兰豆特有的香气。它易溶于乙醇、乙醚、氯仿、冰乙酸及热挥发油，在冷的植物油中溶解度不高，略溶于水，而溶解于热水；易受光照影响而变化，在空气中能徐徐氧化。

毒性：大鼠经口 LD_{50} 为1 580 mg/kg。大鼠MNL为1 000 mg/kg。ADI为0～10 mg/kg。

使用：按照《食品安全国家标准　食品添加剂使用标准》(GB 2760—2014)规定，香兰素为允许使用的食品用天然等同物香料，可用于配制各种食用香精。它是使用最多的食品赋香剂之一，是配制香草型香精的主要香料，可单独使用。香兰素广泛用于饼干、糕点、冷饮、糖果等食品的赋香，尤其是用于以乳制品为主要原料的食品；在生产糕点、饼干时的和面步骤中，应在临用前用温水溶解后加入，以防赋香不均或结块影响口味；遇碱或碱性物质发生变色现象，使用时应注意。

FEMA规定(单位：mg/kg)：软饮料63，冷饮95，糖100，焙烤食品220，布丁类120，胶姆糖270，巧克力970，裱花层150，人造奶油0.20，糖浆330～2 000。

FAO/WHO 规定：用于方便食品的罐头、婴儿食品和谷类食品的最高允许用量为 70 mg/kg。

10.2.2.2　苯甲醛

苯甲醛(benzaldehyde)，又称人造苦杏仁油。天然存在苦杏仁油、桂皮油等精油中，是苦杏仁油的主要香气成分。分子式为 C_7H_6O，分子量为 106.13。其结构式为：

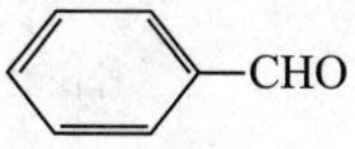

食品工业用需要无氯的产品，可由甲苯经催化氧化或由苯乙烯经臭氧氧化而制得。

性状与性能：苯甲醛纯品为无色液体，普通品是无色至淡黄色液体，具有苦杏仁的特异芳香气味；性质不稳定，遇空气逐渐氧化为苯甲酸，还原可变为苯甲醇；纯品沸点 179.9℃，微溶于水，与乙醇、乙醚、苯和氯仿混溶。1 份苯甲醛可溶于 300 份水中、5 份 50%乙醇中、1～1.5 份 70%乙醇中。

毒性：大鼠经口 LD_{50} 为 1 300 mg/kg。大鼠 MNL 为 500 mg/kg。ADI 为 0～5 mg/kg。

使用：苯甲醛广泛用于配制杏仁、樱桃等食用香精。按照《食品安全国家标准　食品添加剂使用标准》(GB 2760—2014)规定，苯甲醛为允许使用的食品用天然等同物香料，暂时允许使用苯甲醛配制各种食用香精。

10.2.2.3　乙基香兰素

乙基香兰素(ethyl vanillin)，化学名称为 3-乙氧基-羟基苯甲醛。分子式为 $C_9H_{10}O_3$，分子量为 166.18。它是以邻硝基氯苯为原料经一系列化学反应合成邻羟基乙醚再套用香兰素生产工艺而制得。

性状与性能：乙基香兰素为白色至微黄色结晶或结晶性粉末，具有类似香荚兰豆的香气，香气较香兰素浓郁；熔点范围 76～81℃，25℃时 1 g 试样全溶于 3 mL 95%(体积分数)乙醇中，呈澄清透明溶液；需置于遮光容器内，密封保存。

毒性：一组短期毒性试验，大鼠 16 只，每周喂 30 mg/kg，经 7 周在生长、食物摄入、蛋白质利用率等方面无不良影响。另一组 16 只大鼠，剂量 20 mg/kg，经 18 周无不良影响，但剂量 64 mg/kg 者，经 10 周，生长率减低，对内脏有影响。ADI 为 0～10 mg/kg。

使用：香型与香兰素相同，纯品的香气较香兰素强 3～4 倍。其使用与香兰素相同，特别适用于乳基食品的赋香。它广泛地以单体或与香兰素、甘油等配合使用。按照《食品安全国家标准　食品添加剂使用标准》(GB 2760—2014)规定，乙基香兰素为允许使用的食品用人造香料，允许使用乙基香兰素配制各种食用香精。

FAO/WHO(1983)规定：用于婴儿罐头食品和婴幼儿谷类加工制品。最大允许用量为 70 mg/kg(指粮食食品)。最大用量(单位：mg/kg)：饮料 2，冰淇淋 44，糖果 65，巧克力 250，胶姆糖 110。

10.2.2.4　柠檬醛

柠檬醛(citral)，化学名称为 2,6-二甲基-2,6-辛二烯-8-醛，有 α、β、顺、反 4 种异构体，属于萜类。它可从山苍子油中分离精制，也可由香叶醇、橙花醇等经氧化而制得，或从工业香叶醇(及橙花醇)中利用铜催化剂减压气相脱氢得到；还可从脱氢芳樟醇在钒催化剂作用下合成。分子式为 $C_{10}H_{16}O$，分子量为 152.24。其结构式为：

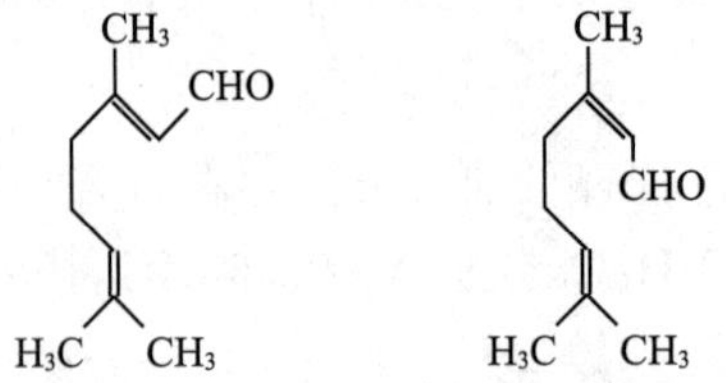

柠檬醛 a　　柠檬醛 b

性状与性能：柠檬醛为无色或淡黄色液体，有强烈的类似于无萜柠檬油的香气；相对密度 0.885～0.890，折射率 1.486 0～1.490 0，酸值≤5，含醛量≥97%；易被氧化生成聚合物而着色，应予注意。

毒性：柠檬醛可产生局部影响，在正常循环中无药理影响。幼年大鼠每日摄入柠檬醛 0.15 mg，计 26 d，出现体重减轻现象。短期毒性试验：每组大鼠雌雄各 15 只，每日摄入 50 mg/kg 剂量的柠檬醛，共 12 周，未发现不良反应。ADI 为 0～0.5 mg/kg。

使用：按照《食品安全国家标准　食品添加剂使用标准》(GB 2760—2014)规定，柠檬醛为允许使用的食品用天然等同物香料，可用于配制各种食用香精。柠檬醛具有新鲜柠檬的香气，用途很广，作为单体香料用以调制柠檬油、白柠檬油、橘子油等各种果香型香精，广泛用于清凉饮料、糖果、冰淇淋、焙烤制品等食品的赋香。在食品中的最大用量为 170 mg/kg。

FEMA 规定(单位：mg/kg)：软饮料 9.2，冷饮 23，糖果 41，焙烤食品 43，胶姆糖 170。

10.2.2.5　洋茉莉醛

洋茉莉醛(heliotropin)，化学名称为 3,4-二氧亚甲基苯甲醛，又称胡椒醛(piperonal)。分子式为 $C_8H_6O_3$，分子量为 150.14。洋茉莉醛是以黄樟油素经异构、氧化、分馏、提纯等工序而制得。其结构式为：

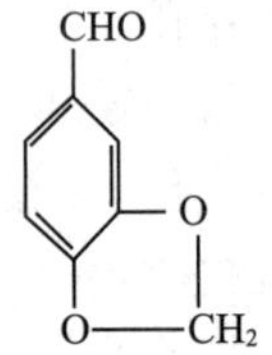

性状与性能：洋茉莉醛为白色片状、有光泽晶体，具有甜而温和的类似香水草花的香气(俗称葵花的花香香气)，应无黄樟油素的杂味；凝固点≥35℃，熔点 35.5～35℃，含醛量≥99%(以洋茉莉醛计)。在 25℃时，1 g 洋茉莉醛可溶于 100 mL 95%(体积分数)乙醇中，置遮光容器内密封保存。

毒性：急性毒性试验，小鼠经口，雄鼠 LD_{50} 为 2 710 mg/kg，雌鼠 LD_{50} 为 1 470 mg/kg，ADI 为 0～0.25 mg/kg。

洋茉莉醛本身的毒性较低，但应注意研究其原料黄樟油素的毒性影响，控制产品的纯度。

使用：按照《食品安全国家标准　食品添加剂使用标准》(GB 2760—2014)规定，洋茉莉醛为允许使用的食品用天然等同物香料，可用于配制各种食用香精。洋茉莉醛可以与香兰素充分配合，有保持甜味的效果，除用于调制香草型香精外，也可调制奶油、樱桃、草莓等香精。用于冰淇淋、糖果、酒精饮料、焙烤制品等食品，最大用量为 36 mg/kg。

FEMA 规定(单位:mg/kg):软饮料 0.05～16,冷饮 64,糖果 48～600,焙烤食品 48～600,适度为限。

10.2.2.6　甲位戊基桂醛

甲位戊基桂醛(α-amylcinnamaldehyde),又称α-戊基桂醛。分子式为 $C_{14}H_{18}O$,分子量为 202.30。甲位戊基桂醛是以苯甲醛和正庚醛为原料,反应缩合后经中和、水洗、减压分馏而制得。

性状与性能:甲位戊基桂醛为黄色透明液体,具有类似茉莉的香气;相对密度 0.963～0.968,折射率 1.555 0～1.559 0,酸值≤5,含醛量≥97%(以甲位戊基桂醛计)。

毒性:大鼠经口 LD_{50} 为 3 730 mg/kg。

使用:按照《食品安全国家标准　食品添加剂使用标准》(GB 2760—2014)规定,甲位戊基桂醛为允许使用的食品用天然等同物香料,可用于配制各种食用香精。

FEMA 规定(单位:mg/kg):软饮料 8.8,冷饮 8.7,糖果 17,焙烤食品 33,布丁类 22,胶姆糖 720,酒类 5。

10.2.2.7　乙酸异戊酯

乙酸异戊酯(isoamyl acetate),俗称香蕉水,它天然存在于香蕉、苹果及可可豆中。分子式为 $C_7H_{14}O_2$,分子量为 130.19。乙酸异戊酯系用杂醇油中分离的异戊醇和醋酸经酯化反应合成制得。

性状与性能:乙酸异戊酯为黄色透明液体,具有类似香蕉及苹果的香气;相对密度 0.869～0.874,沸程 137～143℃≥95%,酸值≤1,含醛量≥97%(以乙酸异戊酯计)。

毒性:急性毒性试验,经天津市卫生防疫站测定,雄性小鼠经口 LD_{50} 为 5 840 mg/kg,雌性小鼠 LD_{50} 为 6 810 mg/kg。

使用:按照《食品安全国家标准　食品添加剂使用标准》(GB 2760—2014)规定,乙酸异戊酯为允许使用的食品用天然等同物香料,可用于配制各种食用香精。它是草莓、杨梅、苹果、樱桃、葡萄、菠萝、桃和梨等果香型香精。最大用量(单位:mg/kg)为:冰淇淋 56,糖果 100,明胶点心 100,糕点 120,胶姆糖 2 700。

FEMA 规定(单位:mg/kg):软饮料 28,冷饮 56,糖果 190,焙烤食品 120,布丁类 100,胶姆糖 2 700,适度为限。

10.2.2.8　乙酸苄酯

乙酸苄酯(benzyl acetate),分子式为 $C_9H_{10}O_2$,分子量为 150.18。乙酸苄酯以苄醇、无水乙酸及无水乙酸钠为原料加热,经酯化反应合成而制得。

性状与性能:乙酸苄酯为无色透明液体,具有类似茉莉花的香气,是茉莉花精油的主要成分;相对密度 1.052～1.054,折射率 1.501 0～1.503 0,酸值≤1,含酯量≥98%(以乙酸苄酯计);在 25℃时可溶于 6 倍容量的 60%(体积分数)乙醇之中。

毒性:大鼠经口 LD_{50} 为 2 490 mg/kg。ADI 为 0～5 mg/kg。

使用:按照《食品安全国家标准　食品添加剂使用标准》(GB 2760—2014)规定,乙酸苄酯为允许使用的食品用天然等同物香料,可用于配制各种食用香精。乙酸苄酯用于调制杨梅、杏、李、苹果等果香型香精。最大用量约为 760 mg/kg。

FEMA 规定(单位:mg/kg):软饮料 7.8,冷饮 14,糖果 34,焙烤食品 22,布丁类 23,胶姆糖 760,适度为限。

10.2.2.9 丙酸乙酯

丙酸乙酯(ethyl propanoate),分子式为 $C_5H_{10}O_2$,分子量为 102.13。它是以丙酸与乙醇为原料,用硫酸作催化剂,经酯化反应合成制得。

性状与性能:丙酸乙酯为无色透明液体,具有类似凤梨的香气;相对密度 0.882～0.886,折射率 1.382 0～1.385 0,酸值≤1,沸程 137～143℃,含酯量≥95%(以丙酸乙酯计)。

使用:按照《食品安全国家标准 食品添加剂使用标准》(GB 2760—2014)规定,丙酸乙酯为允许使用的食品用天然等同物香料,可用于配制各种食用香精。它可用以调制果香型香精,主要用以调制葡萄香精。最大用量约为 1 mg/kg。

FEMA 规定(单位:mg/kg):软饮料 7.7,冷饮 29,糖果 78,焙烤食品 110,布丁类 10～15,胶姆糖 1 100,适度为限。

10.2.2.10 丁酸乙酯

丁酸乙酯(ethyl butyrate),又称酪酸乙酯。分子式为 $C_6H_{12}O_2$($CH_3CH_2CH_2COOC_2H_5$),分子量为 116.16。它是以正丁酸与乙醇为原料,用硫酸作催化剂,经酯化反应合成制得。

性状与性能:丁酸乙酯为无色或微黄色透明液体,具有类似凤梨的香气;相对密度 0.870～0.878,折射率 1.392 0～1.397 0,酸值≤1,沸程 115～125℃,含酯量≥98%(以丁酸乙酯计)。

毒性:大鼠经口 LD_{50} 为 13 050 mg/kg。ADI 为 0～15 mg/kg。

使用:按照《食品安全国家标准 食品添加剂使用标准》(GB 2760—2014)规定,丁酸乙酯为允许使用的食品用天然等同物香料,可用于配制各种食用香精。丁酸乙酯多用于食用香精,仿制奶油、焦糖、乳酪、香蕉、樱桃、葡萄、橙、桃、朗姆、胡桃、各类梅类香型和果香香精。它用于焙烤食品中的浓度为 0.003%～0.01%,口香糖中可达 0.14%。丁酸乙酯的乙醇溶液称为菠萝油,很早以来就作为人造香料使用,可用于配制菠萝、草莓、香蕉、葡萄等果香型香精,也可用作奶油香精的调香。最大用量约为 1 400 mg/kg,一般用量为:饮料 5～10 mg/kg,糖果 10～150 mg/kg,冰淇淋 5～10 mg/kg。

FEMA 规定(单位:mg/kg):最高参考用量为软饮料 28,冰淇淋、冰制食品 44,糖果 98,焙烤食品 93,胶冻及布丁 54,胶姆糖 1 400。

10.2.2.11 丁酸异戊酯

丁酸异戊酯(isoamyl butyrate),分子式为 $C_9H_{18}O_2$,分子量为 158.24。它是以正丁酸与杂醇油中分离的异戊醇为原料,用硫酸作催化剂,经酯化反应合成制得。

性状与性能:丁酸异戊酯为无色透明液体,具有类似生梨的香气;相对密度 0.861～0.864,折射率 1.409 0～1.413 0,酸值≤1,沸程 175～183℃,含酯量≥98%(以丁酸异戊酯计);易溶于乙醇而几乎不溶于水。

毒性:急性毒性试验,小鼠经口 LD_{50} 为 12 210 mg/kg。ADI 为 0～3 mg/kg(以异戊醇表示)。

使用:按照《食品安全国家标准 食品添加剂使用标准》(GB 2760—2014)规定,丁酸异戊酯为允许使用的食品用天然等同物香料,可用于配制各种食用香精。它广泛用于生梨、香蕉等果香型香精的调制及老姆酒的调香。最大用量约为 600 mg/kg,冰淇淋使用 10～20 mg/kg,

糖果使用 5～15 mg/kg。

FEMA 规定(单位:mg/kg):软饮料 13,冷饮 34,糖果 79,焙烤食品 51,布丁类 60,胶姆糖 570。

10.2.2.12　异戊酸异戊酯

异戊酸异戊酯(isoamyl isovalerate),也称戊酸戊酯。俗称苹果油。分子式为 $C_{10}H_{20}O_2$,分子量为 172.27。异戊酸异戊酯是用杂醇油分离的异戊醇和以异戊醇通过两次氧化后精制所得的异戊酸,经硫酸作催化剂反应制得。

性状与性能:异戊酸异戊酯为无色或微黄色透明液体,具有类似苹果的香气;相对密度 0.852～0.855,折射率 1.411 0～1.415 0,酸值≤1,沸程 185～195℃,含酯量≥98%(以异戊酸异戊酯计);微溶于水,易溶于有机溶剂。

毒性:急性毒性试验,小鼠经口 LD_{50} 为 12 600～23 300 mg/kg。

使用:按照《食品安全国家标准　食品添加剂使用标准》(GB 2760—2014)规定,异戊酸异戊酯为允许使用的食品用天然等同物香料,可用于配制各种食用香精。它作为食品赋香剂使用广泛,常用于调制苹果、香蕉、桃等果香型香精。最大用量约为 500 mg/kg。

FEMA 规定(单位:mg/kg):软饮料 8.5,冷饮 14,焙烤食品 41,布丁类 1～61,胶姆糖 390,果冻 10。

10.2.2.13　己酸乙酯

己酸乙酯(ethyl caproate),分子式为 $C_8H_{16}O_2$,分子量为 144.22。己酸乙酯是以己酸与乙醇为原料,用硫酸作催化剂,经酯化反应合成制得。

性状与性能:己酸乙酯为无色透明液体,具有类似凤梨的香气;相对密度 0.864～0.867,折射率 1.404 0～1.409 0,酸值≤1,含酯量≥98%(以己酸乙酯计);易溶于乙醇等有机溶剂。

使用:按照《食品安全国家标准　食品添加剂使用标准》(GB 2760—2014)规定,己酸乙酯为允许使用的食品用天然等同物香料,可用于配制各种食用香精。它可用于配制菠萝等果香型香精,也可用于饮料酒的调制。最大用量约为 150 mg/kg。

FEMA 规定(单位:mg/kg):软饮料 7,冷饮 18,糖果 12,焙烤食品 12,布丁类 10,胶姆糖 32,果冻 1.3,适度为限。

10.2.2.14　己酸烯丙酯

己酸烯丙酯(allyl caproate),分子式为 $C_9H_{16}O_2$[$CH_3(CH_2)_4COO\ CH_2CH=CH_2$],分子量为 156.23。己酸烯丙酯是以己酸与烯丙醇为原料,用硫酸作催化剂,经酯化、脱水、中和洗涤、分离分馏等步骤而制得。

性状与性能:己酸烯丙酯为无色或微黄色透明液体,具有类似菠萝的香气;相对密度 0.885～0.890,折射率 1.424 0～1.426 0,酸值≤1,含酯量≥98%(以己酸烯丙酯计);易溶于乙醇等有机溶剂。

毒性:大鼠经口 LD_{50} 为 218 mg/kg。

使用:按照《食品安全国家标准　食品添加剂使用标准》(GB 2760—2014)规定,己酸烯丙酯为允许使用的食品用天然等同物香料,可用于配制各种食用香精。它用于菠萝香精的调制,最大用量约为 210 mg/kg。

10.2.2.15 邻氨基苯甲酸甲酯

邻氨基苯甲酸甲酯(methyl anthranilate),分子式为$C_8H_9NO_2$,分子量为151.17。

性状与性能:邻氨基苯甲酸甲酯为无色或橙黄色带有蓝色荧光的液体,具有类似菠萝橙花的香气;相对密度1.162~1.167,凝固点≥23.9℃,25℃时1 g邻氨基苯甲酸甲酯全溶于4 mL 60%(体积分数)乙醇中,含酯量≥98%(以邻氨基苯甲酸甲酯计)。它易受日光的影响而褐变。

毒性:急性毒性试验,小鼠经口,雄鼠LD_{50}为4 910 mg/kg,雌鼠LD_{50}为3 097 mg/kg。亚急性毒性试验,卫生防疫站以含邻氨基苯甲酸甲酯0 mg/kg、1 000 mg/kg、2 000 mg/kg、4 000 mg/kg、8 000 mg/kg、10 000 mg/kg的饲料给大鼠口服90 d,对动物的体重、进食量、食物利用率、血液、心电图检查、脏器重量、病理组织检查均未引起变化。ADI为0~1.5 mg/kg。

使用:按照《食品安全国家标准　食品添加剂使用标准》(GB 2760—2014)规定,邻氨基苯甲酸甲酯为允许使用的食品用天然等同物香料,可用于配制各种食用香精。它常用于葡萄果香型的香精调制。最大用量约为2 200 mg/kg。

FEMA规定(单位:mg/kg):无醇饮料40,含醇冷饮0.2~2,焙烤制品38,凝胶布丁20,胶姆糖200~1 583,冷冻饮品40,水果冰品40,硬糖80~161,果酱、果冻6,软糖80。

10.2.2.16 杨梅醛

杨梅醛(aldehyde C-16 pure),化学名称为甲基苯基环氧丙酸乙酯。又称十六醛。分子式为$C_{12}H_{14}O_3$,分子量为206.24。甲基苯基环氧丙酸乙酯是用苯乙酮和一氯乙酸乙酯为原料,在碱性催化下通过缩合反应而制得。

性状与性能:杨梅醛为无色或微黄色透明液体,具有强烈的果香,类似草莓的香气;相对密度1.088 0~1.092 0,折射率1.503 5~1.508 5,酸值≤2,含脂量≥98%(以甲基苯基环氧丙酸乙酯计)。

毒性:急性毒性试验,小鼠经口LD_{50}为4 959 mg/kg。

使用:按照《食品安全国家标准　食品添加剂使用标准》(GB 2760—2014)规定,杨梅醛为允许使用的食品用人造香料,暂时允许使用杨梅醛配制各种食用香精。它用于配制杨梅、草莓等果香型香精。最大用量为470 mg/kg。

10.2.2.17 麦芽酚

麦芽酚(maltol),化学名称为3-羟基-2-甲基-4-吡喃酮,又称麦芽醇。分子式为$C_6H_6O_3$,分子量为126.11。麦芽酚是以发酵法制取曲酸,再经化学合成而制得。

性状与性能:麦芽酚为白色、微黄色针状或结晶性粉末,具有焦甜香气;熔点范围159~163℃,含量≥98%;易溶于热水与乙醇,具有升华性。麦芽酚应装于衬有塑料袋的纸盒内,储存在干燥、通风的仓库,避免和有异味杂气的物品混同存放。

毒性:急性毒性试验,小鼠经口LD_{50}为1 420 mg/kg。亚急性毒性试验,以含麦芽酚0 mg/kg、50 mg/kg、100 mg/kg、300 mg/kg的饲料喂大鼠12周,在大鼠的体重、血象、非蛋白氮(NPN)、谷丙转氨酶(GPT)、病理学检查方面均未发现有异常。ADI为0~50 mg/kg。

使用:按照《食品安全国家标准　食品添加剂使用标准》(GB 2760—2014)规定,麦芽酚为允许使用的食品用天然等同物香料,可用于配制各种食用香精。它有缓和其他香料的香气的性质,可作为香味改良剂和定香剂使用。麦芽酚广泛用于焙烤食品、糖果、饮料、巧克力、汤粉等食品。最大用量为300 mg/kg。

FEMA 规定(单位:mg/kg):软饮料 4.1,冷饮 8.7,糖果 31,焙烤食品 30,布丁类 7.5,胶姆糖 90,果冻 15。

10.2.2.18　松油醇

松油醇(α-terpineol),分子式为 $C_{10}H_{18}O$,分子量为 154.25。松油醇是以松节油为原料经化学合成而制得。它主要系α-松油醇和β-松油醇两种化学异构体的混合物。

性状与性能:松油醇为无色稠厚液体,具有类似紫丁香花的香气;相对密度 0.935～0.941,折射率 1.482 5～1.485 0,旋光度范围$-0°10'$～$+0°10'$;沸程 214～224℃≥96%(体积分数),初馏点起 5℃内≥98%(体积分数),全溶于 2 倍 70%(体积分数)乙醇中。

毒性:一般公认安全 GRAS。

使用:按照《食品安全国家标准　食品添加剂使用标准》(GB 2760—2014)规定,松油醇为允许使用的食品用天然等同物香料,可用于配制各种食用香精。它主要用于口香糖和调味料中,其他用量不多。

FEMA 规定:最高参考用量为(单位:mg/kg):软饮料 5.4,冰淇淋 14,焙烤食品 19,胶冻及布丁 12～16,胶姆糖 40,调味料 38。

10.2.2.19　苯甲醇

苯甲醇(benzyl alcohol),又名苄醇。分子式为 C_7H_8O,分子量为 108.14。苯甲醇可由氯化苄水解后,经精制而得。以氯化苄为原料时,必须使水解反应完全,因为氯化苄具有强烈刺激的气味,为催泪性物质。它也可由苯甲醇和甲醛经歧化反应而制得。

性状与性能:苯甲醇为无色透明液体,具有微弱的花香;相对密度 1.041～1.046,折射率 1.538 0～1.541 0,沸程 203～206℃≥95%(体积分数);25℃时全溶于 30 倍容量的蒸馏水中,含醇量≥98%(以苯甲基计)。

毒性:大鼠经口 LD_{50} 为 1 230 mg/kg。

使用:按照《食品安全国家标准　食品添加剂使用标准》(GB 2760—2014)规定,苯甲醇为允许使用的食品用天然等同物香料,可用于配制各种食用香精。香料工业中它作为生产乙酸苄酯、苯甲酸苄酯等酯类的原料,可用于杏仁、草莓等香精的调制,少量使用。

FEMA 规定(单位:mg/kg):软饮料 15,冷饮 160,糖果 47,焙烤食品 220,布丁类 21～45,胶姆糖 1 200。

10.2.2.20　苯乙醇

苯乙醇(phenethyl alcohol),分子式为 $C_8H_{10}O$,分子量为 122.17。苯乙醇可用环氧乙烷和苯,经缩合后精制而成。

性状与性能:苯乙醇为无色透明液体,具有玫瑰型香气;相对密度 1.018 0～1.020 0,折射率 1.530 0～1.533 0,含醇量≥99%(以苯乙醇计),25℃时全溶于 50 倍容量的蒸馏水中。

使用:按照《食品安全国家标准　食品添加剂使用标准》(GB 2760—2014)规定,苯甲醇为允许使用的食品用天然等同物香料,可用于配制各种食用香精,也可用于调制幻想型及玫瑰型香料。

FEMA 规定(单位:mg/kg):软饮料 1.5,冷饮 8.3,糖果 12,焙烤食品 16,布丁类 0.15,胶姆糖 21～80。

10.2.2.21 肉桂醇

肉桂醇(cinnamyl alcohol),又称3-苯基-2-丙烯-1-醇、苯丙烯醇、桂皮醇。分子式为$C_9H_{10}O$,分子量为134.18。肉桂醇可由肉桂醛还原制得。

性状与性能:肉桂醇为白色或微黄色结晶或无色至淡黄色液体,具有类似风信子的香气;凝固点≥33℃,25℃ 1 g肉桂醇全溶于4 mL 50%(质量分数)乙醇中,含醇量≥98%(以肉桂醇计)。

使用:按照《食品安全国家标准　食品添加剂使用标准》(GB 2760—2014)规定,肉桂醇为允许使用的食品用天然等同物香料,可用于配制各种食用香精。它用于调制桃、杏、樱桃等果香型香精。

FEMA规定(单位:mg/kg):软饮料8.8,冷饮8.7,糖果17,焙烤食品33,布丁类22,胶姆糖720,酒类5。

10.2.2.22 *DL*-薄荷脑

DL-薄荷脑(*DL*-menthol),分子式为$C_{10}H_{20}O$,分子量为156.27。*DL*-薄荷脑以从柠檬油中单离出来的香茅醛为原料,经环化、催化加氢而制得。

性状与性能:*DL*-薄荷脑为白色熔块或无色透明液体,具有类似天然薄荷油的清凉的气息;第一凝固点27～28℃,第二凝固点30.5～32℃,性质与*L*-薄荷脑相似;微溶于水,易溶于乙醇、乙醚、氯仿和石油醚。

毒性:对大鼠经口LD_{50}为3 180 mg/kg。*DL*-薄荷脑及*L*-薄荷脑的ADI为0～1.2 mg/kg。

使用:按照《食品安全国家标准　食品添加剂使用标准》(GB 2760—2014)规定,*DL*-薄荷脑为允许使用的食品用天然等同物香料,可用于配制各种食用香精。*DL*-薄荷脑是配制薄荷型香精的主要原料,如在有些薄荷型香精的配方中薄荷脑占10%～18%。它可与其他香料配合或单独用于糖果、胶母糖、饮料、冰淇淋等食品的赋香。

10.2.2.23 葵子麝香

葵子麝香(musk ambrette),化学名称为2,6-二硝基-3-甲氧基-4-叔丁基甲苯。分子式为$C_{12}H_{10}N_2O_5$,分子量为268.27。葵子麝香以间甲酚为原料,经甲基化、丁基化、硝化等反应而制得。

性状与性能:葵子麝香为淡黄色晶体,具有类似麝葵子的麝香香气;熔点84～86℃,在25℃时,13 g试样全溶于100 g 95%(体积分数)乙醇中。

使用:人造麝香中以葵子麝香的香气最令人愉快,许多香精使用葵子麝香作为香料和定香剂使用。有些国家允许使用,最大用量约为1 mg/kg。

10.2.2.24 二甲苯麝香

二甲苯麝香(musk xylene),化学名称为5-叔丁基-2,4,6-三硝基-间二甲苯。分子量为297.28。二甲苯麝香可由二甲苯经烃化、硝化而制得。

性状与性能:二甲苯麝香为白色至微黄色晶体,具有纯正的类似天然麝香的香气;熔点113～114.5℃。

毒性:二甲苯麝香虽具有类似于天然麝香的香气,但它与葵子麝香一样,均系人工合成的硝基麝香,这些具有麝香香气的所谓芳香族硝基化合物,在自然界中尚未发现过,目前对其毒性研究尚少,今后应予注意。

使用:二甲苯麝香虽有显著的麝香香气,但没有葵子麝香所特有的那种令人愉快的气息,其品质较差，用于较低档的香精。有些国家允许使用，最高使用水平约为 1 mg/kg。

10.3　食品用香精

在食品加工过程中，有时需要添加少量的香精或香料，用以改善或增强食品的香气和香味，满足消费者对食品的嗜好要求。但是在实际使用过程中，大多数天然香料或人工合成香料在香气、香味上相对单调，不能够满足改善、增强食品香气、香味的需求。因此，更多使用由香料和稀释剂等调和而成并用于食品的香精。

食品用香精由各种食品用香料和许可使用的附加物调配与加工而成，附加物包括载体、溶剂、防腐剂等食品添加剂，载体主要为蔗糖、糊精、阿拉伯树胶等。食品用香精的调配主要是模仿食品天然的香气和香味，注重于香气和味觉的仿真性。

食品用香精一般分食品用液体香精、食品用固体香精两大类。食品用液体香精又分食品用水溶性香精、食品用油溶性香精、食品用膏（浆）状香精、食品用乳化香精；食品用固体香精分为食品用包裹型香精、食品用吸附型香精、微胶囊型香精等。

10.3.1　食品用液体香精

10.3.1.1　食品用水溶性香精

食品用水溶性香精系指以水或水溶性物质为溶剂的液体香精。

1. 食品用水溶性香精的制法

将各种香料与稀释剂以一定的配比与适当的顺序互相混溶，经充分搅拌，再经过滤而成。食品用水溶性香精一般需要一定时间的储存成熟，使其香气更为圆熟。在调制食品用水溶性香精时，为了提高其在水中的溶解度，在调和前宜先适当去除其中萜类。目前我国较多的是采用冷法去萜的工艺，即先将精油、蒸馏水和部分乙醇在容器内充分搅拌，静置。萜类因在乙醇中的溶解度低，大部分上浮，而含香的主体物质含氧化物（指醇、酯、醛、酮、酚等成分）则易溶于乙醇溶液中，将其放入调和容器中，加入其他香料与余下的稀释剂，充分搅拌，再经过滤，即制得食品用水溶性香精。经用冷法去萜制得的食品用水溶性香精，溶解度较好，比较稳定，香气也较浓厚。若使用去萜不良的香精，就会呈现混浊，这对于要求制得呈澄清度较高的汽水是不利的。

食品用水溶性香精品种繁多，由于原料来源、生产工艺与调香技术等的不同，香精的配方变化万千，同一名称的香精会有多种不同的配方。表 10-3 为几种食品用水溶性香精的配方，供学习参考。

表 10-3　几种食品用水溶性香精的配方

香料名称	橘子	菠萝	香蕉	杨梅
乙酸乙酯		0.8		1.2
乙酸戊酯		0.3	10	0.4
乙酸芳樟酯		0.006		
丁酸乙酯		1.2	2.5	1.5
丁酸戊酯		1.3	1.3	
丁酸香叶酯		0.05		

续表 10-3

香料名称	橘子	菠萝	香蕉	杨梅
戊酸乙酯				
己酸乙酯				0.6
己酸烯丙酯		0.4		0.2
庚酸乙酯		1.5		
苯甲酸乙酯		0.1		0.15
环己基丙酸烯丙酯		0.03		
邻氨基苯甲酸甲酯				0.083
乙位紫罗兰酮				0.083
香茅醇				0.083
苯丙醇		0.002		
丁香酚			0.2	
橙叶油			0.1	
橘子油(冷压)				
玫瑰花油				
人造康酿克油				0.2
其他				0.07
乙醇		61.702	55.3	63.061
蒸馏水		30	25	30
香兰素		0.01	0.5	0.3
乙基香兰素	0.05			
柠檬醛	0.01			
辛醛				0.01
壬醛				
癸醛				0.06
桃醛		1.1	0.1	0.5
杨梅醛		1.5	5	1.5
橘子油粗品	85			
柠檬油粗品	14.94			
合计	100	100	100	100

2.食品用水溶性香精的性状

食品用水溶性香精一般应是透明的液体，其色泽、香气、香味与澄清度符合各型号的标样，不呈现液面分层或混浊现象。15℃时食品用水溶性香精在蒸馏水中的溶解度为0.10%～0.15%，在20%(体积分数)乙醇中的溶解度为0.20%～0.30%。

食品用水溶性香精易挥发，不适于在高温条件下操作食品的赋香。

食品用水溶性香精的毒性取决于组成它的香料和稀释剂等原料的性质与质量，可根据其配方参阅有关的毒理学资料。

3. 食品用水溶性香精的使用

食品用水溶性香精适用于冷饮品及配制酒等食品的赋香，一般用量在 0.05%～0.15%。其用量在汽水、冰棒中一般为 0.002%～0.1%，在配制酒中一般为 0.1%～0.2%，在果味露中一般为 0.3%～0.6%。通常橘子、柠檬香精中含有相当量的天然香料，香气比较清淡，其使用量可以略高一些，全部用人造香料配制的香精则使用量要低一些。

在汽水生产中，可在配制糖浆时添加食品用水溶性香精，一般先加入防腐剂，最后加入香精，搅拌均匀后灌装。香精在添加前，可先用滤纸过滤，然后倒入配料缸中。在冰棒生产中，可在料液冷却时添加香精。当料液打入冷却缸后，温度降至 10～16℃时可将已处理的柠檬酸及香精加入。在冰淇淋生产中，可在凝冻时添加香精，冰淇淋中使用香草香精比较多，也有添加橘子香精、杨梅香精等的产品。

果汁粉生产中也有使用食品用水溶性香精的产品。香精可在调粉时添加，经调粉、揉搓、造粒后烘干。由于果汁粉通常需要冲调稀释后饮用，其用量为 1～10 g/kg 一般比饮料高。有时水果罐头或果汁也使用天然精油或食品用水溶性香精进行赋香，如糖水樱桃罐头使用樱桃香精，菠萝酱和浓缩菠萝汁使用菠萝香精，浓缩柚子汁使用柚子香精等。

4. 食品用水溶性香精的储存

香精一般多用深褐色的玻璃瓶盛装，大包装可用铝桶盛装，应尽量排除顶隙中的空气，装量不宜过满。储存于阴凉、10～30℃环境下，并防止日晒雨淋。这样处理有利于防止低沸点香料与稀释剂的挥发导致香精的混浊和油、水分离，应避免与空气接触，此外，还要避免受其他气味混杂。在上述储存条件下，未启封的香精保质期为 1～2 年。

10.3.1.2　食品用油溶性香精

食品用油溶性香精系指以油类或油溶性物质为溶剂制备的液体香精。

1. 食品用油溶性香精的制法

将各种各样香料与稀释剂按一定的配比与适当的顺序互相混溶，经充分搅拌，再经过滤制得。表 10-4 列举几种食品用油溶性香精的配方供参考。

表 10-4　几种食品用油溶性香精的配方

香料名称	柠檬	菠萝	奶油	香芋
乙酸乙酯		1		
乙酸戊酯		0.7		
乙酸桂酯	0.3	0.05		
乙酸芳樟酯				
丁酸乙酯				
丁酸丁酯			0.5	
丁酸戊酯		2	0.4	
丁酸香叶酯		2.5		

续表 10-4

香料名称	柠檬	菠萝	奶油	香芋
己酸乙酯		0.2		
己酸烯丙酯		3		
庚酸乙酯		4		
桂酸甲酯		0.1		0.1
苯乙酸乙酯		0.1		
丁酸		0.05	3	
丁二酮	0.25		1	
壬醛				
大茴香醛	7			
柠檬醛				
洋茉莉醛		5	0.3	
桃醛		0.1	0.1	0.2
椰子醛				17
香兰素	25	1	5	
椰子油(冷压)	7	0.5		
橘子油(冷压)		2.5		62.7
乙醇			49.7	20
甘油	60.45		40	
茶油		77.2		
合计	100	100	100	100

注:本表由天津香精厂提供。

2.食品用油溶性香精的性状

食品用油溶性香精一般应是透明的油状液体,其色泽、香气、香味与澄清度符合各该型号的标样,不呈现液面分层或混浊现象。但以精炼植物油作稀释剂的食品用油溶性香精在低温下会呈现凝冻现象。食品用油溶性香精中含有较多量的植物油或甘油等高沸点稀释剂,其耐热性比食品用水溶性香精高。

食品用油溶性香精的毒性取决于组成它的香料和稀释剂等原料的性质与质量,可根据其配方参阅有关的毒性学资料。

3.食品用油溶性香精的使用

食品用油溶性香精比较适用于饼干、糖果及其他焙烤食品的加香。其用量在饼干、糕点中一般为0.05%~0.5%,在面包中为0.04%~0.1%,在糖果中为0.05%~0.1%。

焙烤食品使用香精、香料多在和面时加入。一般来说,甜度高的饼干用量低,甜度较低的韧性饼干,有耐嚼力,需要适当提高用量。

生产硬糖时,香精、香料应在调和时加入,当糖膏温度降至105~110℃时,依次加入酸、色素和香精、香料。生产蛋白糖时,香精、香料一般在混合过程加入。当糖坯搅拌适度时,可将融化的油脂、香精、香料等物料加入,此时搅拌应调节至最慢速度,混合后应立即进行冷却。

4. 食品用油溶性香精的储存

参照食品用水溶性香精。

10.3.1.3　食品用膏(浆)状香精

以膏(浆)状形态出现的各类香精。如茉莉浸膏是采用溶剂浸提从即将开放的小茉莉花朵中浸提而制得的，为绿黄色或淡棕色疏松的稠膏，具有茉莉鲜花的气味，广泛应用于茉莉香型的各类食品的调香。茉莉浸膏为食用天然香料，最大使用量可按正常生产需要而定。

10.3.1.4　食品用乳化香精

食品用乳化香精是以蒸馏水在适宜的乳化剂作用下调和而成的香精，产品为稳定的乳状液体系，不分层。即使稀释 1 万倍，静置 72 h，也不会出现浮油和沉淀现象。食品用乳化香精主要用于软饮料和冷饮等产品的加香、增味、着色或使之混浊。

食品用乳化香精的制法为将油相成分(食品用香料、食用油、密度调节剂、抗氧化剂和防腐剂等)混合制成油相，将水相成分(乳化剂、防腐剂、酸味剂和着色剂等)溶于水制成水相，然后将两项混合，采用高压均质机均质、乳化，即制成食品用乳化香精。通过乳化可抑制香气成分挥发，又可节约乙醇，降低生产成本。但若配制不当可能造成产品变质，并造成食品的细菌性污染，使用时应加以注意。食品用乳化香精在雪糕、冰淇淋、汽水中的用量为 0.1%，在固体饮料中的用量为 0.2%～1.0%。

10.3.2　食品用固体香精

10.3.2.1　食品用包裹型香精

使用赋形剂，通过乳化、喷雾干燥、薄膜干燥等工序制成的粉末状香精。由于赋形剂能够形成薄膜包裹住香精，可防止氧化或挥发损失，储运、使用也较方便，特别适用于憎水性粉状食品的加香。如粉末橘子香精的制备方法为，取橘子油 10 份，20%阿拉伯树胶液 450 份，首先采用与食品用乳化香精相同的方法制备成乳化液，然后采用喷雾干燥机进行喷雾干燥即可。

10.3.2.2　食品用吸附型香精

这类香精是将香料与固体粉末载体进行简单混合，使香料附着在载体上而形成的香精。如粉末型香荚兰香精的制备方法为将原料(香兰素 10%、乳糖 80%、乙基香兰素 10%)用粉碎机粉碎、混合，然后过筛即可。该类香精主要应用于糖果、冰淇淋和饼干等产品。

10.3.2.3　微胶囊型香精

微胶囊型粉末香精指将香料包裹在微胶囊内形成的粉末香精。该类香精因保藏在微胶囊内，与空气、水分隔离，香料成分能够稳定保存，不会产生变质和香味成分大量挥发等现象，具有使用方便，香气释放缓慢持久，产品稳定性好，分散性较好的特点。该类香精适用于各类饮料、粉末制品和速溶食品。

10.3.3　食品用香精的调香

在食品加香的过程中，无论使用任何香料，除烹调外，单独使用的机会不多。因为各种食品的独特风味是由许多成分相辅而形成的协调、柔和的统一体。单体香料无法从感觉上取得令人满意的效果，因此人们使用不同来源的香料，模仿天然香味调制出许多类型的食品用香精，该过程叫作调香。调香大致分为以下几个步骤。

（1）确定主体香。主体香的加入量不一定很大，有时甚至含量极低，但却是必不可少的。作为主体香的香料有的只是一种，有的要数种，这是调香时首先要确定的内容。确定它们主要依靠分析手段和调香师对香味特征的分析经验。

（2）合香。在主体香选好之后，要选择合适的合香剂。合香剂的选择很广泛，与主体香是同类的香料都可以尝试。

（3）选择适宜的助香剂。由主香和合香配出的香味，缺乏天然香味具有的自然生气，所以需要加入助香剂。但如果助香剂选择不当，可能会对主香和合香起消杀作用。若选用合适，可使普通的单体香得到令人满意的优美风味。

（4）选择定香剂。香料都具有不同程度的挥发性，但调和香料的挥发度各不相同，放置时间长了，容易挥发的组分逃逸，导致香味的特色改变、减弱或消失，为了是使各组分挥发度和保留度尽量均匀，保持原有香味，就必须添加定香剂。

（5）配比。香料调香的用量配比，目前还不能完全靠科学的方法确定，所需要香型的各组分配方是依靠人的感觉效应确定的，任何一种香味对人的感觉都有一定的作用，少则不足以感受其香味，过则容易令人生厌。因此，用量比是很关键的，一般是将助香剂、定香剂一点点、慢慢加入主体香中，边加边尝以得到最佳风味。

（6）成熟。当主体香、助香剂、定香剂、配比等条件都已合适，香精风味的最后和谐与圆熟还需要在一定温度、环境等条件下久置储藏形成，使其达到天然香气的芬芳，这个阶段称为成熟。

（7）应用实验。如果调香不是由专门的香精、香料生产或科研单位完成或所配的香味剂不是一个已成熟的配方，除上述 6 个调香步骤之外，还要将配好的香味剂添加到食品中，检验其应用效果，如效果不佳，需要重新调配，直至形成别具一格的风味为止。应用效果也可以采用感官评定，一般是多人分组，以统计方法来确定。

为了保证香精的质量，主要取决于以下 3 点：一是调香技术要高，二是调香使用的香料品种要齐全，三是香料的质量要高、香气要纯。

另外，在调配香精时，为进一步提高所用香精的风味，通常将不同香料相互搭配，以求得特殊香型。如在甜橙（香精）中加入少量柠檬（香精），可生产带酸的甜橙味，如加西香莲则会产生粒粒橙风味。在柠檬中加入白柠檬可提升其清香感，加甜橙可增加甜度，加红橘可提高鲜味。在杧果中加入番石榴可增加新鲜感。一般主香精占 80%～90%，辅香精占 5%～20%，有的配成杂锦香精，如甜橙：香蕉：菠萝＝4：3：3；甜瓜：葡萄：甜橙＝6：3：3 等，可获得特殊风味。在香型方面，目前大多数食品用香精是模仿各种果香和调和的果香型香精，其中使用最广泛的是橘子、柠檬、香蕉、菠萝、杨梅等 5 大类香型香精，也有一些其他香型的香精，如香草香精、奶油香精等。

10.4 食品用香料与香精使用注意事项及研究进展

10.4.1 食品用香精与香料使用注意事项

使用香精、香料时，要注意使用的温度、时间和香料成分的化学稳定性，必须按照符合工艺要求的方法使用，否则可能造成效果不佳或产生相反的效果。

（1）香精、香料与其他原料混合时，一定要搅拌均匀使香味充分地渗透到食品中去。香精、香料一般在配料的最后阶段加入，并注意温度以防香气挥发。与食品用油溶性香精相比，食品用水溶性香精耐热性较差。加入香精、香料时，一次不能加入太多，最好一点点、慢慢加入。香精、香料在开放系统中的损失较大，所以在加工中要尽量减少其在环境中暴露。

（2）合成香料一般与天然香料混合使用，这样效果更接近天然，但不必要的香精、香料不要加入，以免产生不良效果。少量的有机酸对各种香精、香料的香味有协调作用，可使香味柔和协调，特别是几种人造单体香料的同时使用，有机酸的协调作用尤为重要。

（3）由于香精、香料的配方，食品的制作条件千变万化，香精、香料在使用前必须做预备试验。因为香精、香料加入食品中后，其效果是不同的，有时其香味会改变。主要原因是受其他原料、添加剂、食品加工过程和人感觉的影响。所以要找出香精、香料最佳使用条件后才能成批生产食品，如果在预备试验中香精、香料的效果始终不佳，需要重新更换香精、香料或改变工艺条件，直到适合的风味出现为止。

（4）使用中要注意香精、香料的稳定性。香精、香料中的各种原料、稀释剂等，除了容易挥发外，一般都容易受碱性条件、抗氧化剂及金属离子等影响，要防止这类物质与香精、香料直接接触，如两者都要用于同一种食品时，要注意分别添加。有些香精、香料会因氧化、聚合、水解等作用而发生变化，在一定的温度、时间、酸碱度、金属离子污染等因素下会加速变质。橡胶制品会影响香精、香料的品质，不能使用橡皮塞密封。香精、香料要储存于阴凉干燥处，但储存室温不宜过低，食品用水溶性香精在低温下会析出结晶和分层，食品用油溶性香精在低温下会冻凝，储存温度一般以 10～30℃为宜。香精、香料中许多成分容易燃烧，要严禁烟火。香精、香料启封后不宜继续储存，要尽快使用。

（5）对于含气的饮料、食品和真空包装的食品，体系内部的压力及包装过程都会引起香味的变化，对这类食品都要增减其中香精、香料的某些成分。

（6）香精、香料使用前要考虑消费者的接受程度、产品的形式、档次等。

（7）生产冰棍和冰淇淋，要考虑产品的食用温度比较低，人的味觉不如常温敏感，调味时要比常温下食用的食品略浓厚一些。

10.4.2　食品用香精与香料研究进展

食品用香料、香精是食品工业不可或缺的食品添加剂之一。随着全球工业化水平的不断提高，食品用香料、香精的需求也呈逐步上升的趋势，极大地推动了有关食品用香料、香精领域的基础和应用研究。近些年国际上在食品用香料、香精的研究主要集中在以下几个方面：食品香味成分的分析鉴定，包括样品前处理技术、分析技术、香味活性成分的鉴定等；香料、香精缓释技术，包括各种包埋材料、包埋技术的研究；利用生物技术制备天然香料，包括发酵、酶催化等生物转化方法研究开发；天然香料的回收利用，如利用膜蒸馏技术、超临界流体萃取技术和吸附技术为风味物质的回收带来了更多的选择；手性香料的研究，包括高选择性的酶催化或不对称合成技术的研究；食品用香料安全问题的研究。

今后香料、香精领域的研究方向包括：重要食品用香料绿色制备技术研究，包括利用电解技术制备香料的研究、绿色催化剂的研究、传统工艺改进的研究；手性香料的研究，重点研究高选择性低成本的单一立体异构体的制备、立体异构体香气特性、天然手性香料对映体组成等；

天然香料制备技术研究，包括生物转化方法的研究、天然香料提取技术研究、高分子纳米香料的制备方法的应用；香料、香精应用技术研究，重点研究便于香料、香精在食品中应用的具有良好稳定性能和缓释性能的各种包埋技术；食品用香料、香精安全问题研究，研究建立完善的香料、香精安全评价体系。

思考题

二维码 10-1
第 10 章
思考题答案

1. 什么是食品用香料、香精？香精分为几类？香精分类的依据是什么？
2. 水溶性香精有哪些？油溶性香精有哪些？分别具有什么特点？
3. 在使用化学合成香精、香料时应注意哪些问题？
4. 按照食品添加剂使用标准要求，有哪些食品中不得添加食用香精、香料？

参考文献

[1] 江建军. 食品添加剂应用技术. 北京：科学出版社，2010.

[2] 孙宝国，曹雁平，李健，等. 食品科学研究前沿动态. 食品科学技术学报，2014，32(2)：1-11.

[3] 司辉清，沈强，庞晓莉. 国内外天然香精油提取及检测技术最新研究进展. 食品工业科技，2010(2)：374-378.

[4] 程雷，孙宝国，宋焕禄，等. 食用香精香料的安全性评价现状及发展趋势. 食品科学，2010，31(21)：409-412.

[5] 黄雪琳，刘淑君，平庆杰，等. 香精香料安全性研究进展. 粮油食品科技，2013，21(3)：90-94.

[6] 赵日利，于宏晓，岳勇. 香精香料指纹图谱分析研究进展. 计算机与应用化学，2011，28(4)：509-512.

[7] Bicsa J L，Dionisio A P，Pasrore G M. Bio-oxidation of terpenes：an approach for the flavor industry[J]. Chemical Review，2009，109(9)：4518-4531.

[8] Brenna E，Fuganti C，Gatti F G，et al. Biocatalytic methods for the synthesis of enantioenriched odor active compounds. Chemical Review，2011，111 (7)：4036-4072.

[9] 赖军丽. 中国香精香料行业出口竞争力与发展对策研究. 浙江工业大学，2013.

[10] 侯振建. 食品添加剂及其应用技术. 北京：化学工业出版社，2004.

[11] 迟玉杰. 食品添加剂. 北京：中国轻工业出版社，2013.

[12] 黄文，蒋予箭，汪志君，等. 食品添加剂. 北京：中国计量出版社，2006.

[13] 胡国华. 复合食品添加剂. 北京：化学工业出版社，2012.

[14] 高彦祥. 食品添加剂. 北京：中国轻工业出版社，2011.

[15] 李凤林，黄聪亮，余蕾. 食品添加剂. 北京：化学工业出版社，2008.

[16] 田红玉，陈海涛，孙宝国. 食品香料香精发展趋势. 食品科学技术学报，2018，36(2)：1-11.

[17] 沈洁，卢红霞，卢治国，等. 高分子纳米香精制备的研究进展. 中国科学，2019，49(4)：591-596.

第11章
食品调味剂

学习目的与要求

掌握常用酸度调节剂、甜味剂、增味剂的性质及使用方法，使用注意事项；熟悉酸度调节剂、甜味剂、增味剂的种类；了解新开发的调味剂及调味剂的发展方向。

味感是食物在人的口腔内对味觉器官化学感觉系统的刺激并产生的一种感觉。这种刺激有时是单一性的，但在多数情况下是复合性的。

目前世界各国(地区)对味感的分类并不一致。例如日本将味感分成甜、苦、酸、咸、辣5类；欧美各国则再加上金属味，共分为6类；印度的分类没有金属味，却有淡味、涩味、不正常味，加上上述5类分成8类；我国的分类通常分成甜、苦、酸、咸、辣、鲜、涩7类。此外，还有些国家或地区的分类有凉味、碱味等。但从生理学的角度看，只有甜、苦、酸、咸4种基本味感。辣味仅是刺激口腔黏膜、鼻腔黏膜、皮肤和三叉神经而引起的一种痛觉；涩味则是口腔蛋白质受到刺激而凝固时所产生的一种收敛的感觉，与触觉神经末梢有关。这2种味感与上述4种刺激味蕾的基本味感有所不同，但就食品的调味而言，也可看作是2种独立的味感。鲜味由于其呈味物质与其他味感物质相配合时能使食品的整个风味更为鲜美，所以欧美各国都将鲜味物质列为风味增效剂或强化剂，而不看作是一种独立的味感。食品中各种风味都是一定物质的信号，依据这些知识和人们的嗜好进行食品调味剂的合理利用和调配，就可以使食品的风味独特，搭配丰富多彩，达到味感最佳的目的。

甜味是人们最喜欢的基本味感，具有糖和蜜一样的味道，常作为饮料、糕点、饼干等焙烤食品的原料，甜味能够用于改进食品的可口性和某些食用性质。甜味的强弱可以用相对甜度来表示，它是甜味剂的重要指标，通常以5%或10%的蔗糖水溶液为标准，在20℃，同浓度的其他甜味剂溶液与之比较来得到相对甜度。

酸味物质是食品和饮料中的重要成分或调味料。酸味能促进消化，防止腐败，增加食欲、改良风味。酸味能给人以爽快、刺激的感觉，具有增强食欲的作用，在食品加工中使用酸味剂，一般都有一定的防腐效果，还有助于溶解纤维素及钙、磷等物质，既可帮助消化，增强营养素的吸收，又具有一定的杀菌解毒功效。酸味是有机酸、无机酸和酸性盐产生的氢离子引起的味感。

咸味在食品加工中的用量最多，使用也最简单，常用精制食盐和加碘食盐直接加入食品中。近来一些国家主张降低膳食中食盐的量，引起人们对食品中的钠盐替换物产生兴趣，特别是用钾离子和铵离子来代替它。食品中采用的氯化钠替换物不如添加NaCl调味的食品风味，目前正在进一步了解咸味的机理，希望找到一种接近NaCl咸味的低钠产品。

适宜的涩味可使口腔有清凉收敛的感觉。涩味通常是由单宁或多酚与唾液中的蛋白质缔合而产生沉淀或聚集体而引起的。另外，难溶解的蛋白质(例如某些干奶粉中存在的蛋白质)与唾液的蛋白质和黏多糖结合也产生涩味。

苦味在调味上有着重要的作用，不少天然食物就带有苦味物质，如咖啡、可可、茶叶、苦瓜、陈皮、啤酒花等。如果苦味调配适当，能起到丰富和改善食品风味的作用，常用的苦味物质主要有4类。①生物碱类：如咖啡碱、可可碱、茶碱等，存在于巧克力、可可及茶叶制品中，也可加入某些饮料中；②苷类：如橙皮苷、柚皮苷等，存在于柑橘类制品及果汁、饮料中；③酮类：如绿草酮和蛇麻酮，存在于酒花、啤酒中使啤酒有独特的风味；④肽类：如亮氨酸、苯丙氨酸和精氨酸等的肽都有苦味，所以一些有苦味的天然食物中大多含有较多的氨基酸。

辣味是刺激口腔黏膜、鼻腔黏膜、皮肤和三叉神经而引起的一种痛觉。调味料和蔬菜中存在的某些化合物能引起特征的辛辣刺激感觉，称为辣味。虽然这些感觉和一般的化学刺激或催泪作用引起的感觉难以分开，但是这些化合物确实具有味的感觉。某些辣味成分(例如红辣椒、黑胡椒和生姜中存在的)是非挥发性的，它们能作用于口腔组织。而某些香调味料和蔬菜所含的辣味成分中具有微弱的挥发性,产生辣味和香味,例如芥末、辣根、小萝卜、洋葱、水田芥菜和芳香调味料丁香等。所有这些调味料和蔬菜在食品中能提供特征风味,并使口味增强。

调味剂是赋予食品的某种味感、产生某种鲜味或为适当地调整食品的味道而添加的食品添加剂。食品的味,实际上是各式各样、形形色色的。人们一般对食品的感觉非常微妙,并由形状、硬度、色泽、气味、温热及味道等综合性地对食品的嗜好起影响作用。而就调味剂而言,使用时必须考虑它们的各种因素,起到恰当的调和味道的作用。

食品调味剂包括酸度调节剂、甜味剂和增味剂,在《食品安全国家标准 食品添加剂使用标准》(GB 2760—2014)中它们的分类号码分别为 01、19 和 12。

11.1 食品酸度调节剂

11.1.1 食品酸度调节剂定义与作用

11.1.1.1 食品酸度调节剂定义

食品酸度调节剂指用以维持或改变食品酸碱度的物质,主要指酸味剂(acids acidifiers),酸味剂能赋予食品酸味,给人爽快的感觉,可增进食欲,有助于纤维素和钙、磷等物质的溶解,促进人体对营养素的消化、吸收,同时还具有一定的防腐和抑菌作用。

酸味是由质子(H^+)与存在于味蕾中的磷脂相互作用而产生的味感。因此,凡是在溶液中能离解出氢离子的化合物都具有酸味。在相同的 pH 下,有机酸的酸味一般大于无机酸。这是因为有机酸的酸根、负离子在磷脂受体表面的吸附性较强,从而减少受体表面的正电荷,降低其对质子的排斥能力,有利于质子(H^+)与磷脂作用,所以有机酸的酸味强于无机酸,有机酸的酸味阈值 pH 为 3.7～4.9,而无机酸的阈值 pH 为 3.5～4。一般有机酸种类不同,其酸味特性一般也不同,6 碳酸风味较好,4 碳酸味道不好,3 碳、2 碳酸有刺激性。

11.1.1.2 食品酸度调节剂的作用

酸味的品质和强度除决定酸味物质的组成、pH 外,还与酸的缓冲作用和共存物的浓度、性质有关,甜味物质、味精对酸味有影响。酸味强度一般以结晶柠檬酸(一个结晶水)作基准定为 100,其他如无水柠檬酸为 110,苹果酸为 125,酒石酸为 130,乳酸(50%)60,富马酸 165。

目前在食品中常用的酸味剂有以下几种:磷酸、柠檬酸、乳酸、酒石酸、偏酒石酸、苹果酸、延胡索酸、抗坏血酸、葡萄糖酸、乙酸及琥珀酸。按其口感(愉快感)的不同可分成:①令人愉快的酸味剂,如柠檬酸、抗坏血酸、葡萄糖酸和 *L*-苹果酸;②伴有苦味的酸味剂,如 *DL*-苹果酸;③伴有涩味的酸味剂,如磷酸、乳酸、酒石酸、偏酒石酸、延胡索酸;④有刺激性气味的酸味剂,如乙酸;⑤有鲜味的酸味剂,如谷氨酸。

酸度调节剂具有增进食品质量的许多功能特性,在使用中,酸味剂与甜味剂之间有拮抗作用,二者易相互抵消,因此在食品加工中需要控制一定的糖酸比;酸味与苦味、咸味一般无拮抗作用;酸味剂与涩味物质混合,会使酸味增强。酸味剂在食品中的应用如下。

(1) 酸度调节剂在食品中可用于控制体系的酸碱性。在凝胶、干酪、果冻、软糖、果酱等产品中,为了取得产品的最佳性状和韧度,必须正确调整 pH,果胶的凝胶、干酪的凝固尤其如此。酸度调节剂可以降低体系的 pH,可以抑制许多有害微生物的繁殖,抑制不良的发酵过程,并有助于酸性防腐剂的效果,减少高温灭菌时间,减少高温对食品结构与风味的不利影响。

(2) 酸度调节剂在食品中可作香味辅助剂,广泛应用于调香。许多酸度调节剂都得益于特定的香味,如酒石酸可以辅助葡萄的香味,磷酸可辅助可乐饮料的香味,苹果酸可辅助许多水果型果酱的香味。酸度调节剂能平衡风味、修饰蔗糖或甜味剂的甜味。

(3) 酸度调节剂在食品加工中可作螯合剂。某些金属离子如镍、铬、铜、锡等能加速氧化作用,对食品产生不良的影响,如变色、腐败、营养素损失等。许多酸度调节剂具有螯合这些金属离子的能力,酸与抗氧化剂结合使用,能起到增效的作用。

(4) 酸度调节剂遇碳酸盐可以产生二氧化碳气体。这是化学膨松剂产气的基础,而且酸度调节剂的性质决定了膨松剂的反应速度。酸度调节剂有一定的泡沫稳定作用。

(5) 酸度调节剂具有还原特性。在水果、蔬菜制品的加工中可以作护色剂,在肉类加工产品中可作为护色助剂。

(6) 酸度调节剂还有缓冲剂的作用,在糖果生产中用于蔗糖的转化、并抑制褐变。

11.1.1.3 食品酸度调节剂使用注意事项

酸味剂在使用时必须注意以下几点。

(1) 酸味剂大都电离出 H^+,它可以影响食品的加工条件,可与纤维素、淀粉等食品原料作用,也同其他食品添加剂相互影响。所以在食品加工工艺中一定要有加入酸味剂的程序和时间,否则会产生不良后果。

(2) 当使用固体酸味剂时,要考虑它的吸湿性和溶解性。因此,必须采用适当的包装材料和包装容器。

(3) 阴离子除影响酸味剂的风味外,还能影响食品的风味,如前所述的盐酸、磷酸具有苦涩味,会使食品风味变劣。而且酸味剂的阴离子常常使食品产生另一种味,这种味称为副味,一般有机酸可具有爽快的酸味,而无机酸的酸味并不适口。

(4) 酸味剂有一定的刺激性,能引起消化系统的疾病。

11.1.2 常用的食品酸度调节剂

11.1.2.1 柠檬酸

柠檬酸(citric acid),又名枸橼酸,化学名称为3-羟基-羧基戊二酸。分子式为 $C_6H_8O_7 \cdot H_2O$,分子量为210.14,其结构式为:

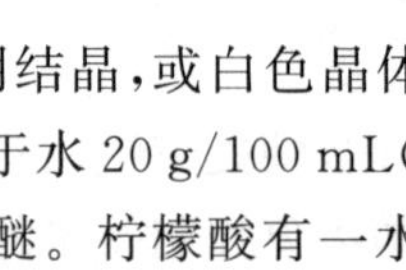

性状与性能:柠檬酸为无色半透明结晶,或白色晶体颗粒或粉末,无臭,有强酸味;相对密度1.67(20℃/4℃),熔点153℃,易溶于水20 g/100 mL(25℃),1%水溶液的 pH 为2.31;除易溶于水外,它们还易溶于乙醇,溶于乙醚。柠檬酸有一水合物和无水物2种,含1分子结晶水的柠檬酸,相对密度1.542(20℃/4℃),熔点100~133℃;在空气中放置易风化,失去结晶水。无水柠檬酸在潮湿空气中吸潮能形成一水合物,其刺激阈的最大值为0.08%,最小值为0.02%,易与多种香料配合而产生清爽的酸味,适用于各类食品的酸化。

柠檬酸是柠檬、柚子、柑橘等存在的天然酸味的主要成分，具有强酸味，酸味柔和爽快，人口即达到最高酸感，后味延续时间较短；与柠檬酸钠复配使用，酸味更为柔美。柠檬酸还有良好的防腐性能，能抑制细菌增殖。它还能增强抗氧剂的抗氧化作用，延缓油脂酸败。柠檬酸含有 3 个羧基，具有很强的螯合金属离子的能力，可用作金属螯合剂。它还可用作着色剂、稳定剂和凝固剂，防止果蔬褐变。

柠檬酸与柠檬酸钠、钾盐等配成缓冲液，可与碳酸氢钠配成起泡剂及 pH 调节剂等。它还可以改善冰淇淋质量，制作干酪时容易成形和截开。

毒性：大鼠经口 LD_{50} 为 6 730 mg/kg。美国食品与药物管理局将柠檬酸列为一般公认安全物质。FAO/WHO 规定，ADI 无须规定。

使用：按照《食品安全国家标准　食品添加剂使用标准》(GB 2760—2014)规定，柠檬酸作为酸度调节剂可用于婴幼儿配方食品、婴幼儿辅助食品、浓缩果蔬汁(浆)中，并可按生产需要适量使用。柠檬酸还可用在各类食品中，并可按生产需要适量使用。

作为酸味剂使用或者作为抗氧化、护色、增稠、乳化、强化等目的的辅助剂使用，可用于饮料、果酱、糖果、糕点、冷食、罐头。柠檬酸盐可作为酸碱度的缓冲剂或者在乳制品中作络合稳定剂，添加量为 0.1%～0.5%。用作酸度调节剂时，在清凉饮料中添加量为 0.1%～0.3%。在果汁、果子冻、果子酱、水果糖等食品中添加 1%左右；糖水罐头中可用于改进风味、防止变色、抑制微生物，添加量为桃 0.2%～0.3%、橘片 0.1%～0.3%、梨 0.3%、荔枝 0.15%。蔬菜罐头用于调节 pH 值、调味、保质，如在预处理或预煮液中以及罐头调味汁中，一般添加量为 0.2%～1%；作为抗氧化剂的增效剂，如油炸花生米、核桃仁及原料油中，一般添加量为 0.001%～0.05%；用于乳制品或者冷食中的乳化和稳定的辅助使用，一般添加量为 0.2%～0.3%。

在婴儿、儿童食品中，以谷物为基料的食品用量为 25 g/kg(以干基计)，婴儿食品罐头用量为 15 g/kg。

无水柠檬酸多用于粉末制品，其酸度强，用量应较一水合柠檬少 10%。

在水产品中适用柠檬酸，如在贝、蟹、虾等罐装或急冻工艺中添加柠檬酸，可减少褪色、变味，并避免铜、铁等金属杂质将产品变为蓝色或黑色。在加工前，可将水产品浸入 0.25%～1%的柠檬酸液中，如添加 0.01%～0.03%的异抗坏血酸或其钠盐，更可增强抗氧化作用并抑制酶的活力。

柠檬酸以及其他酸味剂，不应与防腐剂山梨酸钾、苯甲酸钠等溶液同时添加。必要时可分别先后添加，以防止形成难溶于水的山梨酸及苯甲酸结晶，影响食品的防腐效果。在乳饮料等生产过程中，应在搅拌条件下缓慢添加。

11.1.2.2　乳酸

乳酸(lactic acid)，化学名称为 2-羟基丙酸，分子式为 $C_3H_6O_3$，分子量为 90.08，其结构式为：

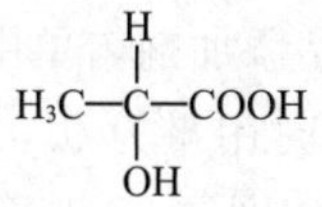

性状与性能：乳酸为无色或微黄色的糖浆状液体，是乳酸和乳酸酐的混合物。商品乳酸的浓度为 85%～92%，几乎无臭，味微酸，有吸湿性，水溶液显酸性；可以与水、乙醇、丙酮任意混

合，不溶于氯仿。乳酸存在于发酵食品、腌渍物、果酒、清酒、酱油及乳制品中，具有较强的杀菌作用，可防止杂菌生长，抑制异常发酵。乳酸的酸味柔和，有后酸味，有特异性收敛酸味。

毒性：大鼠经口 LD_{50} 为 3 730 mg/kg。乳酸异构体有 *DL*-型、*D*-型和 *L*-型 3 种，*L*-型为哺乳动物体内正常代谢产物，在体内分解为氨基酸及二羧酸物，在胃中即可大部分分解，几乎无毒。但 3 个月以下婴儿不宜用 *DL*-型及 *D*-型乳酸，以用 *L*-型乳酸为好；ADI 不需要规定（*D*-乳酸，*DL*-乳酸不应加入 3 个月以下的婴儿食品中）。美国食品与药物管理局将柠檬酸列为一般公认安全物质。

使用：按照《食品安全国家标准　食品添加剂使用标准》(GB 2760—2014)规定，乳酸作为酸度调节剂可用于婴幼儿配方食品中，并可按生产需要适量使用。乳酸还可用在各类食品中可按生产需要适量使用。

乳酸用于果酱、果冻时，其添加量以保持产品的 pH 为 2.8～3.5 较为合适。乳酸用于乳酸饮料和果味露时，一般添加量为 0.4～2.0 g/kg，且多与柠檬酸并用。乳酸用于配制酒、果酒调酸时，配制酒添加量为 0.03%～0.04%，果酒如葡萄酒，一般使酒中总酸度达 0.55～0.65 g/100 mL(以酒石酸计)即可。乳酸用于白酒调香时，在玉冰烧酒和曲香白酒中分别添加 0.7～0.8 g/kg 和 0.05～0.2 g/kg。乳酸用于调味品，一般添加量为 2%；酱菜食品，一般添加量为 1%～2%；加工干酪时，添加量可达 4%。

11.1.2.3　磷酸

磷酸(phosphoric acid)，分子式为 H_3PO_4，分子量为 98.00，其结构式为：

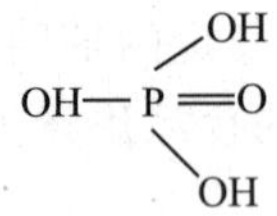

性状与性能：磷酸为无色透明结晶，或无色透明浆状液体，稀溶液有愉快的酸味，42.35℃时熔化。食品级磷酸浓度在 85%以上，相对密度 1.69(20℃/4℃)。磷酸加热至 215℃变为焦磷酸，于 300℃左右转变为偏磷酸。焦磷酸为二磷酸，为无色结晶，熔点 61℃，是比磷酸较强的酸。偏磷酸为玻璃状物质，有毒。磷酸潮解性强，能与水、乙醇混溶，接触有机物则着色。磷酸属强酸，其酸味度较柠檬酸大，为其 2.3～2.5 倍。它有强烈的收敛味和涩味，在饮料业中用来代替柠檬酸和苹果酸。磷酸是酵母的营养成分，可加强其发酵能力，酿酒时可作为酵母的磷源，而且还能防止杂菌生长。

毒性：ADI 为 0～0.070 g/kg，用含 0.4%、0.75%磷酸的饲料喂养大鼠，经 3 代共 90 周的试验，结果表明，对生长和繁殖均未发现有不良的影响，在血液和病理学上也无异常。美国食品与药物管理局将磷酸列为一般公认安全物质，参与机体的正常代谢。

使用：按照《食品安全国家标准　食品添加剂使用标准》(GB 2760—2014)规定，磷酸在干酪、蚕豆类蔬菜罐头、复合调味料、果冻(包装饮用水除外)中按生产需要适量使用，但未将其列入可在各类食品中按生产需要适量使用的食品添加剂名单中，过多摄入会影响人体对钙的吸收。

磷酸用作可乐型饮料的酸度调节剂时用量为 0.02%～0.06%，用于甜味可乐饮料时用量为 0.05%～0.08%，还用作清凉饮料的酸度调节剂。磷酸可用作螯合剂、抗氧化增效剂和 pH 调节剂及增香剂，用作酿造时的 pH 调节剂，其用量在 0.035%以下。在果酱中使用少量磷酸，以控制果酱能形成最大胶凝体的 pH。在软饮料、冷饮、糖果和焙烤食品中用作增香剂。

11.1.2.4　酒石酸

酒石酸(tartaric acid)，又称 2,3-二羟基丁二酸。分子式为 $C_4H_6O_6$，分子量为 150.09，其结构式为：

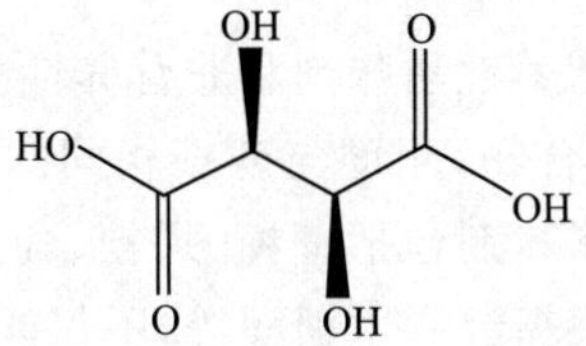

性状与性能：酒石酸分子中有 2 个不对称碳原子，有 3 种光学异构体，即左旋酒石酸或 *L*-酒石酸、右旋酒石酸或 *D*-酒石酸、内消旋酒石酸。等量的左旋酒石酸与右旋酒石酸混合得外消旋酒石酸或 *DL*-酒石酸。天然酒石酸是右旋酒石酸。工业上生产量最大的是外消旋酒石酸。*D* 型酒石酸为无色透明结晶或白色结晶粉末，无臭，味极酸，相对密度 1.759 8；熔点 168～170℃；易溶于水，溶于甲醇、乙醇，微溶于乙醚，不溶于氯仿。*DL* 型酒石酸为无色透明细粒晶体，无臭味，极酸，相对密度为 1.697，熔点为 204～206℃，210℃分解；溶于水和乙醇，微溶于乙醚，不溶于甲苯。酒石酸在空气中稳定，无毒。

酒石酸存在于多种植物中，如葡萄和酸角、甜角，也是葡萄酒中主要的有机酸之一。酒石酸最大的用途是饮料添加剂，也是药物工业原料。在制镜工业中，酒石酸是一个重要的助剂和还原剂，可以控制银镜的形成速度，获得非常均一的镀层。酒石酸氢钾存在于葡萄汁内，此盐难溶于水和乙醇，在葡萄汁酿酒过程中沉淀析出，称为酒石，酒石酸的名称由此而来。酒石酸主要以钾盐的形式存在于多种植物和果实中，也有少量是以游离态存在的。

毒性：大鼠经口 LD_{50} 为 4.36 g/kg。美国食品与药物管理局将酒石酸列为一般公认安全物质。FAO/WHO 规定，*L*-酒石酸的 ADI 为 0～30 mg/kg。

使用：按照《食品安全国家标准　食品添加剂使用标准》(GB 2760—2014)规定，酒石酸作为酸度调节剂可用于果蔬汁(浆)类饮料、植物蛋白饮料、复合蛋白饮料、碳酸饮料、茶、咖啡、植物(类)饮料、特殊用途饮料、风味饮料中，最大使用量为 5.0 g/kg(固体饮料按稀释倍数增加使用量)；用于果酱、果冻时，其用量是以保持产品的 pH 为 2.8～3.5 较合适。对浓缩番茄制品则以保持 pH 不高于 4.3 为好，一般用量为 0.1%～0.3%；清凉饮料中用量为 0.1%～0.2%；葡萄汁、葡萄酒中用量为 0.12%～0.13%。酒石酸还可用作螯合剂，抗氧化增效剂，速效性膨松剂。

日本规定酒石酸可用作清凉饮料、果汁、葡萄酒、果汁冻、果子酱、糖果、汁液、罐头等各种食品的酸味剂。在甜食制品中的用量为 2%；在清凉饮料中的用量为 0.1%～0.2%。美国用量最多，为 4%。

11.2　食品甜味剂

食品甜味剂(sweetening agents)是赋予食品甜味的物质。食品甜味剂甜味的高低、强弱称为甜度，但甜度不能绝对地用物理和化学方法来测定。测定甜度只能凭人们的味觉来判断，所以迄今为止尚无一定的标准来表示甜度的绝对值。因为蔗糖为非还原糖，其水溶液较为稳定，所以选择蔗糖为标准，其他甜味剂的甜度是与蔗糖比较的相对甜度。

11.2.1 食品甜味剂种类与作用

11.2.1.1 食品甜味剂种类

甜味剂按其营养价值可分为营养性甜味剂和非营养性甜味剂2类。营养性甜味剂的特点是其本身含有热量，主要是碳水化合物，甜度与蔗糖相同的甜味剂，其热值为蔗糖热值的2%以上时为营养性甜味剂。营养性甜味剂包括蔗糖、果糖、葡萄糖、乳糖、麦芽糖、异构糖浆等及多元醇和糖苷类，如麦芽糖醇、山梨糖醇和木糖醇等，不仅能赋予食品以甜味，还具有较高的营养价值。非营养性甜味剂的热值为蔗糖的2%以下，又称低热量或无热量甜味剂，几乎不提供热量，在食品中不占有体积，例如糖精、甜蜜素、阿斯巴甜、阿力甜、甜菊苷、甘草甜、三氯蔗糖及新陈皮苷二氢查耳酮等。

按其甜度，甜味剂可分为低甜度甜味剂和高甜度甜味剂。目前，低甜度甜味剂（例如蔗糖、异构糖浆属大量甜味剂）在甜味剂中仍占有重要位置。甜度极高的非营养性甜味剂均为高强度甜味剂。

按其来源，甜味剂可分为天然甜味剂和合成甜味剂。天然甜味剂包括糖和糖的衍生物以及非糖天然甜味剂2类。合成甜味剂是人工合成的非营养性甜味剂，有些虽是合成但也是天然存在的，如*D*-山梨醇等，有些则是纯合成的，如糖精钠等。

11.2.1.2 食品甜味剂的作用

天然甜味物质对人体的营养有着重要作用，是能量最适合、最高效的来源。其中天然糖类甜味物质的来源充足，纯度高，价格相对较低，食入后会很快被消化吸收，转化为血糖，成为人体、人脑最主要的能源。

高甜度甜味剂的作用主要如下。

(1) 风味的调节和增强。在饮料中，风味的调整就有“糖酸比”一项，酸味、甜味相互作用，可使产品获得新的风味，又可保留新鲜的味道。

(2) 不良风味的掩蔽。甜味和许多食品的风味是相互补充的，许多产品的味道就是由风味物质和甜味剂相结合而产生的，所以许多食品和饮料中都加入甜味剂。

(3) 食品的甜味不但可以满足人们的嗜好要求，而且还能改进食品的可口性和其他食品的工艺特性。

11.2.2 人工合成甜味剂

人工合成甜味剂，是人工合成的具有甜味的复杂有机化合物，其主要优点为：①化学性质稳定，耐热、耐酸和耐碱，不易出现分解失效现象，故使用范围比较广泛；②不参与机体代谢，大多数合成甜味剂经口摄入后全部排出体外，不提供能量，适合糖尿病人、肥胖者和老年人等特殊营养消费群使用；③甜度较高，一般都是蔗糖甜度的50倍以上；④价格便宜，等甜度条件下的价格均低于蔗糖；⑤不是口腔微生物的合适作用底物，不会引起牙齿龋变。

有些人工合成的甜味剂甜味不够纯正，带有苦后味或金属异味，甜味特性与蔗糖有一定的差距，需要较好的甜味时不单独使用合成甜味剂；由于人类使用合成甜味剂的历史远远低于天然甜味剂，人们对合成甜味剂的安全性始终保持警惕。

11.2.2.1　糖精钠

糖精钠(sodium saccharin),又称可溶性糖精或水溶性糖精,分子式为 $C_7H_5O_3NSNa \cdot 2H_2O$,分子量为 241.21。其结构式为:

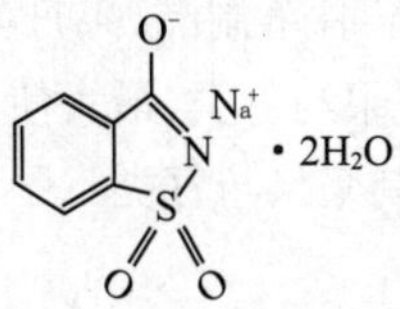

性状与性能:糖精钠为无色至白色结晶或晶体粉末,无臭或微有芳香气味,味极甜并微带苦,甜度为蔗糖的 200～700 倍。稀释 1 000 倍的水溶液仍有甜味,甜味阈值约为 0.000 48%。糖精钠在空气中慢慢风化,失去一半结晶水而成为白色粉末,易溶于水,溶解度随温度升高迅速增大,10%的水溶液呈中性,微溶于乙醇。糖精钠在水中离解出来的阴离子有极强的甜味,但分子状态却无甜味而反有苦味,故高浓度的水溶液也有苦味。因此,使用时浓度应低于 0.02%。它在酸性介质中加热,甜味消失,并可形成邻氨基磺酰苯甲酸呈苦味。在常温时,糖精钠的水溶液长时间放置后甜味也降低,因此配好的溶液不应长时间放置。其稳定性与糖精类似,但较糖精更好。摄食后在体内不分解,随尿排出,不供给热能,无营养价值。

毒性:小鼠经口 LD_{50} 为 17.5g/kg;ADI 暂定为 0～2.5 mg/kg。以 90 mg/kg、270 mg/kg、810 mg/kg、2 430 mg/kg 剂量分别喂养 4 组大鼠,经过 26 个月喂养,高剂量组的体重有减轻,雄鼠寿命缩短。试验结果表明,糖精钠无致癌性。上海卫生防疫站以 5%糖精钠剂量对金黄地鼠灌胃 8 个月,试验结果表明,试验组与对照组在病理和生化方面均无差异。糖精钠入口 0.5 h 后即出现在尿中,24 h 内排出 90%,48 h 内可全部排出。

使用:按照《食品安全国家标准　食品添加剂使用标准》(GB 2760—2014)规定,糖精钠(以糖精计)作为食品甜味剂可用于食品(食用冰除外)冷冻饮品、腌渍的蔬菜、面包、配制酒、复合调味料,最大使用量为 0.15 g/kg;水果干类(仅限杧果干、无花果干)、凉果类、话化类(甘草制品),最大使用量 5.0 g/kg(以糖精计);果酱,最大使用量为 0.2 g/kg(以糖精计);新型豆制品(大豆蛋白及其膨化食品、大豆素肉等),最大使用量为 1.0 g/kg(以糖精计)。婴儿食品中不得使用糖精钠,我国绿色食品的行业标准中禁止糖精钠在绿色食品中使用。商品通用标签上应注明准确名称,以警示糖精不能为婴儿、肝肾功能较弱的人群以及老年人食用。

11.2.2.2　甜蜜素

甜蜜素(sodium cyclohexyl sulfamate),又称环己基氨基磺酸钠(sodium cyclamate),分子式为 $C_6H_{12}NNaO_3S$,分子量为 201.23,其结构式为:

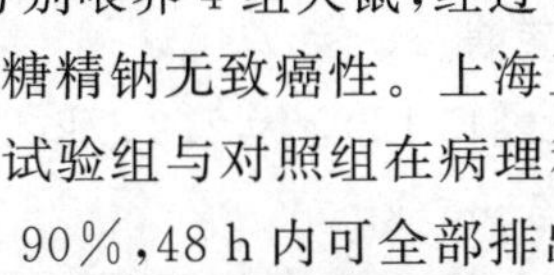

性状与性能:甜蜜素通常指环己基氨基磺酸的钠盐或钙盐。甜蜜素对热、光、空气以及较宽范围的 pH 均很稳定,不易受微生物感染,无吸湿性,易溶于水,但在油和非极性溶剂,如乙醇、苯、氯仿、乙醚中的溶解度甚微,几乎不溶;甜味比蔗糖大 40～50 倍;当水中亚硝酸盐、亚硫酸盐量高时,可产生石油或橡胶样气味。

毒性:小鼠经口 LD_{50} 为 18 g/kg;ADI 为 0～11 mg/kg。用含 1.0%甜蜜素的饲料饲喂大鼠 2 年,无异常现象。人口服甜蜜素,无蓄积现象,40%由尿排出,60%由粪便排出。现已证实甜蜜素无致癌作用。目前已有40多个国家承认它是安全的。

使用:按照《食品安全国家标准　食品添加剂使用标准》(GB 2760—2014)规定,甜蜜素用于酱菜、盐渍蔬菜,腐乳类、冷冻饮品、果冻、配制酒、复合调味料、饮料类、糕点、饼干、面包,最大使用量为0.65 g/kg(以环已基氨基磺酸计);凉果类、甘草制品、果丹类,最大使用量为8.0 g/kg;蜜饯凉果,最大使用量为1.0 g/kg;脱壳烘焙或炒制坚果与籽类,最大使用量为1.2 g/kg;带壳烘焙或炒制坚果与籽类,最大使用量为6.0 g/kg;烘焙或炒制坚果与籽类瓜子,最大使用量为2.0 g/kg。

11.2.2.3　安赛蜜

安赛蜜(acesulfame potassium),又称乙酰磺胺酸钾,分子式为$C_4H_4SKNO_4$,分子量为201.24,其结构式为:

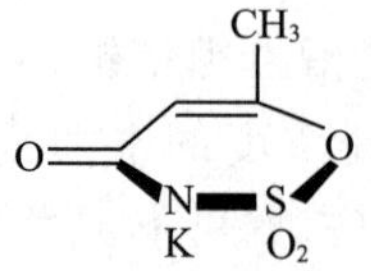

性状与性能:安赛蜜为白色、无味的结晶性物质;易溶于水,20℃时的溶解度为270 g/L,温度升高,溶解度增加很快,100℃时溶解度为1 000 g/L。它无一定熔点,热稳定性好,在室温下储藏可保持长期稳定,但在225℃高温下开始分解。安赛蜜的甜度约为蔗糖的200倍,与阿斯巴甜的甜度大致相同,味质类似蔗糖。

毒性:安赛蜜的安全性高,小鼠经口LD_{50}为2.2 g/kg,美国食品与药物管理局将安赛蜜列为一般公认安全物质,ADI为0～15 mg/kg。

使用:安赛蜜应用广泛,按照《食品安全国家标准　食品添加剂使用标准》(GB 2760—2014)规定,安赛蜜用作甜味剂,可用于饮料(液、固体)、冷冻饮品、水果罐头、糕点、果酱、酱菜、盐渍的蔬菜、蜜饯类、加工食用菌和藻类、果冻、八宝粥罐头、面包,糕点,饮料类(固体饮料按冲调倍数增加使用量),最大使用量为0.3 g/kg;酱油,最大使用量为1.0 g/kg;糖果,最大使用量为2.0 g/kg;餐桌甜味料,最大使用量为0.04 g/份;无糖胶基糖果,最大使用量为4.0 g/kg;风味发酵乳,最大使用量为0.35 g/kg。

安赛蜜作为甜味剂的食品范围很广,包括供糖尿病人的食品和低能量食品。此外,还可作糖的替代品。

11.2.3　天然甜味剂

11.2.3.1　糖与糖醇类

糖与糖醇的分子结构特点是多元醇类化合物。糖类是最有代表性的物质,糖可以以单糖为基本单元进行聚合,但只有低聚糖有甜味,甜度随聚合度的增高而降低,以至消失。在糖类中一般形成结晶的都具有甜味。果葡糖浆是一种淀粉糖品,在其制备过程中,由于异构酶的作用使一部分葡萄糖转变成果糖,所以又称异构糖,其成分主要是果糖和葡萄糖,是一种液体甜味剂。乳糖对亚洲人有某些不适应性,但是可适当地应用于食品中。乳糖易溶、风味清爽、甜度较低,可用于糖果、巧克力中。最近,已在亚洲各国的食品中使用,甚至被作为汤料的载体、天然着色剂的填充料等,发展前景广阔。由于糖既是天然甜味剂,又是食品原料,在这里就不再介绍。

糖醇是世界上广泛采用的甜味剂之一,它可由相应的糖加氢还原制成。这类甜味剂口味好，化学性质稳定，对微生物的稳定性好，不易引起龋齿还可调理肠胃。一般常以多种糖醇混用，代替部分或全部蔗糖，糖醇产品有 3 种形态：糖浆、结晶、溶液。目前，使用较多的糖醇类有由葡萄糖还原的山梨糖醇，由麦芽饴糖还原的麦芽饴糖醇，由木糖还原的木糖醇，由葡萄糖发酵而成的赤藓糖醇和由砂糖还原的甘露糖醇。其中，山梨糖醇和麦芽糖醇被指定作食品添加剂使用。糖醇类的主要特性如下：不会褐变，与淀粉酶不同，糖醇没有还原基，与氨基酸共同加热时不会发生褐变；耐热性强，葡萄糖、砂糖加热至 130～140℃时，由于热分解会显著褐变，但糖醇，如山梨醇，在 180℃时加热也不会分解和着色；麦芽糖醇在 140～150℃下尚稳定；甜度低，相对于蔗糖的甜度，山梨醇为 70%，还原麦芽糖醇为 85%，木糖醇为 65%；不会引起龋齿，糖醇不会被口腔微生物分解生成有机酸，对牙齿无腐蚀作用；还有保水性、降低水分活性和增加光泽等特性。

1. 木糖醇

木糖醇(xylitol)，分子式为 $C_5H_{12}O_5$，分子量为 152.15，其结构式为：

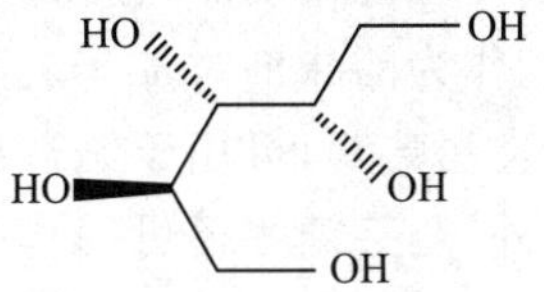

性状与性能：木糖醇是一种白色粉状晶体，有甜味，热量和葡萄糖的相同。木糖醇在水中溶度很大，每毫升水可溶解 1.6 g 的木糖醇，易溶于乙醇和甲醇。木糖醇的热稳定性好，10%水溶液的 pH 为 5～7，不与可溶性氨基化合物发生美拉德反应。木糖醇溶于水中会吸收很多能量，是所有糖醇甜味剂中吸热最大的一种，食用时会感到一种凉爽愉快的口感。在人体中代谢不需胰岛素，而且还能促进胰脏分泌胰岛素，是糖尿病人理想的代糖品。甜度是蔗糖的 60%～70%，甜味纯正，甜味特性好。

毒性：FAO/WHO 对木糖醇 ADI 不作规定。

使用：按照《食品安全国家标准　食品添加剂使用标准》(GB 2760—2014)将木糖醇列入可在各类食品中按生产所需适量使用的食品添加剂。木糖醇作为一种功能性甜味剂主要用于防止龋齿性糖果(如口香糖、糖果、巧克力和软糖等)和糖尿病人的专用食品，也用于医药品和洁齿品。此外，木糖醇可代替葡萄糖作浸渍溶液。如果不需要利用美拉德反应产生特有风味时，木糖醇也可用于焙烤食品，但如果要求产品具有硬壳外、发生焦糖化等非酶褐变时，则必须另加些果糖。此外，木糖醇还能抑制酵母的生长和发酵活性，因此不适合用于酵母制作的食品。

2. 麦芽糖醇

麦芽糖醇(maltitol)，分子式为 $C_{12}H_{23}O_{11}$，分子量为 344.31，其结构式为：

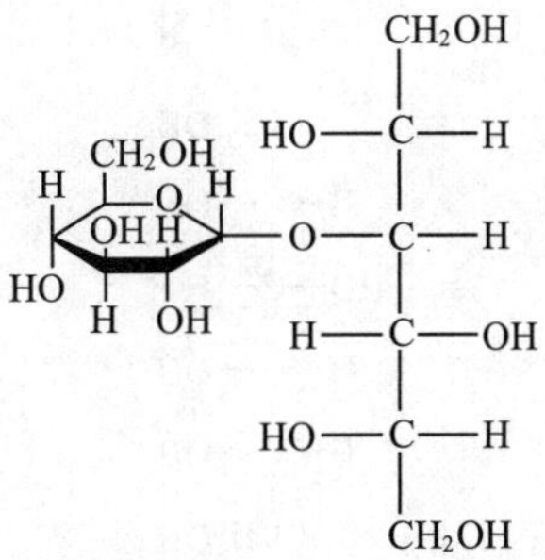

性状与性能：纯净的麦芽糖醇为无色透明的晶体，对热、酸都很稳定，甜味特性接近于蔗糖。麦芽糖醇水溶液的黏度较蔗糖或蔗糖-葡萄糖水溶液低，它将影响食品物料在加工过程中的流变学特性。如在硬糖制造过程中，需适当改变成型温度。麦芽糖醇的保湿性能比山梨糖醇好。在体内不被消化吸收，不产生热量，不使血糖升高，不增加胆固醇，不被微生物利用，为疗效食品的理想甜味剂。甜度为蔗糖的85%～95%。热值仅为蔗糖的5%，是难发酵性和非结晶性的糖醇，具有保香和保湿作用。

毒性：麦芽糖醇在人体内不被分解利用，无毒性。FAO/WHO对麦芽糖醇ADI不作规定。

使用：按照《食品安全国家标准　食品添加剂使用标准》(GB 2760—2014)规定，麦芽糖醇可以作为甜味剂、稳定剂和凝固剂、水分保持剂、乳化剂、膨松剂、增稠剂，在调味乳、稀奶油类似品、冷冻饮品、酱渍蔬菜、盐渍蔬菜、糖果、面包、饼干、饮料类、果冻、豆制品工艺、制糖工艺、酿造工艺中按照生产需要适量使用，冷冻鱼糜制品(包括鱼丸)，最大使用量为0.5 g/kg。

由于麦芽糖醇具有难发酵性质，作为甜味剂添加于乳酸饮料，可维持较长甜味，还可用作防龋齿甜味剂。它作为低热量的糖类甜味剂，可用于制造糖尿病、心血管病、动脉硬化和高血压病以及肥胖症等病人的食品。此外，麦芽糖醇还可用作果汁型饮料、蜜饯等的增稠剂、保香剂、保湿剂。在糖果、糕点中使用利用其保湿性和非结晶性，可防止食品干燥和结霜。它与糖精钠复配使用还可改善糖精钠的风味。

作为功能性甜味剂，麦芽糖醇可在糖果、口香糖、巧克力、果酱、果冻和冰淇淋等食品中应用。用结晶麦芽糖醇生产巧克力时，只需对传统生产工艺略做改变。在粗磨、精磨、精炼及调温缸中的温度都不应超过46℃，因为温度上升会迅速提高黏度，恶化产品的质构。恶化程度还会随水分的增加而加重，因此要格外注意避免水分。用麦芽糖醇生产可可巧克力的调制温度不应超过31℃，制作奶油巧克力时不应超过28℃。

结晶麦芽糖醇可用来生产硬糖，制出产品的玻璃质外观、甜度和口感等品质均很好。由于麦芽糖醇分子中无还原性基团，不会发生美拉德反应，因此在熬糖过程中色泽稳定。液体麦芽糖醇含较多的麦芽三糖醇及其他高级糖醇，所以制出的糖果吸湿性小，抗结晶的能力大，但仍需用防水性好的包装材料包装以延长产品货架寿命。

用结晶或液体麦芽糖醇制出的太妃糖和棉花糖其品质都很好，不需另外添加强力甜味剂。在生产过程中，必须将熬糖温度提高至135～140℃，而使用蔗糖则为120～124℃，但是成型温度必须低些，一般为30～35℃。麦芽糖醇还可用于阿拉伯胶糖、明胶糖、口香糖和泡泡糖中。

3. 山梨糖醇

山梨糖醇(sorbitol)，分子式为$C_6H_{14}O_6$，分子量为182.17，其结构式为：

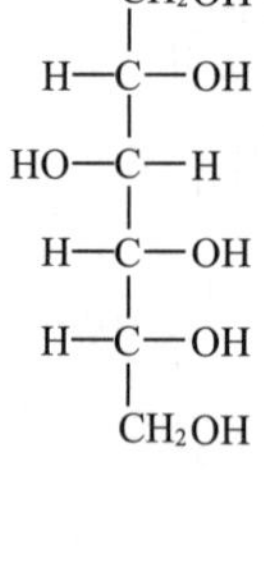

性状与性能：山梨糖醇为无色无味的针状晶体，溶于水，微溶于甲醇、乙醇和乙酸等，具有很大的吸湿性，在水溶液中不易结晶析出，能螯合各种金属离子。由于其分子中没有还原性基团，在通常情况下化学性质稳定，不与酸、碱起作用，不易受空气氧化，也不易与可溶性氨基化合物发生美拉德反应。山梨糖醇对热稳定性较好，比相应的糖高很多，对微生物的抵抗力也较强，浓度在 60%以上时不易受微生物侵蚀。甜度是蔗糖 60%～70%，具有爽快之甜味。山梨糖醇有持水性，可防止糖、盐等析出结晶，这是因为分子环状结构外围的羟基呈亲水性，而环状结构内部呈疏水性。此外，*D*-山梨糖醇液为含有 68%～76%山梨醇的水溶液，是无色、透明、糖浆状液体，有甜味，耐酸、耐热，不产生美拉德反应，有持水性，不为微生物发酵。

毒性：小鼠经口 LD_{50} 为 23.2～25.7 g/kg。FAO/WHO(1982)对山梨糖醇 ADI 不作规定。

使用：按照《食品安全国家标准　食品添加剂使用标准》按(GB 2760—2014)规定，山梨糖醇(液)可用于混合的和/或调味的脂肪乳化制品(植物油)、冷冻饮品(食用冰除外)、酱渍蔬菜、盐渍蔬菜、糖果、面包、糕点、饼干、调味品、饮料类(包装饮用水类除外)、油炸小食品，以及豆制品工艺用、酿造工艺用、制糖工艺用，按生产需要适量使用，冷冻鱼糜制品(包括鱼丸等)，最大使用量为 0.5 g/kg。

山梨糖醇具有良好的吸湿性，可以保持食品具有一定水分以调整食品的干湿度。利用山梨糖醇的吸湿性和保湿性，应用于食品中可防止食品干燥、老化、延长产品货架期。生湿面制品(如面条、饺子皮、馄饨皮、烧麦皮)，最大使用量为 30 g/kg；用于炼乳及其调制品、脂肪乳化制品包括混合的和调味的脂肪乳化制品(仅限植脂奶油)、冷冻饮品、腌渍蔬菜、熟制坚果与籽类、糖果、面包、糕点、饼干、调味品、膨化食品、巧克力和巧克力制品、可可制品、饮料类(包装水类除外)、其他豆制品、制糖和酿造工艺中，可按照生产需要适量使用。

山梨糖醇不适宜用于酥、脆食品中，此外，山梨糖醇与其他糖醇类共存时会出现吸湿性增强的现象。山梨糖醇的吸湿性较强，能有效地防止糖、盐等结晶析出，可维持甜、酸、苦味强度平衡和增加食品风味，且山梨糖醇属于不挥发多元醇，所以它在保持食品香气方面也发挥作用。

除了作甜味剂外，山梨糖醇还可作为润湿剂、多价金属螯合剂、稳定剂与黏度调节剂等。此外，山梨糖醇还可用来生产供泡沫塑料用的聚醚及作为合成树脂的原料。

11.2.3.2 非糖天然甜味剂

非糖天然甜味剂主要从一些植物的果实、叶、根等提取的物质，是当前食品科学研究中正在极力开发的甜味剂。它具有较高甜味的糖苷，在自然界中的数量不多，可作为甜味剂资源加以开发的种类就更少了。

1. 甜菊糖苷

甜菊糖苷(stevioside)，又称甜菊苷、甜菊糖，它是从菊科多年生草本植物甜叶菊的叶中提取的一种甜苷。甜叶菊原产于南美的巴拉圭和巴西，现已受到许多国家和地区的重视。日本、新加坡、马来西亚、韩国、美国以及中国均有大量种植。甜叶菊主要成分有甜菊苷、甜菊双糖苷 A 等数种双萜糖苷，其结构式为：

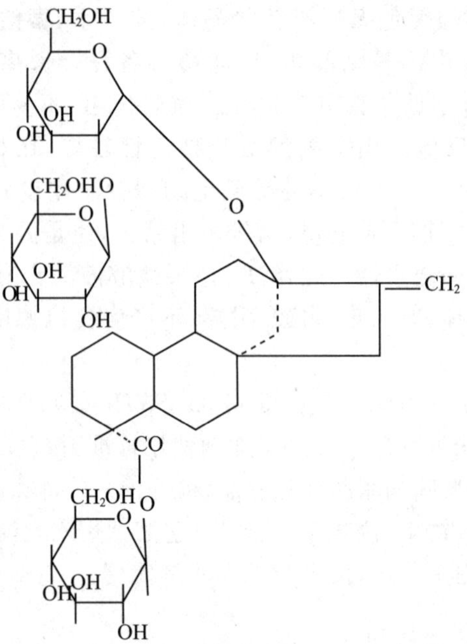

性状与性能：甜菊糖苷为白色至浅黄色晶体粉末，味清凉甘甜，熔点 198～202℃，耐高温，在空气中易吸湿，水中溶解度约为 0.12 g/100 g，微溶于乙醇；甜度为蔗糖的 150～200 倍，适度可口，纯品后味较少，是最接近砂糖的天然甜味剂。甜菊糖苷的浓度高时会有异味感，与柠檬酸或甘氨酸并用，味道良好，与蔗糖、果糖等其他甜味料配合，味质也好。食用后不被吸收，不产生热能，为糖尿病、肥胖病患者良好的天然甜味剂。

毒性：小鼠经口 LD_{50}＞15 000 mg/kg(甜菊糖结晶)。美国食品与药物管理局将甜菊糖苷列为一般公认安全物质。

使用：按照《食品安全国家标准　食品添加剂使用标准》(GB 2760—2014)规定，甜菊糖苷可用于蜜饯凉果，烘焙或炒制坚果与籽类，糖果，糕点，调味品，饮料类(包装饮用水类除外)，油炸小食品，按生产需要适量使用。

甜菊糖苷可作为下列产品的风味增强剂。甜菊糖苷和甜菊双糖苷 A 可用于冰淇淋和软饮料；甜菊苷用来增强氯化蔗糖、阿斯巴甜和甜蜜素的甜味；甜菊醇糖苷及其盐类可用于水果、蔬菜的催熟；添加甜菊糖苷于食品、饮料或医药品上可做芳香风味增强剂；用于食品的无盐储藏。

甜菊糖苷的热值仅为蔗糖的 1/300，适合于制作糖尿病、肥胖症、心脑血管患者使用的保健食品，用于糖果还有防龋齿的作用。甜菊糖苷与乳糖、麦芽糖浆、果糖、山梨糖醇、麦芽糖醇等一起用于制造硬糖。甜菊糖苷可用于生产口香糖和泡泡糖，也可用来生产有各种风味糖果，如具有番木瓜、菠萝、番石榴、苹果、橘子、葡萄或草莓风味的软糖。用 20 g 甜菊糖苷代替 3.2 kg 蔗糖制作鸡蛋面包，其外形、色泽、松软度均佳，且口感良好。

各种软饮料，如低能量可乐饮料也可用甜菊糖苷和高果糖浆复配来增甜。甜菊糖苷还可用于固体饮料、健康饮料、甜酒和咖啡。

2. 甘草素

甘草素是从甘草中提炼制成的甜味剂，又称甘草甜素。分子式为 $C_{42}H_{62}O_{16}$，分子量为 822.92，其结构式为：

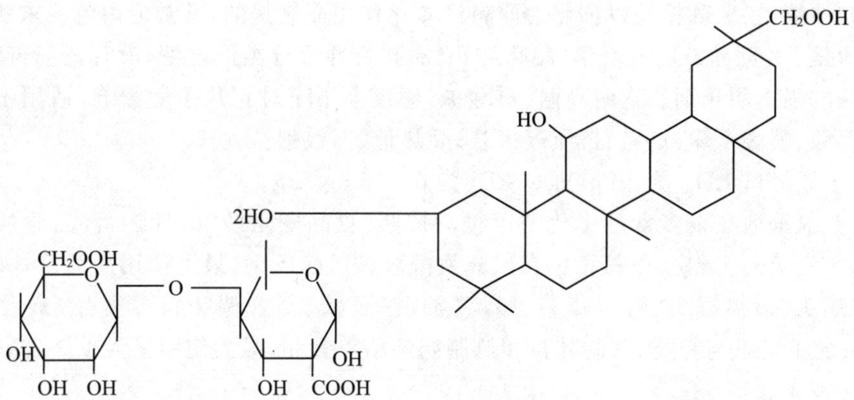

性状与性能：甘草素为白色结晶粉末，少量甘草素与蔗糖共用，可少用 20% 的蔗糖，而甜度保持不变。甘草素本身并不带香味物质，但有增香作用。甘草素的甜度为蔗糖的 200～500 倍，有特殊风味，不习惯者常有持续性不快的感觉，但与蔗糖、糖精配合效果较好，若添加适量的柠檬酸，则甜味更佳。因它不是微生物的营养成分，所以不像糖类那样易引起发酵。在腌制品中用甘草素代替糖，可避免加糖出现的发酵、变色、硬化等现象。

毒性：甘草是我国传统的调味料与中药，属于《中华人民共和国食品安全法》第五十条规定的按照传统既是食品又是中药材的物质，目录由国务院卫生行政部门制定、公布。甘草自古以来作为解毒剂及调味品，使用历史悠久，未发现对人体有伤害，正常使用量是安全的。

使用：按照《食品安全国家标准　食品添加剂使用标准》(GB 2760—2014)规定，甘草素可用于蜜饯凉果，糖果，饼干，肉罐头类，调味品，饮料类(包装饮用水类除外)，按生产需要适量使用。

在罐头生产中，常用于配制调味汁，如香菜心罐头汁液中，甘草占 2.4%～4%；豆豉鲍鱼罐头，甘草占香料配方的 18.4%。用于调味料生产，常按甘草∶糖精＝(3～4)∶1，再加适量蔗糖，甜味效果好，可缀合盐的咸味，并有较好的增香作用。

其他糖苷有二氢查耳酮、罗汉果苷、苷茶甜素及白云参苷等。

11.2.3.3　天然物的衍生物甜味剂

这类甜味剂是从天然物中经过提炼合成，制成的高甜度的安全甜味剂。

1. 蔗糖衍生物

三氯蔗糖(sucralose TGS)，属于蔗糖衍生物。三氯蔗糖又称蔗糖素或 1′,6′-三氯半乳糖，分子式为 $C_{12}H_{19}O_8Cl_3$，分子量为 397.64，其结构式为：

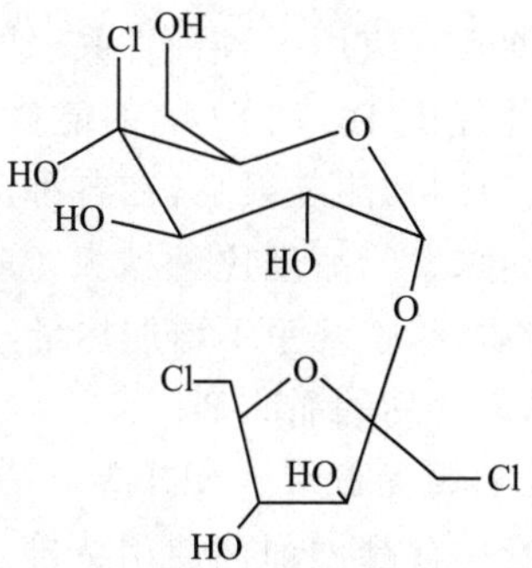

性状与性能：三氯蔗糖是以蔗糖为原料经氯化作用而制得的，通常为白色粉末状产品。它的甜度大约是5%蔗糖液的600倍，甜味纯正，甜味特性十分类似蔗糖，没有任何苦味，是目前世界上公认的强力甜味剂。它耐高温、耐酸碱，温度及pH对它几乎无影响，适用于食品加工中的高温灭菌、喷雾干燥、焙烤、挤压等工艺；无热量、不致龋。

毒性：小鼠经口LD_{50}为16 g/kg。ADI为0～15 mg/kg。

使用：三氯蔗糖在很多食品中代替蔗糖。按照《食品安全国家标准　食品添加剂使用标准》(GB 2760—2014)规定，三氯蔗糖在风味发酵乳和风味乳中，最大使用量为0.3 g/kg；冷冻饮品、水果罐头、杂粮罐头、腌渍蔬菜、醋、酱油、蛋黄酱、复合调味料等食品，最大使用量为0.25 g/kg；加工坚果与籽类、调制乳粉和调制奶油粉等食品，最大使用量为1.0 g/kg。

2. 肽类衍生物

肽衍生物的甜度是蔗糖的几十倍至数百倍，但是二肽衍生物分子结构必须符合下列条件才具有甜味：①分子中一定有天冬氨酸。而且氨基与羧基部分必须是游离的。②构成二肽的氨基应是*L*-型的。③与天冬氨酸相连的氨基酸是中性的。④肽基端要酯化。这类甜味剂中最具有代表性的是天冬酰苯丙氨酸甲酯，其甜度为蔗糖的200倍，味质近于蔗糖。由于甜度较高，使用量低，所以是低热能甜味剂。但苯丙酮酸尿症患者不能食用，也不单独用于焙烤食品。

二肽衍生物甜味的强弱与酯基分子的分子量有关，分子量越大，则甜味越弱。酯基分子量小的甜味强。这类甜味剂食用后在体内分解为相应的氨基酸，是一种营养性的非糖甜味剂，且无致龋性。这类甜味剂热稳定性都差，不宜直接用于烘烤或高温烹制的食品，使用时有一定的pH范围，否则它们的甜味就会下降或消失。

(1) 甜味素。它又称天冬氨酸苯丙氨酸甲酯，商品名阿斯巴甜(aspartame)。分子式为$C_{14}H_{18}N_2O_5$，分子量为294.31，其结构式为：

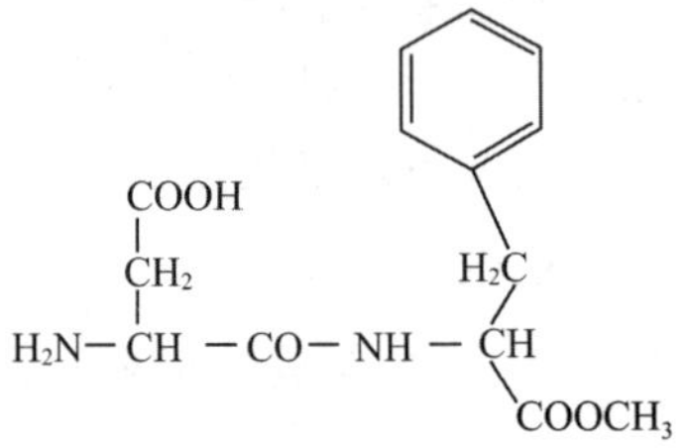

性状与性能：甜味素为无味的白色结晶状粉末，具有清爽的甜味，没有人工甜味剂通常具有的苦涩味或金属后味。它微溶于水，难溶于乙醇，不溶于油脂；仅在pH为3～5的环境中较稳定，其酯键在高温下也不稳定，在强酸碱及中性水溶液中或高温加热后易水解。

甜味素可作为甜味剂和风味增效剂应用于各种食品、饮料或医药品。由于它是一种二肽化合物，进入人体可被消化吸收，并提供16.72 kJ/g的能量，因此美国FDA将之列入营养型甜味剂中。尽管它的能量值较高，但因其甜度很高，在各种应用中的添加量很少，由它提供的能量值实际上很低或几乎为零。甜味素的甜度比蔗糖大100～200倍，热稳定性差，高温加热后，其甜味下降或消失。甜味素味质好，且几乎不增加热量，可作为甜味剂加入糖尿病、肥胖症等人群的疗效食品中，也可作防龋齿食品的甜味剂。

毒性：小鼠经口LD_{50}>10 g/kg，属无毒级。ADI为0～40 mg/kg。

使用：按照《食品安全国家标准　食品添加剂使用标准》(GB 2760—2014)规定，甜味素属于可在各类食品中按生产需要适量使用的添加剂。在干酪等乳制品中，最大使用量为 1.0 g/kg；在冷冻水果、水果干类制品中，最大使用量为 2.0 g/kg；在腌渍蔬菜、醋、油等制品中，最大使用量为 0.3 g/kg；添加阿斯巴甜的食品应标明“阿斯巴甜(含苯丙氨酸)”，对有苯丙酮酸尿症的患者有一定的毒性。与填充型甜味剂不同的是，甜味素只给食品带来甜味，并不能同时赋予其他物化性质。如果食品需要甜味以外的物化性质，如应用在冰淇淋或巧克力中，则需配合使用填充剂(如葡聚糖)或填充型甜味剂(如糖醇)。

甜味素在食品或饮料中的主要作用为可提供甜味，口感类似蔗糖；能量可降低 95%左右；增强食品风味，延长味觉停留时间，对水果香型风味效果更佳；避免营养素的稀释，保持食品的营养价值；可与蔗糖及合成甜味剂一起配合使用。

(2) 阿力甜。它又称 *L*-*α*-天冬氨酰-*N*-(2,2,4,4-四甲基-3-硫化三亚甲基)-*D*-丙氨酰(alitame)，分子式为 $C_{14}H_{25}O_4N_3S \cdot 2.5H_2O$，分子量为 376.5，其结构式为：

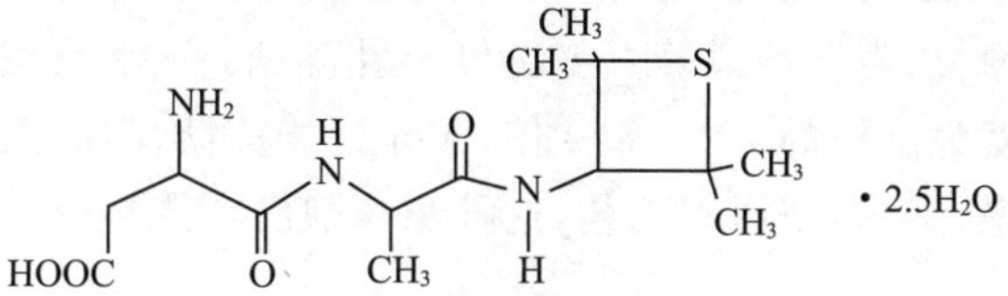

性状与性能：阿力甜为无异味、非吸湿性的白色结晶性粉末。它的甜度是蔗糖的 2 000 倍；易溶于乙醇(61%)、甘油(53.7%)、甲醇(41.9%)和水(13.1%)，微溶于氯仿。阿力甜的甜味品质很好，甜味特性类似于蔗糖，没有强力甜味剂通常所带有的苦后味或金属后味。阿力甜的甜味刺激来得快，与甜味素相似的是其甜味觉略有绵延。它性质稳定，尤其是对热、酸的稳定性大。

毒性：小鼠经口 LD_{50} 为 12.7 g/kg。

使用：按照《食品安全国家标准　食品添加剂使用标准》(GB 2760—2014)规定，阿力甜在冷冻饮品中，最大使用量为 0.1 g/kg；在胶基糖果和话化类中，最大使用量为 0.3 g/kg；饮料类(固体饮料按稀释倍数增加使用量)，最大使用量为 0.1 g/kg；果冻，最大使用量为 0.1 g/kg(如用于果冻粉，按冲调倍数增加使用量)。阿力甜与安赛蜜或甜蜜素混合时发生协同增效作用，与其他甜味剂(包括糖精)复配使用甜味特性也较好。

11.2.4　其他新型高甜度甜味剂

11.2.4.1　索马甜

索马甜(thaumatin)，也称非洲竹竿甜素，是从苏丹草本植物非洲竹竿果实中提取出的超甜物质。

性状与性能：索马甜为白色至奶油色无定性无臭粉末，甜味爽口，无异味，甜味极强。索马甜极易溶于水，不溶于丙酮，其水溶液在 pH 为 1.8～10 时稳定，等电点约 pH 为 11。因索马甜属蛋白质，加热可发生变性而失去甜味；遇单宁结合后也会失去甜味；在高浓度的食盐溶液中甜度会降低；索马甜有特殊的矫味、掩盖苦味的作用与糖类甜味剂共用有协同效应和改善风味的作用。

毒性：根据 FAO/WHO 中 JECFA 评价，索马甜是一种可被迅速分解的蛋白质。食用索马甜后，只会稍微增加正常蛋白质的摄入量。ADI 不作特殊规定。

使用：索马甜其甜味来得慢，消失得也慢，因此应用时最好与其他甜味剂混合使用。可应用于饮料、冰淇淋及冰冻乳制品、口香糖等。

11.2.4.2 二氢查耳酮衍生物

新橙皮苷二氢查耳酮(neohesperidosyl dihydrochalcone),是利用发酵法从柑橘皮中提取的,用橙皮苷酶发酵,除去橙皮糖基上的鼠李糖基,在碱性条件下加氢,生成葡萄糖橙皮素二氢查耳酮,再用转移酶除去葡萄糖基,而接上新橙皮糖基即可获得。新橙皮苷二氢查耳酮为白色针状结晶性粉末,有很强的甜味,无吸湿性,稳定,不溶于乙醚,溶于水(25℃,1 g/L),溶于稀碱液,25℃时饱和水溶液 pH 为 6.25。

各种柑橘中所含的柚苷、橙皮苷等黄酮类糖苷,在碱性条件下还原得二氢查耳酮衍生物(DHC),具有很强的甜味,甜度比蔗糖大 1 300 倍。因其甜度高、不吸潮、毒性小,是一类理想的甜味剂,但它们的甜味迟发,并有甘草样后味,所以一般用量为总甜味剂的 2.5%为宜。

11.2.4.3 糖醇再加工甜味剂

以蔗糖及天然糖醇为原料,经化学变性,制成在结构和性能上不同于原料的甜味剂,如帕拉金糖、三氯代半乳蔗糖、次麦芽糖醇等。三氯代半乳蔗糖是一种无热量、不致龋的高甜度甜味剂,在不同条件下甜度为蔗糖的 400~800 倍,甜味近于蔗糖,耐高温、耐酸碱,适于食品加工中的高温灭菌、喷雾干燥、焙烤、挤压等工艺,这种甜味剂已在饮料中使用。

11.2.5 甜味剂的选用原则

甜味剂的选用一般遵循如下原则。

(1) 根据食品的品质和功能,以及生产工艺需要确定甜味剂。

(2) 使用高倍甜味剂替代蔗糖后,食品生产商应能降低生产成本。

(3) 符合消费者对风味的要求,高倍甜味剂替代蔗糖产生的口味差异能为消费者接受或不被察觉,而且符合当地的使用习惯。

11.3 食品增味剂

食品鲜味剂是东方食品界的概念。东方人认为鲜味像甜、酸、咸一样,也是各类食品风味的基础之一,这与欧美地区有很大的区别。鲜味是一种复杂的综合味感,当鲜味剂的用量达到阈值时,会使得食品鲜味增加;但是用量少于阈值时,仅是增强风味,可以提高食品总的味觉强度,优化整体味感,增强食品风味的持续性、口感性、温和感、浓厚感等特征。所以欧美地区将鲜味剂称作风味增强剂,简称增味剂。因此在《食品安全国家标准　食品添加剂使用标准》(GB 2760—2014)中,按照欧美地区的习惯定义食品增味剂(flavor enhancers)是为补充和增强食品原有的风味物质。但没有鲜味剂的定义。人们常说的鲜味剂指增强食品鲜味感的一类物质,包含了风味增强剂。

人们喜欢用煮肉或煮骨头的汤烹饪菜肴,因为可以使菜和汤的味道更鲜美。研究发现骨汤、煮海带的汤、鱼汁和香菇具有明显不同于酸、甜、咸的特殊口味,人们将其命名为鲜味。鲜味是基本味之一,用其他 4 种味是调配不出来鲜味的,产生鲜味的原因是骨头汤和鱼汁中有肌苷酸,海带汤中有谷氨酸,香菇含有鸟苷酸,琥珀酸对海贝类的鲜味有重要贡献。

食品增味剂的种类很多,但对其分类还没有统一的规定。如可按来源分成动物性增味剂、植物性增味剂、微生物鲜味剂和化学合成增味剂等;也可按化学成分分成氨基酸类增味剂、核苷酸类增味剂、有机酸类增味剂、复合增味剂等。

11.3.1　氨基酸类增味剂

L-谷氨酸钠（monosodium *L*-glutamate，MSG），俗称味精，分子式为 $C_5H_8O_4NNa \cdot H_2O$，分子量为 187.14，其结构式为：

$$\mathrm{HOOC-\underset{\displaystyle NH_2}{\underset{|}{CH}}-CH_2-CH_2-COONa \cdot H_2O}$$

性状与性能：*L*-谷氨酸钠为无色至白色的结晶或结晶性粉末，无臭，有特有的鲜味；易溶于水，微溶于乙醇，不溶于乙醚；无吸湿性，对光稳定。它是人们最常使用的第一代增味剂（鲜味剂），主要成分是谷氨酸一钠，因此进入人体可直接吸收利用。*L*-谷氨酸钠具有很强的肉类鲜味，用水稀释 3 000 倍仍能感到其鲜味，鲜味阈值为 0.014%。

毒性：小鼠经口 LD_{50} 为 17 g/kg，属无毒。ADI 为 0～120 mg/kg（以谷氨酸计，食品中原有者除外。本 ADI 不适用于 12 周以内的婴儿）。空腹大量食用后会有头晕现象发生，这是由于体内氨基酸暂时失去平衡，与蛋白质或其他氨基酸一起食用，则无此现象。

使用：按照《食品安全国家标准　食品添加剂使用标准》（GB 2760—2014）规定，*L*-谷氨酸钠在各类食品中按生产需要适量使用。①*L*-谷氨酸钠适用于家庭、饮食业及食品加工业，一般罐头、醋、汤类 0.1%～0.3%；浓缩汤料、速食粉 3%～10%；水产品、肉类 0.5%～1.5%；酱油、酱菜、腌渍食品 0.1%～0.5%；面包、饼干、酿造酒 0.015%～0.06%；竹笋、蘑菇罐头 0.05%～0.2%。②*L*-谷氨酸钠除作为鲜味剂，在豆制品、曲香酒中有增香作用外，在竹笋、蘑菇罐头中也可防止混浊、保形和改良色、香、味等作用。③*L*-谷氨酸钠与 5′-肌苷酸钠（IMP）、5′-鸟苷酸钠（GMP）等其他调味料混合使用时，用量可减少一半以上。④*L*-谷氨酸钠对热稳定，但在酸性食品中应用时，最好加热后期或食用前添加。在酱油、食醋及其腌渍等酸性食品中应用时可增加 20%用量。因 *L*-谷氨酸钠的鲜味与 pH 有关，当 pH 在 3.2 以下时呈味最弱，pH 为 6～7 时，*L*-谷氨酸钠全部解离，呈味最强。食盐中添加少量 *L*-谷氨酸钠就有明显的鲜味，一般 1 g 食盐加入 0.1～0.15 g *L*-谷氨酸钠呈味效果最佳。*L*-谷氨酸钠还有缓和苦味的作用，如糖精的苦味在加入 *L*-谷氨酸钠后可缓和。

11.3.2　核苷酸类增味剂

11.3.2.1　5′-肌苷酸钠

5′-肌苷酸钠（inosine 5′-monophosphate，IMP），又称肌酸磷酸二钠、肌苷 5′-磷酸二钠、次黄嘌呤核苷 5′-磷酸钠，分子式为 $C_{10}H_{10}N_4Na_2O_8P \cdot H_2O$，分子量为 527.20，其结构式为：

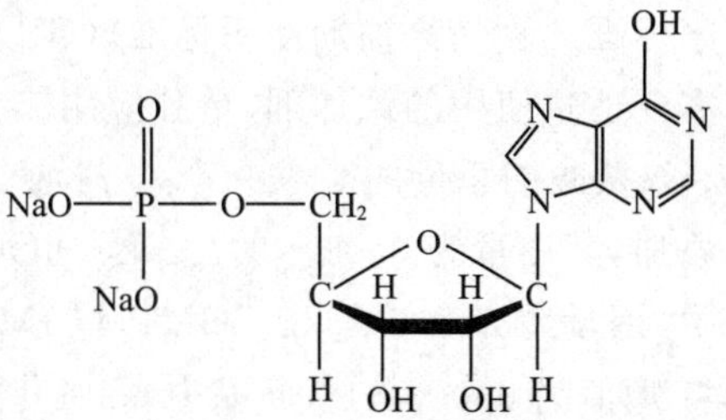

性状与性能：5′-肌苷酸钠为白色结晶或白色结晶性粉末，无臭，有木松油的鲜味，鲜味阈值为 0.025 g/100 mL，水溶液中只要有 0.012%～0.025%的量存在就有呈味作用；易溶于水，水溶液稳定，水溶液呈中性，微溶于乙醇，几乎不溶于乙醚，稍有吸湿性，但不潮解。在 pH 为 4～6 的食品加工条件下非常稳定，100℃加热 1 h 无分解现象，但在 pH 为 3 或以下长时间加热，会分解而失去鲜味。

毒性：小鼠经口 LD_{50} 为 12 g/kg。肌苷酸与鸟苷酸是构成核酸的成分，所组成的核蛋白是生命和遗传现象的物质基础。它对人体是安全而有益的，广泛存在于肉类、鱼类和贝类中，ADI 不需特殊规定。

使用：按照《食品安全国家标准　食品添加剂使用标准》(GB 2760—2014) 中规定，5′-肌苷酸钠可在各类食品中按生产需要适量使用的添加剂。5′-肌苷酸钠可加于酱油、食醋、鱼、肉制品、速溶汤粉、速煮面条及罐头等食品，增强制品的鲜味，使用量为 0.01～0.10 g/kg；5′-肌苷酸钠以 5%～12%与 *L*-谷氨酸钠复合使用，其呈味作用比只用 *L*-谷氨酸钠高约 8 倍，有“强力味精”之称。用 2.5%IMP＋2.5%GMF＋95%MSG 复合产品 4.7～7 kg，可以代替 45 kg *L*-谷氨酸钠。必须指出，核苷酸类鲜味剂对酶有较差的稳定性，很容易被生鲜食品中的磷酸酯酶分解，生成不呈鲜味的物质。近年来，已经发展成熟的包衣加工技术，可以保护其不受鱼肉等食品中磷酸酯酶的分解，并使其发挥最大的呈味能力。

11.3.2.2　5′-鸟苷酸钠

5′-鸟苷酸钠(guanosine 5′-monophosphate，GMP)，又称鸟苷-5′磷酸钠，鸟苷酸二钠。分子式为 $C_{10}H_{12}N_5Na_2O_8P \cdot xH_2O$，分子量为 533.26，其结构式为：

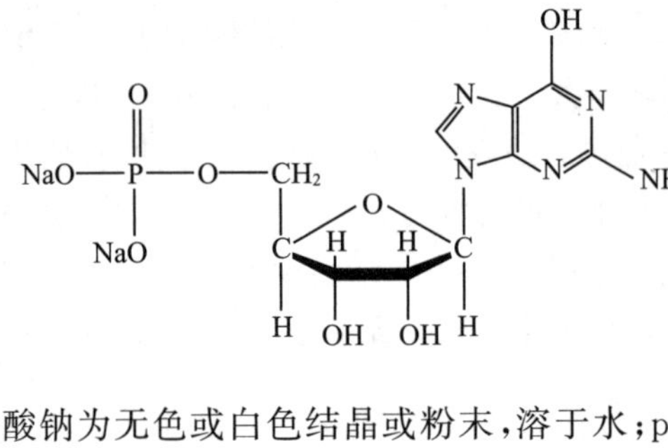

性状与性能：5′-鸟苷酸钠为无色或白色结晶或粉末，溶于水；pH 在 2～14 范围内稳定，加热到 24℃变为褐色，250℃分解；对酸，碱，盐均稳定；油炸条件下，3 min 其保存率为 99.3%(最后放)。它具有香菇特有的香味；与味精有协同效应，增鲜倍数在 5～6 倍；可增加汤汁的黏滞性，即“肉质”感。

毒性：大鼠经口 LD_{50} 是 10 g/kg。美国食品与药物管理局将 5′-鸟苷酸钠列为一般公认安全物质。FAO/WHO 规定，ADI 无须规定。

使用：按照《食品安全国家标准　食品添加剂使用标准》(GB 2760—2014) 中规定，5′-鸟苷酸钠可在各类食品中按生产需要适量使用的添加剂，单独应用较少，多与 MSG 及 IMP 配合使用。混合使用时，其用量为 *L*-谷氨酸钠总量的 1%～5%。酱油、食醋、肉、鱼制品、速溶汤粉、速煮面条及罐头食品等均可添加，其用量为 0.01～0.1 g/kg，也可以与赖氨酸等混合后，添加于蒸煮米饭、速煮面条、快餐中，用量约为 0.5 g/kg。GMP 与 IMP 以 1∶1 配合，广泛应用于各类食品。5′-鸟苷酸钠的鲜味阈值为 0.003 5%，商品中 5′-肌苷酸钠与 5′-鸟苷酸钠长混合使用，也称为第二代味精；与 L-谷氨酸钠或 5′-肌苷酸钠合用，有显著的协同作用，鲜味大增；可被磷酸酶分解失去呈味力，故不宜用于生鲜食品中，可通过将食品加热到 85℃左右钝化酶后使用。

11.3.3　有机酸类增味剂

琥珀酸二钠（disodium succinate），分子式为 $C_4H_4Na_2O_4$，分子量为 162.06。

性状与性能：琥珀酸二钠为无色或白色结晶或白色结晶性粉末，有特殊酸味；易溶于水，微溶于乙醇，不溶于乙醚，在空气中稳定。有特殊贝类滋味，认为是海鲜类的风味基础之一。目前我国许可使用的有机酸类鲜味剂只有琥珀酸二钠一种。

毒性：猫经口 1 g/kg 剂量的琥珀酸二钠未见异常。剂量增重为 5 g/kg 时，经 4～5 min 后出现呕吐，但过后未发现其他异常症状。静脉注射 0.5 g/kg 时，数分钟后出现呕吐。剂量增重 1 g/kg，很快出现呕吐、下泻，进而导致运动障碍，最小致死量为 2 g/kg。

使用：琥珀酸二钠通常与 L-谷氨酸钠配合使用，一般使用量为 L-谷氨酸钠量的 10%左右。按《食品安全国家标准　食品添加剂使用标准》（GB 2760—2014）中规定，琥珀酸二钠可用于调味料，最大用量为 20 g/kg。

11.3.4　其他增味剂

11.3.4.1　动物蛋白质水解物

动物蛋白质水解物（HAP）指用物理或者酶的方法，水解富含蛋白质的动物组织而得到的产物。这些原料如畜、禽的肉、骨及鱼等的蛋白质含量高，而且所含蛋白质的氨基酸构成模式更接近人体需要，是完全蛋白质，有很好的风味。HAP 除保留原料的营养成分外，由于蛋白质被水解为小肽及游离的 L-型氨基酸，易溶于水，有利于人体消化吸收，原有风味更为突出。

性状与性能：动物蛋白质水解物为淡黄色液体、糊状物、粉状体或颗粒。制品的鲜味程度和风味，因原料和加工工艺而各异。

毒性：无毒性，安全性高。

使用：用于各种食品加工和烹饪中调味料的配合使用，可产生独特风味。

11.3.4.2　植物蛋白质水解物

植物蛋白质水解物（HVP）指在酸或酶作用下，水解含蛋白质的植物组织得到的产物。这些产物不但具有适用的营养保健成分，而且可用作食品调味料和风味增强剂。水解植物蛋白作为一种高级调味品，是近年来蓬勃发展起来的一种新型调味品，它集色、香、味等营养成分于一体。由于其氨基酸含量高，逐渐成为取代味精的新一代调味品。植物蛋白质来源丰富，经水解、脱色、中和、除臭、除杂、调味、杀菌、喷雾干燥等工艺制造而成，可机械化、大规模、自动化生产，因此，水解植物蛋白作为调味品，前景非常广阔。

性状与性能：制品的鲜味程度和风味，因原料和加工工艺而各异。

毒性：采用酶法生产工艺制得的产品安全性高。若采用酸法，则应严格控制工艺路线及参数，以减少微量致癌物质 3-氯丙醇（3-CPD）的产生。

使用：用于各种食品加工和烹饪中调味料的配合使用。特别广泛用于方便食品，如方便面、佐餐调味料中。

蛋白质水解物的应用范围非常广泛，可用于多种多样需要增加风味的食品和用于制造食品的原料中，如小吃食品、糖果、调味汁、罐头食品、肉类加工、医药和保健品等。

11.3.4.3 酵母抽提物

酵母抽提物（YE）又称酵母精是通过将啤酒酵母、糖液酵母、面包酵母等酵母细胞内的蛋白质，降解成小分子氨基酸和多肽，核酸降解成核苷酸，并把它们和其他有效成分，如B族维生素、谷胱甘肽、微量元素等一起从酵母细胞中抽提出来，所制得的人体可直接吸收利用的可溶性营养物质与风味物质的浓缩物。

使用：酵母抽提物广泛应用于各种加工食品，如汤类、酱油、香肠、焙烤食品等；在酱油、蚝油、鸡精、各种酱类、腐乳、食醋等加入1%～5%的酵母抽提物，可与调味料中的动植物提取物以及香辛料配合，引发出强烈的鲜香味，具有相乘效果；添加0.5%～1.5%酵母抽提物的葱油饼、炸薯条、玉米等经高温烘烤，更加美味可口；榨菜、咸菜、梅干菜等，添加0.8%～1.5%酵母抽提物，可以起到降低咸味的效果，并可掩盖异味，使酸味更加柔和，风味更加香浓持久。

11.3.4.4 复合型增味剂

复合增味剂是由氨基酸、味精、核苷酸、天然的水解物或萃取物、有机酸、甜味剂、无机盐甚至香辛料、油脂等各种具有不同增味作用的原料经科学方法组合、调配、制作而成的调味产品，也称为复合调味料。这些调料具有营养功能的同时，还具有特殊的风味。其基本原料是肉禽类的浸膏，动、植物水解蛋白，酵母提取物等，再加以味精、食盐、填充料等就可成为新型风味调料，特点是品种多，口感各异，丰富多彩。复合调味料的生产规模逐年扩大，品种也越来越多，例如，火锅料，方便面干料包、酱料包，调料酒，炸鸡粉等。

当前，在调味品工业中应用的新技术主要有现代基因工程技术、酶技术、生料发酵技术、生物传感器、膜分离技术、CO_2超临界萃取、分子蒸馏、无菌包装技术等，新设备不断普及，如圆盘制曲机、高效法连续蒸料机、高效连续加热塔等，这些高新技术和新设备可提高调味品的质量，降低成本，明显加快调味品产品的更新换代速度。

思考题

二维码 11-1 第11章 思考题答案

1. 什么是食品酸度调节剂、食品甜味剂、食品增味剂？
2. 简述食品酸味剂在使用过程中应注意的问题。
3. 人工合成甜味剂有哪些优缺点？在使用过程中应注意哪些问题？
4. 试述常用天然、合成甜味剂的名称及应用范围。
5. 简述食品增味剂的种类与代表产品。
6. 为什么要复合使用不同的调味类食品添加剂？

参考文献

[1] 王竹天. GB 2760—2014《食品安全国家标准　食品添加剂使用标准》实施指南. 北京：中国质检出版社，2015.

[2] 孙宝国.食品添加剂.2 版.北京:化学工业出版社,2014.

[3] 迟玉杰.食品添加剂.北京:中国轻工业出版社,2013.

[4] 郝利平.食品添加剂.2 版.北京:中国农业出版社,2013.

[5] 黄文.食品添加剂.2 版.北京:中国质检出版社,2013.

[6] 齐艳玲,王凤梅.食品添加剂.北京:海洋出版社,2014.

[7] 于新,李小华.天然食品添加剂.北京:中国轻工业出版社,2014.

[8] 孙平,张颖,张津凤,等.新编食品添加剂应用手册.北京:化学工业出版社,2017.

[9] 国家食品安全风险评估中心,中国标准出版社.中国食品工业标准汇编·食品添加剂卷三.6 版.北京:中国标准出版社,2018.

[10] 国家食品安全风险评估中心,中国标准出版社.中国食品工业标准汇编·食品添加剂卷七.6 版.北京:中国标准出版社,2018.

[11] 国家食品安全风险评估中心,中国标准出版社编.中国食品工业标准汇编:食品添加剂卷一.5 版.北京:中国标准出版社,2015.

第 12 章

食品膨松剂、凝固剂、水分保持剂和抗结剂

学习目的与要求

熟悉食品膨松剂、凝固剂、水分保持剂、抗结剂的概念，了解和掌握这些食品添加剂的基本性能、安全性以及在食品中的应用。

12.1　食品膨松剂

食品膨松剂(leavening agents)指在食品加工过程中加入的，能使产品起发，形成致密多孔组织，从而使制品具有膨松、柔软或酥脆的物质。

食品膨松剂又称为疏松剂。在焙烤食品中广泛运用膨松剂生产面包、饼干、糕点等。一般情况下，膨松剂在和面过程中加入，在焙烤加工时因受热分解产生气体使面胚起发，在内部形成均匀、致密的多孔性组织，从而使产品具有酥脆或松软的特征。膨松剂的这一独特功能使其在焙烤食品、发酵食品、含气饮料、调味品中起到了十分重要的作用。

食品膨松剂一般可分为碱性膨松剂、酸性膨松剂、复合膨松剂和生物膨松剂。前三者为化学疏松剂，主要是碳酸盐、磷酸盐、铵盐和矾类及其复合物。化学膨松剂的作用原理是当其与酸均匀地溶于水中时，可发生化学反应产生 CO_2。化学膨松剂根据其化学组成，又可分为碱性膨松剂和复合膨松剂。碱性膨松剂也称为“膨松盐”，主要是碳酸盐和碳酸氢盐，它们的铵盐在焙烤时会直接分解产气。复合膨松剂一般由 3 部分组成：①碳酸盐，用量占 20%～40%，作用是产生气体；②酸性盐或有机酸，用量占 35%～50%，作用是与碳酸盐反应，控制反应速度和膨松剂的使用，调整食品酸碱度；③助剂，如淀粉、脂肪酸等，作用是改善膨松剂保存性，防止受潮、失效，调节气体产生速度或使气泡均匀产生，助剂含量一般为 10%～40%。

酵母发酵时具有膨松剂的特点，称为生物膨松剂，主要指以各种形态存在的品质优良的酵母。

现分别介绍我国允许使用的几种膨松剂。

12.1.1　碳酸氢钠

碳酸氢钠(sodium bicarbonate)，又名食用小苏打、重碱。分子式为 $NaHCO_3$，分子量为 84.01。

性状与性能：碳酸氢钠是白色结晶性粉末；无臭，味碱，易溶于水；在潮湿空气或热空气中即缓慢分解，产生 CO_2，加热至 270℃失去全部 CO_2；遇酸则强烈分解即产生 CO_2。

$$2NaHCO_3 \xrightarrow{60\sim150^\circ C} CO_2\uparrow + H_2O + Na_2CO_3$$

毒性：钠离子为人体正常需要，一般认为无毒。但过量摄入，可能会造成碱中毒，损害肝脏，且可诱发高血压。ADI 不需要特殊规定。

使用：按照《食品安全国家标准　食品添加剂使用标准》(GB 2760—2014)规定，碳酸氢钠通常用于大米制品(仅限发酵大米制品)、婴幼儿谷类辅助制品，最大使用量均为按生产需要适量使用。FAO/WHO 规定，用于婴儿配方食品、特殊医疗用途的婴儿配方食品中，最大使用量为 2 000 mg/kg，用于其他食品中按照生产需要适量添加。

12.1.2　碳酸氢铵

碳酸氢铵(ammonium bicarbonate)，俗称食臭粉，臭粉。分子式为$(NH_4)HCO_3$，分子量为 79.06。

性状与性能：碳酸氢铵为白色粉状结晶，有氨臭，在空气中易风化，对热不稳定，固体在58℃，水溶液在70℃分解出氨和CO_2；稍有吸湿性，易溶于水，水溶液呈碱性，相对密度为1.573。

$$NH_4HCO_3 \longrightarrow NH_3 + H_2O + CO_2$$

碳酸氢铵分解后产生的气体较碳酸氢钠多，起发力大，但使用不当易造成成品过松，使成品内部或表面出现大的空洞，影响感官品质。加热产生强烈刺激性氨味而影响了产品的风味。

毒性：碳酸氢铵在食品加工过程中生成CO_2和NH_3，都是易挥发气体，在产品中残留较少，一般无毒性。小鼠皮下LD_{50}为245 mg/kg。ADI不需要特殊规定。

使用：按照《食品安全国家标准　食品添加剂使用标准》(GB 2760—2014)规定，碳酸氢铵用于婴幼儿谷类辅助食品，最大使用量为按生产需要适量添加。

以上2种膨松剂虽各有缺点，但其价格低廉、易保藏、制备工艺简单、使用稳定性高等优点在食品加工中得到了广泛应用。

由于碳酸氢钠和碳酸氢铵都是碱性化合物，它们受热产生气体。在实际生产中，碳酸氢钠分解后残留在食品内的碳酸钠使成品带有碱味，甚至在成品表面出现黄色斑点，影响了产品的品质，而碳酸氢铵分解产生的氨气残留在食品内，造成了产品的不良风味。此外，这2种膨松剂可使某些维生素破坏损失。通常在生产中，碳酸氢钠和碳酸氢铵相互配合使用，可以弥补各自缺陷，获得较满意的效果。

12.1.3　硫酸铝钾

硫酸铝钾(aluminium potassium sulfate)，又名钾明矾，分子式为$AlK(SO_4)_2 \cdot 12H_2O$，分子量为474.39。

性状与性能：硫酸铝钾为无色透明坚硬的大块结晶或结晶性碎块或白色结晶性粉末，是含有结晶水的硫酸钾和硫酸铝的复盐，为八面晶体；无臭、味微甜，有酸涩味，相对密度1.75，可溶于水，在水中水解生成氢氧化铝胶状沉淀，受热时失去结晶水而成白色粉末状的烧明矾。

毒性：猫经口的致死量为5～10 g/kg。ADI为0～0.6 mg/kg。其稀溶液有收敛作用，浓溶液有腐蚀性，2 g硫酸铝钾可引起胃痛、恶心和呕吐，多量内服可因局部腐蚀而发生炎症，大量服用时甚至引起致死性腐蚀现象。成人1 d极量为3 g，硫酸铝钾是我国传统使用的食品添加剂，在正常使用量范围内，虽未显示明显的毒性，但对其腐蚀作用等问题应加以注意。

使用：按照《食品安全国家标准　食品添加剂使用标准》(GB 2760—2014)规定，硫酸铝钾可用于豆类制品、面糊、裹粉、煎炸粉、油炸面制品、虾味片、焙烤食品、粉丝、粉条、腌制水产品(仅限海蜇)，最大添加量按生产需要适量使用，但铝的残留量≤100 mg/kg(干样品，以Al计)，腌制海产品中铝的残留量≤500 mg/kg(以即食海蜇中Al计)，在粉丝、粉条中铝的残留量≤200 mg/kg(干样品，以Al计)。

12.1.4　硫酸铝铵

硫酸铝铵(aluminium ammonium sulfate)又称为铵明矾。分子式为$AlNH_4(SO_4)_2 \cdot 12H_2O$，分子量为453.33。

性状与性能：硫酸铝胺是无色结晶粉末或透明坚硬的块状物，无臭，具有较强的收敛性，可溶于水及甘油，不溶于乙醇；相对密度为 1.645。由于它是硫酸铝与硫酸铵的复盐，故不能用于季铵离子的食品。

毒性：ADI 为 0～0.6 mg/kg。

使用：按照《食品安全国家标准　食品添加剂使用标准》(GB 2760—2014)规定，硫酸铝胺可代替硫酸铝钾使用，其使用范围和用量同硫酸铝钾。FAO/WHO 规定，它用于生面制品、面条及其类似产品，最大添加量为 300 mg/kg；用于薄脆饼干，不包括甜的薄脆饼干、其他普通焙烤制品（如百吉饼、皮塔饼、英式松饼等），最大添加量为 100 mg/kg；用于馒头和包子、面包和普通焙烤制品预拌粉，最大使用量为 40 mg/kg。

12.1.5　酒石酸氢钾

酒石酸氢钾(potassium acid tartrate)，分子式为 $C_4H_5KO_6$，分子量为 188.18。

性状与性能：酒石酸氢钾为白色结晶性粉末，无臭，有愉快的清凉酸味；难溶于水(0.84 g/100 mL，25℃)和乙醇(0.001 g/100 mL，常温)，溶于热水(0.9 g/100 mL，100℃)；在氢氧化钾或碳酸钾溶液中呈中性可溶性复盐，加酸后重又析出，产气较缓慢。

毒性：ADI 不作特殊规定。

使用：酒石酸氢钾有多种用途，如膨松剂、抗结剂、防腐剂、酸味剂、稳定剂等。按照《食品安全国家标准　食品添加剂使用标准》(GB 2760—2014)规定，酒石酸氢钾用于小麦粉及其制品，焙烤食品，均按照生产需要适量使用。

此外，轻质碳酸钙作为膨松剂的一种可应用于各类食品。如作为面粉改良剂，其最大用量为 0.03 g/kg。焦磷酸二氢二钠用于面包、饼干，最大使用量为 3.0 g/kg。磷酸氢钙用于发酵面制品，最大使用量按生产需要适量使用；饼干、婴儿配方食品、较大婴儿和幼儿配方食品、婴幼儿断奶期食品，最大使用量为 1.0 g/kg。

将上面的一种或几种原料同其他成分混合就可制得复合膨松剂，常称为发酵粉或焙粉。我国生产的发酵粉多使用碳酸氢钠、明矾、烧明矾及淀粉等混合配制。发酵粉一般为白色粉末，遇水混合加热即产生二氧化碳。

作为膨松剂，各地使用发酵粉的量不尽相同，这也与发酵粉的原料组成与性质有关。一般糕点以面粉计使用 1%～3%，馒头、包子等面食品以面粉计使用 0.7%～2%。

配制发酵粉的原料应该符合规定的食品添加剂。

目前，复合膨松剂以其产气均匀、效力高、碱性低等优点在生产中广泛应用。复合膨松剂一般由碳酸盐类、酸性物质、淀粉、脂肪酸等成分组成。碳酸盐类是主要成分之一，常用的是碳酸氢钠，其用量占 20%～40%，作用是与酸反应产生二氧化硫。酸性物质作为复合膨松剂的重要成分，其作用是与碳酸氢盐发生中和反应或复分解反应产生气体，并降低产品的碱性，它的用量占 35%～50%。常用的酸性物质有柠檬酸、酒石酸、富马酸、乳酸、酸性磷酸盐和明矾类（包括钾明钡和铵明矾）等。复合膨松剂中还包括淀粉、脂肪酸等成分，其作用在于增加膨松剂的保存性，防止吸潮结块，调节气体产生的速度或使气泡均匀产生等作用，用量占 10%～40%。如小苏打与酸性盐组成的复合膨松剂，主要反应如下：

$$NaHCO_3 + \text{酸性盐} \longrightarrow CO_2 + \text{中性盐} + H_2O$$

若酸性盐为酒石酸氢钾，则反应式为：

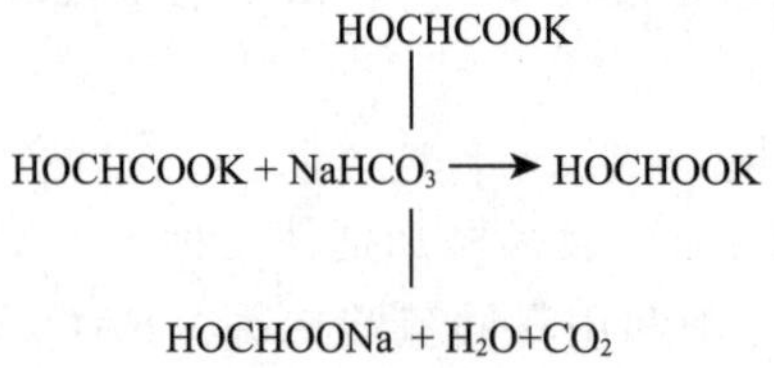

其中的酸性盐除在复合膨松剂中进行中和以保证食品质量外，还有一个重要作用就是控制产气过程中反应的快慢，其原理为：酸性盐解离出氢离子后，才能与膨松剂作用，产生气体，而氢离子的分解速度与酸性盐的溶解特性、体系含水量、温度有关，因此可以利用酸性盐的分解特性来控制膨松剂的产气过程，以便适应工艺过程。如蛋糕复合膨松剂，该产品是以 $AlK(SO_4)_2 \cdot 12H_2O$、$Ca(H_2PO_4)_2 \cdot H_2O$、$NaHCO_3$ 等为主要成分研制的一种蛋糕专用的膨松剂，使用这种膨松剂制作的蛋糕膨松度好、组织细腻、风味正常。其基本原理是在烘烤前期（低温状态下）$Ca(H_2PO_4)_2 \cdot H_2O$ 与部分 $NaHCO_3$ 起中和反应，放出 CO_2 气体，使蛋糕胚部分膨松，在烘烤后期，$AlK(SO_4)_2 \cdot 12H_2O$ 继续与剩余的 $NaHCO_3$ 起中和反应，继续放出 CO_2 气体，这可使蛋糕在烘烤凝固之前，可得到持续膨松，避免了单一使用碳酸氢铵造成产品过松、内部或表面出现大的空洞以及氨味残留在产品中；避免单一使用碳酸氢钠使产品具有碱味及产品表面有黄色斑点。

表 12-1 介绍了几种复配膨松剂的配方。

表 12-1 几种复配膨松剂的配方 %

序号	膨松剂组成
1	碳酸氢钠 25，酒石酸氢钾 10，磷酸氢钙 7.5，磷酸二氢钙 12，烧明矾 10，酒石酸 10，磷酸钙 0.5，玉米淀粉 25
2	碳酸氢钠 48，酒石酸氢钾 5，氯化铵 46，碳酸镁 1
3	钾明矾 15，铵明矾 15，酒石酸氢钾 10，酒石酸 8，碳酸氢钠 30，玉米淀粉 22
4	碳酸氢钠 30，酒石酸氢钾 10，磷酸氢钙 29，烧明矾 15，玉米淀粉 16

12.1.6 生物膨松剂

随着食品工业和食品添加剂的发展，生物膨松剂也逐渐应用到食品加工中。生物膨松剂中最重要的是酵母，主要应用于面制品。酵母类膨松剂的主要功效是增加食品体积；产生多孔结构；促进消化。面制品用酵母的种类如下：①液体酵母，未经浓缩的酵母液，是通过酵母菌种经过扩大培养和繁殖得到的产品；②鲜酵母（浓缩酵母、压榨酵母），是将酵母液除去部分水分后（水分 75%以下），加入辅助原料压榨而成；③干酵母（活性酵母），由鲜酵母制成小颗粒，低温干燥而成，使用前需要活化，干酵母是高技术生物产品，它最大的特点是常温下（<20℃），储藏期可达 2 年，品质稳定，使用方便；④速效干酵母（即发酵母），为 20 世纪 80 年代的新产品，特点是溶解、发酵速度快，一般不需要活化，可直接加入原料中，使用上述 3 种酵母较方便。利用酵母作膨松剂，需要注意控制面团的发酵温度，温度过高（>35℃）时，乳酸菌大量繁殖，面团的酸度增加，而面团的 pH 与其制品的容积密切相关，面团 pH 为 5.5 时，效果较为理想。

酵母类膨松剂价格低廉，使用效果好，在发酵这一复杂的过程中，产生多种与面包、饼干风味有关的挥发物和不挥发物，形成这类膨松剂特有的风味和营养，但使用不当会在产品中产生"老面肥"的味道，故使用中要掌握好条件。

12.2　食品凝固剂

食品凝固剂(thickeners)，也称稳定剂(stabilizers)，是使食品结构稳定或使食品组织结构不变，增强黏性固形物的物质。凝固剂一般可以使食品中胶体(果胶、蛋白质等)凝固为不溶性的凝胶状态，所以又称为组织硬化剂。

我国使用食品凝固剂的历史悠久，早在 2 000 年前的东汉时期就已用盐卤点制豆腐，这种方法已沿用至今。如今，凝固剂已经应用于一些食品的加工中，如在生产果蔬制品时，利用各种钙盐(如氯化钙、乳酸钙、柠檬酸钙等)使可溶性果胶酸成为凝胶状不溶性果胶酸钙的特性，以保持果蔬加工制品的脆度和硬度；在豆腐生产中，用盐卤、葡萄糖酸-δ-内酯作凝固剂，方便于豆腐的机械化和连续化的生产；在泡菜生产中，加入酸性铝盐(如硫酸铝钠、硫酸铝钾)，可使酸黄瓜更脆，更坚硬。凝固剂可以是单一的一种产品，也可是多种产品组合成复配型凝固剂。

下面就我国允许使用的食品凝固剂介绍如下。

12.2.1　氯化钙

氯化钙(calcium chloride)，分子式为 $CaCl_2$，分子量为 110.98。

性状与性能：氯化钙是白色、硬质的碎块或颗粒，微苦，无臭，易吸水潮解，其存在形式有无水物、一水物、二水物、四水物等，一般商品以二水物为主。

毒性：大鼠经口 LD_{50} 为 1 g/kg。ADI 不作特殊规定(FAO/WHO，1994)。GRAS(FDA-21CFR 184.119 3)。

使用：按照《食品安全国家标准　食品添加剂使用标准》(GB 2760—2014)规定，氯化钙可用于稀奶油、调制稀奶油、豆类制品，最大使用量按生产需要适量使用；用于其他饮用水(调制水)，最大使用量为 0.1 g/kg(单位为 g/L，以钙计 36 mg/L)；用于水果罐头、果酱、果蔬罐头，最大使用量为 1.0 g/kg；在装饰糖果(如工艺造型，或用于蛋糕装饰)、顶饰(非水果材料)和甜汁以及调味糖浆中，最大使用量为 0.4 g/kg。用于畜禽血制品，最大使用量为 0.5 g/kg。用氯化钙作组织凝固剂，可保持果蔬的脆性，并有护色效果，如用于苹果、整装番茄、什锦罐头蔬菜、冬瓜等罐头食品。

FAO/WHO 规定，氯化钙可用于发酵蔬菜(包括蘑菇和食用真菌，块根类，豆类，芦荟)和海藻制品，冷冻拖面糊的鱼，鱼片和鱼制品，包括软体动物，甲壳类和棘皮类动物，最大使用量按照生产需要适量添加。

12.2.2　硫酸钙

硫酸钙(calcium sulfate)，又称石膏或生石膏。分子式为 $CaSO_4 \cdot 2H_2O$，分子量为 172.17。

性状与性能：硫酸钙为白色结晶性粉末，无臭，具涩味；相对密度 2.96；难溶于水，微溶于甘油。

毒性：钙与硫酸根是人体正常成分，并且硫酸钙溶解度小，很难在消化道吸收。所以，几乎无毒。ADI 不作特殊规定(FAO/WHO，1994)。

使用：按照《食品安全国家标准　食品添加剂使用标准》(GB 2760—2014)规定，硫酸钙可用于豆类制品，最大使用量均按生产需要适量使用；用于小麦粉制品，最大使用量为 1.5 g/kg；在腌制肉制品(如咸肉、腊肉、板鸭、中式火腿、腊肠)中，最大使用量为 5.0 g/kg；在肉灌肠类的最大使用量为 3.0 g/kg。硫酸钙在豆腐加工中作凝固剂，使豆浆能充分凝固，并且分散均匀，做出的豆腐较细嫩。

FAO/WHO 规定，硫酸钙用于冷冻蔬菜(包括蘑菇和食用真菌、块根类、豆类、芦荟)、海藻、坚果和籽类、干面制品、面条及其类似产品，最大使用量按照生产需要量适量添加。

12.2.3　葡萄糖酸-δ-内酯

葡萄糖酸-δ-内酯(glucono-delta-lactone)，分子式为 $C_6H_{10}O_6$，分子量为 178.14。

性状与性能：葡萄糖酸-δ-内酯为白色晶体或结晶性粉末，无臭，口感先甜后酸，易溶于水，微溶于乙醇。葡萄糖酸-δ-内酯在水中发生解离生成葡萄糖酸，能使蛋白质溶胶形成凝胶，并且还具有一定的防腐性。

毒性：ADI 不作特殊规定(FAO/WHO，1994)。

使用：按照《食品安全国家标准　食品添加剂使用标准》(GB 2760—2014)规定，葡萄糖-δ-内酯属于可在各类食品中按生产需要适量使用的添加剂。葡萄糖-δ-内酯制作的豆腐产品洁白细嫩，使用方便。葡萄糖酸-δ-内酯可用于鱼虾保鲜，使用量为 0.1 g/kg，残留量小于 0.01 mg/kg；用于香肠(肉肠)、鱼糜制品、葡萄汁、豆制品(豆腐、豆花)，使用量为 3.0 g/kg；用于发酵粉，可按生产需要适量使用。FAO/WHO(1984)规定，葡萄糖酸-δ-内酯可用于午餐肉、肉糜，最大使用量为 3 g/kg。在午餐肉、香肠等肉制品中加入 0.3%的葡萄糖酸-δ-内酯，可使制品色泽鲜艳，持水性好，富有弹性，且具有防腐作用，还能降低产品中亚硝胺的生成。

12.2.4　氯化镁

氯化镁(magnesium chloride)，分子式为 $MgCl_2$，分子量为 95.21。

性状与性能：氯化镁是无色、无嗅的小片、颗粒、块状式单斜晶系晶体，味苦，极易受潮，极易溶于水，溶于乙醇；相对密度为 1.569。

毒性：大鼠经口 LD_{50} 为 2 800 mg/kg。人经口服 4～5 g 能引起腹泻，属低毒物质。ADI 不作特殊规定(FAO/WHO，1994)。GRAS(FDA-21CFR 182.544 6，182.142 6)。

使用：按照《食品安全国家标准　食品添加剂使用标准》(GB 2760—2014)规定，氯化镁可用作豆制品的凝固剂，最大使用量按生产需要适量使用。

12.2.5　乙二胺四乙酸二钠

乙二胺四乙酸二钠(disodium EDTA)，分子式为 $C_{10}H_{14}N_2Na_2O_8 \cdot 2H_2O$。

性状与性能：乙二胺四乙酸二钠为白色结晶颗粒至近白色结晶性粉末；无臭，易溶于水，几乎不溶于乙醇；5%的水溶液的 pH 为 4～6。

毒性：大鼠经口 LD_{50} 为 2 g/kg。ADI 为 0～0.25 mg/kg。

使用：按照《食品安全国家标准　食品添加剂使用标准》(GB 2760—2014)规定，乙二胺四乙酸二钠可作为稳定剂、凝固剂、抗氧化剂、防腐剂使用。乙二胺四乙酸二钠可用于果酱，蔬菜泥（酱）（番茄沙司除外），最大使用量为 0.07 g/kg；复合调味料，最大使用量为 0.075 g/kg；果脯类（仅限地瓜果脯），腌渍蔬菜，蔬菜罐头，坚果及籽类罐头，杂粮罐头，最大使用量为 0.25 g/kg；饮料类（14.01 包装饮用水除外）最大使用量为 0.03 g/kg（固体饮料按稀释倍数增加使用量）。

除以上几种之外，根据《食品安全国家标准　食品添加剂使用标准》（GB 2760—2014）增补的凝固剂品种：薪草提取物（mesona chinensis benth extract），在豆腐类（北豆腐、南豆腐、内酯豆腐、冻豆腐）中使用，按生产需要适量使用。可得然胶（curdlan）可作为稳定剂和凝固剂、增稠剂使用，可用于豆腐类，干面制品，生湿面制品（如面条、饺子皮、馄饨皮、烧卖皮），方便米面制品，熟肉制品，冷冻鱼糜制品（包括鱼丸等），果冻，其他（仅限人造海鲜产品，如人造鲍鱼、人造海参、人造海鲜贝类等），按生产需要适量使用。柠檬酸亚锡二钠用于水果罐头，蔬菜罐头，食用菌和藻类罐头，最大使用量为 0.3 g/kg。谷氨酰胺转氨酶（glutamine transaminase）可用于豆类制品的加工中，最大使用量为 0.25 g/kg。

由于将几种不同的凝固剂复合使用，更能发挥独特的作用，因此使用复配型凝固剂成为新的发展趋势。表 12-2 介绍了几种复配型凝固剂的配方。

表 12-2　几种复配型凝固剂　%

用途	性状	凝固剂组成
豆腐凝固剂	粉末	硫酸钙 99，碳酸钙 0.96，二苯基硫胺素 0.04
豆腐凝固剂	粉末	硫酸钙 50，葡萄糖酸-δ-内酯 50
豆腐凝固剂	粉末	硫酸钙 70，葡萄糖酸-δ-内酯 30
豆腐凝固剂	白色粉末	硫酸钙 63，葡萄糖酸-δ-内酯 36，氯化钠 1

12.3　食品水分保持剂

食品水分保持剂（humectant）指有助于保持食品中水分而加入的物质。

我国允许使用的食品水分保持剂是磷酸盐、乳酸钾、乳酸钙、乳酸钠、丙二醇及甘油等。磷酸盐是一类具有多种功能的食品添加剂，在食品加工中广泛用于各种肉禽、蛋、水产品、乳制品、谷物产品、饮料、果蔬、油脂以及改性淀粉，添加后对制品品质有明显的改善作用。肉制品加工过程中添加磷酸盐可使肉的 pH 上升，高于肉蛋白的等电点，从而肉的持水能力得到提高，质量也相应提高。磷酸盐还能增加离子强度，有利于肌原纤维蛋白的溶出，并在有食盐存在时与肌浆蛋白形成一种特殊的三维格网状结构，使水聚集在网格状结构内部，提高了肉制品的持水性。同时磷酸盐能螯合二价钙离子，使肉中肌纤维结构趋于松散，可溶于更多水分，减少肉、禽制品加工时的原汁流失，增加保水性，从而改善了产品的品质，并延长了货架期。Eilert 等研究了磷酸盐和改性牛肉结缔组织在生产低脂、高持水性的法兰克福香肠中的作用，他们发现磷酸盐是肉制品一种有效的保水剂，特别是在经绞碎的制品中可提高乳胶体的稳定性、持水能力及提高肉制品的坚实度；Zorba 等的研究表明磷酸盐对鲜肉和冻肉的乳化能力比鲜肉高 6.4%。当磷酸盐的添加量分别为 0.50%和 0.75%时，乳化能力分别增加 8.4%和 10.4%。对肉的微观结构的研究表明，添加磷酸盐后，蛋白质聚合体消失，乳胶体分布更加均匀。在鲜肉和冻肉中，乳化能力随着磷酸盐添加量的增加而增大。目前在食品加工中广泛使用的保水剂有磷酸三钠、六偏磷酸钠、三聚磷酸钠、焦磷酸钠、磷酸二氢钠、磷酸氢二钠、磷酸二氢钙、焦磷酸二氢钠、磷酸氢二钾、磷酸二氢钾以及由以上单一磷酸盐复配而成的混合磷酸盐。

下面就国内外允许使用的食品水分保持剂介绍如下。

12.3.1 磷酸三钠

磷酸三钠(trisodium orthophosphate，trisodium phosphate)，分子式为 $Na_3PO_4 \cdot 12H_2O$，分子量为 380.16。

性状与性能：磷酸三钠为无色至白色的六方晶系结晶，可溶于水，不溶于乙醇，在水溶液中几乎全部分解为磷酸氢二钠和氢氧化钠，呈强碱性；1%的水溶液 pH 为 11.5～12.1。它具有保持水分、乳化、络合金属离子、改善色调和色泽、调整 pH 和组织结构等作用。

毒性：土拨鼠经口 $LD_{50}>2$ g/kg。ADI 为 0～70 mg/kg(指食品和食品添加剂中的总量，以磷计，并且要注意与 Ca 的平衡)。磷对所有活的机体是一个重要的元素，常以磷酸根的形式为生物体所利用，它在能量传递，人体组织中(如牙齿、骨骼及部分酶)以及糖类、脂肪、蛋白质代谢都是不可缺少的部分。因此磷酸盐又常用作食品的营养强化剂，在正常用量下，不会导致磷和钙的失衡，但用量过多，会与肠道中的钙结合成难溶于水的正磷酸钙，从而降低钙的吸收。FDA 将磷酸三钠列为一般公认安全(GRAS，generally recognized as safe)的食品添加剂。

使用：按照《食品安全国家标准　食品添加剂使用标准》(GB 2760—2014)规定，磷酸三钠使用于乳及乳制品、稀奶油、水油状脂肪乳化制品、水油状脂肪乳化制品以外的脂肪乳化产品(包括混合的和调味的脂肪乳化制品)、冷冻饮品(食用冰除外)、蔬菜罐头、熟制坚果与籽类(仅限油炸坚果与籽类)、可可制品、巧克力和巧克力制品以及糖果、小麦粉及其制品、小麦粉、生湿面制品(如面条、饺子皮、馄饨皮、烧卖皮)、面糊(如用于鱼和禽肉的托面糊)、裹粉、煎炸粉、杂粮粉、食用淀粉、即食谷物(包括辗轧燕麦或燕麦片)、预制肉制品、熟肉制品、冷冻水产品、冷冻鱼糜制品(包括鱼丸等)、热凝固蛋制品(如蛋黄酪、松花蛋肠)、饮料类(包装饮用水除外)、果冻，最大使用量为 5 g/kg；用于乳粉和奶油粉及调味糖浆时，最大使用量为 10.0 g/kg；用于米粉(包括汤圆粉)、谷类和淀粉类甜品(如米布丁、木薯布丁，仅限谷类甜品罐头)、预制水产品(半成品)、水产品罐头，最大使用量为 1.0 g/kg；用于复合调味料，最大使用量为 20.0 g/kg；用于其他固体复合调味料(仅限方便湿面调味料包)，最大使用量为 80.0 g/kg；用于膨化食品和熟制坚果与籽类(仅限油炸坚果与籽类)，最大使用量为 2.0 g/kg；用于其他油脂或油脂制品(仅限植脂性粉末)类食品，最大使用量为 20 g/kg；用于再制干酪，最大使用量为 15.0 g/kg；用于杂粮罐头、其他杂粮制品(仅限冷冻薯条、冷冻薯饼、冷冻土豆泥、冷冻红薯泥)，最大使用量为 1.5 g/kg。磷酸三钠可单独使用或混合使用，以磷酸根(PO_4^{3-})计。

12.3.2 六偏磷酸钠

六偏磷酸钠(sodium polyphosphate)，又名聚磷酸钠、偏硫酸钠玻璃体，分子式为 $Na_6P_6O_{18}$ 或 $(NaPO_3)_6$，分子量为 611.17，是一个长链的聚合物。

性状与性能：六偏磷酸钠为玻璃状无定形固体，成片状、纤维状或粉末，无色或白色；溶于水，不溶于乙酸或乙醚等有机溶剂，水溶液可和金属离子形成络合物，二价金属离子的络合物较一价的稳定。六偏磷酸钠具有较强的分散性、乳化性、高黏度性及与金属离子络合的作用。

毒性：大鼠经口 LD_{50} 为 100 mg/kg。ADI 为 0～70 mg/kg（指食品和食品添加剂中的总量，以磷计，并且要注意与 Ca 的平衡）。

使用：六偏磷酸钠在食品中的应用同磷酸三钠。此外，熟制水产品（可直接食用），最大添加量为 5.0 g/kg，它可单独或与焦磷酸钠混合使用，最大使用量以磷酸根（PO_4^{3-}）计。

12.3.3　三聚磷酸钠

三聚磷酸钠（sodium tripolyphosphate），又名三磷酸五钠，三磷酸钠，分子式为 $Na_5P_3O_{10}$，分子量为 367.88。

性状与性能：三聚磷酸钠为白色颗粒或粉末，有潮解性，分为无水盐和六水盐；25℃时，该产品的溶解度为 13%，其水溶液呈碱性。三聚磷酸钠可在水溶液中水解，水解程度因温度和溶液 pH 不同而不同，水解产物为焦磷酸盐和正磷酸盐。可与铜、镍、镁等金属离子形成极稳定的水溶性络合物，也可和碱土金属形成相当稳定的水溶性络合物，与碱金属仅能形成弱的络合物。

毒性：小鼠经口 LD_{50} 为 3 210 mg/kg；大鼠腹腔注射 LD_{50} 为 134 mg/kg。

使用：三聚磷酸钠在食品中的应用同磷酸三钠。

12.3.4　焦磷酸钠

焦磷酸钠（tetrasodium pyrophosphate），又名焦磷酸四钠，分子式为 $Na_4P_2O_7 \cdot 10H_2O$，分子量为 446.07。

性状与性能：焦磷酸钠为白色或无色结晶，溶于水，不溶于乙醇，对热极稳定，在 988℃下加热才分解，能与金属离子发生络合反应，其 1%的水溶液的 pH 为 10～10.2。它具有聚合磷酸盐的通性，既有乳化性、分散性、防止脂肪氧化、提高蛋白质的结着性，还有在高 pH 下抑制食品的氧化和发酵的作用。

毒性：小鼠经口 LD_{50} 为 40 mg/kg；大鼠经口 $LD_{50} > 400$ mg/kg。ADI 为 0～70 mg/kg（指食品和食品添加剂中的总量，以磷计，并且要注意与 Ca 的平衡）。

使用：焦磷酸钠在食品中的应用同磷酸三钠。此外，熟制水产品（可直接食用），最大添加量为 5.0 g/kg，它可单独或与六偏磷酸钠混合使用，最大使用量以磷酸根（PO_4^{3-}）计。

12.3.5　磷酸二氢钠

磷酸二氢钠（sodium dihydrogen pyrophosphate），又名酸性磷酸钠，分子式为 $NaH_2PO_4 \cdot 2H_2O$ 和 NaH_2PO_4，分子量为 156.01 和 119.98。

性状与性能：磷酸二氢钠为白色结晶或粉末，无臭，微具潮解性，加热至 100℃就失去结晶水，若继续加热则分解成酸性焦酸钠（$Na_3H_2P_2O_7$）易溶于水，其水溶液呈酸性。

毒性：小鼠腹腔注射 LD_{50} 为 250 mg/kg；ADI 为 0～70 mg/kg（食品和食品添加剂总磷摄入量以磷计，注意与钙摄入量的关系）。

使用:《食品安全国家标准　食品添加剂使用标准》(GB 2760—2014)规定,磷酸二氢钠用于婴儿配方食品、较大婴儿和幼儿配方食品以及婴幼儿断奶期食品,最大使用量为1.0 g/kg。

12.3.6　磷酸氢二钠

磷酸氢二钠(disodium hydrogen phosphate),又称磷酸二钠,有无水物和十二水合物,分子式为 Na_2HPO_4 和 $Na_2HPO_4 \cdot 12H_2O$,分子量为141.96和358.17。

性状与性能:磷酸氢二钠为白色结晶,相对密度为1.52,熔点为34.6℃,在空气中迅速风化成七水盐,易溶于水,水溶液呈碱性,3.5%的水溶液pH为9～9.4;在250℃时分解成焦磷酸钠。它对乳制品和肉制品等有调节pH作用,还可提高乳制品的热稳定性。

毒性:同磷酸二氢钠。

使用:按照《食品安全国家标准　食品添加剂使用标准》(GB 2760—2014)规定,磷酸氢二钠属于可在各类食品中按生产需要适量使用的添加剂。用于乳制品,肉制品,鱼制品,用量为0.39 g/kg,一般和磷酸二氢钠配合使用。

以上产品以复合磷酸盐使用时,以磷酸盐总计,罐头、肉制品不得超过1.0 g/kg;炼乳不得超过0.50 g/kg。焦磷酸钠、三聚磷酸钠及磷酸三钠复合作用时,以磷酸盐计不得超过5 g/kg;西式蒸煮、烟熏火腿按GB 13102—2010及西式蒸煮烟熏火腿卫生标准执行,复合使用时不得超过5 g/kg。西式火腿可适当多加,但以磷酸盐计不得超过8 g/kg。

此外,我国《食品安全国家标准　食品添加剂使用标准》(GB 2760—2014)还规定了其他水分保持剂的使用情况。如磷酸二氢钙可用于小麦粉及其制品,焙烤食品,发酵粉,最大使用量为4.0 g/kg(以磷酸计);固体饮料,最大使用量为8.0 g/kg(以磷酸计);非碳酸饮料,最大使用量为2.0 g/kg(以磷酸计);干酪,按生产需要适量使用。磷酸氢二钾可用于植脂性粉末,最大使用量为19.9 g/kg。磷酸二氢钾可用于小麦粉,最大使用量为5.0 g/kg(以磷酸计);用于饮料类(包装饮用水除外),最大使用量为2.0 g/kg(以磷酸计,固体饮料按冲调倍数增加使用量)。乳酸钠可用于生湿面制品(如面条、饺子皮、馄饨皮、烧卖皮),最大使用量为2.4 g/kg。丙二醇可用于生湿面制品(如面条、饺子皮、馄饨皮、烧卖皮),最大使用量为1.5 g/kg。乳酸钾则可在各类食品中按生产需要适量使用的添加剂。甘油属于可在各类食品中按生产需要适量使用的添加剂,常用于糖果、巧克力及巧克力制品。丙二醇可用于糕点,最大使用量为3.0 g/kg。聚葡萄糖作为水分保持剂、膨松剂、增稠剂、稳定剂,可用于冷冻饮品(食用冰除外),可可制品、巧克力和巧克力制品(包括类巧克力和代巧克力)以及糖果,焙烤食品,蛋黄酱、沙拉酱,饮料类(包装饮用水除外),果冻,最大使用量按生产需要适量使用。山梨糖醇和山梨糖醇液可用于冷冻鱼糜制品(包括鱼丸等),最大添加量为20 g/kg;用于熟干水产品,经烹调或油炸的水产品,熏、烤水产品,按生产需要适量使用。

与其他添加剂一样,水分保持剂(品质改良剂)必将向复配型的方面发展,即由几种品质改良剂按一定配方复合而成复配性品质改良剂。这类复配型添加剂近几年在国内外发展十分迅速。在美国,卡拉胶-磷酸盐添加剂已成功地用来生产低脂、低盐、低热量和高蛋白的具有保健作用的禽肉商品。这类食品添加剂主要用来保持禽肉中水分,并使产品中盐含量比原来减少50%,此外还有增加蒸煮禽肉产品的体积、保持产品香味、改良结构、提高可切性等特点。表12-3介绍了几种复配型保水剂。

表 12-3　几种复配型保水剂(品质改良剂)　%

用途	性状	组成
冰淇淋、火腿、香肠	粉末	无水焦磷酸钠 60,聚磷酸钠 10,偏磷酸钠 30
香肠	粉末	无水焦磷酸钠 30,聚磷酸钠 40,偏磷酸钠 20,偏磷酸钾 10
肉糜	粉状	无水焦磷酸钠 2,无水焦磷酸钾 2,聚磷酸钠 60,偏磷酸钠 22,偏磷酸钾 14

12.4　食品抗结剂

食品抗结剂(anti-caking agent)是用于防止颗粒或粉状食品聚集结块,保持其松散或自由流动的物质。

食品抗结剂的基本特点是颗粒细小(2～9 μm),表面积大(310～675 m^2/g),比容高(80～465 kg/m^3)。有的呈微小多孔性,以利用其高度的孔隙率吸附导致结块的水分。主要用于涂覆用蔗糖粉、葡萄糖粉、发酵粉、食盐、面粉及汤块,也可用于奶粉、可可粉等,使之成为自由流动的固体。

常用的食品抗结剂有硅酸铝钙、硅酸钙、硬脂酸钙、微晶纤维素等十余种。我国目前允许使用的有亚铁氰化钾、硅铝酸钠、磷酸三钙、二氧化硅、微晶纤维素、碳酸镁、滑石粉等几种。不同品种的食品抗结剂具有不同的抗结特性,如精制的硅酸钙在吸收其本身质量 2.5 倍的液体后仍能保持分散,常用于发酵粉、食盐等食品;硬脂酸钙具有很高的比容(320.37 kg/m^3)和很大的比表面积,作为抗结剂使用在经济上是比较合理的。

下面就各国使用的食品抗结剂和我国允许使用的食品抗结剂介绍如下。

12.4.1　二氧化硅

二氧化硅(silicon dioxide),分子式为 SiO_2。食品用的二氧化硅按制法不同分胶体硅和湿结硅 2 种形式。

性状与性能:胶体硅为白色,蓬松、无砂、吸湿、粒度非常细小的粉末;湿结硅为白色、蓬松吸湿或能从空气中吸取水分的粉末或似白色的微空泡状颗粒。它的相对密度 2.2～2.6,熔点 1 710℃;不溶于水、酸和有机溶剂,溶于氢氟酸和热的浓碱液;常用作抗结剂、悬浮剂、消泡剂等。

毒性:ADI 不作特殊规定。一般公认为是安全的。

使用:按照《食品安全国家标准　食品添加剂使用标准》(GB 2760—2014)规定,二氧化硅可用于乳粉(包括加糖乳粉)和奶油粉及其调制产品,其他乳制品(如乳清粉等),其他油脂或油脂制品(仅限植脂性粉末),可可制品(包括以可可为主要原料的脂、粉、浆、酱、馅等),脱水蛋制品(如蛋白粉、蛋黄粉、蛋白片),其他甜味料(仅限糖粉),孕产妇(乳母)配方食品,固体饮料类,最大使用量为 15 g/kg;用于面糊(如用于鱼和禽肉的托面糊)裹粉、煎炸粉,盐及代盐制品,香辛料类,最大使用量为 20 g/kg;冷冻饮品(食用冰除外)的最大添加量为 0.5 g/kg;原粮,最大使用量为 1.2 g/kg;其他(豆制品工艺用),最大使用量为 0.025 g/kg(复配消泡剂用,以每千克黄豆的使用量计);其他特殊膳食用食品(仅限 1～10 岁特殊医学用途配方食品),最大添加量为 10 g/kg。

FAO/WHO(1984)规定二氧化硅可用于奶粉,可可粉,加糖可可粉,食用油脂,可可脂,用量为 10 mg/kg；奶油粉用量为 1 g/kg；涂敷用蔗糖粉和葡萄糖粉、汤粉、汤块用量为 15 g/kg。

美国 FDA 二氧化硅作为抗结剂在食品中的使用量须低于 2%。FAO/WHO 规定二氧化硅(无定型)用于乳清粉和乳清制品(不包括乳清干酪)，最大使用量为 10 g/kg；用于糖粉，葡萄糖粉，最大使用量为 15 g/kg；用于婴幼儿的补充食品，最大使用量为 2 g/kg；用于盐、代盐制品、咖啡，咖啡替代品，茶，香草饮料和其他热的谷物饮料，不包括可可，按照良好生产规范(GMP)添加即可。

12.4.2 硅铝酸钠

硅铝酸钠(sodium aluminosicicate)的主要成分是含水的硅铝酸钠，约按 $Na_2O : Al_2O_3 : SiO_2 = 1 : 1 : 13.2$ 的摩尔比组成。

性状与性能：硅铝酸钠为白色无定形细粉或小珠，无臭，无味；相对密度约 2.6，熔点 1 000～1 100℃，折射率约 1.54；不溶于水、乙醇和其他有机溶剂，在 80～100℃时，部分溶于强酸和氢氧化钠溶液，多用作抗结剂。

毒性：ADI 不作特殊规定。一般认为是安全的。

使用：按照《食品安全国家标准　食品添加剂使用标准》(GB 2760—2014)规定，硅铝酸钠可用于植脂性粉末，最大用量为 5.0 g/kg。FAO/WHO 规定，用于乳粉和稀奶油粉(原味)，最大使用量为 265 mg/kg；用于乳粉和稀奶油粉类似产品，最大使用量为 570 mg/kg；用于乳清粉和乳清制品，不包括乳清干酪，最大使用量为 1 140 mg/kg；用于盐、调味料和调味品，最大使用量为 1 000 mg/kg。

12.4.3 硅酸钙

硅酸钙(calcium silicate)是由不同比例的 CaO 和 SiO_2 组成，包括硅酸三钙($3CaO \cdot SiO_2$)和硅酸二钙($Ca_2 \cdot SiO_4$)，分为无水和有水 2 种。

性状与性能：硅酸钙系白色至灰白色易流动粉末，在吸收较多水分后仍然较好地保持其流动性；一般不溶于水，但可与无机酸形成凝胶，相对密度为 2.9，其 5%的悬浊液的 pH 为 8.4～10.2；常用作抗结剂、助滤剂、悬浮剂等。

毒性：ADI 不作特殊规定。一般可以认为是安全的。

使用：按照《食品安全国家标准　食品添加剂使用标准》(GB 2760—2014)规定，硅酸钙作为抗结剂可用于乳粉(包括加糖乳粉)和奶油粉及调制产品，干酪和再制干酪及其类似品，可可制品(包括以可可为主要原料的脂、粉、浆、酱、馅等)，淀粉以及淀粉类制品，食糖，餐桌甜味料，盐及代盐制品，香辛料及粉，复合调味料，固体饮料，酵母及酵母类制品，最大使用量按照生产需要适量使用。FAO/WHO 规定，硅酸钙用于干燥乳清粉及乳清制品，最大使用量为 10 g/kg；用于糖粉和葡萄糖粉，最大使用量为 15 g/kg；用于盐及代盐制品，最大使用量为按照生产需要适量添加。FDA 规定该产品可用于餐桌用盐及各种食品的抗结剂(最大添加量不超过食品质量的 2%)用于发酵粉最大添加量不超过食品质量的 5%。

12.4.4 亚铁氰化钾和亚铁氰化钠

亚铁氰化钾(potassium ferrocyanide)，又称黄血盐钾，分子式为 $K_4Fe(CN)_6 \cdot 3H_2O$，分子量为 422.96。

性状与性能：亚铁氰化钾为柠檬黄色单斜体结晶粉末或颗粒，有时有立方晶体；有咸味，加热至 70℃失去结晶水，变成白色粉末，强烈灼烧时分解而放出氮，并生成氰化钾和碳化铁；相对密度为 1.85，溶于水，不溶于乙醇、乙醚等溶剂。

毒性：ADI 为 0～0.025 mg/kg(以亚铁氰根计)。因铁与氰基的结合很强，故毒性极低。

使用：按照《食品安全国家标准　食品添加剂使用标准》(GB 2760—2014)规定，亚铁氰化钾可用于盐及代盐制品，最大使用量为 0.01 g/kg(以亚铁氰根计)。亚铁氰化钠(sodium ferrocyanide)的使用同亚铁氰化钾。

FAO/WHO 规定，亚铁氰化物用于盐，最大使用量为 14 mg/kg；用于代盐制品、调味料和调味品，最大使用量为 20 mg/kg。

除以上之外，柠檬酸铁铵(ferric ammonium citrate)作为抗结剂用于盐及代盐制品中，最大使用量为 0.025 g/kg。酒石酸铁用于盐及代盐制品，最大添加量为 0.106 g/kg(以酒石酸铁含量计)。滑石粉(talc)用于凉果类和话化类，最大使用量为 20.0 g/kg。FAO/WHO 规定滑石粉用于乳清粉和乳清制品，不包括乳清干酪，最大使用量为 10 g/kg；用于代盐制品，按照生产需要适量添加即可。磷酸三钙用作抗结剂，常用于小麦粉，最大使用量为 0.03 g/kg；油炸薯片，最大使用量为 2.0 g/kg；固体饮料，最大使用量为 8.0 g/kg；复合调味料，最大使用量为 20.0 g/kg。碳酸镁用于固体饮料，最大使用量为 10.0 g/kg；用于小麦粉制品，最大使用量为 1.5 g/kg。硬脂酸镁用于可可制品、巧克力和巧克力制品(包括类巧克力和代巧克力)以及糖果，按生产需要适量使用；用于蜜饯凉果，最大用量为 0.8 g/kg。而硬脂酸钙作为抗结剂用于香辛料及粉、固体复合调味料，最大使用量为 20.0 g/kg。硬脂酸钾在香辛料及粉最大使用量为 20 g/kg。

思考题

1. 什么是食品膨松剂？食品加工中经常使用的膨松剂有哪些？

2. 什么是食品凝固剂？哪些食品加工使用凝固剂起何作用？

3. 磷酸盐作为食品添加剂有哪些作用？简述功能性保水剂在食品中的应用和发展趋势。

4. 食品水分保持剂的作用是什么？举例说明水分保持剂的具体应用。

5. 什么是食品抗结剂？使用中应注意的问题有哪些？

二维码 12-1
第 12 章　思考题答案

参考文献

[1] 姚科，叶玉稳，胡国华. 沙琪玛专用膨松剂开发中复配酸剂的影响研究. 中国食品添加剂，2018(7)：169-175.

[2] 于淑池，周海英. 复合无磷保水剂对冷冻金鲳鱼片的保水效果. 食品工业，2020，41(1)：120-124.

[3] 于小磊，孟鑫，金萍，等. 新型天然豆腐凝固剂的研究. 食品科技，2020，45(4)：259-263.

[4] 陈虎，迟韵，陈留平，等. 超微果皮粉的盐用抗结块性能研究. 中国调味品，2018，43(8)：62-66.

第 13 章

食品酶制剂

学习目的与要求

熟悉与掌握食品酶制剂的概念与常用的食品酶制剂的种类，掌握常用食品酶制剂的性质、使用及注意事项。

酶(enzymes)是一种具有生物催化能力的蛋白质;是一种生物催化剂。它具有催化反应温和、作用高度专一及催化效率高的特性。从生物中提取出的具有酶的特性的制品,称为酶制剂。酶制剂具有酶的高效性和专一性,且使用方便,比单纯的酶更容易获得和用于工业实际。专用于食品加工的酶制剂称为食品酶制剂。

食品酶制剂指由动物或植物的可食或非可食部分直接提取,或由传统或通过基因修饰的微生物(包括但不限于细菌、放线菌、真菌菌种)发酵、提取制得,用于食品加工,具有特殊催化功能的生物制品。

用于食品加工的酶制剂已达上百种,常用的食品酶制剂如表 13-1 所示。

表 13-1 在食品加工中较常用的酶制剂

酶类型	酶名称	来源	用途
淀粉酶类	α-淀粉酶	地衣芽孢杆菌(*Bacillus licheniformis*)、枯草杆菌(*Bacillus subtilis*)、米曲霉(*Aspergillus oryzae*)、黑曲霉(*Aspergillus niger*)、米根霉(*Rhizopus oryzae*)、猪或牛的胰脏(hog or bovine pancreas)	酒类和糖浆制造中的淀粉液化、糖化。应用于葡萄糖、葡萄糖浆、麦芽寡糖、啤酒、黄酒、白酒、酒精、味精、乳酸、柠檬酸等的制造;改善焙烤制品质量
	β-淀粉酶	大麦、山芋、大豆、小麦和麦芽,枯草杆菌(*Bacillus subtilis*)	制造麦芽糖、糕点防老化、啤酒前发酵
	葡糖淀粉酶(淀粉葡糖苷酶、糖化酶)	黑曲霉(*Aspergillus niger*)、米根霉(*Rhizopus oryzae*)、戴尔根霉(*Rhizopus delemar*)、米曲霉(*Aspergillus oryzae*)、雪白根霉(*Rhizopus niveus*)	制造淀粉糖浆、果汁、干酪、啤酒等
	普鲁兰酶(茁霉多糖酶)	产气克雷伯氏菌(*Klebsiella aerogenes*)、枯草芽孢杆菌(*Bacillus subtilis*)、嗜酸普鲁兰芽孢杆菌(*Bacillus acidopullulyticus*)、地衣芽孢杆菌(*Bacillus licheniformis*)	制造直链淀粉
	异淀粉酶	假单胞杆菌、霉菌	同β-淀粉酶合用制造麦芽糖、糯米纸
	转化酶	酿酒酵母(*Saccharomyces cerevisiae*)	从蔗糖生产转化糖、抑制糖果反砂、制糖果、蜜饯
	环糊精葡萄糖转移酶	地衣芽孢杆菌(*Bacillus licheniformis*)	制造环状糊精、偶联糖
纤维素酶类	纤维素酶	黑曲霉(*Aspergillus niger*)、李氏木霉(*Trichoderma reesei*)、绿色木霉(*Trichoderma viride*)	谷类、蔬菜、果实、豆类加工、提高原料利用率,速食食品生产,提高出酒率,与果胶酶合用澄清果汁
半纤维素酶类	半纤维素酶	黑曲霉(*Aspergillus niger*)	主要用于谷类和蔬菜加工,与果胶酶和纤维素酶合用可使柑橘类果汁澄清
	木聚糖酶	黑曲霉(*Aspergillus niger*)、绿色木霉(*Trichoderma viride*)、毕赤氏酵母(*Pichia paseoris*)	用于焙烤、淀粉工业

续表 13-1

酶类型	酶名称		来源	用途
蛋白酶类	木瓜蛋白酶		木瓜	啤酒澄清、肉类嫩化
	无花果蛋白酶		无花果	啤酒澄清、肉类嫩化
	菠萝蛋白酶		菠萝	啤酒澄清、肉类嫩化
	微生物蛋白酶	酸性蛋白酶	枯草芽孢杆菌(*Bacillus subtilis*)	广泛用于动、植物的蛋白质加工工业。以改变蛋白质的水结合能力、乳化能力、发泡能力及其黏度,用于蛋白质的水解、各种调味品的生产
		中性蛋白酶	黑曲霉(*Aspergillus niger*)	
		碱性蛋白酶	米曲霉(*Aspergillus oryzae*)、地衣芽孢杆菌(*Bacillus licheniformis*)	
	凝乳酶		犊牛或羔羊的皱胃、黑曲霉	制造干酪
	胃蛋白酶		牛胃	制造干酪、助消化
脂肪酶	脂肪酶		米曲霉(*Aspergillus oryzae*)、黑曲霉(*Aspergillus niger*)、米根霉(*Rhizopus oryzae*)	干酪和油脂生香、制造冰淇淋、巧克力
	磷酸酯酶		胰腺	催化水解磷酯中特定的磷酸酯键
其他酶类	葡萄糖氧化酶		米曲霉(*Aspergillus oryzae*)、黑曲霉(*Aspergillus niger*)	食品加工(除去氧和葡萄糖以改进品质或防腐)
	单宁酶		米曲霉(*Aspergillus oryzae*)	除去单宁、脱涩
	果胶酶		黑曲霉(*Aspergillus niger*)、米根霉(*Rhizopus oryzae*)	果汁澄清、果实榨汁、葡萄酒澄清、脱囊衣
	葡萄糖异构酶		橄榄产色链霉菌(*Streptomyces olivochromogenes*)、密苏里游动放线菌(*Actinoplanes missouriensis*)、凝结芽孢杆菌(*Bacillus coagulans*)、锈棕色链霉菌(*Streptomyces rubiginosus*)、紫黑吸水链霉菌(*Streptomyces violaceoniger*)、鼠灰链霉菌(*Streptomyces murinus*)	制造果葡糖浆和糖果

13.1 淀粉酶

淀粉酶(amylase)是水解淀粉、糖原和它们的降解中间产物的酶类,广泛存在于动植物组织和微生物中,是工业酶制剂中具有广泛用途的酶制剂之一。淀粉酶可催化淀粉中α-1,4-糖苷键或α-1,6-糖苷键;有的从分子内部水解糖苷键,有的只从淀粉(或葡聚糖)分子非还原性末端水解糖苷键,有的酶还具有葡萄糖苷转移作用。按酶的水解方式,与工业上应用有关的淀粉酶可分为α-淀粉酶、β-淀粉酶、葡萄糖淀粉酶、环糊精葡萄糖基转移酶、切枝酶以及其他淀粉酶等,其中前 3 种与食品工业密切相关。

13.1.1 α-淀粉酶

α-淀粉酶(α-amylase,编号 EC 3.2.1.1)为液化型淀粉酶,又称细菌α-淀粉酶、退浆淀粉

酶、糊精化淀粉酶和高温淀粉酶等。《食品安全国家标准　食品添加剂使用标准》(GB 2760—2014)规定α-淀粉酶来源于地衣芽孢杆菌(*Bacillus licheniformis*)、枯草芽孢杆菌(*Bacillus subtilis*)、米曲霉(*Aspergillus oryzae*)、黑曲霉(*Aspergillus niger*)、米根霉(*Rhizopus oryzae*)、猪或牛的胰脏(hog or bovine pancreas)等。

性状与性能：α-淀粉酶一般为浅黄色粉末，或为浅黄色至深棕色液体，也可分散于食用级稀释剂中，可含有稳定剂和防腐剂。中国生产的α-淀粉酶主要是由枯草杆菌 BF-7658 菌种通过液体深层培养制得，分子量 5×10^4 左右。

α-淀粉酶可将直链淀粉分解为麦芽糖、葡萄糖和糊精；属于内切型淀粉酶，可任意切断直链淀粉分子内的α-1,4-糖苷键，而不能分解支链淀粉的α-1,6-糖苷键，因此，分解支链淀粉时产生麦芽糖、葡萄糖和异麦芽糖。α-淀粉酶作用开始阶段迅速地将淀粉分子切断成短链的寡糖，使淀粉液的黏度迅速下降，碘反应由蓝变紫，再转变成红色、棕色以至无色，这种作用称为液化作用，故又称之为液化型淀粉酶。α-淀粉酶使淀粉快速地液化，在啤酒酿造中可取代部分麦芽的作用从而降低生产的成本。

α-淀粉酶分子中含有 1 个结合得相当牢固的 Ca^{2+}，这个 Ca^{2+} 不直接参与酶-底物络合物的形成，其功能是保持酶的结构，使酶具有最大的稳定性和最高的活性。

α-淀粉酶的最适 pH 一般为 4.5～7，不同来源的α-淀粉酶的最适 pH 稍有差异。从人类唾液和猪胰得到的α-淀粉酶的最适 pH 为 6～7，范围较窄；枯草杆菌α-淀粉酶的最适 pH 为 5～7，范围较宽；嗜热脂肪芽孢杆菌α-淀粉酶的最适 pH 则在 3 左右；高粱芽α-淀粉酶的最适 pH 为 4.8，在 pH 酸性一侧它很快失活，而在 pH 5 以上时失活速度较低；大麦芽α-淀粉酶的最适 pH 为 4.8～5.4；小麦α-淀粉酶的最适 pH 在 4.5 左右，当 pH 低于 4 时，活性显著下降，而超过 5 时，活性缓慢下降。

有 Ca^{2+} 存在时α-淀粉酶的稳定性较高。来源不同的α-淀粉酶对热的稳定性也同样有差异。枯草杆菌α-淀粉酶和嗜热脂肪芽孢杆菌α-淀粉酶对热的稳定性特别高。一般α-淀粉酶的最适温度为 70℃，而细菌α-淀粉酶的最适温度可达 85℃以上。在高浓度淀粉保护下α-淀粉酶的耐热性很强，在适量的钙盐和食盐存在下，仍保持足够高的活性。α-淀粉酶对热稳定性高，这一特性在食品加工中极为宝贵。在工业生产中，为了降低淀粉糊化时的黏度，可选用α-淀粉酶。使用时先将需要量的细菌淀粉酶制剂调入淀粉浆液中，加热搅拌，α-淀粉酶随着温度的升高而发挥作用，当达到淀粉糊化温度时，糊化的淀粉颗粒已经成为低分子的糊精了，淀粉浆液变为黏度小的溶液。若用其他α-淀粉酶，在淀粉糊化温度时，早已失去活性。

毒性：由枯草杆菌属菌株生产的α-淀粉酶，一般认为是安全的。FAO/WHO(2001)规定，ADI 无限制性规定。

使用：α-淀粉酶主要用于水解淀粉制造饴糖、葡萄糖和糖浆等，以及生产糊精、啤酒、黄酒、酒精、酱油、醋、果汁和味精等。它还用于面包的生产，以改良面团，如降低面团黏度、加速发酵进程，改善面包弹性和口感，增加含糖量和延长面包保鲜期等。在婴幼儿食品中用于谷类原料预处理。此外，还用于蔬菜加工中。用量：以枯草杆菌α-淀粉酶(6 000 IU/g)计，添加量约为 0.1%。

近年，杭州饴糖厂实现了使用α-淀粉酶生产饴糖的新工艺，其工艺流程为：大米(碎米)→浸泡→水磨→调浆(用碳酸钠调 pH 至 6.4)→加α-淀粉酶(加入 0.2%氯化钙和 100 IU α-淀粉酶/100 g 原料)→冷却→加麦芽糖化→加活性白土并升温→压滤→浓缩→饴糖。

工业上细菌α-淀粉酶还可用于棉布退浆，麦芽、胰脏的淀粉酶主要供制造消化剂，α-淀粉酶还可作饲料添加剂。

13.1.2 β-淀粉酶

β-淀粉酶（β-amylase，编号 EC 3.2.1.2），又称糖化淀粉酶或α-1,4-葡聚糖麦芽糖水解酶。《食品安全国家标准　食品添加剂使用标准》(GB 2760—2014)规定的β-淀粉酶来源于大麦、山芋、大豆、小麦和麦芽，枯草杆菌(*Bacillus subtilis*)。

性状与性能：分子量略高于α-淀粉酶。β-淀粉酶属于外切型淀粉酶，水解淀粉时，从淀粉分子非还原性末端依次切开α-1,4-糖苷键而生成麦芽糖，但是它不能水解支链淀粉的α-1,6-糖苷键，也不能越过分支点的α-1,6-糖苷键去切开底物分子内部α-1,4-糖苷键。在达到分支点前2或3个葡萄糖残基时就停滞不前，而留下大分子的β-极限糊精。一般淀粉分子中80%～85%为支链淀粉，故用β-淀粉酶水解淀粉，麦芽糖的生成量通常不超过50%，除非同时用脱枝酶处理来切开分支点的α-1,6-键。

β-淀粉酶广泛存在于谷物（麦芽、小麦、稞麦）、山芋和大豆等植物及各种微生物中，微生物β-淀粉酶是1974年才发现的。已发现生产β-淀粉酶的微生物有芽孢杆菌、假单胞杆菌和放线菌的某些种，其中蜡状芽孢杆菌变异株在生产β-淀粉酶的同时，还产生脱枝酶，后者可切开α-1,6-糖苷键，从而可使淀粉生成麦芽糖的得率提高到90%以上，但由于酶的最适pH较高(pH为7左右)，热稳定性稍差，工业上仍使用来自山芋、大麦和大豆的酶来生产麦芽糖。近来发现某些放线菌可水解淀粉生成麦芽糖，转化率可达80%，这种酶的作用机制与β-淀粉酶不同，称为麦芽糖生成酶。

植物β-淀粉酶的最适pH为5～6，在pH为5～8范围内稳定，最适反应温度50～60℃；细菌β-淀粉酶的最适pH为6～7，最适反应温度约为50℃。β-淀粉酶的活性中心都含有巯基，重金属、巯基试剂能使之失活，半胱氨酸可使之复活。

毒性：按FAO/WHO(2001)规定，ADI无限制性规定。

使用：β-淀粉酶主要用于啤酒酿造、饴糖（麦芽糖浆）制造。

利用麦芽β-淀粉酶制造麦芽糖浆（饴糖）的过程如下：将大米浸水淘净，水磨成含固形物30%的粉浆，添加对原料米0.1%～0.3% $CaCl_2$ 和细菌α-淀粉酶0.05%～0.1%，85～90℃液化到碘反应消失，冷却到55℃加鲜麦芽浆1%～4%，在pH为5.5左右保温糖化3～4 h，此时麦芽糖生成量达到40%～50%。加热到90℃凝固蛋白质，过滤后将滤液真空浓缩到固形物含量75%～86%即为成品。若在糖化时并用脱枝酶，则产品中麦芽糖的含量可提高到70%以上，这种糖浆叫高麦芽糖浆，是糖果工业用的良好原料，用高麦芽糖浆代葡萄糖浆生产的硬糖不易潮解，可防止砂糖重结晶，提高硬糖保藏性。

13.1.3 切枝酶

切枝酶（debranching enzyme，编号 EC 3.4.23.4）又称支链淀粉酶，它可专一性地水解支链淀粉分枝点的α-1,6-糖苷键，将整个侧链切下而形成长短不一的直链糊精。淀粉经切枝酶处理后，再用β-淀粉酶可完全水解为麦芽糖。工业上常配合β-淀粉酶或糖化酶一起使用，来提高水解物收率，也用来制造直链糊精。

切枝酶广泛存在于高等植物（玉米、马铃薯、豆类）和微生物（酵母、大肠杆菌、链球菌、假单胞杆菌及放线菌等)中,为棕黄色粉末或液体,溶于水,几乎不溶于乙醇、氯仿和乙醚。若按酶对茁霉多糖即聚麦芽三糖(一种微生物多糖)的水解能力,可分为茁霉多糖酶(又称普鲁兰酶)和异淀粉酶 2 种,前者可切断茁霉多糖的 α-1,6-糖苷键,生成麦芽三糖,产气杆菌的酶属此类;后者不水解茁霉多糖 α-1,6-糖苷键,以假单胞杆菌的酶为代表。

《食品安全国家标准　食品添加剂使用标准》(GB 2760—2014)规定的普鲁兰酶来源于产气克雷氏菌(*Klebsiella aerogenes*)、枯草芽孢杆菌(*Bacillus subtilis*)、嗜酸普鲁兰芽孢杆菌(*Bacillus acidopullulyticus*)、转基因枯草芽孢杆菌(*Bacillus subtilis*,供体:嗜酸普鲁兰芽孢杆菌 *Bacillus acidopullulyticus*)。

工业上大量生产的切枝酶是由产气杆菌和酸解普鲁兰芽殖杆菌生产的普鲁兰酶型的酶。前者最适 pH 为 5.5～6,最适反应温度 50℃,热稳定性≤45℃;后者最适 pH 为 4.5～5.5,反应温度 60℃,热稳定性 50～60℃,更适用于淀粉糖化工艺。

13.1.4　糖化酶

糖化酶(amyloglucosidase,编号 EC 3.2.1.3),也称糖化淀粉酶、淀粉葡萄糖苷酶、葡萄糖淀粉酶和糖化型淀粉酶。《食品安全国家标准　食品添加剂使用标准》(GB 2760—2014)规定的葡萄糖淀粉酶来源于戴尔根霉(*Rhizopus delemar*)、转基因黑曲霉(*Aspergillus niger*)、米根霉(*Rhizopus oryzae*)、米曲霉(*Aspergillus oryzae*)、雪白根霉(*Rhizopus niveus*)。

性状与性能:糖化酶的特征因菌种而异,大部分制品为液体。由黑曲霉而得的液体制品呈黑褐色,含有若干蛋白酶、淀粉酶或纤维素酶,在室温下最少可稳定 4 个月,最适 pH 为 4～4.5,最适温度为 60℃。由根霉而得的液体制品需要冷藏,粉末制品在室温下可稳定 1 年,最适 pH 为 4.5～5,最适温度为 55℃。

糖化酶也属于外切型淀粉酶,作用于淀粉时,从淀粉分子的非还原性末端逐一地将葡萄糖分子切下,并将葡萄糖分子的构型由 α-型转变为 β-型。它既可分解 α-1,4-糖苷键,也可分解 α-1,6-糖苷键。因此,糖化酶作用于直链淀粉和支链淀粉时,能将它们全部分解为葡萄糖。

糖化酶既可催化淀粉和低聚糖水解,也可加速逆反应,即葡萄糖分子的缩合作用。逆反应的产物主要是麦芽糖和异麦芽糖。如果底物的浓度高,反应时间长,也会形成其他的二糖和低聚糖。在此可逆反应中,葡萄糖的最大积累浓度为 95%～97%。

毒性:按 FAO/WHO(2001)规定,ADI 无限制性规定。

使用:糖化酶广泛用于葡萄糖、白酒等生产。

在葡萄糖生产中,是在淀粉糊液化和部分水解后,将 pH 调到 4～5,温度降到 60℃,然后再加入糖化酶,用量为 100 IU/g 干淀粉,淀粉在酶作用下继续水解,直到葡萄糖含量不再增加时为止。用过滤方法除去糖浆中的蛋白质和脂肪后,再用活性炭除去色素和可溶性蛋白质,最后以离子交换剂除去糖浆中的灰分,再经干燥即得到结晶葡萄糖。

在白酒、酒精生产中,若为液态法酿酒时,可将糖化曲直接加入。而在固态法酿酒中,则将糖化酶与成熟酒母混匀后加入。白酒、酒精生产时,用量为 180 IU/g 原料。固态法酿酒生产时,用量为 100 IU/g 原料。

13.1.5　环糊精葡萄糖基转移酶

环糊精葡萄糖基转移酶(cyclomaltodextrin glucanotransferase,CGTase)通过催化分子内

转葡萄糖基反应可转化淀粉成为环糊精(CD),在有适当受体存在时,还可通过分子内葡萄糖基转移反应将葡萄糖基从一个α-1,4-葡聚糖或CD转移到受体分子上(偶联反应或歧化反应),同时它也可以水解α-1,4-葡萄糖成CD。《食品安全国家标准　食品添加剂使用标准》(GB 2760—2014)规定的环糊精葡萄糖基转移酶来源于转基因地衣芽孢杆菌(*Bacillus licheniformis*,供体:高温厌氧杆菌 *Thermoanaerobacter* sp.)。

此酶的主要用途是制环糊精与偶联糖,而以环糊精的用处最大。环糊精是由6~8个葡萄糖单位通过α-1,4-糖苷键连接而成的环状化合物,聚合度为6的CD称α-CD,聚合度为7的CD称β-CD,聚合度为8的称γ-CD,三者理化性质不同,其中β-CD在水中溶解度最小,可从水中析出而易提取。环糊精无还原性末端可抗外切型淀粉酶的水解作用,在酸碱液中稳定,它的立体结构呈圆桶状,中间空隙半径0.6~1.0 nm(6~10 Å),内侧具疏水性,在水溶液中可与含亲油性基团的化合物形成包接化合物从而改变被包接化合物的性质(溶解度、挥发度、化学反应性等)。它可用于稳定香料,防止物质挥发,提高抗氧化、抗光热分解的性能,也可作为药物或生理活性物质的缓释剂,作为除臭剂;用于食品药品脱苦;用于增加化合物的溶解度以及作为色谱分析的载体等。在淀粉与蔗糖共存下利用CGTase的偶联反应,可制造偶联糖,这种糖食后不易引起蛀牙。

许多芽孢杆菌如软化芽孢杆菌、巨大芽孢杆菌,环状芽孢杆菌等都可以生产CGTase,用不同菌株生产的酶所制造的CD混合物中α、β、γ 3种CD的比例各异。软化芽孢杆菌的酶主要生成α-CD,巨大芽孢杆菌和嗜碱芽孢杆菌的酶生成以β-CD为主的环糊精,芽孢杆菌AL6主要生成γ-CD。

13.2　蛋白酶

蛋白酶(protease)是水解肽键的一类酶。蛋白质在蛋白酶作用下依次被水解成胨、多肽、肽,最后成为蛋白质的组成单位——氨基酸。有些蛋白酶还可水解多肽及氨基酸的酯键或酰胺键。在有机溶剂中有些蛋白酶具有合成肽类和转移肽类的作用。蛋白酶按其作用方式可分为内肽酶和外肽酶两大类:内肽酶可从蛋白质或多肽的内部切开肽键生成分子量较小的朊、胨和多肽,是真正的蛋白酶,而外肽酶则只能从蛋白质或多肽分子的氨基或羧基末端水解肽键而游离出氨基酸,前者称氨肽酶,后者称羧肽酶。由于蛋白酶的专一性非常复杂,很难根据它们的专一性进行分类,实际上常按酶的来源分类,例如胃蛋白酶、胰蛋白酶、木瓜蛋白酶、细菌或霉菌蛋白酶等。微生物蛋白酶则常根据其作用最适pH分类而分为碱性蛋白酶、中性蛋白酶、酸性蛋白酶等。但这样的笼统分类不能反映出蛋白酶的特征与本质,因而学术上蛋白酶的分类都采用国际生物化学联合会命名委员会的建议根据活性中心来分类。根据酶对专一性抑制剂的反应而将蛋白酶分为4类。

① 丝氨酸蛋白酶。丝氨酸蛋白酶活性中心在丝氨酸,可被有机磷二异丙基磷酰氟(DEP)抑制而不可逆地失活,这类酶全是内肽酶,最适反应pH为8~10。属此类的酶包括胰蛋白酶、糜蛋白酶、强性蛋白酶、枯草杆菌(地衣芽孢杆菌)碱性蛋白酶等。其中胰蛋白酶是首先被深入研究的一个蛋白酶,而地衣芽孢杆菌碱性蛋白酶则因用于加酶洗涤剂,而有重要经济价值。

② 巯基蛋白酶。巯基蛋白酶的活性中心含巯基,可为还原剂如半胱氨酸等所活化,巯基

易同金属离子结合而引起酶不同程度的失活，巯基也易受到氧化剂、烷化剂的作用而失活。酶的最适 pH 在中性附近。植物蛋白酶如木瓜、无花果、菠萝、剑麻蛋白酶；微生物中的酵母、链球菌、梭状芽孢杆菌、金黄色葡萄球菌等中性蛋白酶俱属此类。

③ 金属蛋白酶。金属蛋白酶以其活性中心含 Ca^{2+}、Zn^{2+} 等金属离子而得名。活性中心的金属离子可用金属螯合剂乙二胺四乙酸（EDTA）或邻菲绕琳（OP）剥离引起酶的可逆性失活，向失活的酶重新加入有效金属离子，酶活性得以恢复。通常氰化物、汞、铅、铜等重金属对酶有抑制作用。属于这类的蛋白酶有微生物中性蛋白酶、胰羧肽酶 A、某些氨肽酶等。

④ 羧基蛋白酶。许多最适 pH 为 2～4 的酸性蛋白酶皆属此类。其活性中心含天冬氨酸等酸性氨基酸残基。活性中心的氨基酸可受到重氮试剂二重氮-*DL*-乙酸正亮氨酸甲酯（DAN）、对溴苯甲基溴（P-BPB）的化学修饰而发生不可逆失活。胃蛋白酶以及黑曲霉、青霉、根霉的酸性蛋白酶皆属此类。

蛋白酶是食品工业中最重要的一类酶，广泛用于干酪生产、肉类嫩化、植物蛋白质改性等。

13.2.1 木瓜蛋白酶

木瓜蛋白酶（papain，编号 EC 3.4.22.2），又称木瓜酶。

性状与性能：木瓜蛋白酶是从木瓜未成熟青果的乳汁中提取的，为白色至浅棕色粉末或液体，粉末状体有一定吸湿性；溶于水和甘油，几乎不溶于乙醇、氯仿和乙醚等有机溶剂；水溶液为无色至浅黄色，有时为乳白色。由木瓜制得的酶制剂含有如下 3 种酶，①木瓜蛋白酶，分子量为 21 000，约占可溶性蛋白质的 10%；②木瓜凝乳蛋白酶，分子量为 36 000，约占可溶性蛋白质的 45%；③溶菌酶，分子量为 25 000，约占可溶性蛋白质的 20%。

木瓜蛋白酶结构中至少有 3 个氨基酸残基存在于酶的活性部位，它们是 Cys25、His159 和 Asp158。当 Cys25 被氧化剂氧化或与重金属离子结合时，酶的活力被抑制，而还原剂半胱氨酸（或亚硫酸盐）或 EDTA 能恢复酶的活力。这是由于还原剂可使巯基从二硫键再生，而 EDTA 的作用是螯合金属离子的结果。

木瓜蛋白酶溶液在 pH 为 5 时，具有良好的稳定性，如果溶液的 pH 低于 3 或高于 14 时，酶很快失活。木瓜蛋白酶的最适 pH 随底物而变动，以明胶为底物时为 5，以蛋清蛋白和酪蛋白为底物时则为 7，因此其最适 pH 为 5～7。木瓜蛋白酶具有较高的热稳定性，其最适作用温度为 65℃。例如，在 pH 为 7 和反应温度 70℃下，对木瓜蛋白酶液加热 30 min，可使其对牛乳凝结的活力下降 20%。

除蛋白质外，木瓜蛋白酶对酯和酰胺类底物也表现出很高的活力。木瓜蛋白酶还具有从蛋白质的水解物再合成蛋白质类物质的能力。这种活力有可能被用来改善植物蛋白质的营养价值或功能性质，例如将蛋氨酸并入到大豆蛋白质中。

毒性：ADI 不作特殊规定，用量以 GMP 为限（FAO/WHO，2001）。木瓜酶是木瓜果实的组分，无毒。

使用：木瓜蛋白酶在食品工业中主要用于啤酒和其他酒类的澄清，肉类嫩化，饼干、糕点松化，水解蛋白质生产等。

啤酒在低温下（10℃以下）储存时经常发生混浊，混浊物质主要由蛋白质（15%～65%）和多酚类化合物（10%～35%）构成，此外还有少量的碳水化合物。在啤酒中加 0.000 1%～0.000 4%的木瓜蛋白酶（通常是在啤酒巴氏杀菌之前加入）。现在已开始使用固定化木瓜蛋白酶，其优点是将酶处理安排在啤酒巴氏杀菌之后，利用固定化酶能比较精确地控制蛋白质降解程度的性能，使啤酒中保留一些蛋白质，对稳定啤酒泡沫十分有利。

老龄畜肉煮熟后，口感粗糙、坚硬，这是因为肉中存在一定量的胶原蛋白质，其中的交联数目和强度随畜龄增加而提高，这是导致肉质降低的主要原因。如果在畜肉中加入以木瓜蛋白酶为主要成分的肉类嫩化剂，就可使肉中胶原蛋白质溶解加快，使肉质松化、嫩滑。经嫩化的肉不但营养价值高，且易被消化吸收。肉类嫩化剂可以是干制剂，也可以是水溶液。对于薄牛排可以采取喷粉法进行嫩化，也可以采用浸泡或酶液喷涂法嫩化。对于大块的肉，采取嫩化剂水溶液注入法较为方便、有效。一般，肉类嫩化剂是由2%的木瓜蛋白酶、15%的葡萄糖、2%谷氨酸单钠和食盐（余量）组成。用量为0.000 05%～0.000 5%。

在饼干、糕点生产中使用木瓜蛋白酶，可以使饼干成形性好，饼干端正、不缩身、花纹清晰，碎饼率降低，成品光泽度增加，饼干质地疏松，口感舒适。此外，还可减少油脂和糖的用量等。用量一般为0.000 1%～0.000 4%。

13.2.2 菠萝蛋白酶

菠萝蛋白酶（bromelin，编号EC 3.4.22.4）是由菠萝果实及茎（主要利用其外皮）经压榨提取、盐析（或丙酮、乙醇沉淀）、分离、干燥而制得。

性状与性能：菠萝蛋白酶为白色至浅黄色无定形粉末；溶于水，水溶液为无色至淡黄色，有时有乳白光，不溶于乙醇、氯仿和乙醚。此酶属糖蛋白，含糖量约为2%，分子量约33 000。此酶水解肽键及酰胺基键，优先切开由精氨酸等碱性氨基酸或苯丙氨酸、酪氨酸等芳香族氨基酸提供羧基的肽键，等电点pH为9.35，最适温度为55℃，最适pH为6～8。

毒性：ADI不作特殊规定（FAO/WHO，2001）。

使用：用途同“木瓜蛋白酶”，用量为0.8～1.2 mg/kg。

13.2.3 中性蛋白酶

中性蛋白酶（细菌蛋白酶）在我国主要是通过枯草杆菌AS1398菌株经深层发酵培养精制而成。

性状与性能：细菌蛋白酶粉状制品由淡白色至雁皮色，几乎无臭。细菌蛋白酶主要水解蛋白质及肽，底物的特异性很广泛，水解酪蛋白中的肽键约1/3，明胶的肽键约1/4；也能水解酯键和酰胺键。最适pH为6.5～10，最适温度为30～60℃。

毒性：ADI不作特殊规定（FAO/WHO，2001）。

使用：工业上应用于啤酒生产。采用北京啤酒厂生产的1398细菌蛋白酶（枯草杆菌，中性蛋白酶，酶活力40 000 U/g），其用量为大麦量的0.2%左右。添加细菌蛋白酶，可使大麦汁中的蛋白质分解作用加强，有利于啤酒的风味和提高泡沫非生物稳定性等。

另外，中性蛋白酶可用作面团改良剂、制革、制造蛋白水解物等。

13.2.4 酸性蛋白酶

酸性蛋白酶（acid-resistant proteinase）是采用黑曲霉3.4310菌株，经深层发酵培养，提取精制而成。

性状与性能：酸性蛋白酶为淡黄色至白色粉状，溶于水，不溶于60%以上的乙醇。其主要作用是将蛋白质分解为蛋白胨、脲、多肽及氨基酸。最适作用条件以酪蛋白为底物，pH 为 2～4，以 pH 为 2.5 最适宜，最适温度为 45℃。浓度为 2×10^{-3} mol/L 的 Cu^{2+}、Mn^{2+} 具有强烈激活作用。银离子及汞离子对本酶略有抑制作用。

毒性：ADI 不作特殊规定（FAO/WHO，2001）。

使用：酸性蛋白酶多用作啤酒澄清剂，可在发酵期添加本酶，能水解啤酒中不稳定的高分子蛋白质，提高啤酒耐冷性能，延长啤酒保存期 1 个月以上。在下酒时或下酒后 20 d（即灌装前 2 周）加入剂量按福林法测定酶活力 3.2×10^{-5} IU/g 的菠萝蛋白酶 1～2 mg/kg，能使啤酒澄清。

它也可作为果酒澄清剂使用，还可作为肉的嫩化剂使用。

13.2.5　凝乳酶

凝乳酶（rennin，编号 EC 3.4.23.4）是以无活性的酶原形式从哺乳期小牛第四胃中分泌出来。从无活性的酶原转变成活酶时经受了部分水解，分子量从 3.6×10^4 降至 3.1×10^4。

性状与性能：凝乳酶为澄清的琥珀至暗棕色液体，或白色至浅棕黄色无定形粉末，味微咸，有吸湿性；干燥品活性稳定，在溶液中不稳定；稍溶于水、稀乙醇。凝乳酶也称皱胃酶，分子量为 3.1×10^4～3.6×10^4。pH 和盐浓度影响着酶原激活的过程，pH 为 5 时，酶原主要通过自身催化作用激活；在 pH 为 2 时，激活过程进行得非常快，自身催化起次要作用。pH 在 5.3～6.3 范围内最稳定，在 pH 为 2 时仍相当稳定；pH 在 3.5～4.5 范围内，凝乳酶由于自我消化，而较快地失活；pH 在中间和碱性区间，凝乳酶很快失去凝乳的活力。以血红蛋白为底物时，其最适 pH 为 3.7。凝乳酶主要用于水解多肽，特别是胃蛋白酶难以水解的多肽。

凝乳酶催化酪蛋白沉淀是干酪制造中非常重要的一步。在凝乳酶的作用下，牛乳形成凝块或凝胶结构的过程包括 2 个阶段：第 1 阶段是酶作用阶段，其基本特征是在 12%三氯乙酸（TCA）中可溶的含氮组分增加；第 2 阶段包括经酶作用而改变的酪蛋白胶粒聚集成凝胶结构。凝乳蛋白酶水解 κ-酪蛋白分子中 Phe-Met 键后产生 Para-κ-酪蛋白和一个糖肽，后者含有 20%～30%的碳水化合物，可溶于 12% TCA。Para-κ-酪蛋白是不溶解的，当它沉淀时，还导致酪蛋白中的其他部分沉淀。当大约 90%κ-酪蛋白被水解时，可以用肉眼观察到胶粒的聚集。乳的黏度随着胶粒聚集而增加，直到形成凝胶结构为止。提高温度和增加钙离子浓度可加快凝胶形成的速度。

毒性：ADI 不作特殊规定（FAO/WHO，2001）。美国食品与药物管理局（1985）将本品列为一般公认安全物质。微生物凝乳酶，需经过毒性试验才能确定是否可用作食品添加剂。

使用：凝乳酶用于干酪、凝乳布丁等的生产，用量视生产需要而定，粉状体一般用量为 0.002%～0.004%。使用时，先溶于 2%食盐液中再使用。

13.3　其他酶制剂

食品工业中，除广泛使用淀粉酶、蛋白酶外，还使用其他的酶制剂。

13.3.1　果胶酶

果胶酶（pectinase）主要是采用发酵法由曲霉菌生产。《食品安全国家标准　食品添加剂使用标准》(GB 2760—2014)规定的果胶酶来源于黑曲霉(*Aspergillus niger*)、米根霉(*Rhizopus oryzae*)。

性状与性能:果胶酶为灰白色或微黄色粉末,存在于高等植物和微生物中,有3种类型,原果胶酶、果胶酯酶和聚半乳糖醛酸酶。在低温和干燥条件下失活较慢,保存1年至数年活力不减。

原果胶酶分解原果胶即长链状的甲基聚半乳糖醛酸,形成稍短的并具有可溶性的直链甲基聚半乳糖醛酸即果胶,也能分解积累于细胞壁的原果胶。果胶酯酶能催化甲氧基果胶脱去甲酯基,生成聚半乳糖醛酸和甲醇。聚半乳糖醛酸酶能分解果胶酸(聚半乳糖醛酸),形成半乳糖醛酸。

食品行业中应用较多的是酸性果胶酶,其最适pH因底物而异,以果皮为底物时,pH为3.5;以多聚半乳糖醛酸为底物时,pH为4.5。最适温度为40～50℃。Fe^{3+}、Fe^{2+}、Cu^{2+}、Zn^{2+}等能明显抑制其活性,多酚物质对其也有抑制作用。

毒性:ADI不作特殊规定(FAO/WHO,2001)。

使用:果胶酶主要用于果汁澄清,提高果汁过滤速率,降低果汁黏度,防止果泥和浓缩果汁胶凝化,提高果汁得率,以及用于果蔬脱内皮、内膜和囊衣等。

苹果可加工成含果肉果汁和具有大颗粒悬浮物的混浊果汁,但采用酶处理法生产的澄清苹果汁,则更受消费者欢迎。澄清苹果汁经浓缩后得到的浓缩汁,可用于配制各种饮料。在苹果汁加工中使用果胶酶,便于果汁的提取和果汁中悬浮物的分离。苹果汁加果胶酶澄清过程,是将果胶酶溶于水或果汁后加于混浊果汁中,不断地搅拌果汁,其黏度逐渐下降,果汁中的细小颗粒聚结成絮凝物而沉积下来。上清液中仍然有少量的悬浮物,还需要加入硅藻作为助凝剂,然后以离心或过滤的方法即得到稳定的澄清果汁。

果汁澄清时果胶酶的用量和作用条件,因果实的种类、品种、成熟程度,以及酶制剂的种类和活力不同而不同。葡萄汁用0.2%的果胶酶在40～42℃下放置3 h,即可完全澄清。苹果汁澄清,果胶酶最高的用量为3%。

使用果胶酶脱除莲子内皮、蒜内膜、橘子囊衣时,通常是将其放入pH为3的酶液中,在温度低于50℃下搅拌1 h左右即可。橘子(罐头制品)经脱囊衣后果味浓郁,品质提高。

此外,果胶酶可用于改善果酒品质。通过降低酒体黏稠度,提高出汁率和澄清度,提高香气物质及色素、丹宁的浸出率等,改善酒的色泽与风味并增强酒香。

13.3.2 葡萄糖异构酶

葡萄糖异构酶(glucose isomerase,编号EC 5.3.1.5),也称木糖异构酶,分子量为1.6×10^5～1.8×10^5。《食品安全国家标准　食品添加剂使用标准》(GB 2760—2014)规定的葡萄糖异构酶来源于橄榄产色链霉菌(*Streptomyces olivochromogenes*)、密苏里游动放线菌(*Actinoplanes missouriensis*)、凝结芽孢杆菌(*Bacillus coagulans*)、锈棕色链霉菌(*Streptomyces rubiginosus*)、紫黑吸水链霉菌(*Streptomyces violaceoniger*)、鼠灰链霉菌(*Streptomyces murinus*)。经发酵培养,分离,水洗除去培养液附着物,再经喷雾干燥或冻结干燥而制得。

性状与性能:葡萄糖异构酶为近似白色至浅棕黄色,或棕色、粉红色颗粒或粉末,或者为液体;粉末和液体可溶于水,颗粒不溶于水;不溶于乙醇、氯仿和乙醚。

它的作用是使*D*-葡萄糖转化为*D*-果糖,使木糖转化为木酮糖。来自不同菌体的葡萄糖异构酶在性质上有差异。如从放线菌得到的葡萄糖异构酶，激活和稳定酶的活性需要 Mg^{2+} 和 Co^{2+}，它们的最适浓度为 10^{-2} mol/L Mg^{2+} 和 10^{-3} mol/L Co^{2+}。最适 pH 为 7.5～8.5。最适温度为 60℃，在 40～65℃时活性良好。而来自乳酸短杆菌的葡萄糖异构酶，Mn^{2+}、K^{+} 对其热活性起保护作用，最适 pH 为 6～7。有锰离子存在时最适温度为 60℃；无锰离子时为 45℃。

在实际工业生产中，主要是使用固定化葡萄糖异构酶。酶经固定化后，其稳定性显著提高，其他性质也有所改善。如固定化酶适宜于在连续反应器中大规模使用，生产简便，使用后易处理等。各生产厂家对酶固定所采用方法不尽相同，如 Novo 工业公司采取自溶的细胞同戊二醛交联，制成粒状品；克林顿玉米加工公司采取将游离细胞酶制剂吸附在离子交换物上，制成纤维状和颗粒状品；CPC 国际公司采取将游离细胞的酶制剂吸附在颗粒状的陶质载体上；Sanmatus 采用的是将游离细胞的酶制剂吸附在离子交换树脂上，Miles Kali-Chemie 使用的方法是交联整个细胞并制成颗粒状；Snam Progetti 的方法是将细胞包埋在醋酸纤维素的纤维上。用固体载体吸附游离细胞制备物而获得的固定化酶，其单位体积酶活力通常高于细胞包埋法制得的固定化配制剂。

毒性：ADI 不作特殊规定（FAO/WHO，2001）。

使用：葡萄糖异构酶主要用于由淀粉、葡萄糖制造高果糖糖浆和果糖。例如海明森（Hemmingsen）用 Novo 公司的葡萄糖异构酶生产高果糖糖浆，条件是底物浓度为 40%～45%（质量分数）；pH 为 8.2；温度为 60～62℃；Mg^{2+} 为 20×[Ca^{2+}]；转化率平衡时为 87%。

北京果脯厂等单位利用淀粉制成 50% 葡萄糖浆后，加入 4% 的异构酶干菌体，进行异构化，制得 75%～80% 的异构糖糖浆，转化率达 40%～50%。

13.3.3　乳糖酶

乳糖酶（lactase，编号 EC 3.2.1.23），学名为 β-半乳糖苷酶（β-galactosidase），分子量为 12.6×10^4～85.0×10^4。《食品安全国家标准　食品添加剂使用标准》（GB 2760—2014）规定的乳糖酶来源于脆壁克鲁维酵母（*Kluyveromyces fragilis*）、转基因乳克鲁维酵母（*Kluyveromyces lactis*）、黑曲霉、米曲霉。

性状与性能：乳糖酶可催化乳糖分子中 β-1,4-半乳糖苷键而水解成为半乳糖和葡萄糖的可逆反应。在高浓度乳糖存在下，乳糖酶可催化半乳糖分子的转移反应，生成杂低聚乳糖，后者也是一双歧因子。它也可用于含半乳糖苷键的低聚糖，最适 pH 由大肠杆菌制得为 7～7.5，由酵母菌所得为 6～7，而以霉菌制得为 5 左右，最适温度为 37～50℃。

毒性：ADI 不作特殊规定（FAO/WHO，2001）。

使用：乳糖酶主要用于乳品工业，可防止部分人群的乳糖不耐症；可使低甜度和低溶解度的乳糖转变为较甜的、溶解度较大的单糖（葡萄糖和半乳糖）；使冰淇淋、淡炼乳中乳糖结晶的可能性降低，同时增加甜度。

13.3.4　葡糖氧化酶

《食品安全国家标准　食品添加剂使用标准》（GB 2760—2014）规定的葡糖氧化酶（glucose oxidase，GOD，编号 EC 1.1.3.4）来源于黑曲霉（*Aspergillus niger*）、转基因米曲霉（*Aspergillus oryzae*）。由黑曲霉制得者，分子量约为 19.2×10^4。

性状与性能：葡糖氧化酶为近乎白色至浅黄色粉末，或黄色至棕色液体；溶于水，水溶液一般呈淡黄色；几乎不溶于乙醇、氯仿和乙醚。主要作用酶为：葡萄糖氧化酶和过氧化氢酶。主要作用是使 β-D-葡萄糖氧化为 D-葡萄糖醛酸-γ-内酯。适宜 pH 为 4.5～7.5。在 80℃酶的热稳定性 2 min 失活 90%、70℃ 3 min 失活 90%、65℃ 10 min 失活 90%，最适温度为 30～60℃。

毒性：由黑曲霉制得，ADI 不作特殊规定(FAO/WHO,2001)。

使用：葡糖氧化酶主要用于从蛋液中除去葡萄糖，以防止蛋白成品在储藏期间的变色、变质，最高用量为 0.05%。柑橘类饮料及啤酒等的脱氧，以防色泽增深、降低风味和金属溶出，最高用量为 0.01%。

用于食品软包装的驱氧剂及用于防止全脂奶粉、谷物、可可、咖啡、虾类、肉等食品中葡萄糖引起的褐变。

13.3.5 纤维素酶

纤维素酶(cellulase)一般用黑曲霉(*Aspergillus niger*)或李氏木霉(*Trichoderma reesei*)、绿色木霉(*Trichoderma viride*)经斜面培养、制酶曲后制成酶液。

性状与性能：纤维素酶为灰白色粉末或液体。纤维素酶能使纤维素多糖中的 β-1,4-葡聚糖水解为 β-糊精，最适 pH 为 4.5～5.5。其对热较稳定，即使在 100℃下保持 10 min 仍可保持原有活性的 20%，一般最适作用温度为 50～60℃。

毒性：由黑曲霉制得，ADI 不作特殊规定(FAO/WHO,2001)。

使用：纤维素酶用于提高大豆蛋白的提取率。酶法提取工艺仅在原碱法提取大豆蛋白工艺前，增加酶液浸泡豆粕处理，用精酶液在 40～45℃下保温，在 pH 为 4.5 的条件下浸泡 2～3 h，以后按原工艺进行。如此可增加提取率 11.5%，质量也有提高。

它用于提高果酒的出酒率。纤维素酶能破坏果肉细胞壁和分离果胶质，由于酶的降解作用，还能增加原酒的溶解物，对改善果酒质量也有一定作用。葡萄酒生产中在原料葡萄经分选、破碎、除梗后加入曲酶进行降解(30℃保温)，然后按正常发酵，结果出汁率提高 6.7%，原酒无糖浸出物提高 28.1%。梨酒中应用可使梨的出汁率较旧法提高 9%，无糖浸出物提高 2 倍。它也用于除去柑橘果汁中的纤维性混浊。

在提高白酒出酒率，降低含有高浓度纤维素制品的黏度，提高油及辛香料等植物提取物的产量等其他方面也有效果。

13.3.6 脂酶

脂酶(lipase，编号 EC 3.1.1.3)是用小牛、小山羊或羊羔的第一胃可食组织，或动物的胰腺净化后用水抽提而得。由黑曲菌变种(*Aspergillus niger* var.)、米曲菌变种(*Aspergillus oryzqe* var.)或假囊酵母(*Eremothecium ashbyii*)等培养后，将发酵液过滤，用 50%饱和硫酸铵液盐化，用丙酮分段沉淀，再经透析、结晶而成。

性状与性能：脂酶一般为近白色至淡棕黄色结晶性粉末。由米曲霉制成可为粉末也可为脂肪状；可溶于水(水溶液呈淡黄色)，几乎不溶于乙醇、氯仿和乙醚。我国试制的粉末脂肪酶的活力为 35 000 IU/g 左右。脂酶一般水解三甘油酯的 α-位、α'-位的速度快，β-位的速度较慢；最适 pH 为 7～9，一般脂肪酸的链越长 pH 越高；增香作用最适温度为 20℃。

毒性：由动物组织提取的脂酶，ADI 以 GMP 为限；由米曲霉制得的脂酶，ADI 不作特殊规定(FAO/WHO,2001)。

使用:脂酶用于奶油增香,方法是先将奶油在水浴夹层锅中加热至 90℃以上 1～2 h,稍冷,除去上层凝固蛋白质和下层奶水,即得酥油;然后用 2%小苏打溶液溶解酶粉溶成 4%的酶液,要求酶活力在 300 IU 以上;加入酥油量的 5%的透析液,即进行均质,温度不超过 30℃;在 5～10℃温度下冷却 12 h,再在 20℃下保温酶解作用 5 d,待酸度达中和每克奶油需要 0.05 mol/L NaOH 8～10 mL,即将奶油取出,加热到 90℃,约 1 h,使酶失去活力,除去下面酶液,用 3 层纱布过滤,即得增香奶油制品,增香后的乳脂产生很强烈的香味。增香后的奶油可以用于制造巧克力,也可用于需要增加奶香的冷饮、奶糖、饼干等其他食品。

此外,脂酶还用于增强干酪风味、改良豆浆口感、改进果酒口味和大米风味等。

13.3.7 单宁酶

单宁酶(tannase,编号 EC 3.1.1.20)一般由黑曲霉(*Aspergillus niger*)或灰绿青霉(*Penicillum glaucum*)在含有 2%鞣酸和 0.2%酪蛋白水解物的蔡氏培养基(Czapek Dox)中受控培养,取出菌丝,用丙酮沉析后干燥而成。

性状与性能:单宁酶呈淡黑色粉末,最适 pH 为 5.5～6,最适温度为 33℃。它的主要作用是使鞣质水解成鞣酸、葡萄糖和没食子酸。

毒性:由黑曲霉提取的单宁酶,ADI 不作特殊规定(FAO/WHO,2001)。

使用:单宁酶主要用于生产速溶茶时分解其中的鞣质,以提高成品的冷溶性和避免热溶后再冷却时产生混浊。使用时在 pH 为 5.5～6 的茶叶抽提液中,按每升加 2.5 g 鞣酸酶制剂的比例加入,在 30℃下搅拌 70 min,再升温至 90℃以灭酶,离心除去鞣酸酶即可。

13.3.8 溶菌酶

溶菌酶(lysozyme)是一群引起生物细胞壁水解的酶类,也称细胞壁解酶。微生物细胞壁溶解后,细胞立即膨胀,极易破裂而使内容物扩散出来,这种现象叫溶菌作用。溶菌酶有 2 类,即细菌溶菌酶与真菌溶菌酶,通常称作溶菌酶的系指取自卵清的细菌溶菌酶,是由水解细菌细胞壁的糖肽部分的 β-1,4-*N*-乙酰氨基葡萄糖酶和 *N*-乙酰胺酶及 *N*-乙酰壁酸-*L*-丙氨酰胺酶和肽酶等所组成,细菌细胞壁在各种酶的协同作用下发生崩解。溶菌酶由蛋白中提取,蛋白液调节 pH,用离子交换树脂吸附后抽提而得。

性状与性能:溶菌酶为白色结晶,含有 129 个氨基酸,分子量为 1.45×10^4,等电点 pH 为 10.5～11;溶于食盐水,遇丙酮、乙醇产生沉淀,在酸性溶液中较稳定,加热至 55℃活性不受影响。其水溶液在 62.5℃下维持 30 min 完全失活;在 15%的乙醇溶液中,62.5℃下维持 30 min 不失活;在 20.5%的乙醇溶液中,62.5℃下维持 20 min 也不失活。

卵清溶菌酶的热稳定性良好,经 pH 为 3、96℃、15 min 尚残留 89%酶活,最适 pH 为 5～9,对金黄色葡萄球菌以外的许多革兰氏阳性菌有强烈溶菌性,但对革兰氏阴性细菌如大肠杆菌、绿脓杆菌无作用。这种酶从鸡卵清中提取的收率可达 0.3%。

毒性:LD_{50} 为 20 g/kg。

使用:溶菌酶在医学上用于消炎抗病毒,食品工业作防腐剂。另外,可用于牛奶的“人奶化”,使牛奶更适合于婴儿饮用;用于鱼子酱等产品的防腐。

13.4 酶制剂的使用安全

在酶制剂发展的早期,大多数的酶是从动物或植物原料中提取的,例如从动物的胰脏、胃等组织,从植物中的木瓜、菠萝等中提取各种酶。由于动物和植物生长周期长,成本高,受地理、气候、季节等因素的影响,不适宜于大规模生产酶制剂。因微生物繁殖快、生产周期短、产量高、便于大规模生产,因此,目前工业上应用的酶大多采用的微生物发酵法。微生物方法便于选育菌株和改良发酵条件,易于提高产率,一种微生物可生产好几种酶等。目前利用DNA重组技术改造微生物,可大大提高酶制剂的产量。但微生物筛选不当,可能会将致病菌或可能产生毒素及其他生理活性物质(抗生素)的微生物筛选为产酶菌株。利用基因重组技术改造生产菌株的同时,可能导致生产菌株发生遗传学或营养成分等非预期的改变,给消费者或生产者的健康带来潜在危害,因此为了保证食品用酶制剂的安全,国际组织和世界上许多国家均对食品用酶制剂有严格的法规进行管理。

食品酶制剂的管理和安全评价各国不尽相同且经常变化。有些国家需经批准,有些国家要求申报,而有些国家不需批准也不申报。有些国家酶制剂按食品添加剂管理(如加拿大、日本),还有一些国家按加工助剂管理(如中国)。用转基因微生物生产的酶制剂在有些国家有专门的法规管理。

按照国际食品法典委员会(CAC)和《食品安全国家标准　食品添加剂使用标准》(GB 2760—2014)的相关定义,食品用酶制剂被划为加工助剂的范畴。在CAC的加工助剂名单中,对使用中的食品用酶制剂按照动物、植物和微生物来源分别列出了其品种、生产来源以及使用范围。

除了食品用酶制剂的名单列表外,JECFA负责对食品用酶制剂的安全评估,截至2005年,JECFA共对近70种不同来源(包括转基因微生物)的酶制剂进行了安全使用评价。JECFA还规定了食品加工用酶的通用质量要求,其中对酶的分类和命名、酶制剂的活性成分、原料以及卫生指标等做了规定。此外,JECFA还对酶制剂从来源、名称、催化反应、功能、物理性状以及相关检验方法等方面进行了质量规格的规定,并要求食品用酶制剂的生产应遵循良好生产规范(GMP)。

美国(《食品化学法典》,第4版,1996)对各种食品用酶制剂商品的基本要求、分类、作用等做了新的规定。如酶制剂的制备应符合GMP,使用的原料不得导致被酶处理的食品含有的菌落总数超过该食品的允许量。用于生产酶制剂的动物组织必须符合美国肉类检验的各项要求,必须按GMP进行管理。用于生产酶制剂的植物原料或微生物的培养基成分,在正常使用的情况下,它们转入食品的量不得超过有碍健康的水平。利用微生物生产酶制剂时,其生产方法和培养条件都应保证是在受控条件下发酵,以保证所用的微生物不致成为有毒物质和其他有害物质的来源。生产酶制剂所用的载体、稀释剂和加工助剂,必须是食品级的,包括水和不溶于水的物质,在加工后都应从食品中除去。虽然未规定真菌毒素的允许限量,但应采取适当的措施保证成品中不含这类污染物。

来源于动物和植物可食部分的酶制剂一般不需要做毒理学试验。如果利用一般不作为膳食的正常食用部分,除非能提供充分的安全性资料,否则还需要做一些毒理学试验。

微生物来源的酶制剂,必须提供培养基和培养条件,所用的成分必须是食品级的。必须提供充分的纯化过程的资料，如果酶制剂的加工过程或纯化过程发生了变化，则视为是新的加工和纯化方法，除非能证明终产品与用原生产方法生产的产品没有区别。

必须提供生产、销售及使用酶制剂时所用的载体、稀释剂、赋形剂、支持剂及其他添加剂和成分（包括加工助剂）等方面的资料。这些物质必须在与相关酶制剂使用时，适合于使用或者在食品中不溶并能在加工后及食用前从食品中去除。用作固定化酶制剂的载体和固定剂必须是经批准使用的。使用新的材料时，必须经试验证明没有有害残留物质残留在食品中，必须经试验证明，任何固定剂或酶的残留量都在每一个产品规格规定的限量内。

用于生产酶制剂的微生物可以来自天然菌株，也可以是微生物的变种，或是通过选择性连续培养或基因修饰的天然菌株及其变种。这些菌种必须是纯的、稳定的菌株或变种，并按照公认的鉴定关键点经过充分的、详细的鉴定。生产酶制剂所用的微生物的模式培养物，必须在能保证菌株不产生变异的条件下保存。生产酶制剂时，所用的方法和培养条件，必须能保证每个批次产品的稳定性和重复性，在这些步骤下生产酶制剂的菌株不会产生毒素，并能防止引入能在酶的终产品中产生毒性物质及其他不符合要求的物质的外来微生物。

从毒理学的观点来看，对微生物产生的每一个特定的酶制剂进行毒理学试验是很重要的。但是，如果已对一个特定菌株生产的酶制剂进行了全面的试验，同时该酶制剂的生产程序与该菌株生产的其他酶制剂的程序没有明显的区别，可视具体情况减免一些试验。如果用于生产酶制剂的微生物在食品中有很长的安全使用历史，并且有文献证明该菌种不属于产毒菌种，同时实际应用的菌株有充分的资料证明来源没有问题，对符合以上条件的菌种生产的酶制剂，即使没有进行特殊的毒理学试验，接受该酶制剂也是合理的。在这种情况下，对菌株进行正确的验证试验非常重要。

对基因修饰的有机物必须提供宿主、载体和整合到载体或染色体的 DNA 序列。不管是植物、动物还是微生物，供体有机物也必须经过鉴定。必须详细了解有关基因结构的资料，以便预见宿主的原基因物质和插入的新基因物质之间的任何不期望存在的相互作用。这方面的资料包括，存在外来 DNA（质粒或整合到宿主染色体的外来 DNA）、特有的基因特征（标记物）、休眠基因的存在（突变时表达）、基因稳定性（突变率和影响突变率的因素、内-外分子重组和限制屏障）、基因转移（可动/结合能力）以及抵抗力（抗生素、重金属）等有助于预见对人类健康、动物、植物和生态有影响的资料也应提供。确切了解载体的特征和生物学特征是评价载体导入是增加还是减少宿主微生物的安全水平的基础。必须在 DNA 水平上（大小、限制性图或全 DNA 系列）鉴定一种载体以及载体上可能用于基因标记的部分。载体必须不含有害序列，同时应是非结合性及非移动性的。插入宿主有机物的 DNA 序列必须充分描述其分子水平、插入基因数量、调节类型（启动子活性）以及实际的基因产物。来源于微生物、植物和动物的 DNA 系列，都必须提供其基因结构的确切来源及谱系以便进行适当的安全评价。

转基因食品指利用生物技术改良的动物、植物和微生物所制造或生产的食品、食品原料及食品添加物等。针对某一或某些特性，以一些生物技术方式，修改动物、植物基因，使动物、植物或微生物具备或增强此特性，可以降低生产成本，增加食品或食品原料的价值。目前，全球的科学家们还无法为转基因食品安全问题在短时间内下一个定论，也没有证据表明转基因产品存在安全性的问题，但由于影响的长期性和复杂性，目前争论的焦点已由对环境的影响转向对人类的影响，所以，许多国家都要求在产品的商标上注明原料是否来自转基因。

虽然，在生产中使用的许多酶制剂是由转基因微生物生成的，但是，由于在生产过程中将酶制剂与微生物分离开来，从而使酶制剂远离基因工程菌。这是因为，菌种是一个公司的优势所在，是核心技术。为保证菌种不外泄，在生产中必须严格控制，使基因工程微生物只停留在工厂中，不会传播到外部。

因为酶制剂不是活的微生物，或者很少含有活的微生物，它仅仅是微生物代谢产物之一，故一般不考虑生产菌株致病性对消费者安全的影响。所以不能称为转基因生物体。酶制剂是催化生化反应的蛋白质，不受是否转基因的影响。目前，绿色和平组织已经接受使用基因工程方法生产酶制剂。

我国对酶制剂按加工助剂进行管理。在《食品安全国家标准　食品添加剂使用标准》(GB 2760—2014)的表 C.3《食品用酶制剂及其来源名单》中，列出了允许使用的酶的中英文名称及其来源、供体。值得指出的是，酶制剂尽管属于加工助剂，但是它的非活性载体成分，最终会残留在食品中，这是它和表 C.1 加工助剂的根本区别。

酶制剂作为一类特殊的加工助剂，经常会以 GRAS 添加剂(未规定 ADI 值的一般公认安全物质)的特点在食品中按生产需要适量使用。

我国企业在进行食品用酶制剂申报时，需要提供酶制剂的名称、加工工艺、酶的活性、企业标准、使用范围、使用量以及毒理学安全性评价、理化检验、微生物指标检验报告，其中微生物来源的酶制剂还需要提供菌种来源、菌种鉴定报告以及菌种毒理试验报告。生产食品级酶制剂的添加物必须是食品级的并应符合相关规定，另外，食品级酶制剂在工业化生产之前都必须经过安全性评价证明其安全无害。此外为确保生产过程中的安全，必须严格执行相关通用标准及国家标准。除少部分酶制剂是由动、植物生产的外，大部分酶制剂都是利用微生物生产的，其中有不少是经转基因微生物生产的。随着生物技术在我国的发展，将有越来越多的转基因工程改造的微生物用于生产酶制剂。目前的当务之急是应根据酶制剂生产的特点，尽快制定有针对性的，特别是针对生产菌株的安全性评价程序和管理办法，以保证其使用安全，保障消费者健康。

我国《食品安全国家标准　食品添加剂使用标准》(GB 2760—2014)许可使用的 50 种食品用酶制剂(附录 C 表 C.2)都经过了严格的毒理学安全评价，其来源都有严格的规定，其产品都符合相应的质量安全标准，因此按生产需要适量使用我国许可使用的酶制剂是安全的。绝大多数食品用酶制剂是用来替代食品中某些化学反应的过程，使整个食品加工或生产过程更加安全、环境更加环保，在本质上更接近于加工助剂，酶制剂的使用在很多应用上替代了化学品，因此酶制剂也称为绿色食品添加剂。

中国目前尚没有关于食品用酶制剂的通用卫生标准、安全性评价程序等。建立健全我国食品用酶制剂的相关法规标准是保证食品安全的必要条件，也是规范酶制剂管理的当务之急。如建立食品用酶制剂的安全性评价程序，建立食品用酶制剂的良好生产规范以及通用卫生标准等。

思考题

二维码 13-1
第 13 章
思考题答案

1. 什么是食品酶制剂?
2. 简述淀粉酶的作用机制及其在食品工业中的应用。
3. 简述凝乳酶的凝乳机理。
4. 蛋白酶按来源分可分为哪些种类? 举例说明其实际应用。

参考文献

[1] 李宏梁.食品添加剂安全与应用.北京:化学工业出版社,2012.

[2] 张春红.食品酶制剂及应用.北京:中国计量出版社,2008.

[3] 姚焕章.食品添加剂.北京:中国物资出版社,2001.

[4] 姜锡瑞.酶制剂应用手册.北京:中国轻工业出版社,1999.

[5] 罗春雷,韦宇拓.淀粉酶的分类及应用研究进展.广西科学,2018,25(3):248-252.

[6] 田英华,刘晓兰,郑喜群,等.果胶酶及其在食品加工中的应用研究进展.2017,36(3):10-13.

第 14 章

食品工业用加工助剂及其他

学习目的与要求

掌握食品工业用加工助剂的定义和使用原则，熟悉食品消泡剂、助滤剂、酸碱调节剂、被膜剂、胶姆糖基础剂及其他食品添加剂的概念，了解和掌握这些食品工业用加工助剂的基本性能与应用。

食品工业用加工助剂指保证食品加工能顺利进行的物质，与食品本身无关。如助滤、澄清、吸附、脱模、脱色、脱皮、提取溶剂、发酵用营养物质等。

食品工业用加工助剂的使用原则是：①加工助剂应在食品生产加工过程中使用，使用时应具有工艺必要性，在达到预期目的前提下应尽可能降低使用量；②加工助剂一般应在制成最终成品之前除去，无法完全除去的，应尽可能降低其残留量，其残留量不应对健康产生危害，不应在最终食品中发挥功能作用；③加工助剂应该符合相应的质量规格要求。

14.1　食品用消泡剂

消泡剂(antifoaming/defoaming agents)指在食品加工过程中降低表面张力，消除泡沫的物质。

在食品加工过程中，或是进行原料发酵时，经常会产生大量的泡沫。泡沫是不溶性的气体在外力作用下进入液体并被液体彼此隔离而形成的非均相混合物，液体的表面张力越小，形成泡沫所需要的外力就越小，越容易生成泡沫。

在一些产品中，如啤酒、香槟、果汁、冷饮等需要一定的泡沫存在，以保证其特殊的风味和质感。但在其他食品加工过程中，泡沫是不受欢迎的，一些泡沫的产生往往给生产操作带来不便及危害，使生产能力受到限制，工业生产不能顺利进行，原料和产品受到损失，产品品质受到影响等。如在食品煎炸过程中，很容易起泡，泡沫的溢出不仅会造成原料的浪费，而且在明火加热时容易引起火灾伤害操作人员。因此，在一些食品加工过程中，必须及时消除或使之不致产生泡沫。

消除泡沫的方法，一般包括改进生产工艺、改进机械消泡设备以及添加化学消泡剂 3 种。使用化学消泡剂不仅方法简便、快捷、经济，而且效果较为显著。

14.1.1　消泡剂的作用原理及种类

当将消泡剂加入未产生泡沫的体系中，其分子杂乱无章地分布于液体表面，抑制了弹性膜的形成，终止了泡沫的产生；当将消泡剂加入产生了大量泡沫的体系中，其分子立即散布于泡沫表面，迅速铺展，形成很薄的双膜层，进一步扩散、渗透，层状侵入，取代原泡沫的膜壁，由于消泡剂的表面张力很低，使泡沫的表面张力局部下降，膜壁逐步变薄，受到周围表面张力大的膜层强力牵引，使泡沫周围应力失衡，最后导致泡沫的破裂。不溶于体系的消泡剂分子，再重新进入另一个泡沫膜的表面，继续消泡，直至消灭所有泡沫。

食品消泡剂可分为 2 类：一类是能消除已经产生的泡沫。这类消泡剂分子的亲水端与溶液的亲和性较强，在溶液中分散较快，因此，随着时间的推移或温度的上升，消泡效力会迅速降低。如聚氧乙烯山梨醇酐脂肪酸酯、天然油脂等；另一类是能抑制气泡的形成。这类消泡剂通常与溶液亲和性很弱的不溶或难溶的分子，其表面活性大于助泡剂，当溶液产生气泡时，首先吸附在泡膜上，抑制了助泡剂的吸附，从而抑制了泡沫的形成，如聚醚等。

有效的化学消泡剂必须具备下列条件：①具有比泡沫介质更低的表面张力；②易于分散在被加液体中；③在被加液体中的溶解度很差，不被泡沫介质分解降解；④具有化学惰性；⑤无残留物或气体；⑥扩散性、渗透性好；⑦符合食品安全要求；⑧成本低。

我国《食品安全国家标准　食品添加剂使用标准》(GB 2760—2014)准许使用的消泡剂有

聚二甲基硅氧烷、高碳酸脂肪酸酯复合物、聚氧丙烯氧化烯甘油醚、聚氧丙烯甘油醚、聚氧乙烯聚氧丙烯季戊四醇醚、聚氧乙烯聚氧丙烯胺醚、聚甘油脂肪酸酯、蔗糖聚丙烯醚、蔗糖脂肪酸酯等。

14.1.2 常见的消泡剂

14.1.2.1 聚二甲基硅氧烷

聚二甲基硅氧烷(silicone oil),又名二甲基硅油,是一种不同聚合度链状结构的聚有机硅氧烷。它由高纯度的二甲基二氯硅氧烷和少量三甲基氯硅烷的混合物水解后缩聚而成,分子量为6 832.356～30 548.196。分子式为$C_3H_9Si(C_2H_6OSi)_nSiOC_3H_9$($n=90\sim410$),其结构式为:

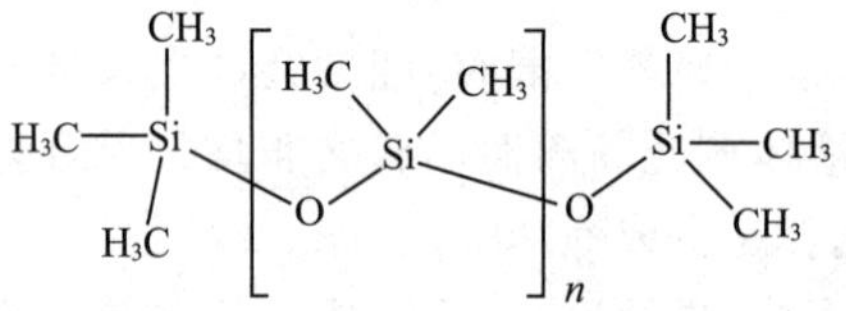

性状与性能:聚二甲基硅氧烷为无色透明黏稠液体,无臭,无味,不溶于水和乙醇,溶于四氯化碳、苯、氯仿、乙醚、甲苯及其他有机溶剂。它的挥发性低并具有化学惰性,比较稳定且毒性小。在实际应用中常配成含4%～5%硅胶的水溶液,或配成含有硅胶、乳化剂和防腐剂的乳化液。聚二甲基硅氧烷表面张力小,起泡性低,抗泡性强,可作消泡剂等使用。

毒性:ADI为0～1.5 mg/kg(FAO/WHO,1983)。

使用:我国《食品安全国家标准　食品添加剂使用标准》(GB 2760—2014)规定,聚二甲基硅氧烷可用作被膜剂、消泡剂、脱模剂,用于经表面处理的鲜水果、经表面处理的新鲜蔬菜,最大使用量为0.000 9 g/kg;豆制品工艺,最大使用量为0.3 g/kg(以每千克黄豆的使用量计);肉制品、啤酒加工工艺,最大使用量为0.2 g/kg;焙烤食品工艺,在模具中最大使用量为30 mg/dm^2;油脂加工工艺,最大使用量为0.01 g/kg;果冻、果汁、浓缩果汁粉、饮料、速溶食品、冰淇淋、果酱、调味品和蔬菜加工工艺,最大使用量为0.05 g/kg;发酵工艺,最大使用量为0.1 g/kg。

使用方法:将聚二甲基硅氧烷用水或起泡液稀释为均匀的溶液后再加入起泡液中,也可直接加入。

14.1.2.2 聚氧丙烯甘油醚

聚氧丙烯甘油醚(polyoxypropylene glycerol ether)又称为甘油聚醚、GP型消泡剂、消泡剂XBE-2020等。聚氧丙烯甘油醚是在KOH作催化剂的条件下,甘油与精制环氧丙烷进行加成反应,然后磷酸中和、脱色、过滤制成。其结构式为:

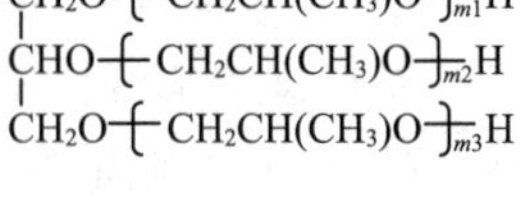

m_1,m_2,m_3说明甘油的3个羟基都与环氧丙烷结合。

性状与性能:聚氧丙烯甘油醚为无色或淡黄色黏稠状液体,味苦,无挥发性;溶于苯及其他芳烃溶剂,也溶于乙醚、乙醇、丙酮、四氯化碳等有机溶剂,难溶于水,热稳定性好。

聚氧丙烯甘油醚不溶或难溶于发泡介质中，但有一定的亲水性，投入发泡液中，能迅速进入形成泡沫的物质当中，在泡沫表面伸展扩散。它用于酵母、味精等生产过程，消泡效率是食用油的数倍至数十倍。

毒性：小鼠经口 $LD_{50}>10\ g/kg$。Ames 试验、小鼠骨髓细胞微核试验和小鼠精子畸变试验，均无致突变作用。

使用：我国《食品安全国家标准　食品添加剂使用标准》(GB 2760—2014)规定，聚氧丙烯甘油醚可用作消泡剂，用于发酵工艺。

使用实例：在味精生产时，采用在基础料中一次加入，加入量为 0.02%～0.03%；对制糖业浓缩工序，在泵口处，预先加入，加入量为 0.03%～0.05%。加入量勿过量，以免影响氧气的传递。

14.1.2.3　高碳醇脂肪酸酯复合物

高碳醇脂肪酸酯复合物(higher alcohol fatty acid ester complex)，别名 DSA-5，是由十八碳醇硬脂肪酸酯、液体石蜡、硬脂酸三乙醇胺和硬脂酸铝组成的混合物。

性状与性能：高碳醇脂肪酸酯复合物为白色至淡黄色黏稠液体，几乎无臭，化学性能稳定，不挥发、不易燃、无腐蚀性；相对密度 0.78～0.88，室温下及加热时易流动，−30～25℃时黏度增大，流动性差。

高碳醇脂肪酸酯复合物属于破泡型消泡剂，能显著降低泡沫液膜的局部表面张力，加速排液过程，促进泡沫破裂。其消泡效果好，消泡率可达 96%～98%。

毒性：大鼠经口 $LD_{50}>15\ g/kg$。用含 8%的高碳醇脂肪酸酯复合物的饲料饲喂大鼠 3 个月，没有发现异常。Ames 试验、大鼠骨髓细胞染色体畸变试验和显性致突变试验均为阴性。

使用：我国《食品安全国家标准　食品添加剂使用标准》(GB 2760—2014)规定，高碳醇脂肪酸酯复合物可用作消泡剂，用于发酵工艺和大豆蛋白加工工艺。一般工业使用添加量为 0.5‰～2.5‰。

14.1.2.4　聚氧乙烯聚氧丙烯胺醚

聚氧乙烯聚氧丙烯胺醚(polyoxyethylene polyoxypropylene)又称为三异丙醇胺聚氧丙烯聚氧乙烯醚、消泡剂 BAPE。聚氧乙烯聚氧丙烯胺醚是以三异丙醇胺为原料，在碱性下与环氧丙烷开环聚合，再与环氧乙烷加聚，后经脱色、中和、压滤而成的。平均分子量为 3 000～4 200。其结构式为：

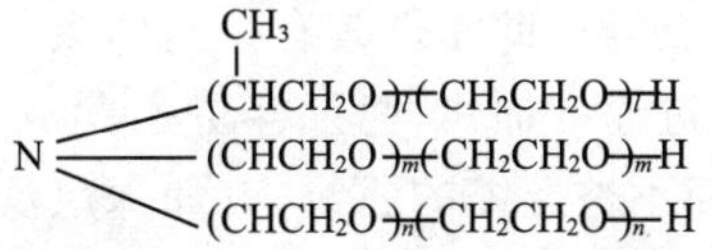

l，m，n 指它与三异丙醇胺结合的位置。

性状与性能：聚氧乙烯聚氧丙烯胺醚为无色或微黄色的非挥发性油状液体，溶于乙醚、乙醇、丙酮、四氯化碳、苯及其他芳香族溶剂；在冷水中溶解度比在热水中溶解度大，高于浊点时呈扩散状。聚氧乙烯聚氧丙烯胺醚具有良好的消泡、抑泡作用，属于非离子型消泡剂。

毒性：大鼠经口 LD_{50} 为 10.5～27.8 g/kg(雌性)和 16.7～44.1 g/kg(雄性)。小鼠经口 LD_{50} 为 8.62～25.0 g/kg(雌性)和 7.76～20.5 g/kg(雄性)。Ames 试验、小鼠骨髓微核试验、小鼠睾丸染色体畸变试验，无致突变作用。

使用：我国《食品安全国家标准　食品添加剂使用标准》(GB 2760—2014)规定，聚氧乙烯聚氧丙烯胺醚可用作消泡剂，用于发酵工艺。由于聚氧乙烯聚氧丙烯胺醚消泡力强，因此用量很少。

使用实例：在味精生产中通常使用量为 0.03%～0.06%，具有产酸高、生物素减少、转化率提高等优点；发酵种子罐中用量为 0.012%。

在国外，还采用一些天然的脂肪酸作消泡剂，如癸酸、月桂酸(十二烷酸)、肉豆蔻酸(十四烷酸)、辛酸、油酸、棕榈酸产品，它们有的还具有增香的功能，这些产品是天然物质，无毒，可安全地使用。

目前，复配型消泡剂也逐渐应用到生产中，这类产品较单一的消泡剂具有更好的消泡能力，如表 14-1 所示。

表 14-1　几种复配型消泡剂的主要成分的配比　　%

用途	性状	主要组成
豆腐消泡剂	液体	硅树脂 30，山梨醇酐脂肪酸酯 4，单硬脂酸甘油酯 2
豆腐消泡剂	液体	硅树脂 10，山梨醇酐脂肪酸酯 5，单硬脂酸甘油酯 1，蔗糖脂肪酸酯 1
豆腐消泡剂	粉末	高熔点植物油脂 40，碳酸钙 60
消泡剂	乳浊液	硅树脂 30，甲基纤维素 2，山梨酸 0.1
豆腐消泡剂 油炸改质剂	粉末	单脂酸甘油酯 90，碳酸钙 5，大豆磷脂 4.3，硅树脂 0.7
豆腐消泡剂	液体	硅树脂 30，山梨醇酐脂肪酸酯 1.5，单脂酸甘油酯 3
豆腐消泡剂	粉末	单脂酸甘油酯 48，大豆磷脂 7，碳酸钙 45
豆腐消泡剂	颗粒	碳酸钙 60，植物油 40
消泡剂	乳浊液	硅树脂 31.5，山梨醇酐脂肪酸酯 2，单脂酸甘油酯 2，蔗糖脂肪酸酯 1
消泡剂	乳浊液	硅树脂 30，山梨醇酐脂肪酸酯 3.5，单脂肪酸甘油酯 1，蔗糖脂肪酸酯 0.4

14.2　食品用助滤剂

助滤剂(filter aids)指在食品加工过程中，以帮助过滤为目的的食品添加剂，主要包括活性炭、硅藻土、高岭土、凹凸棒黏土等。助滤剂具有一定的吸附功能，加入待滤溶液中，能吸附凝聚微细的固体粒子，不仅使滤过速度加快，而且容易滤清。

食品助滤剂可以形成多孔而不被压缩的滤饼，有如深层滤器的作用，存留在过滤介质上，可阻留固体微粒，不使其接触和堵塞过滤介质，明显的提高滤过速度和滤过质量。

助滤剂必须具有以下特点：①粒度适当，表面粗糙，形状复杂；②不溶、惰性、稳定；③分散性能好，不漂浮在液面上；④不可压缩性，可形成微细多孔滤层；⑤对有效成分不产生吸附作用。

我国《食品安全国家标准　食品添加剂使用标准》(GB 2760—2014)允许使用的食品助滤剂包括活性炭、硅藻土、高岭土、凹凸棒黏土、聚苯乙烯、聚丙烯酰胺、膨润土、珍珠岩、植物活性炭等。

14.2.1　活性炭

活性炭(active carbon)是由少量氢、氧、氮、硫等与碳原子化合而成的络合物，是以竹、木、果壳等原料，经碳化、活化、精制等工序制备而成。化学式为 C，分子量为 12.01。

性状与性能：活性炭为黑色微细粉末，无臭、无味，有多孔结构，对气体、蒸汽或胶态固体有强大的吸附能力，每克的总表面积可达 500～1 000 m^2，沸点 4 200℃，不溶于水和有机溶剂；最适 pH 为 4～4.8，最适温度为 70～80℃。

活性炭具有大的比表面积、微孔结构、强的吸附能力和很高的表面活性，使其具有独特的多功能吸附作用，可用于蔗糖、葡萄糖、饴糖、油脂的脱色、精制和去杂质纯化过滤。

毒性：ADI 不需要规定。以含有 10%活性炭的饲料饲喂小鼠 12～18 个月，与对照组无差异。

使用：我国《食品安全国家标准　食品添加剂使用标准》(GB 2760—2014)规定，活性炭可在各类食品加工过程中作食品加工助剂使用，残留量不需限定。FDA 规定其参考用量：葡萄酒 0.9%；雪梨酒 0.25%；葡萄汁 0.4%。

使用实例：活性炭对淀粉糖浆进行脱色和提纯。具体方法为先将糖液中的胶黏物滤去，然后将其蒸发至浓度为 48%～52%，再加入一定量的活性炭进行脱色，并进行压滤，以便将残存糖液中的一些微量色素脱除干净，得到无色澄清的糖液，同时活性炭又可起到助滤的作用。

活性炭脱色是由于其有较强的吸附作用，影响该产品吸附作用的因素较多，使用时应注意以下 5 点：①温度高，糖液黏度小，使杂质容易渗透入活性炭的组织内部，杂质被吸附的速度和数量相应提高。但温度过高会使糖液碳化，分解，所以温度也不宜过高，一般以 70～80℃ 为宜；②为了使糖液充分与活性炭接触，以利于活性炭的脱色作用，必须有一定的搅拌速度，通常为 100～120 r/min；③脱色效率一般在酸性条件下较好，适宜范围为 pH 为 4～4.8，不宜太高；④若使活性炭发挥其吸附作用，必须经一定的时间才能使杂质充分渗入破粒内部，一般为 30 min；⑤糖液浓度一般掌握在 48%～52%，浓度太低，效果不好，浓度过高，则难以脱色。

14.2.2　硅藻土

硅藻土(diatomaceous earth)是一种硅质岩石，主要分布在中国、美国、丹麦、法国、罗马尼亚等国，是一种生物成因的硅质沉积岩，它主要由古代硅藻的遗骸所组成。硅藻土是用硅藻土原料干燥、粉碎，再经酸洗等工序精制而成。其化学成分以 SiO_2 为主，可用 $SiO_2 \cdot nH_2O$ 表示。

性状与性能：硅藻土为白色至浅灰色或米色性粉末，质轻、松散、细腻、多孔，吸水性强，能吸收自身质量 1.5～4 倍的水；化学性质稳定，不溶于水、酸类(氢氟酸除外)和稀碱，溶于强碱溶液。硅藻土中 SiO_2 占 80%以上，此外还含有 Al_2O_3(3%～4%)，Fe_2O_3(1%～1.5%)，以及少量的钙、镁、钠、钾的化合物，纯度高的呈白色，含铁盐多的呈褐色。

硅藻土具有很大的比表面积和很强的吸附能力，并形成空隙率很高的滤饼，有良好的过滤性。

毒性：ADI 未作规定。硅藻土不被消化吸收，其精制品毒性很低。

使用：我国《食品安全国家标准　食品添加剂使用标准》(GB 2760—2014)规定，硅藻土可在各类食品加工过程中作食品加工助剂使用，残留量不需限定。

硅藻土常作为砂糖精制，葡萄酒、啤酒、饮料等加工的助滤剂，若与活性炭合用可提高脱色效果和吸附胶质作用。

使用方法：在使用硅藻土时，先将硅藻土放入水中搅匀，然后流经过滤机网片，使其在网片上形成硅藻土薄层，当硅藻土薄层厚度达 1 cm 左右时，即可过滤得到澄清的制品。可视产品的澄清情况，适当更换硅藻土。

使用实例：硅藻土在清糖液配制中的应用。具体方法为先将蔗糖溶解成 50%～55%浓度，加入活性炭和硅藻土，搅拌 10～15 min 后进行精细的过滤，以达到完全清亮的要求，然后再将清糖液用于配制汽水和其他饮料。

14.2.3 高岭土

高岭土(kaolin)，又名白陶土、瓷土又称观音土、白鳝泥、陶土、白泥，主要成分为含水硅酸铝，其化学式为 $Al_2O_3 \cdot 2SiO_2 \cdot 2H_2O$。高岭土主要是由我国江西景德镇附近的高岭地方发现而得名的高岭石，经粉碎而成的微细晶体矿物，是各种结晶岩(花岗岩、片麻岩)风化后的产物。

性状与性能：纯净的高岭土为白色粉末，颗粒细腻，一般含有杂质，呈灰色或淡黄色，质软，易分散于水或其他液体中，有滑腻感，并有土味；相对密度 2.54～2.60，熔点约为 1 785℃，不溶于水、乙醇、稀酸和稀碱。

高岭土具有从周围介质中吸附各种离子及杂质的性能，并且在溶液中具较弱的离子交换性质，可作为澄清剂和助滤剂使用。

毒性：ADI 无需要规定。

使用：我国《食品安全国家标准　食品添加剂使用标准》(GB 2760—2014)规定，高岭土可用作澄清剂和助滤剂，主要用于葡萄酒、果酒、黄酒、配制酒加工工艺和发酵工艺。

使用实例：高岭土在葡萄酒加工过程中的应用。具体方法为将 500 g 高岭土加入 1 000 mL 水中，打成极均匀的泥浆，加入 100 L 葡萄酒中，充分搅拌均匀，使其自然澄清。使用高岭土作澄清剂，其缺点是速度较慢，一般需要 3～4 周，且当高岭土中含有微量的铁时，容易使酒变黑。

14.2.4 膨润土

膨润土(bentonite)，又名膨土岩、皂土或斑脱岩，是以蒙脱石[$(Mg,Ca)Al_2Si_5O_{16}$]为主要矿物成分的特殊胶性黏土矿，蒙脱石约占 90%，其余为长石、硫酸钙、碳酸钙、石英、云母和碳酸锰等。

性状与性能：由于所取土层深度不同，膨润土可由白色至灰、黄、青、蓝色，乃至粉红、砖红、灰黑等各种色调。膨润土具有强的吸湿性和膨胀性，对各种气体、液体、有机物质有一定的吸附能力，可吸附 8～15 倍于自身体积的水量，体积膨胀可达数倍至 30 倍。

毒性：ADI 未作规定(FAO/WHO，2001)。一般公认安全物质(GRAS：FDA，§184.115 5，2 000)。

使用：我国《食品安全国家标准　食品添加剂使用标准》(GB 2760—2014)规定，膨润土可用作吸附剂、助滤剂、澄清剂和脱色剂，主要用于葡萄酒、果酒、黄酒和配制酒、油脂、调味品、果蔬汁、茶饮料、固体饮料的加工工艺、发酵工艺。

14.3　食品酸碱调节剂

食品酸碱调节剂包括酸性剂(acidifiers)和碱性剂(alkalizers)。酸性剂指除去通常作为调味用的酸味剂以外的酸类物质;碱性剂指在食品加工中所用的碱类物质,大多数为显碱性的盐类。一般用的酸性剂和碱性剂包括盐酸、无水磷酸钠、碳酸钠、氢氧化钠、氢氧化钙等,通常用于水解、中和、保持脆度和硬度、提高持水性等目的。

14.3.1　盐酸

盐酸(hydrochloric acid),又名氢氯酸,分子式为 HCl,分子量为 36.46。在电解食盐水生产烧碱的同时,可得到氯气和氢气,经过水分离后通入合成炉进行燃烧,生成氯化氢气体,经冷却后用水吸收可制得盐酸成品。

性状与性能:盐酸为无色或微黄色发烟的澄明液体(浓度在 19.6%以上的盐酸在潮湿空气中会发烟,造成氯化氢损失),有强烈的刺激臭,用大量水稀释后仍显酸性反应;易溶于水、乙醇、乙醚、甘油等;浓盐酸为含 38%氯化氢的水溶液,相对密度 1.19,沸点 83.7℃;食品级盐酸为含氯化氢 31%以上的水溶液。

盐酸具有调节 pH 和改善淀粉的性能,能中和碱,生成盐,可以在食品加工过程用作碱的中和剂。

毒性:兔经口 LD_{50} 为 0.9 g/kg。FAO/WHO 对 ADI 不作限制性规定(1994)。FDA 将其列为一般公认安全物质(GRAS:FDA-21CFR 182.105 7)。盐酸为机体正常成分,其浓度接近消化液中的盐酸浓度时是无毒的。但服用浓盐酸会出现胃痛、口渴、灼热等症状,过多摄入会导致死亡。

使用:我国《食品安全国家标准　食品添加剂使用标准》(GB 2760—2014)规定,盐酸可用作酸度调节剂,用于蛋黄酱、沙拉酱中,按生产需要适量使用。

使用实例:盐酸在水解淀粉中的应用。具体方法为淀粉精制后(用软水洗过),加水使其成为 20～21 °Bé 的淀粉乳,然后加入盐酸,使其成为 pH 为 1.9～2 的酸性淀粉乳,再加入稀酸,加热煮沸使淀粉水解。待水解液用 20%碘液检验呈酱油色时,即为糖化终点,水解结束。这时在糖液中加入 5%碳酸钠中和,再经过滤、脱色、浓缩即得淀粉糖浆。

盐酸还可在制作橘子罐头时,用来除去橘子囊衣和囊络。由于盐酸是一种强酸,有腐蚀性,触及皮肤会造成严重灼伤,使用时应多注意防护。

14.3.2　氢氧化钠

氢氧化钠(sodium hydroxide),又名苛性碱、烧碱。以碳酸钠、石灰乳为原料,通过化学方法合成制得,分子式为 NaOH,分子量为 39.997。

性状与性能:氢氧化钠纯品是无色透明的晶体,无臭;相对密度 2.130 g/cm^3,熔点 318.4℃,沸点在一个标准大气压下为 1 390℃;工业品含有少量的氯化钠和碳酸钠,为白色不透明的固体,有块状、片状、粒状和棒状等;易吸湿潮解,暴露于空气中吸收二氧化碳和水,逐渐转变成碳酸钠;易溶于水,溶解时放出强热,水溶液呈强碱性,可溶于乙醇和甘油。

氢氧化钠是一种高腐蚀性强碱,对有机物有腐蚀作用,能中和酸,使大多数金属盐形成氢氧化物或氧化物沉淀。

毒性：小鼠腹腔注射 LD_{50} 为 40 mg/kg。FAO/WHO 对 ADI 不作限制性规定(1994)。FDA 将其列为一般公认安全物质(GRAS：FDA-21CFR 171.310，FDA-21CFR 184.176 3)。氢氧化钠毒性强，1.95 g 可致死。

使用：我国《食品安全国家标准　食品添加剂使用标准》(GB 2760—2014)规定，氢氧化钠可用作食品工业用加工助剂，残留量无须限定。氢氧化钠可用作酸的中和剂，也可用作水果的碱液去皮，去皮所用氢氧化钠溶液浓度因水果品种的不同而有一定的差异，如生产糖水桃时，碱液浓度 13%～16%；生产去囊衣糖水橘子罐头时，碱液浓度为 0.8%。

使用实例：氢氧化钠在生产全去囊衣糖水橘子罐头过程中的应用。具体方法为将去皮去络后的橘囊先投入浓度为 0.8%左右的稀盐酸(30～35℃)中，浸泡 40 min，以水解果胶等物质。取出后用流水漂洗，再用 0.8%的氢氧化钠(35～40℃)溶液漂约 20 min，除去囊衣。最后用流水漂洗，以除尽碱液和果胶等物质。

此外，氢氧化钠还可作洗涤剂、消毒药品等。由于氢氧化钠有很强的腐蚀性，使用过程中必须注意，不要触及皮肤和衣服，尤其是不要溅到眼内，否则有失明的危险。

14.3.3　碳酸钠

碳酸钠(sodium carbonate)，俗名纯碱，又称苏打、碱粉。分子式为 Na_2CO_3，分子量为 105.99。通氨气入饱和食盐水中，再通入二氧化碳气体，生成碳酸钠沉淀，将沉淀过滤、洗涤并煅烧，即制得纯碱。

性状与性能：碳酸钠为白色粉末或细粒，无臭，易溶于水。在潮湿的空气里会潮解，慢慢吸收二氧化碳和水，部分变为碳酸氢钠，因此需密封保存，否则会吸潮结块。用化学方法制出的 Na_2CO_3 比天然碱纯净，人们因此称它为"纯碱"。碳酸钠水溶液呈强碱性，能中和酸，可作碱性剂使用。

毒性：小鼠经口 LD_{50} 约 6 g/kg。犬连续 3～4 周投药总量 150 g，出现腹泻、呕吐致死。ADI 不需要特殊规定。FDA 将其列为一般公认安全物质。

使用：我国《食品安全国家标准　食品添加剂使用标准》(GB 2760—2014)规定，碳酸钠可用作酸度调节剂，用于大米制品(仅限于发酵大米制品)、生湿面制品(如面条、饺子皮、馄饨皮、烧卖皮)、生干面制品中，按生产需要适量使用。

FAO/WHO 规定，碳酸钠作为碱性剂，用于乳制品，用量为 2～5 g/kg；巧克力，用量为 50 g/kg(由原料带入)；可可制品，用量为 5 g/kg。

我国广泛用于发酵面团中，以中和其酸性；也用于面条中，可抑制面条发酸，并使面条的弹性和延展性增加，吃时爽口滑润。

使用实例：碳酸钠在挤压方便面中的应用。具体方法为先将小麦粉、玉米粉过筛，然后将食碱(包括无水碳酸钠 59%、无水碳酸钾 30%、无水磷酸钠 7%和无水焦磷酸钠 4%)、食盐、海藻酸钠、硬脂酸甘油酯和维生素 E 加入适量水中，搅拌均匀，使之充分溶解，冷却后使用。搅拌机中加入所需所有原料，充分搅拌均匀，最后进行挤压熟化、切割成型、干燥。

14.3.4　氢氧化钙

氢氧化钙(calcium hydroxide)又名消石灰或熟石灰，由氧化钙加水消化制得。其澄清水溶液称为石灰水。化学式为 $Ca(OH)_2$，分子量为 74.09。

性状与性能：氢氧化钙为白色粉末状固体，无臭；在 580℃时失去水，易潮解；难溶于水，露置空气中能渐渐吸收二氧化碳而转变成碳酸钙。氢氧化钙是一种强碱，具有碱的通性，可作碱性剂使用。

毒性：ADI 不需要特殊规定。大鼠口经 LD_{50} 为 7 340 mg/kg；小鼠口经 LD_{50} 为 7 300 mg/kg。氢氧化钙属于强碱性物质，有刺激和腐蚀作用。吸入其粉尘，可强烈刺激呼吸道，还有可能引起肺炎。眼接触碳酸钙也有强烈刺激性，可致灼伤。

使用：我国《食品安全国家标准　食品添加剂使用标准》(GB 2760—2014)规定，氢氧化钙可用作酸度调节剂，用于调制乳、乳粉(包括加糖乳粉和奶油粉及其调制产品)、婴幼儿配方食品，按生产需要适量使用。

在果蔬加工中，常以石灰水浸泡果蔬，以达到保持脆性的目的。这是因为石灰水中的钙离子和果蔬中的果胶，形成果胶酸钙，这种凝胶凝聚在果蔬细胞的间隙中，可使细胞互相黏结，防止细胞解体，从而达到保脆，氢氧化钙还有护绿的作用。

使用实例：氢氧化钙在冬瓜果脯制作中的应用。具体方法为将切好的冬瓜条浸入 1.2%～2.0%的石灰水中，浸泡 14～15 h 后，用清水漂洗 4～8 h，除去石灰味，再进行烫漂、糖渍和糖煮。

14.4　食品用被膜剂

被膜剂(coating agents)主要指涂抹于食品外表，起保质、保鲜、上光、防止水分蒸发等作用的物质。

14.4.1　被膜剂保鲜原理及种类

被膜剂可在食品表面形成一层弹性的薄膜，使食品与外界隔离，防止了微生物的侵入和水分的散失，并形成气调层，调节呼吸作用，从而能够有效地延长食品的储藏期。

果蔬和鸡蛋表面涂膜后，可以抑制水分蒸发，调节呼吸作用，防止细菌污染，从而达到保鲜的目的；糖果、巧克力表面涂膜后，不仅使其表面光亮、美观，而且可以防潮，防止相互粘连，保持质量稳定，提高商品价值；在粮食的储藏过程中，被膜剂可以有效地隔离病菌和害虫，在一定程度上抑制粮食的呼吸作用，达到延长储藏期的作用。

被膜剂根据其来源可分为天然被膜剂和合成被膜剂 2 类，天然被膜剂的主要成分为淀粉、多聚糖、三脂肪酸甘油酯、脂肪酸酯、脂肪酸或蛋白质，如蜂蜡、紫胶等；合成被膜剂包括天然物化学改性物和纯化学合成物 2 种，如改性淀粉、石蜡、液体石蜡、松香季戊四醇酯等。

被膜剂根据其化学组成可分为多糖类、蛋白质类、蔗糖酯类和聚乙烯醇类等。

14.4.2　常见的被膜剂

14.4.2.1　紫胶

紫胶(Shellac)，又名虫胶、赤胶、紫草茸等，主要成分为虫胶酸、油桐酸和虫胶蜡酸(40∶40∶20)，此外还含有少量的棕榈酸和肉豆蔻酸等。紫胶是将原料紫梗破碎、筛分、洗涤后，再经热滤、洗胶、脱水和压片制得；也可采取溶解法制备，即将紫梗破碎、筛分、洗涤后，干燥成颗粒状，用酒精溶解、过滤，真空浓缩后压制成片状。

油桐酸化学式为 $HOCH_2(CH_2)_5CH(OH)CH(OH)(CH_2)_7COOH$；虫胶酸分子式为 $C_{15}H_{30}O_6$。

性状与性能：紫胶为淡黄色至褐色的片状物或粉末，脆而坚，有光泽，稍有特殊气味；熔点115～120℃，软化点 70～75℃，相对密度 1.02～1.12；可溶于碱、乙醇、乙醚，不溶于酸和水，有一定的防腐能力。

紫胶在 125℃加热 3 h，变成不溶于乙醇的物质，有一定的防潮能力。作被膜剂涂于果蔬表面，可以抑制水分蒸发、调节呼吸作用，防止细菌入侵，达到保鲜的目的；涂于糖果等需要防潮食品表面，不仅形成光亮薄膜，使产品更加美观，而且起到阻隔水分、保持食品质量稳定的作用。

毒性：紫胶的原料紫梗是我国的传统中药，具有清热解毒功效，在长期使用过程中未发现有害作用，只要未被污染，其使用量比较安全的。普通紫胶、漂白紫胶大鼠经口 $LD_{50}>15$ g/kg。一般公认安全(GRAS，FDA-21CFR 7 301)物质。ADI 不作特殊规定。

使用：我国《食品安全国家标准　食品添加剂使用标准》(GB 2760—2014)规定，紫胶可用作被膜剂和胶母糖基础剂，经表面处理的鲜水果(仅限柑橘类)，最大使用量为 0.5 g/kg；经表面处理的鲜水果(仅限苹果)，最大使用量为 0.4 g/kg；可可制品、巧克力和巧克力制品(包括代可可脂巧克力及制品)，最大使用量为 0.2 g/kg；胶基糖果及其他糖果，最大使用量为 3.0 g/kg；威化饼干，最大使用量为 0.2 g/kg。

使用实例：紫胶在抛光巧克力中的应用。具体方法如下。

① 起光。将树胶加一定量的水熬成浓度为 20％～25％的稀浆，过滤后作为起光剂，当硬化后的抛光巧克力在有冷风配合的荸荠式糖衣机内滚动时，可将树胶溶液分数次加入，每次加入量一般为 10～20 mL，待在巧克力表面均匀涂布稍干燥后，重复上述操作 2～3 次，树胶对半制品进行涂布并干燥后，就在表面形成了膜层，产品在冷风吹拂下，不断滚动和摩擦，便使半制品表面逐渐产生光亮。

② 上光。把 18 g 虫胶片溶解在 500 mL 酒精中，制成上光剂。将上光剂均匀地涂布在起光后半制品的表面，经干燥后，形成一层均匀的薄膜，从而保护抛光巧克力表面的光亮不受外界气候条件的影响，并在短期内不会褪光。此外，经过不断地滚动和摩擦，已经形成的虫胶保护层本身也会呈现出良好的光泽，从而增强了整个抛光巧克力产品的表面光亮度。

14.4.2.2　液体石蜡

液体石蜡(liquid paraffin)，又名白油、石蜡油，由饱和烷烃组成，一般以 C_nH_{2n+2} 表示，碳链长 12～24。液体石蜡是由石油润滑油馏分经脱蜡精制，或加氢精制而得。

性状与性能：液体石蜡为无色半透明油状液体，无臭、无味，但加热时稍有石油气味，不溶于水和乙醇，易溶于挥发性的油，并可与大多数非挥发油混溶；长时间光照或加热，能缓慢氧化生成过氧化物。

液体石蜡化学性质稳定，具有良好的脱模、消泡、抑菌和隔离性能，不被细菌污染，易乳化，有渗透性、可塑性和软化性，在肠内不易被吸收。它可作被膜剂、消泡剂和脱模剂。

毒性：经有关实验表明，液体石蜡无急性毒性。亚急性毒性试验发现，高剂量食用液体石蜡的大鼠体重增长缓慢，食物利用率降低，但高剂量组的大鼠各种生化指标及血系均无特殊变化。ADI 不需特殊规定(FAO/WHO，1997)。FDA 将其列入一般公认安全物质(1985)。

使用：我国《食品安全国家标准　食品添加剂使用标准》(GB 2760—2014)规定，液体石蜡用作消泡剂、被膜剂和脱模剂，可用于薯片加工工艺、油脂加工工艺、糖果加工工艺、胶原蛋白肠衣加工工艺、膨化食品加工工艺、粮食加工工艺(用于防尘)。鲜蛋和除胶基糖果以外的其他糖果，最大使用量为 5.0 g/kg。FAO/WHO(1994)规定用于无核葡萄干，最大使用量为 5 g/kg；粮食加工中降尘，喷雾，用量为 0.2 g/kg。

使用实例：液体石蜡在鲜蛋保鲜中的应用。具体方法为将鲜蛋放入液体石蜡中浸泡 1～2 min 取出，经 24 h 晾干后，置于坛内保存，100 d 后检查，保鲜率仍可达 100%。

14.4.2.3　吗啉脂肪酸盐(果蜡)

吗啉脂肪酸盐(果蜡)(morpholine fatty acid salt，fruit wax)，又名 CFW 型果蜡。它的主要成分是 10%～12%的天然棕榈蜡，2.5%～3%的吗啉脂肪酸盐，85%～87%的水。吗啉脂肪酸盐是由二乙醇胺加盐酸并加热脱水，冷却后加入过量氧化钙进行干馏，馏出液脱水后蒸馏得到吗啉，然后加入等摩尔的脂肪酸，静置后馏去水分制得。吗啉脂肪酸盐加入果蜡并乳化制得吗啉脂肪酸盐果蜡。

性状与性能：吗啉脂肪酸盐(果蜡)为淡黄色至黄褐色油状或蜡状物，微有氨臭，可混溶于丙酮、乙醇和苯，溶于水，在水中溶解量多时呈凝胶状，pH 为 7～8，黏度 5～10 Pa·s。在 −5～42℃下稳定。

吗啉脂肪酸盐具有优良的成膜性，涂于果蔬表面，可形成半透膜，抑制果蔬的呼吸作用，阻止内部水分散失，抑制微生物的入侵，并改善食品外观，提高商品价值，延长货架期。

毒性：大鼠经口 LD_{50} 为 1 600 mg/kg(吗啉)。FDA 将其列为一般公认安全物质(GRAS，FDA-21CFR 172.235，吗啉)，无蓄积、致畸、致突变作用。进入人体后分解成吗啉和相应的脂肪酸。

使用：我国《食品安全国家标准　食品添加剂使用标准》(GB 2760—2014)规定，吗啉脂肪酸盐(果蜡)可用作被膜剂，用于经表面处理的鲜水果，按生产需要适量使用。

使用实例：吗啉脂肪酸盐在柑橘保鲜中的应用。具体方法为先将吗啉脂肪酸盐配成一定浓度的水溶液，然后均匀喷雾或涂刷在新鲜柑橘表面，晾干后在果实表面形成一层薄膜。在实际使用过程中，常常配合添加适量的防霉剂，可获得更好的储藏效果，常用剂量为 1 kg/t。

14.4.2.4　巴西棕榈蜡

巴西棕榈蜡(carnauba wax)的主要成分有 C_{24}～C_{34} 的直链脂肪酸酯、C_{24}～C_{34} 的直链羟基脂肪酸酯、C_{24}～C_{34} 的桂酸脂肪酸酯组成，也含有 C_{24}～C_{28} 的直链脂肪酸、C_{30}～C_{34} 的直链脂肪酸酯、C_{27}～C_{31} 的直链烃类及树脂。由巴西蜡棕的叶和存在于表面的叶芽提取精制而成。

性状与性能：巴西棕榈蜡为棕色至浅黄色脆性蜡，具有树脂状断面，微有气味，相对密度 0.997，熔点 82～85.5℃；不溶于水，微溶于热乙醇，溶于乙醚、氯仿、碱液及 40℃以上的脂肪。

巴西棕榈蜡涂于食品表面，可在食品表面形成一层保鲜膜，增强食品的硬度和光泽，可用作果蔬和糖果的被膜剂。

毒性：ADI 为 0～7 g/kg(FAO/WHO，1994)。FDA 将其列为一般公认安全物质(1994)。

使用：我国《食品安全国家标准　食品添加剂使用标准》(GB 2760—2014)规定，巴西棕榈蜡可用作被膜剂、抗结剂，在新鲜水果中，最大使用量为 0.000 4 g/kg(以残留量计)；可可制品、巧克力和巧克力制品(包括代可可脂巧克力及制品)以及糖果，最大使用量为 0.6 g/kg。

使用实例：巴西棕榈蜡在水果保鲜中的应用。具体方法为先用乙醇溶解巴西棕榈蜡，然后涂在水果或糖果表面，冷却即可形成一层保鲜膜。

14.4.2.5 聚乙烯醇

聚乙烯醇(polyvinyl alcohol,vinylalcohol polymer,PVA),是一种不由单体聚合而通过聚醋酸乙烯酯水解得到的水溶性聚合物,分子式为$(C_2H_4O)_n$,单体分子量为44.05。

性状与性能:聚乙烯醇为白色片状、絮状或粉末状固体,无味;相对密度(25℃/4℃)1.27~1.31(固体)、1.02(10%溶液);熔点230℃,在空气中加热至100℃以上慢慢变色、脆化,加热至160~170℃脱水醚化,失去溶解性,加热到200℃开始分解,超过250℃变成含有共轭双键的聚合物;溶于水,为了完全溶解一般需加热到65~75℃;不溶于汽油、煤油、植物油、苯、甲苯、二氯乙烷、四氯化碳、丙酮、醋酸乙酯、甲醇、乙二醇等;微溶于二甲基亚砜。120~150℃可溶于甘油,但冷至室温时成为胶冻。

聚乙烯醇具有很好的黏结性和成膜性,一般来说,聚合度增大,水溶液黏度增大,成膜后的强度和耐溶剂性提高,但水中溶解性、成膜后伸长率下降。

毒性:吸入、摄入或经皮肤吸收后对身体有害,对眼睛和皮肤有刺激作用。

使用:我国《食品安全国家标准 食品添加剂使用标准》(GB 2760—2014)规定,聚乙烯醇可用作被膜剂,用于糖果和巧克力制品包衣,最大使用量为18.0 g/kg。

使用实例:聚乙烯醇在鸡蛋保鲜中的应用。具体方法为将10 kg清水倒入锅内煮沸,加入聚乙烯醇500 g,继续加热,边加热边搅拌,至聚乙烯醇完全溶解时停火,再加入醋酸钠100 g,充分搅拌使之溶解,并补充沸水,使溶液总量不少于10.5 kg,冷却后备用。每千克保鲜溶液可处理60~70 kg鲜蛋。涂膜方法视鲜蛋的数量多少而定,保鲜液多时,可一枚枚地浸蘸,大批量的鸡蛋可一篓一篓地浸蘸,务必使每个鲜蛋的表面都完整地附上一层溶液,这样鸡蛋晾干后其表面才能形成一层无色透明的保鲜薄膜。用聚乙烯醇保鲜鸡蛋,可使鸡蛋的保质期长达70~100 d,并使蛋壳的破损率在5%以下。

14.5 食品用胶基糖基础剂

胶基糖基础剂(chewing gum base components)是赋予胶姆糖果(泡泡糖、口香糖)起泡、增塑、耐咀嚼等作用的物质。其基本要求是能长时间咀嚼而很少改变它的柔韧性,并不致降解而成为可溶性物质。

胶姆糖基础剂按来源分为天然橡胶、合成橡胶、树脂和蜡类。天然橡胶包括巴拉塔树胶、糖胶树胶、节路顿胶、来开欧胶、芡茨棕树胶、天然橡胶(乳胶固形物)等;合成橡胶包括丁苯橡胶、聚丁烯、聚乙烯、聚异丁烯、丁基橡胶等;树脂包括部分二聚松香甘油酯、部分氢化松香甘油酯、部分氢化松香季戊四醇酯、部分氢化松香甲酯、聚醋酸乙烯酯-月桂酸乙烯酯共聚物、合成树脂、聚醋酸乙烯酯、聚合松香甘油酯、木松香甘油酯、松香季戊四醇甘油酯、松香甘油酯、妥尔松香甘油酯等;蜡类包括巴西棕榈蜡、蜂蜡、聚乙烯蜡均聚物、石蜡、微晶石蜡、小烛树蜡、石油石蜡(费-托合成法)等。

我国一直采用聚醋酸乙烯酯作胶基糖基础剂,其特点是价格价廉、制造简单,但具有遇冷硬化,遇热和咀嚼过软等缺点,并有一定量(<1%)的挥发物产生。目前主要采用松香甘油酯(酯胶),因酯胶在咀嚼后略带苦味,往往通过歧化、聚合等手段进行改性,再与甘油酯化而成氢化(或部分氢化)松香甘油酯、歧化松香甘油酯、聚合松香甘油酯,可使其品质得到改善,尤其以氢化松香甘油酯的质量最好。

各种胶基很少单独使用，一般是相互配合使用以取长补短，如以酯胶为主(40%)，配以各种增塑剂(硬脂酸、脂肪酸甘油酯)、抗氧化剂(BHA、BHT)等组合而成。

14.5.1　松香季戊四醇酯

松香季戊四醇酯(pentaerythritol ester of wood rosin)是一种硬质树脂。它是由松香或浅色松香经改性后与季戊四醇酯化合成，通过真空处理后制成不规则透明片状固体。

性状与性能：松香季戊四醇酯为淡黄色粒状或片状固体，溶于丙酮和苯，不溶于水和乙醇；相对密度 1.060～1.090。

松香季戊四醇酯具有优秀的耐热、抗老化和良好的稳定性，相容性和溶解性好，良好表面抗力和良好的颜色保持性。

毒性：可安全用于食品(FDA)。

使用：我国《食品安全国家标准　食品添加剂使用标准》(GB 2760—2014)规定，松香季戊四醇酯可用作胶姆糖基础剂、被膜剂，经表面处理的新鲜果蔬，最大使用量为 0.09 g/kg。

14.5.2　聚醋酸乙烯酯

聚醋酸乙烯酯(polyvinyl acetate)，简称 PVAC，是由醋酸乙烯单体聚合而成的固态树脂，分子式为$(C_4H_6O_2)_n$(n=200～800)，分子量≥2 000。其结构式为：

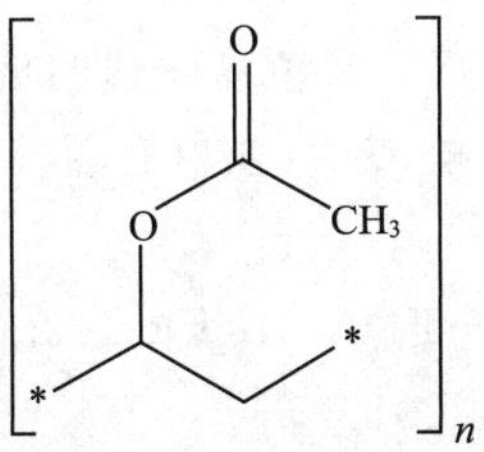

性状与性能：聚醋酸乙烯酯为透明、水白色到浅黄色，粒状、片状等；无臭无味，有韧性和塑性，不因日光和热而着色和老化，30℃左右时软化；易溶于丙酮，不溶于水，熔点 100～250℃，相对密度 1.19(20℃)，吸水性 2%～3%(22℃，24 h)。

聚醋酸乙烯酯具有适当的热可塑性和良好的咀嚼性，是胶姆糖基的良好原料，属于不溶于水和油的高分子物质，即使误入腹内也不被人体吸收。

毒性：小鼠口服 LD_{50} 为 10 g/kg。ADI 为 0～20 mg/kg。

使用：我国《食品添加剂　胶基及其配料》(GB 29987—2014)规定，聚醋酸乙烯酯可用作胶姆糖基础剂，按生产需要适量使用。

14.5.3　丁苯橡胶

丁苯橡胶(butadiene-styrene rubber)，即丁二烯苯乙烯橡胶，按所含丁二烯和苯乙烯比例不同，分为 50/50 与 75/25 两种。由丁二烯和苯乙烯单体聚合而成。其结构式为：

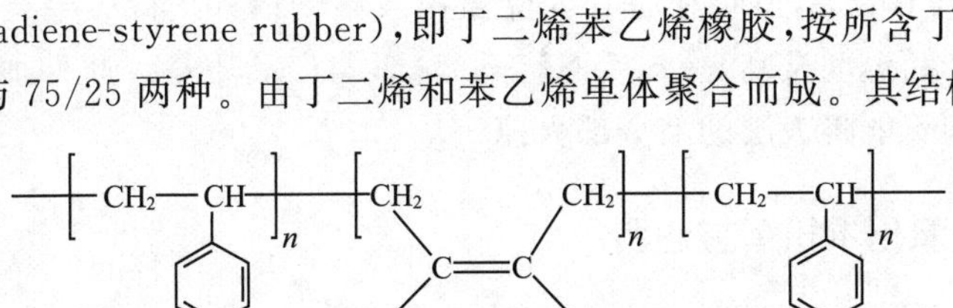

性状与性能：丁苯橡胶通常为浅黄色有韧性片状或块状物，也可为乳胶态物质，具有轻微橡胶味；50/50 胶乳的 pH 为 10～11，固性物含量 41%～63%；75/25 胶乳的 pH 为 9.5～11，固性物含量 26%～42%；有苯乙烯气味，不完全溶于汽油、苯和氯仿；极性小，黏着性小，耐酸碱；相对密度 0.9～0.95，玻璃化温度 −75～−60℃随苯乙烯含量增加而增加。

丁苯橡胶耐磨性和耐老化性较优，可作胶姆糖基础物质。

毒性：一般公认安全(GRAS：FDA-21CFR 172.615)。

使用：我国《食品添加剂　胶基及其配料》(GB 29987—2014)规定，丁苯橡胶可用作胶姆糖基础剂，按生产需要适量使用。

14.5.4　松香甘油酯

松香甘油酯(glycerol ester of rosin)，主要成分为枞酸三甘油酯，还有少量的枞酸二甘油酯和单甘油酯。松香甘油酯是以脂松香、氢化松香为原料，与甘油酯化反应制得。没有明确的化学结构式，枞酸三甘油酯结构式为：

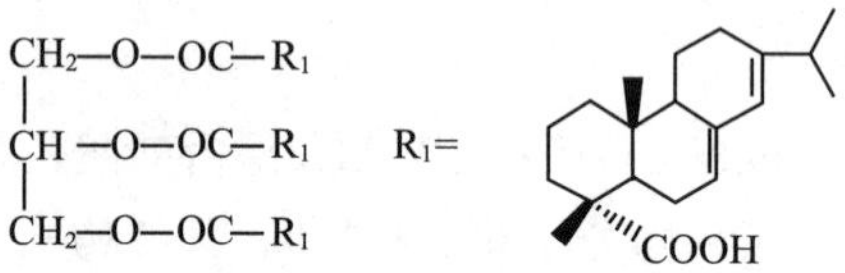

性状与性能：松香甘油酯为淡黄至淡褐色易碎透明玻璃块状物，无臭，或微有特殊气味；味较苦，不溶于水，溶于甲醇、苯、石油、松节油、亚麻仁油等，略溶于乙醇；相对密度为 1.060～1.090，空气中易氧化。

毒性：一般公认安全物质(GRAS：FDA-21CFR 172.615)。大鼠经口 LD_{50} 为 21.5 g/kg。ADI 暂定为 0～12.5 mg/kg(JECFA，2011)。

使用：我国《食品添加剂　胶基及其配料》(GB 29987—2014)规定，松香甘油酯可用作胶姆糖基础剂，按生产需要适量使用。

我国《食品安全国家标准　食品添加剂使用标准》(GB 2760—2014)规定，松香甘油酯可用作脱毛剂，用于畜禽脱毛处理工艺。

松香甘油酯熔点低，在熔融状态下与脱毛产品的皮肤表层接触后，会迅速凝固，与表层畜毛黏合在一起，使畜毛随着黏合剂的脱落一起脱掉。

使用实例：松香甘油酯在畜禽脱毛中的应用。具体方法为先将松香甘油酯放入到加热锅中，加热溶化后，把待加工产品放入到加热锅内沾满松香甘油酯，3～5 s 后将产品捞出快速放置在水池中冷却。冷却后，剥离松香甘油酯，产品表层的毛也会随着松香甘油酯的脱落不断脱掉。

在加工过程中，松香甘油酯要一直保持熔融状态，并且融化后的松香甘油酯在锅内的液面不应高于加热锅高度的 2/3，避免松香甘油酯溢出或溅到锅外。待脱毛产品在加热锅内的时间不宜太长，防止产品温度升高，冷却后不宜降温，影响产品质量。此外加工产品的表层应沾满松香甘油酯，否则不能将表层的毛全部去掉。

14.5.5　部分氢化木松香甘油酯

部分氢化木松香甘油酯(glycerol ester of partially hydrogenated rosin)为中等硬度的玻

璃状固体树脂。它是由松香在高温高压下氢化，使松香中的共轭双键经部分或全部氢化成氢化（木）松香与食用级甘油酯化后，经蒸汽汽提法精制而成。

性状与性能：部分氢化木松香甘油酯为浅琥珀色，无异味；溶于丙酮和苯，不溶于水和乙醇。克服了未氢化的松香甘油酯的苦味，降低了吸氧量，使之具有很好的抗氧化稳定性，延长了成品的保质期。用氢化松香甘油酯制得的胶姆糖，长期存放（2 年内）口感不变，并仍能保持柔和细腻。

毒性：可安全用于食品（FDA，§172.615，§172.735，2000）。

使用：我国《食品添加剂　胶基及其配料》（GB 29987—2014）规定，部分氢化木松香甘油酯可用作胶姆糖基础剂，按生产需要适量使用。

14.6　其他食品添加剂

14.6.1　*L*-半胱氨酸盐酸盐

L-半胱氨酸盐酸盐（*L*-cysteine and its hydrochlorides-sodium and potassium salts），是以 *L*-胱氨酸为原料，在盐酸介质中用氯化亚锡还原，然后结晶精制而得。分子式为 $C_3H_7NO_2S \cdot HCl \cdot H_2O$，分子量为 175.64。

性状与性能：*L*-半胱氨酸盐酸盐为无色至白色结晶体或结晶粉末，微臭，味酸；溶于水，水溶液呈酸性，1%溶液的 pH 约为 1.7，0.1%溶液 pH 约为 2.4；也可溶于醇、氨水和乙酸，不溶于乙醚、丙酮、苯等。

L-半胱氨酸盐酸盐具有还原性、抗氧化性和防止非酶褐变的作用，是一种面粉还原剂。*L*-半胱氨酸盐酸盐还可与面粉增筋剂配合使用，但其只有在面筋的网状结构形成后发挥作用，能够提高面团的持气性和延伸性，加速谷蛋白的形成，防止面团筋力过高引起老化，从而缩短面制品的发酵时间。

毒性：FDA 将其列为一般公认安全物质（GRAS：FDA-21 CFR 172.230；FDA-21 CFR 184.127 1）。小鼠经口 LD_{50} 为 3 460 mg/kg；小鼠腹腔注射 LD_{50} 为 1 250 mg/kg。*L*-半胱氨酸盐酸盐在体内可转化成半胱氨酸，最终分解成硫酸盐和丙酸，经代谢排出体外。

使用：我国《食品安全国家标准　食品添加剂使用标准》（GB 2760—2014）规定，*L*-半胱氨酸盐酸盐可用作面粉处理剂，用于生湿面制品（如面条、饺子皮、馄饨皮、烧卖皮）（仅限拉面），最大使用量为 0.3 g/kg；发酵面制品，最大使用量为 0.06 g/kg；冷冻米面制品，最大使用量为 0.6 g/kg。

使用实例：*L*-半胱氨酸盐酸盐在面粉中的应用。具体方法为将 *L*-半胱氨酸盐酸盐加入面粉中混匀，或在和面时加入。通常用于面包粉的添加量为 0.02%～0.045%。

14.6.2　偶氮甲酰胺

偶氮甲酰胺（azodicarbonamide）又名偶氮二酰胺、偶氮二甲酰胺，是由肼和尿素在氯或硫酸存在下合成制得。化学式为 $C_2H_4N_4O_2$，分子量为 116.08。其结构式为：

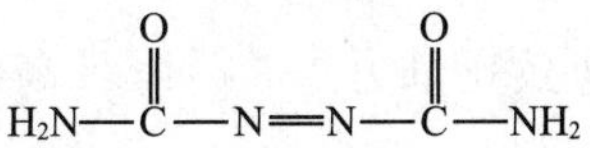

性状与性能：偶氮甲酰胺为黄色至橙红色结晶粉末，无毒，无嗅，不易燃烧；溶于热水，不溶于大多数有机溶剂，微溶于二甲基亚砜，180℃熔化并分解。

偶氮甲酰胺分解时，释放大量的氮气、少量的一氧化碳和氨气等其他气体，同时，能把面粉蛋白质的巯基氧化为二硫键，增强了面筋网络结构，增加了面团筋力，还直接影响面团搅拌和发酵时的流变学特性，减少面团的延伸阻力，增强持气能力，改善内部组织。

毒性：FDA 将其列为一般公认安全物质（GRAS：FDA，§172.806）。小鼠经口 $LD_{50}>$ 10 g/kg。ADI 为 0～45 mg/kg。在骨髓微核试验中未发现致突变作用。

使用：我国《食品安全国家标准　食品添加剂使用标准》(GB 2760—2014)规定，偶氮甲酰胺可用作面粉处理剂，小麦粉中最大使用量为 0.045 g/kg。

使用实例：偶氮甲酰胺在面粉中的应用。具体方法为将偶氮甲酰胺直接加入到面粉中混匀即可，添加量为 4～40 mg/kg，当使用质量好的小麦时，很少的添加量即可得到满意的效果。

14.6.3 氯化钾

氯化钾(potassium chloride)为盐酸盐的一种，化学式为 KCl，分子量为 74.55。氯化钾是由含钾矿石经溶解、精制、结晶制成；或由盐水湖的水晶重结晶制得；或由海水析出氯化钠后的母液，经浓缩、结晶、精制制得。

性状与性能：氯化钾为无色结晶或白色粉末，无臭，有咸味，易溶于水，稍溶于甘油，微溶于乙醇，不溶于乙醚和丙酮；水溶液呈中性，对光、热、空气稳定，有吸湿性，易结块。

氯化钾有咸味，主要用作食盐的代用品，用来降低钠含量过高而对机体带来的负面影响。

毒性：ADI 不作特殊规定(FAO/WHO，1994)。LD_{50} 约为 2 500 mg/kg(与普通盐毒性近似)。静脉注射的 LD_{50} 约为 100 mg/kg。FDA 将其列为一般公认安全物质（GRAS：FDA-21CFR 184.162 2）。对心肌有严重的副作用，高剂量会导致心脏停跳和猝死。

使用：我国《食品安全国家标准　食品添加剂使用标准》(GB 2760—2014)规定，氯化钾可用于盐及代盐制品，最大使用量为 350 g/kg；其他类饮用水（自然来源饮用水除外），按生产需要适量使用。

使用实例：氯化钾在低钠盐中的使用。具体方法为将 20%的氯化钾和 78%的食盐混合均匀，制成低钠盐，其风味、咸度与食盐相同，可用于各种食品或配制运动员饮料。

14.6.4 高锰酸钾

高锰酸钾(potassium permanganate)，是以软锰矿与氢氧化钾为原料，通过化学方法制得，或氢氧化钾、二氧化锰与氯酸钾反应，然后通入氯气、二氧化碳或臭氧制得。化学式为 $KMnO_4$，分子量为 158.03。

性状与性能：高锰酸钾为深紫色粒状、针状晶体或流沙状结晶，有金属光泽，味甜而涩，相对密度 2.703；有强氧化作用，溶于水（20℃，6.51 g/100 mL）、碱液，微溶于甲醇、丙酮、硫酸；遇乙醇、过氧化氢分解，在空气中稳定。

高锰酸钾具有强氧化性，可促使细菌或其他有机物立即放出新生态氧，通过氧化细菌体内的活性基因而发挥杀灭细菌作用。

毒性：犬致死量为 0.4 g/kg，兔致死量为 0.6 g/kg。高锰酸钾具有强氧化性，浓溶液对皮肤、黏膜有腐蚀作用。

使用：我国《食品安全国家标准　食品添加剂使用标准》(GB 2760—2014)规定，高锰酸钾用于食用淀粉，最大使用量为 0.5 g/kg。

使用方法：高锰酸钾接触浓硫酸易发生爆炸，与有机物或易氧化物接触、摩擦、碰撞时引起燃烧，因此在使用前，先将高锰酸钾完全溶于水再用。

使用实例：高锰酸钾在氧化玉米淀粉生产中的应用。具体方法为将玉米淀粉加水制成淀粉乳，搅拌加热至 50℃，然后加入硫酸和 2%高锰酸钾溶液，保持恒温反应，至淀粉乳由紫红色变成棕色，棕色变成白色，将生成的氧化淀粉乳液抽滤、洗涤、干燥、粉碎过筛，得到氧化玉米淀粉。

14.6.5　咖啡因

咖啡因(caffeine)，又名咖啡碱，是从茶叶、咖啡果中提炼出来的一种生物碱。咖啡因可以以茶叶、咖啡等天然物为原料，用升华法或有机溶剂抽提制得；也可以以氯乙酸为原料，通过化学方法制得；也可以以氰乙酸为原料，与醋酐缩合，通过化学方法制得。化学式为 $C_8H_{10}N_4O_2$，分子量为 194.19。

性状与性能：咖啡因为白色晶体或粉末，无臭，微苦；水合物可在空气中风化，80℃时失去结晶水；170℃时升华，熔点为 236.8℃；溶于水、乙醇、丙酮，微溶于石油醚；相对密度 1.23，1%溶液的 pH 为 6.9。

咖啡因是一种中枢神经兴奋剂，具有提神醒脑等刺激中枢神经作用，能够暂时的驱走睡意并恢复精力。

毒性：大鼠经口 LD_{50} 为 192 mg/kg。一般公认为是安全的。有资料证明，正常情况下饮用含咖啡因的饮料，不会引起上瘾、致畸、致癌作用。

使用：咖啡因是一种兴奋剂，使用受到限制。我国《食品安全国家标准　食品添加剂使用标准》(GB 2760—2014)规定，可用于可乐型碳酸饮料，最大使用量为 0.15 g/kg(固体饮料按稀释倍数增加使用量)。

14.6.6　固化单宁

固化单宁(immobilized tannin)主要成分为水溶性单宁，即采用固化技术将天然单宁结合在水不溶性载体上所制成的高效蛋白吸收剂。

性状与性能：固化单宁为浅棕湿粉，不溶于水、乙醇及其他有机溶剂。对化学、物理及生物的各种作用都很稳定。

固化单宁具有选择性吸附作用，可吸附除去配制酒中的混浊物而不影响原酒风味。固化单宁分子中含有许多活性羟基，对高分子蛋白质、高级脂肪酸酯形成的氢键有吸附作用，而对低分子的脂肪酸酯、有机酸和醇、醛及碳水化合物不吸附。固化单宁不吸附的化合物如表 14-2 所示。

表 14-2　固化单宁不吸附的化合物

类别	化合物名称
脂肪酸酯	乙酸乙酯、乳酸乙酯、丁酸乙酯、戊酸乙酯、己酸乙酯
有机酸	乙酸、乳酸、丁酸、戊酸、己酸、丙氨酸、组氨酸、亮氨酸、蛋氨酸、酪氨酸、富马酸、苹果酸
碳水化合物	可溶性淀粉、乳糖、麦芽糖、棉籽糖、蔗糖、果糖、阿拉伯糖、葡萄糖、甘露糖、木糖、山梨糖

固化单宁对金属离子的吸附有选择性，容易吸附 Fe、Cu、Pb 等，不易吸附 Na、Ca、Mn、Zn 等。

毒性：ADI 无需规定(单宁酸。FAO/WHO,1994)。

使用：我国《食品安全国家标准　食品添加剂使用标准》(GB 2760—2014)规定，固化单宁可用作澄清剂，可用于配制酒的加工工艺和发酵工艺。

14.6.7 硫酸亚铁

硫酸亚铁(ferrous sulfate)又名绿矾、铁矾，是一种无机化合物，化学式为 $FeSO_4 \cdot 7H_2O$，分子量为 278.03。硫酸亚铁是将稀硫酸加入铁屑制得。

性状与性能：硫酸亚铁为浅蓝绿色单斜晶体，无臭，具有咸的收敛味；在干燥空气中易风化，在潮湿空气中易氧化成棕黄色碱式硫酸铁；10%水溶液对石蕊呈酸性(pH 约为 3.7)，加热至 70～73℃失去 3 分子水，至 80～123℃失去 6 分子水，至 156℃以上转变成碱式硫酸铁；易溶于水(1 g/1.5 mL,25℃)、甘油，不溶于乙醇。

硫酸亚铁絮凝效果良好，具有很好的脱色和杀菌能力，可用作絮凝剂使用。同时，硫酸亚铁在植物发酵过程中发生自然反应，可以使臭豆腐呈现特殊的黑色。

毒性：大鼠经口 LD_{50} 为 279～558 mg/kg(以 Fe 计)。GRAS(FDA，§182.531 5，§184.131 5,1994)。

使用：我国《食品安全国家标准　食品添加剂使用标准》(GB 2760—2014)规定，硫酸亚铁可作絮凝剂，用于饮料(水处理)和啤酒的加工工艺中；发酵豆制品(仅限臭豆腐)，最大使用量为 0.15 g/L(以 $FeSO_4$ 计)。

使用实例：硫酸亚铁在水处理中的应用。硫酸亚铁干用湿用均可，投药后须混合均匀，pH 应在中性或弱碱性，配合石灰用效果更好，投加量应视水质通过试验而定。

14.6.8 异构化乳糖液

异构化乳糖液(isomerized lactose syrup)由乳糖经氢氧化钠异构化制得。含有乳酮糖、乳糖、半乳糖和果糖 4 种成分，其中乳酮糖为主要成分。分子式为 $C_{12}H_{22}O_{11}$，分子量为 342.30。其结构式为：

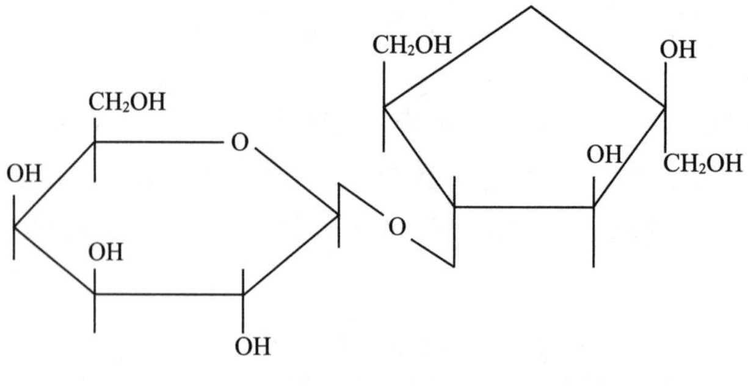

性状与性能：异构化乳糖液为淡黄色透明液体，进一步精制后可制成白色不规则结晶性粉末；可溶于水，有清爽的甜味；甜度是蔗糖的 60%～70%，储存或加热后色泽变深。

异构化乳糖不能被人体消化、吸收，但是双歧杆菌的增殖因子，能够改善并保持良好的排便，减少有害物质在人体内的吸收，有利于身体健康。

毒性：无毒，可安全用于食品。Ames 试验、骨髓微核试验及小鼠睾丸染色体畸变试验，均无致突变性。

使用：我国《食品安全国家标准　食品添加剂使用标准》（GB 2760—2014）规定，异构化乳糖液可用于乳粉（包括加糖乳粉）和奶油粉及其调制产品，婴儿配方食品，最大使用量为 15 g/kg；饼干，最大使用量为 2.0 g/kg；饮料类（包装饮用水除外），最大使用量为 1.5 g/kg。

14.6.9　石蜡

石蜡（paraffin），又名固体石蜡，是以石油或贝岩油中制得的各种固体烃混合物为原料，精制而得。主要成分是固体烷烃，一般以 C_nH_{2n+2} 表示，其中 $n=17\sim35$，碳链长 24～36。

性状与性能：石蜡为无色至白色半透明硬质块状物，常显结晶性的构造；无臭、无味，手指接触有滑腻感，室温下质地很硬；在 47～64℃熔化，相对密度 0.88～0.915，不溶于水，微溶于无水乙醇，易溶于挥发油或多数油脂中。

石蜡的化学性质十分稳定，一般不与强酸、强碱、氧化剂、还原剂反应，在紫外线的照射下色泽变黄。石蜡具有良好的隔离性能，是良好的被膜剂。

毒性：石蜡不被机体消化吸收，少量的石蜡几乎是无毒的，但大量长期服用则造成食欲减退，脂溶性物质吸收减少，发生消化器官及肝脏的障碍。若含有不纯物（硫化物、多环芳烃等）时对健康不利。

一般公认安全（GRAS，FDA-21CFR 172.615；175.105；175.250；178.380 0）。ADI 为 0～20 mg/kg（FAO/WHO）。

使用：我国《食品安全国家标准　食品添加剂使用标准》（GB 2760—2014）规定，石蜡可作脱膜剂，用于糖果、焙烤食品等的加工。

使用实例：石蜡在仁丹香糖中的应用。具体方法为将丁香、玉桂、广木香、冰片、薄荷和麝香精加工配制成仁丹粉。将白砂糖放入锅内，加适量水，加热溶化，过滤后加入饴糖，熬制成糖膏。在糖膏中加入仁丹粉及香兰素，搅拌均匀，冷却到一定温度后，放入成型机内成型，成型后的糖用石蜡抛光，使糖粒光亮似珍珠，且可防止挥发性物质损失，保证产品质量。

14.6.10　凹凸棒黏土

凹凸棒黏土（attapulgite clay）是一种富镁黏土矿物。它是凹土矿经选矿、晾晒、脱水，使水分在 15%以下后进行粉碎，在回转炉中焙烧，活化，经粉碎、过筛分级制得的。分子式为 $Mg_5Si_8O_{20}(OH)_2(H_2O)_4\cdot 4H_2O$。

性状与性能：凹凸棒黏土为青灰、灰白或鹅蛋清色纤维状、棒状，集合体呈束状、交织状，无臭，无味；密度一般为 1.6 g/cm^3；纤维长 5 μm 左右，平行消光，有滑感；湿时具黏性与可塑性，浸入水中崩散成黏状。

凹凸棒黏土具有较强的吸附能力和脱色能力，并有吸毒作用，能除去食油中黄曲霉毒素、农药等有害成分。

毒性：大鼠经口 LD_{50}＞24 000 mg/kg，小鼠经口 LD_{50}＞24 700 mg/kg。ADI 为 99.1 mg/kg。

使用：我国《食品安全国家标准　食品添加剂使用标准》（GB 2760—2014）规定，凹凸棒黏土可作脱色剂，主要用于油脂的加工工艺。

思考题

二维码 14-1 第 14 章 思考题答案

1. 什么是食品工业用加工助剂？简述其使用原则。

2. 什么是食品消泡剂？简述消泡剂的作用原理。

3. 简述化学消泡剂具备的条件。

4. 什么是食品助滤剂？请举出几个常见的食品助滤剂，并简述助滤剂应具备哪些特点。

5. 什么是食品被膜剂？简述被膜剂的保鲜原理。

6. 什么是胶基糖基础剂？按来源可分为哪几类？并分别进行举例。

参考文献

[1] 顾立众.食品添加剂应用技术.北京:化学工业出版社,2016.
[2] 吴酉芝,邓代君,吴巨贤.食品添加剂.北京:中国质检出版社,2018.
[3] 高彦祥.食品添加剂.2 版.北京:中国轻工业出版社,2019.
[4] 李祥.新编食品添加剂使用技术.北京:化学工业出版社,2017.
[5] 孙平.新编食品添加剂应用手册.北京:化学工业出版社,2017.
[6] 孙宝国.食品添加剂.2 版.北京:化学工业出版社,2013.
[7] 黄文,江美都,肖作兵,等.食品添加剂.2 版.北京:中国质检出版社,2013.
[8] 秦卫东.食品添加剂学.北京:中国纺织出版社,2014.
[9] 邹志飞.食品添加剂使用标准之解读.2 版.北京:中国标准出版社,2016.
[10] 孙平.食品添加剂.2 版.北京:中国轻工业出版社,2020.
[11] 马汉军,田益玲.食品添加剂.北京:科学出版社有限责任公司,2019.

第 15 章

食品营养强化剂

学习目的与要求

掌握营养素、营养强化、食品营养强化剂、营养强化食品的概念，熟悉营养强化剂的种类和安全使用原则。了解和掌握维生素类强化剂、氨基酸类强化剂、矿物质类强化剂及必需脂肪酸的性能与使用，了解食品营养强化剂的研究进展。

食品营养强化剂指为了增加食品的营养成分(价值)而加入食品中的天然或人工合成的营养素和其他营养成分。

人类为了维持正常的生命活动和新陈代谢,必须从外界摄取食品或食物作为营养来源。目前食品营养物质来源于4个方面,分别为营养素、其他营养成分、特殊膳食用食品和食品营养强化剂。其中营养素是食物中具有特定生理作用,能维持机体生长、发育、活动、繁殖以及正常代谢所需的物质,包括蛋白质、脂肪、碳水化合物、矿物质、维生素等;其他营养成分指除营养素以外的具有营养和(或)生理功能的其他食物成分;特殊膳食用食品指为满足特殊的身体或生理状况和(或)满足疾病、紊乱等状态下的特殊膳食需求,专门加工或配方的食品。这类食品的营养素和(或)其他营养成分的含量与可类比的普通食品有显著不同。

由于食物的种类不同,其中营养物质的构成和含量也不相同。如被认为含有完全蛋白质的鸡蛋,含碳水化合物极少;含有丰富维生素、矿物质的水果、蔬菜,则蛋白质、氨基酸含量少;谷物多数缺乏某些必需氨基酸。因此,天然的食物几乎没有一种含有满足人体所需的全部营养素。许多食品经过加工、储藏、运销,往往还会使各种营养成分不同程度地有所损失。如精制的米和小麦粉大部分的维生素 B_1、维生素 B_2 被损失;水果蔬菜经过切分、漂洗,水溶性维生素损失很多;蔬菜经过烹调其维生素C几乎100%的损失。因此,为了保证食品的营养供给,在食品中添加适宜种类和剂量的营养强化剂有着十分重要的意义。

15.1 食品营养强化剂的作用与使用方法

15.1.1 食品营养强化剂的作用

在食品中添加食品营养强化剂可以弥补食品在正常加工、储存时造成的营养素损失。不仅可以弥补天然食品在加工中造成的营养缺陷,而且可以改善食品中的营养成分及其比例,以满足人们对营养的需要。另外,在一定的地域范围内,有相当规模的人群出现某些营养素摄入水平低或缺乏,通过强化可以改善其摄入水平低或缺乏导致的健康影响。

某些人群由于饮食习惯和(或)其他原因可能出现某些营养素摄入量水平低或缺乏,通过强化可以改善其摄入水平低或缺乏导致的健康影响。利用食品营养强化剂可以生产出符合如婴幼儿、运动员、海员、宇航员等特殊生理需要的食品,及各种营养成分平衡的健康食品。食品经强化处理后,食用较少种类和单纯食品即可获得全面营养,从而简化膳食处理。这对某些特殊职业的人群具有重要意义,如军队和地质工作者所食用的压缩干燥的强化食品,营养既全面,体积又小,质量又轻,食用又方便。

食品营养强化剂可以补充和调整特殊膳食用食品中营养素和(或)其他营养成分的含量。不仅可以提高食品的营养质量,还可以减少和预防很多营养缺乏症及因营养缺乏引起的其他并发症,有些营养强化剂还兼有提高食品的感官质量和储藏性能的作用。如维生素C、维生素E、卵磷脂是良好的抗氧化剂;维生素C、维生素PP是肉制品的良好护色剂;一些氨基酸类营养强化剂可以提高加工制品的风味;磷酸氢钙还可以作为发酵助剂和疏松剂等。

15.1.2　食品营养强化剂的使用方法

食品营养强化剂的种类繁多，使用要遵守国家标准。我国已颁发了《食品安全国家标准　食品营养强化剂使用标准》(GB 14880—2012)，并且与 2013 年 1 月 1 日实施。已批准的营养强化剂有 37 类，130 种相关来源化合物。使用食品营养强化剂必须符合国家标准规定。经强化后的食品，必须经过省(自治区、直辖市)食品卫生监督检验机构批准才能销售，并在该食品标签上标明强化剂的名称和含量，在保藏期内不得低于标志含量。食品原成分中含有的营养物质，若其含量达到营养强化剂最低标准的 1/2 者，则不得进行强化。

使用营养强化剂时通常还要注意以下几点：①营养强化剂的使用不应导致人群食用后营养素及其他营养成分摄入过量或不均衡，不应导致任何营养素及其他营养成分的代谢异常；②营养强化剂的使用不应鼓励和引导与国家营养政策相悖的食品消费模式；③添加到食品中的营养强化剂应能在特定的储存、运输和食用条件下保持质量的稳定；④添加到食品中的营养强化剂不应导致食品一般特性如色泽、滋味、气味、烹调特性等发生明显不良改变；⑤不应通过使用营养强化剂夸大食品中某一营养成分的含量或作用误导和欺骗消费者。

15.2　常用的食品营养强化剂

15.2.1　维生素类强化剂

维生素是调节人体各种新陈代谢过程中不可缺少的营养素。而许多维生素不能在人体内合成，必须从外界摄取。维生素通常存在于各种食物中，人们通过摄取各种食物获得一定的维生素，健康人只要科学合理膳食，一般不会缺乏维生素。但是，有些人群由于膳食单调、肌体的消化吸收障碍而对某种维生素的需要量增加，以及某些维生素在加工中的损失，而致使人体维生素摄取不足，当膳食中长期缺乏维生素时，就会引起代谢失调，产生多种疾病。因此，维生素强化剂在强化食品方面有着十分重要的意义。

维生素的种类很多，按溶解性可分为脂溶性和水溶性两大类。脂溶性维生素只能溶于脂性有机溶剂而不溶于水，通常存在于动、植物的脂质中，主要指维生素 A、维生素 D、维生素 E、维生素 K 等。水溶性维生素只能溶于水而不溶于脂性有机溶剂，主要指 B 族维生素和维生素 C，B 族维生素有维生素 B_1(硫胺素)、维生素 B_2(核黄素)、维生素 B_6(吡咯素)、维生素 PP(烟酸)、泛酸、叶酸、维生素 B_{12} 及生物素等。

维生素在食品中应用最早，也是国际上应用最广、最多的一类强化剂。我国目前允许使用的有维生素 A、维生素 D、维生素 B_1、维生素 B_2、维生素 PP、维生素 C 等。

15.2.1.1　维生素 A

维生素 A(vitamin A)，又称视黄醇(retinol)。维生素 A 包括维生素 A_1 和维生素 A_2，维生素 A_1 指游离态的不饱和一元多烯醇(视黄醇)，维生素 A_2 为 3-脱氢视黄醇。维生素 A_1 主要存在于哺乳类动物的肝脏及海水鱼的肝脏中，维生素 A_2 则多存在于淡水鱼肝脏中。通常使用的是维生素 A_1 制剂。

维生素 A_1(视黄醇)的分子式为 $C_{20}H_{30}O$,分子量为 286,其结构式为:

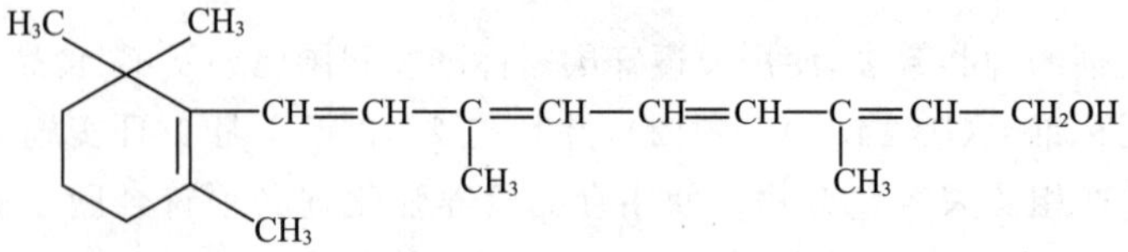

性状与性能:维生素 A 为淡黄色平行四边形片状结晶或晶体粉末;不溶于水,易溶于油脂和有机溶剂;熔点 62~64℃,沸点 120~125℃;在 325~328 nm 处有一特殊吸收光带。它对热、碱较稳定,对酸不稳定。维生素 A 在空气中易受氧化而失去生理活性,受紫外线照射易失去活性,用铁器加热易遭破坏。维生素 A 与磷脂、维生素 E 和维生素 C 等抗氧化剂同时存在时,其稳定性提高。

维生素 A 一般是由天然物中分离而得。维生素 A 具有促进生长发育与繁殖,延长寿命,维持人的视力正常,维护上皮组织结构的完整和健全等生理功能。

毒性:维生素 A 属于"一般认为是安全的(GRAS)"添加剂(1985 年)。维生素 A 毒性甚低,但是一次大量或长期大量摄取也导致中毒,中毒症状为晕眩、头疼、呕吐、易激怒等。大量服用还有致畸作用,影响胎儿骨骼发育。动物若摄入大量维生素 A 还可能引起死亡。维生素 A 中毒因人而异,每天摄取 2.5 万~5 万 IU(1 IU 相当于 0.3 μg 视黄醇),1 个月以上,即能引起中毒症状。

1 μg 视黄醇当量=1 μg 全反式视黄醇=1.147 μg 醋酸视黄酯=1.832 μg 棕榈酸视黄酯=6 μg β-胡萝卜素(关于 β-胡萝卜素是否需折算为维生素 A 的含量应参照相应产品标准的要求)。

目前普遍使用的是维生素 A 乙酸酯和维生素 A 棕榈酸酯。维生素 A 脂肪酸酯使用时常用干酪素等乳化后制成维生素 A 粉,表面用明胶等作为被膜剂,使之避免与氧气接触而提高其稳定性。一般 1 g 粉状含纯维生素 A 60~150 mg。

使用:按照我国《食品安全国家标准　食品营养强化剂使用标准》(GB 14880—2012)规定,维生素 A 的允许使用品种、使用范围及使用量如表 15-1 所示。

表 15-1　维生素 A 的允许使用品种、使用范围及使用量　μg/kg

营养强化剂	食品分类号	食品类别	使用量
维生素 A	01.01.03	调制乳	600~1 000
		调制乳粉(儿童用乳粉和孕产妇用乳粉除外)	3 000~9 000
	01.02.02	风味发酵乳	600~1 000
	01.03.02	调制乳粉(仅限儿童用乳粉)	1 200~7 000
		调制乳粉(仅限孕产妇用乳粉)	2 000~10 000
	01.06.04	再制干酪	3 000~9 000
	02.01.01.01	植物油	4 000~8 000
	02.02.01.02	人造黄油及其类似制品	4 000~8 000
	03.01	冰淇淋类、雪糕类	600~1 200
	04.04.01.07	豆粉、豆浆粉	3 000~7 000

续表 15-1

营养强化剂	食品分类号	食品类别	使用量
维生素 A	04.04.01.08	豆浆	600～1 400
	06.02.01	大米	600～1 200
	06.03.01	小麦粉	600～1 200
	06.06	即食谷物,包括碾轧燕麦(片)	2 000～6 000
	07.02.02	西式糕点	2 330～4 000
	07.03	饼干	2 330～4 000
	14.03.01	含乳饮料	300～1 000
	14.03.02	植物蛋白饮料	600～1 400
	14.06	固体饮料类	4 000～17 000
	16.01	果冻	600～1 000
	16.06	膨化食品	600～1 500
β-胡萝卜素	14.06	固体饮料类	3～6 mg/kg

15.2.1.2　维生素 B_1

维生素 B_1(vitamin B_1),又称硫胺素。常用的有盐酸硫胺素(thiamine hydrochlorde)、硝酸硫胺素(thiamine mononitrate)、丙硫硫胺素(thiamine propyldisulfidum)。用于食品营养强化的主要是盐酸硫胺素及其衍生物,分子式为 $C_{12}H_{17}ON_4ClS \cdot HCl$,分子量为 337.27,其结构式为:

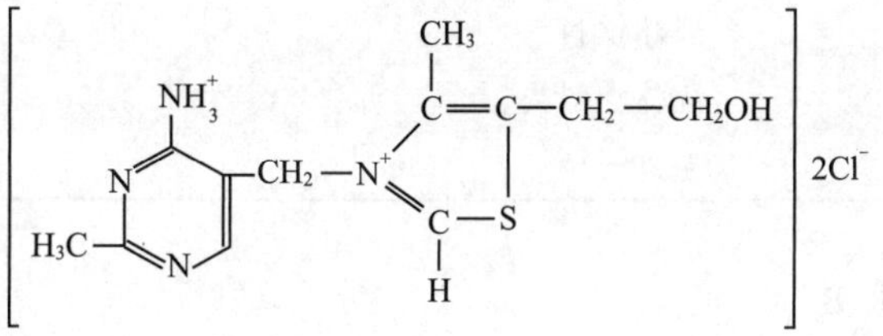

性状与性能:维生素 B_1 为白色针状结晶或结晶性粉末;有微弱的米糠似特异臭,味苦,248～250℃熔化分解;维生素 B_1 极易溶于水,略溶于乙醇,不溶于苯和乙醚;对热(170℃)稳定,干燥状态在空气中稳定,但如吸湿会缓慢分解着色;酸性条件下对热稳定,中性、碱性条件不稳定,如在 pH>7 的条件下煮沸可使其大部分或全部破坏,氧化还原作用均可以使其失活,需要储存于遮光密闭的容器内。

维生素 B_1 在机体内参与糖的代谢,它对维持正常的神经传导,以及心脏、消化系统的正常活动具有重要的作用。缺乏维生素 B_1 易患脚气病或多发性神经炎,产生肌肉无力、感觉障碍、神经痛、影响心肌和脑组织的结构和功能,并且还会引起消化不良、食欲不振、便秘等病症。

盐酸硫胺素(维生素 B_1)是由丙烯腈经过缩醛物、乙酰嘧啶、硝酸硫胺,再转化成盐酸硫胺制得。

毒性:小鼠经口 LD_{50} 为 9 000 mg/kg。美国食品与药物管理局将维生素 B_1 列为一般公认安全的物质。一般摄取量没有什么毒性,但多量静脉注射会引起神经冲动。

使用:按我国《食品安全国家标准　食品营养强化剂使用标准》(GB 14880—2012)规定,维生素 B_1 的允许使用品种、使用范围及使用量如表 15-2 所示。维生素 B_1 的使用量均以盐酸硫胺素计。

表 15-2　维生素 B_1 的允许使用范围及使用量　mg/kg

食品分类号	食品类别	使用量
01.03.02	调制乳粉(仅限儿童用乳粉)	1.5～14
	调制乳粉(仅限孕产妇用乳粉)	3～17
04.04.01.07	豆粉、豆浆粉	6～15
04.04.01.08	豆浆	1～3
05.02.01	胶基糖果	16～33
06.02	大米及其制品	3～5
06.03	小麦粉及其制品	3～5
06.04	杂粮粉及其制品	3～5
06.06	即食谷物,包括碾轧燕麦(片)	7.5～17.5
07.01	面包	3～5
07.02.02	西式糕点	3～6
07.03	饼干	3～6
14.02.03	果蔬汁(肉)饮料(包括发酵型产品等)	2～5
14.03.01	含乳饮料	1～2
14.03.02	植物蛋白饮料	1～3
14.04.02.02	风味饮料	2～3
14.06	固体饮料类	9～22
16.01	果冻	1～7

15.2.1.3　维生素 B_2

维生素 B_2(vitamin B_2),又称核黄素(riboflavine)。分子式为 $C_{17}H_{20}N_4O_6$,分子量为 376.37,其结构式为:

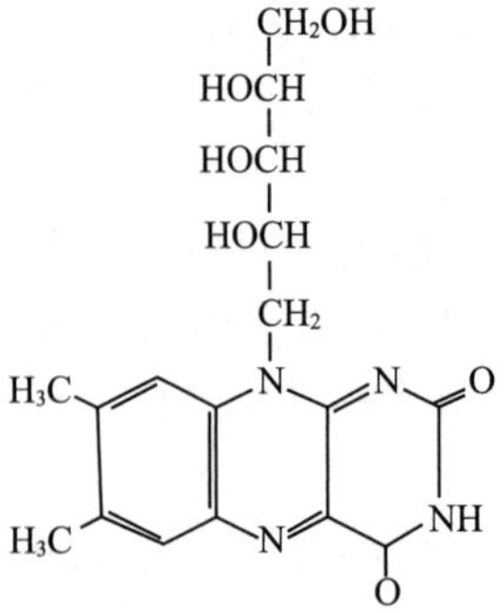

性状与性能:维生素 B_2 为黄色至橙黄色结晶性粉末,稍有臭味,味苦;熔点为 275～282℃,在 240℃时色变暗,并且发生分解。它易溶于稀碱溶液,微溶于水和乙醇,不溶于乙醚

和氯仿；饱和水溶液呈中性，对酸、热稳定，对氧化剂较稳定；在 pH 为 3.5～7.5 时，发出强荧光，遇还原剂失去荧光和黄色；在碱性溶液中不稳定，在光照和紫外线照射下发生不可逆分解。

维生素 B_2 是促进机体生长发育的维生素。进入人体后，经磷酸化作用转变成为磷酸核黄素及黄素腺嘌呤二核苷酸，作为与传递氢有关的黄素酶的辅酶，在人体代谢过程中起着重要作用。缺乏维生素 B_2 则易发生口角炎、舌炎、唇炎、脂溢性皮炎、结膜炎、角膜炎等症状。

毒性：大鼠腹腔注射 LD_{50} 为 560 mg/kg。ADI 为 0～0.5 mg/kg(FAO/WHO，1994)规定，小鼠给予需要量的 1 000 倍(0.34 g/kg)未发现毒性。

使用：按我国《食品安全国家标准　食品营养强化剂使用标准》(GB 14880—2012)规定，维生素 B_2 的允许使用品种、使用范围及使用量如表 15-3 所示。维生素 B_2 的使用量均以核黄素计。

表 15-3　维生素 B_2 的允许使用范围及使用量　mg/kg

食品分类号	食品类别	使用量
01.03.02	调制乳粉(仅限儿童用乳粉)	8～14
	调制乳粉(仅限孕产妇用乳粉)	4～22
04.04.01.07	豆粉、豆浆粉	6～15
04.04.01.08	豆浆	1～3
05.02.01	胶基糖果	16～33
06.02	大米及其制品	3～5
06.03	小麦粉及其制品	3～5
06.04	杂粮粉及其制品	3～5
06.06	即食谷物，包括碾轧燕麦(片)	7.5～17.5
07.01	面包	3～5
07.02.02	西式糕点	3.3～7.0
07.03	饼干	3.3～7.0
14.03.02	植物蛋白饮料	1～3
14.03.01	含乳饮料	1～2
14.06	固体饮料类	9～22
16.01	果冻	1～7

15.2.1.4　烟酸

烟酸还被称为抗癞皮维生素，包括烟酸和烟酰胺 2 种物质。烟酸又称尼克酸(nicotinic acid，niacin)，分子式为 $C_6H_5NO_2$，分子量为 123.11；烟酰胺又称尼克酰胺(nicotinamide)，分子式为 $C_6H_6N_2O$，分子量为 122.13，它们的结构式为：

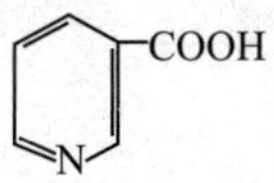
烟酸

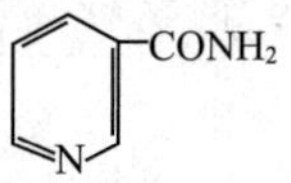
烟酰胺

性状与性能：烟酸为白色结晶或结晶粉末，无臭、味微酸，熔点234～237℃；能溶于水和乙醇，1 g烟酸能溶于60 mL水和80 mL乙醇(25℃)，易溶于热水、热乙醇和含碱水中，但几乎不溶于乙醚，1%的水溶液pH为3～4。烟酸无吸湿性，在干燥状态下对光、空气和热相当稳定，在稀酸、碱溶液中几乎不分解。

烟酰胺为白色结晶粉末，无臭、味苦；熔点128～131℃，易溶于水、乙醇和甘油；不溶于苯和乙醚，10%的水溶液pH为6.5～7.5。烟酰胺在干燥状态下对光、空气和热极稳定；在无机酸和碱性溶液中加热转变为烟酸。

烟酸和烟酰胺生理作用相同。它们在体内与磷酸核糖焦磷酸结合成NAD(辅酶Ⅰ)，再被ATP磷酸化成为NADP(辅酶Ⅱ)。NAD和NADP都是脱氢酶的辅酶，是组织中的重要递氢体。几乎参加所有细胞内的呼吸机制，参与葡萄糖的酵解、脂类代谢、丙酮酸代谢、戊糖合成及高能磷酸键的形成等，在肌体代谢中起着十分重要的作用。烟酸和烟酰胺具有维持皮肤和神经健康，促进消化道功能的作用，缺乏时则会发生口炎、舌炎、皮炎、癞皮病及记忆力衰退、精神抑郁、肠炎、腹泻等症状。

毒性：烟酸，小鼠或大鼠经口LD_{50}为7 000 mg/kg。烟酰胺，大鼠经口LD_{50}为25 003～500 mg/kg，大鼠皮下注射LD_{50}为1 700 mg/kg。美国食品与药物管理局(1985)将烟酸和烟酰胺列为一般公认安全物质。

按我国《食品安全国家标准　食品营养强化剂使用标准》(GB 14880—2012)规定，烟酸的允许使用品种、使用范围及使用量如表15-4所示。

表15-4　烟酸(尼克酸)的允许使用范围及使用量　　mg/kg

食品分类号	食品类别	使用量
01.03.02	调制乳粉(仅限儿童用乳粉)	23～47
	调制乳粉(仅限孕产妇用乳粉)	42～100
04.04.01.07	豆粉、豆浆粉	60～120
04.04.01.08	豆浆	10～30
06.02	大米及其制品	40～50
06.03	小麦粉及其制品	40～50
06.04	杂粮粉及其制品	40～50
06.06	即食谷物，包括碾轧燕麦(片)	75～218
07.01	面包	40～50
07.03	饼干	30～60
14.0	饮料类(14.01,14.06涉及品种除外)	3～18
14.06	固体饮料类	110～330

近年来还作为肉制品的发色助剂使用，代替部分亚硝酸盐，与维生素C合用，添加剂量为0.1%～0.2%，可以保持和增强火腿、香肠等制品的色、香、味。

15.2.1.5　维生素D

维生素D(vitamin D)是类固醇的衍生物，具有维生素D活性的物质10余种，在功能上可以防治佝偻病。其中最主要的是维生素D_2(麦角钙化醇)和维生素D_3(胆钙化醇)，用于强化的也是这两种。

维生素 D_2（麦角钙化醇）(ergocalciferol)，分子式为 $C_{28}H_{44}O$，分子量为 396.66；维生素 D_3（胆钙化醇）(cholecalciferol)，分子式为 $C_{27}H_{44}O$，分子量为 384.65；它们的结构式为：

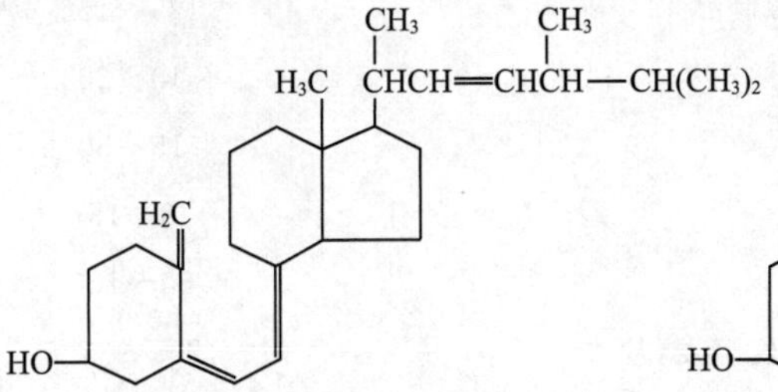

维生素D_2

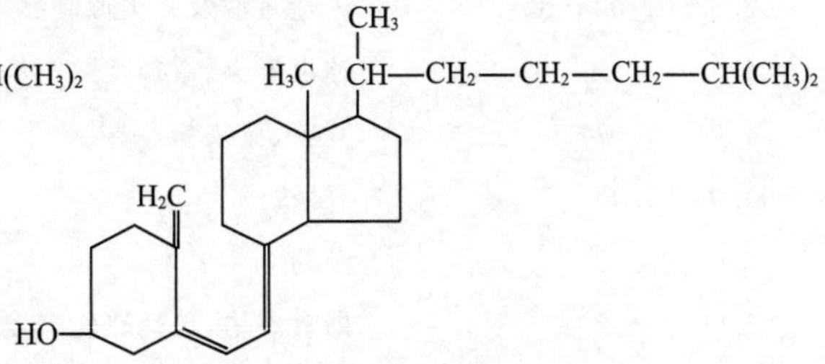

维生素D_3

性状与性能：维生素 D_2 为无色针状结晶或白色结晶性粉末，无臭、无味；熔点 115～118℃，能溶于乙醇、丙酮、氯仿和油脂，不溶于水；对热相当稳定，溶于油脂中也相当稳定，但有矿物质存在时则迅速分解；在空气中易氧化，对光不稳定。维生素 D_3 也为无色针状结晶或白色结晶性粉末，无臭、无味；熔点 84～85℃，极易溶于乙醇、丙酮、氯仿，略溶于植物油，不溶于水；耐氧性、耐光性较好，也耐热。

维生素 D 能够保持钙和磷的正常代谢。它能促进肠道中钙、磷的吸收，保持血液中有足够的钙、磷，以保证骨质正常钙化作用。缺乏维生素 D 则易发生佝偻病、骨质软化病，特别是幼儿发育不良或畸形的原因。

维生素 D_2 是由麦角固醇经紫外线照射转化而成的。维生素 D_3 是由 7-脱氢胆固醇经紫外线照射转化而成的。

毒性：维生素 D_2 的毒性，成人经口急性中毒剂量为 100 mg/d；豚鼠经口 LD_{50}（以 20 d 计）为 40 mg/kg；小鼠经口 LD_{50}（以 20 d 计）为 1 mg/kg，致死剂量（以 6 d 计）为 20 mg/kg；大鼠经口、犬经口、猫经口 LD_{50}（以 20 d 计）为 5 mg/kg。维生素 D_3 的毒性：大鼠经口 LD_{50} 为 42 mg/kg。

维生素 D 中毒表现为食欲不振、呕吐、腹泻、皮肤瘙痒、甚至肾衰竭，继而造成心血管异常，死亡是由于肾钙化、心脏及大动脉钙化所引起。

使用：按我国《食品安全国家标准　食品营养强化剂使用标准》(GB 14880—2012)规定，维生素 D 的允许使用品种、使用范围及使用量如表 15-5 所示。

表 15-5　维生素 D 的允许使用范围及使用量　　μg/kg

食品分类号	食品类别	使用量
01.01.03	调制乳	10～40
	调制乳粉（儿童用乳粉和孕产妇用乳粉除外）	63～125
	风味发酵乳	10～40
01.03.02	调制乳粉（仅限儿童用乳粉）	20～112
	调制乳粉（仅限孕产妇用乳粉）	23～112
01.06	干酪和再制干酪（仅限再制干酪）	63～125

续表 15-5

食品分类号	食品类别	使用量
01.08	其他乳制品(仅限奶片)	63～125
02.02.01.02	人造黄油及其类似制品	125～156
03.01	冰淇淋类、雪糕类	10～20
04.04.01.07	豆粉、豆浆粉	15～60
04.04.01.08	豆浆	3～15
06.05.02.03	藕粉	50～100
06.06	即食谷物,包括碾轧燕麦(片)	12.5～37.5
07.03	饼干	16.7～33.3
07.05	其他焙烤食品	10～70
14.02.03	果蔬汁(肉)饮料(包括发酵型产品等)	2～10
14.03.01	含乳饮料	10～40
14.04.02.02	风味饮料	2～10
14.06	固体饮料类	10～20
16.01	果冻	10～40
16.06	膨化食品	10～60

在日本,维生素 D 作为营养强氧化剂广泛用于调整奶粉、乳饮料等食品中,奶粉用量为 400 IU/100 g;乳饮料用量为 40 IU/100 g;人造奶酪用量为 1 000 IU/100 g;鱼肉腊肠用量为 300 IU/100 g;火腿用量为 300 IU/100 g。

维生素 D 的效价单位,过去用维生素 D_2 作标准,1 mg 维生素 D_2≈4 万 IU,后来改用维生素 D_3 作为标准,效价与维生素 D_2 相同。一般 10 μg 维生素 D_3 相当于 400 IU,即 1 IU 相当于 0.002 5 μg 维生素 D_3。

15.2.2 氨基酸及含氮化合物类营养强化剂

"生命是蛋白体的存在方式"(《马克思恩格斯选集》第三卷 120 页),组成蛋白质的氨基酸有二十多种,其中大部分在人体内可以由其他物质合成,称为非必需氨基酸。而另一部分人体不能合成或合成速度慢,不能满足机体的需要,这些氨基酸称为必需氨基酸,它们是赖氨酸、色氨酸、苯丙氨酸、苏氨酸、蛋氨酸、亮氨酸、异亮氨酸、缬氨酸,现在有资料表明组氨酸对人体亦属于必需氨基酸。这些必需氨基酸一般靠从食物中摄取。当人体中某种氨基酸不足时,蛋白质的构成成分不足,也就影响蛋白质的有效合成,因此,为了满足蛋白质合成的需要,就应该提供一定比例的必需氨基酸。

食物蛋白质中按照人体的需要及比例关系相对不足的氨基酸被称为限制氨基酸,它们限制着机体对蛋白质的利用,并且决定着蛋白质的质量。这是因为无论其他氨基酸如何丰富,只要有任何一种必需氨基酸不足,蛋白质都无法合成。食物中最主要的限制氨基酸是赖氨酸和蛋氨酸。赖氨酸在谷物蛋白质和其他植物蛋白质中缺乏,蛋氨酸在大豆、花生、牛奶、肉类蛋白质中相对偏低。所以,赖氨酸是谷物蛋白质的第一限制氨基酸,另外小麦、大米中还缺乏苏氨酸，玉米还缺乏色氨酸，这两种氨基酸分别是它们的第二限制氨基酸。因此，食品强化某些必需氨基酸，对于充分利用其蛋白质，提高食品的营养价值起着重要的作用。

15.2.2.1　*L*-赖氨酸类

1. *L*-赖氨酸

L-赖氨酸（*L*-2,6-二氨基己酸）（*L*-lysine），分子式为 $C_6H_{14}N_2O_2$，分子量为 146.19，其结构式为：

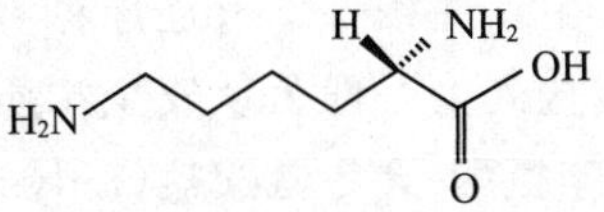

性状与性能：*L*-赖氨酸为白色或近白色自由流动的结晶性粉末，几乎无臭，263～264℃熔化并分解；通常较稳定，高湿度下易结块，稍着色；相对湿度 60%以下时稳定，60%以上则生成二水合物；与维生素 C 和维生素 K_3 共存则着色；碱性条件及直接与还原糖存在下加热则分解；易溶于水（40 g/100 mL，35℃），水溶液呈中性至微酸性，与磷酸、盐酸、氢氧化钠、离子交换树脂等一起加热，起外消旋作用。

L-赖氨酸是人体必需的氨基酸，它具有增强胃液分泌和造血机能，使白细胞、血红蛋白和丙种球蛋白增加的功能，添加 *L*-赖氨酸-盐酸盐具有提高蛋白质利用率，保持蛋白质代谢平衡，增强机体抗病能力等作用。有报道称，赖氨酸对幼儿脑发育有利，可显著提高幼儿智能指数，缺少时易发生蛋白代谢障碍或机能障碍，成人每天最低需要量为 0.8 g。

毒性：*L*-赖氨酸的毒性，大鼠经口 LD_{50} 为 10.75 g/kg。美国食品与药物管理局（1985）将 *L*-赖氨酸-盐酸盐列为一般公认安全物质。

赖氨酸是大米和面粉的第一限制氨基酸，尤其是小麦的第一限制氨基酸，有研究介绍，如果在小麦粉中添加 0.2%的赖氨酸，可以使其蛋白质的营养价值从原来的 47%提高到 71.1%。一般在植物蛋白质中缺乏，所以多数作为谷物类制品的强化剂使用。

使用：按我国《食品安全国家标准　食品营养强化剂使用标准》（GB 14880—2012）规定，*L*-赖氨酸的允许使用品种、使用范围及使用量如表 15-6 所示。

表 15-6　*L*-赖氨酸的允许使用范围及使用量　　g/kg

食品分类号	食品类别	使用量
06.02	大米及其制品	1～2
06.03	小麦粉及其制品	1～2
06.04	杂粮粉及其制品	1～2
07.01	面包	1～2

游离的 *L*-赖氨酸很容易潮解，易发黄变质，并且具有刺激性腥臭味，难以长期保存。如小麦粉中的赖氨酸在制作面包时约损失 15%，若再次焙烤则又损失 5%～10%。*L*-赖氨酸-盐酸盐则比较稳定，不易潮解，便于保存，所以一般商品都以赖氨酸-盐酸盐的形式销售。

2. *L*-赖氨酸-盐酸盐

L-赖氨酸-盐酸盐（*L*-lysine monohydrochloride），分子式为 $C_6H_{14}N_2O_2 \cdot HCl$，分子量为

182.65，其结构式为：

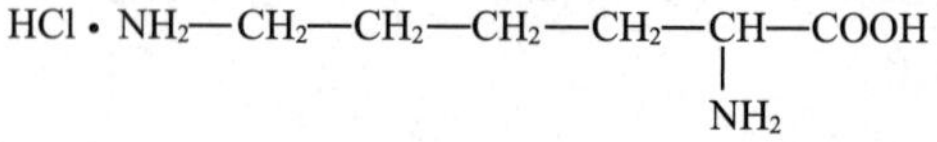

性状与性能：*L*-赖氨酸-盐酸盐为白色或无色结晶性粉末，无臭或稍有特异臭，无异味；熔点约263℃（发泡分解），易溶于水，0.4 g/mL（25℃）；溶于甘油，0.1 g/mL；稍溶于丙二醇，0.001 g/mL；几乎不溶于乙醇和乙醚。*L*-赖氨酸-盐酸盐较稳定，但温度高时易结块，与维生素C或维生素K_3共存时易着色，在碱性条件下有还原糖存在时加热易分解。美国食品与药物管理局（1985）将*L*-赖氨酸-盐酸盐列为一般公认安全物质。

作为赖氨酸强化剂的还有*L*-赖氨酸-天冬氨酸盐（*L*-lysine *L*-Aspartate）。它可以克服*L*-赖氨酸易潮解、吸收空气中的二氧化碳变为碳酸盐的缺点。既可作为营养强化剂，又可作为调味剂使用。*L*-赖氨酸-天冬氨酸盐可用于清酒、清凉饮料、面包和淀粉制品。

1.91 g *L*-赖氨酸-天冬氨酸盐相当于1 g *L*-赖氨酸，1.529 g *L*-赖氨酸-天冬氨酸盐相当于1 g *L*-赖氨酸-盐酸盐。

毒性与使用同*L*-赖氨酸。

15.2.2.2 牛磺酸

牛磺酸（taurine）又称α-氨基乙黄酸，分子式为$C_2H_7NSO_3$，分子量为125.15，其结构式为：

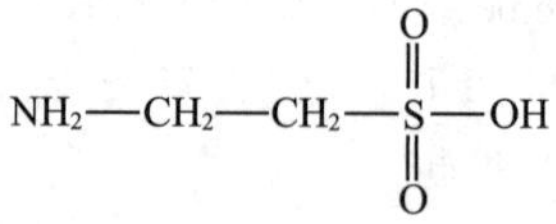

性状与性能：牛磺酸为白色结晶或结晶性粉末，无臭，味微酸，可溶于水，不溶于乙醇、乙醚或丙酮。

牛磺酸是以α-氨基乙醇与硫酸酯化，经亚硫酸钠还原生成粗品牛磺酸，然后精制而成。

牛磺酸并非组成蛋白质的氨基酸，在人体内以游离状态存在。它对促进儿童，尤其是婴幼儿大脑、身高、视力等的生长、发育起着重要作用。牛磺酸在人体内可由蛋氨酸或半胱氨酸代谢的中间产物磺基丙氨酸脱羧形成，但婴幼儿体内此种脱羧酶活性很低，其合成受限，应给予补充。特别是用牛乳喂养的婴幼儿，因为牛乳中几乎不含牛磺酸，故必须进行适当营养强化。

毒性：小鼠经口$LD_{50}>10$ g/kg。无毒。

使用：按我国《食品安全国家标准　食品营养强化剂使用标准》（GB 14880—2012）规定，牛磺酸的允许使用品种、使用范围及使用量如表15-7所示。

表15-7　牛磺酸的允许使用范围及使用量　　g/kg

食品分类号	食品类别	使用量
01.01.03	调制乳	0.1～0.5
01.02.02	风味发酵乳	0.1～0.5
01.03.02	调制乳粉	0.3～0.5

续表 15-7

食品分类号	食品类别	使用量
01.06	干酪和再制干酪(仅限再制干酪)	0.3～0.5
01.08	其他乳制品(仅限奶片)	0.3～0.5
04.04.01.07	豆粉、豆浆粉	0.3～0.5
04.04.01.08	豆浆	0.06～0.1
14.03.01	含乳饮料	0.1～0.5
14.04.02.01	特殊用途饮料	0.1～0.5
14.04.02.02	风味饮料	0.4～0.6
14.06	固体饮料类	1.1～1.4
16.01	果冻	0.3～0.5

15.2.3　矿物质类营养强化剂

矿物质又称矿物质，是人体的重要营养成分，它不仅是构成机体组织的重要物质，也是维持机体正常生理活动及体液平衡所不可缺少的物质。矿物质和微量元素的总量虽不超过体重的 4%～5%，但其作用十分重要。

矿物质和微量元素其主要作用为：①是机体的重要组成物质，如钙、磷、镁是骨骼和牙齿的重要成分，维持着骨骼和牙齿的刚性，硫、磷是蛋白质的组成成分，细胞中普遍含有钾，体液中含有钠；②维持细胞的渗透压与机体的酸碱平衡，矿物质和其他有机物一起维持着细胞内外液具有一定的渗透压，对体液的潴留与移动起着重要作用，矿物质和蛋白质还组成一定的缓冲体系，维持着机体的酸碱平衡；③保持神经、肌肉的兴奋，在组织液中的矿物质，尤其是钾、钠、钙、镁等离子保持一定比例，这对维持神经和肌肉的兴奋、细胞膜的通透性以及细胞的正常功能都起着重要作用；④特殊生理功能，如血红蛋白和细胞色素酶系中的铁、甲状腺中的碘对呼吸、生物氧化和甲状腺素的功能起着重要作用；⑤改善食品的感官性状，如多种磷酸盐能增加肉制品的持水性，改善其感官性状，提高出品率；⑥提高食品的营养价值。

矿物质类营养强化剂主要有钙、铁、锌、碘、硒等。

15.2.3.1　钙

钙(calcium)在人体中占 1.5%，钙是组成骨骼和牙齿的重要成分，人体中 99%的钙都集中在骨骼和牙齿中，另外，钙在血液中以有机酸盐的形式维持着细胞的活力，对神经刺激表现出一定的感应性，对肌肉收缩、血液凝固起着重要作用，而且它可以调节其他矿物质的平衡，可以激活机体内的许多酶系，如三磷酸腺苷酶、琥珀酸脱氢酶、脂肪酸酶及一些蛋白质分解酶等。因此，钙是人体生命活动的必不可少的营养成分，尤其是儿童对钙的需要特别重要、也特别敏感，食物中钙不足，会导致软骨病、骨骼畸形、牙齿不整齐等。

按我国《食品安全国家标准　食品营养强化剂使用标准》(GB 14880—2012)规定，钙的允许使用品种、使用范围及使用量如表 15-8 所示。

表 15-8 钙的允许使用范围及使用量 mg/kg

食品分类号	食品类别	使用量
01.01.03	调制乳	250～1 000
	调制乳粉(儿童用乳粉除外)	3 000～7 200
01.03.02	调制乳粉(仅限儿童用乳粉)	3 000～6 000
01.06	干酪和再制干酪	2 500～10 000
03.01	冰淇淋类、雪糕类	2 400～3 000
04.04.01.07	豆粉、豆浆粉	1 600～8 000
06.02	大米及其制品	1 600～3 200
06.03	小麦粉及其制品	1 600～3 200
06.04	杂粮粉及其制品	1 600～3 200
06.05.02.03	藕粉	2 400～3 200
06.06	即食谷物,包括碾轧燕麦(片)	2 000～7 000
07.01	面包	1 600～3 200
07.02.02	西式糕点	2 670～5 330
07.03	饼干	2 670～5 330
07.05	其他焙烤食品	3 000～15 000
08.03.05	肉灌肠类	850～1 700
08.03.07.01	肉松类	2 500～5 000
08.03.07.02	肉干类	1 700～2 550
10.03.01	脱水蛋制品	190～650
12.03	醋	6 000～8 000
14.0	饮料类(14.01 及 14.06 涉及品种除外)	160～1 350
14.02.03	果蔬汁(肉)饮料(包括发酵型产品等)	1 000～1 800
14.06	固体饮料类	2 500～10 000
16.01	果冻	390～800

1. 碳酸钙

碳酸钙(calcium carbonate)作为食品营养强化剂是补充人体钙的主要来源。因为它价格便宜,含钙比例较大。分子式为 $CaCO_3$,分子量为 100.09。

性状与性能:碳酸钙白色结晶粉末,无臭、无味;可溶于稀乙酸、稀盐酸、稀硝酸产生二氧化碳,难溶于稀硫酸,几乎不溶于水和乙醇;在空气中稳定,但易吸收臭味。

碳酸钙为无机钙,强化食品应用最多的碳酸钙有重质碳酸钙、轻质碳酸钙和胶体碳酸钙。在电子显微镜下观察,重质碳酸钙和轻质碳酸钙呈粗块或粗粒状,胶体碳酸钙呈均匀细粒状。前两者加水调匀后很快会沉降下来,而后者则变成均匀的乳浊液。我国目前常用的是轻质碳酸钙。

毒性:ADI 不作限制性规定。

2. 乳酸钙

乳酸钙(calcium lactate),分子式为 $C_6H_{10}CaO_6 \cdot 5H_2O$,分子量为 308.3,其结构式为:

$$(CH_3—\underset{\displaystyle OH}{\underset{|}{CH}}—COO^-)_2Ca \cdot 5H_2O$$

性状与性能：乳酸钙为白色结晶性颗粒或粉末，几乎无臭、无味；在空气中微有风化性；加热到 120℃失去结晶水，变成无水物；溶于水，缓慢溶于冷水成为澄清或微浊溶液；易溶于热水，水溶液的 pH 为 6～7；几乎不溶于乙醇、乙醚、氯仿；乳酸钙由于其水溶性好，人体吸收率高，是一种较理想的钙营养强化剂。它可以很好地防治佝偻病、手足搐搦症，并且是妊娠、哺乳期妇女的良好钙补充剂。

乳酸钙是在乳酸液或乳酸发酵液中加入碳酸钙或氢氧化钙制得。

毒性：ADI 无需规定（FAO/WHO，1994）。

使用：在日本，乳酸钙用于小麦粉、面包、糕点、调整乳粉、豆酱、豆腐、咸菜等，用量在 1%以下。作为钙盐营养强化剂的还有葡萄糖酸钙、柠檬酸钙、*L*-乳酸钙、磷酸氢钙、*L*-苏糖酸钙、甘氨酸钙、天冬氨酸钙、柠檬酸苹果酸钙、醋酸钙（乙酸钙）、氯化钙、磷酸三钙（磷酸钙）、维生素E、琥珀酸钙、甘油磷酸钙、氧化钙、硫酸钙、骨粉（超细鲜骨粉）等。

15.2.3.2　铁

铁(ferric)是人体最丰富的微量元素。72%是以血红蛋白、3%以肌红蛋白存在，其余的铁是体内细胞色素、酶等物质的组成成分和一些储备铁。铁在机体内参与氧的运转，交换和组织呼吸过程。如果铁的数量不足或铁的携氧能力受阻，则产生缺铁性或营养性贫血。

按我国《食品安全国家标准　食品营养强化剂使用标准》(GB 14880—2012)规定，铁的允许使用品种、使用范围及使用量如表 15-9 所示。

表 15-9　铁的允许使用范围及使用量　　mg/kg

食品分类号	食品类别	使用量
01.01.03	调制乳	10～20
	调制乳粉（儿童用乳粉和孕产妇用乳粉除外）	60～200
01.03.02	调制乳粉（仅限儿童用乳粉）	25～135
	调制乳粉（仅限孕产妇用乳粉）	50～280
04.04.01.07	豆粉、豆浆粉	46～80
05.02.02	除胶基糖果以外的其他糖果	600～1 200
06.02	大米及其制品	14～26
06.03	小麦粉及其制品	14～26
06.04	杂粮粉及其制品	14～26
06.06	即食谷物，包括碾轧燕麦（片）	35～80
07.01	面包	14～26
07.02.02	西式糕点	40～60
07.03	饼干	40～80
07.05	其他焙烤食品	50～200
12.04	酱油	180～260
14.0	饮料类（14.01 及 14.06 涉及品种除外）	10～20
14.06	固体饮料类	95～220
16.01	果冻	10～20

1. 柠檬酸铁

柠檬酸铁(ferric citrate),分子式为 $FeC_6H_5O_7 \cdot 2.5H_2O$,分子量为 244.95。

性状与性能:柠檬酸铁根据组成成分不同为红褐色透明薄片或褐色粉末;含铁量 16.5%~18.5%,在冷水中溶解缓慢,极易溶于热水,不溶于乙醇,水溶液呈酸性,可被光或热还原逐渐变成柠檬酸亚铁。因为柠檬酸铁呈褐色,故在不宜着色的食品中不适用。

毒性:ADI 无需规定(FAO/WHO,1994)。

2. 柠檬酸铁铵

柠檬酸铁铵(ferric ammonium citrate),分子式为 $Fe(NH_4)_2H(C_6H_5O_7)_2$,分子量为 488.16。

性状与性能:柠檬酸铁铵为棕红色透明状鳞片或棕褐色颗粒或棕黄色粉末,含铁量 20.5%~22.5%,无臭、味咸,极易溶于水,不溶于乙醇,水溶液呈中性,在空气中易吸潮,对光不稳定,遇碱性溶液有沉淀析出。

柠檬酸铁铵是将氧化铁溶于柠檬酸中,加氨水中和浓缩制得。

毒性:小鼠经口 LD_{50} 为 1 g/kg。ADI 为 0~0.8 mg/kg(为铁的暂定日最大耐受摄入量,FAO/WHO,1994)。

3. 葡萄糖酸亚铁

葡萄糖酸亚铁(ferrous gluconate),分子式为 $C_{12}H_{22}FeO_{14} \cdot 2H_2O$,分子量为 482.17,其结构式为:

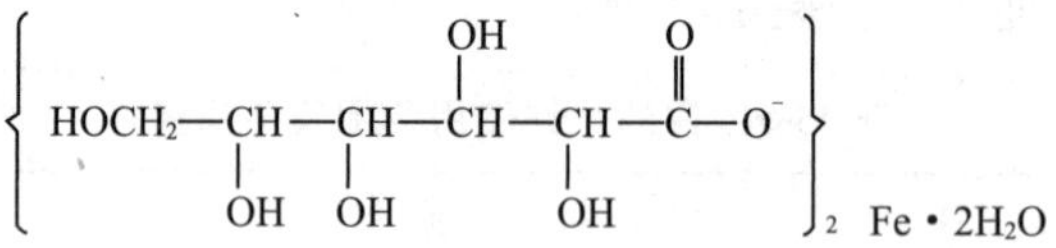

性状与性能:葡萄糖酸亚铁为黄灰色或浅黄绿色晶体颗粒或粉末,稍有焦糖气味;溶于水,100 mL 温水中可溶 10 g,5%的水溶液呈酸性,几乎不溶于乙醇。它的水溶液加葡萄糖很稳定,理论含铁量 12%。葡萄糖酸亚铁具有易吸收,对消化系统无刺激、无副作用,对食品的感官性能和风味无影响,同时可作为药物有治疗贫血的功能。

葡萄糖酸亚铁是由还原铁中和葡萄糖酸而成。

毒性:大鼠经口 LD_{50} >3.7 g/kg,ADI 不作限制性规定。美国食品与药物管理局将其列为一般公认安全物质。

日本规定,它可以用于代乳品、离乳食品以及妊产妇用奶粉等。

4. 乳酸亚铁

乳酸亚铁(ferrous lactate),分子式为 $C_6H_{10}FeO_6 \cdot 3H_2O$,分子量为 288.04,其结构式为:

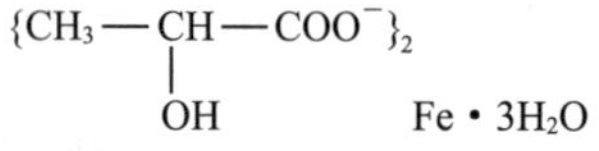

性状与性能:乳酸亚铁为浅绿色或微黄色结晶或晶体粉末,稍有特异臭和微甜铁味;溶于水,冷水中的溶解度为 2.5 g/100 mL,沸水中的溶解度为 8.3 g/100 mL,水溶液为带绿色的透

明溶液，呈弱酸性；易溶于柠檬酸溶液呈绿色溶液，几乎不溶于乙醇；在空气中易吸潮，在空气中被氧化后颜色变深，并且阳光会促进其氧化。

乳酸亚铁易吸收，对消化系统无刺激、无副作用，一般对食品的感官性能和风味无影响。同时也可作为药物治疗贫血。乳酸亚铁是向乳酸溶液中加碳酸钙和硫酸亚铁等制得。

毒性：小鼠经口 LD_{50} 为 4.875 g/kg。大鼠经口 LD_{50} 为 3.73 g/kg。兔皮下注射 LD_{50} 为 0.577 9 g/kg；静脉注射 LD_{50} 为 0.286 8 g/kg。FAO/WHO，(1994) ADI 为 0～0.8 mg/kg(为铁的暂定日最大耐受摄入量)。美国食品与药物管理局将其列为一般公认安全物质。

铁的强化剂还有硫酸亚铁、富马酸亚铁、氯化高铁血红素、焦磷酸铁、铁卟啉、甘氨酸亚铁、还原铁、乙二胺四乙酸铁钠、羰基铁粉、碳酸亚铁、柠檬酸亚铁、延胡索酸亚铁、琥珀酸亚铁、血红素铁、电解铁等。总之，铁化合物对光不稳定，铁离子可与抗氧化剂反应着色，在使用时应该注意。

15.2.3.3　锌

锌(zinc)是人体生长发育很重要的矿物质，尤其是少年儿童生长发育阶段对锌十分敏感。缺乏锌的主要症状是生长迟缓或停滞形成侏儒，另外缺锌还表现为伤口愈合慢、味觉异常等。锌严重缺乏时导致缺铁性贫血、肝脾肿大、骨骼长期不能接合、皮肤粗糙及色素增多等。

按我国《食品安全国家标准　食品营养强化剂使用标准》(GB 14880—2012)规定，锌的允许使用品种、使用范围及使用量如表 15-10 所示。

表 15-10　锌的允许使用范围及使用量　　mg/kg

食品分类号	食品类别	使用量
01.01.03	调制乳	5～10
	调制乳粉(儿童用乳粉和孕产妇用乳粉除外)	30～60
01.03.02	调制乳粉(仅限儿童用乳粉)	50～175
	调制乳粉(仅限孕产妇用乳粉)	30～140
04.04.01.07	豆粉、豆浆粉	29～55.5
06.02	大米及其制品	10～40
06.03	小麦粉及其制品	10～40
06.04	杂粮粉及其制品	10～40
06.06	即食谷物，包括碾轧燕麦(片)	37.5～112.5
07.01	面包	10～40
07.02.02	西式糕点	45～80
07.03	饼干	45～80
14.0	饮料类(14.01 及 14.06 涉及品种除外)	3～20
14.06	固体饮料类	60～180
16.01	果冻	10～20

1. 葡萄糖酸锌

葡萄糖酸锌(zinc gluconate),分子式为 $C_{12}H_{22}O_{14}Zn$,分子量为 455.69,其结构式为:

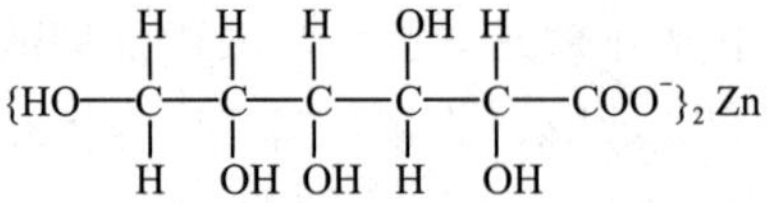

葡萄糖酸锌为无水物或含有 3 分子水的化合物。

性状与性能:葡萄糖酸锌为白色或几乎白色的颗粒或结晶性粉末,无臭、无味,易溶于水,极难溶于乙醇。它是一种重要的食品营养锌强化剂,对缺锌疾患有明显的疗效。患者食用以葡萄糖酸锌强化的食品(每日 120 mg 锌计)缺锌症就可以得到治疗,6 个月后可以完全恢复。

毒性:小鼠(雌性)经口 LD_{50} 为(1.93±0.09)g/kg。小鼠(雄性)经口 LD_{50} 为(2.99±0.1)g/kg。致突变试验、骨髓微核试验及小鼠睾丸染色体畸变试验均无致突变性。美国食品与药物管理局将其列为一般公认安全物质。

葡萄糖酸锌可用碱性碳酸锌或氧化锌与葡萄糖酸作用制得,还有其他方法也可制得葡萄糖酸锌。

2. 硫酸锌

硫酸锌(zinc sulfate),分子式为 $ZnSO_4 \cdot xH_2O$,分子量为 161.44(以 $ZnSO_4$ 计)。硫酸锌含 1 或 7 分子水。

性状与性能:硫酸锌为无色透明的棱柱状或细针状结晶或结晶性粉末,无臭;其 7 分子水合物在室温、干燥空气中易失水及风化,1 分子水合物加热至 283℃时失水;溶于水与甘油,水溶液呈酸性,不溶于乙醇;硫酸锌也是常用的食品营养锌强化剂。

硫酸锌是由锌或氧化锌与硫酸作用制得。

毒性:大鼠经口 LD_{50} 为 2.949 g/kg。美国食品与药物管理局将其列为一般公认安全物质。硫酸锌对皮肤、黏膜有刺激作用,大量内服可引起呕吐、恶心、腹痛和消化障碍。

3. 乳酸锌

乳酸锌(zinc lactate),分子式为 $Zn(C_3H_5O_3)_2 \cdot 3H_2O$,分子量为 297.58,其结构式为:

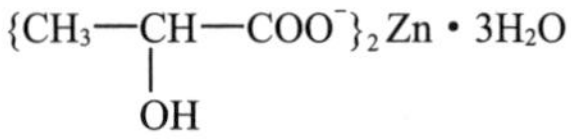

性状与性能:乳酸锌为白色结晶性粉末,无臭;溶于水,可溶于 60 倍冷水或 6 倍热水中,含锌量 22.2%,是一种易吸收的食品营养锌强化剂。乳酸锌是由碳酸锌与乳酸或由氧化锌与乳酸作用制得。

毒性:小鼠经口 LD_{50} 为 0.977～1.778 g/kg。

锌强化剂还有甘氨酸锌、氧化锌、柠檬酸锌、氯化锌、乙酸锌、碳酸锌等。

15.2.3.4 硒

硒(selenium)这种必需元素,是人体内含硒酶——谷胱甘肽过氧化物酶的重要成分,谷胱甘肽过氧化物酶能催化还原型谷胱甘肽接受过氧化物中的氧成为氧化型谷胱甘肽,从而使有毒的过氧化物还原为无害的羟基化合物。过氧化氢会在谷胱甘肽过氧化物酶的催化作用下被分解，从而保护细胞及组织免受过氧化物的损害，特别是保护细胞膜和细胞器膜，如线粒体、微粒体和溶酶体的膜。在食品加工时，硒会因精制和烧煮过程而有所损失，所以越是精制的、长时间烧煮加工的食品，其含硒量越少。补硒的简单方法是每周 1 次口服亚硒酸盐（亚硒酸钾、亚硒酸钠），1～5 岁儿童口服亚硒酸钠 0.5 mg，5～9 岁儿童口服 1.0 mg，10 岁以上口服 2.0 mg。亚硒酸盐也可以强化食品。

按我国《食品安全国家标准　食品营养强化剂使用标准》（GB 14880—2012）规定，硒的允许使用品种、使用范围及使用量如表 15-11 所示。

表 15-11　硒的允许使用范围及使用量　　μg/kg

食品分类号	食品类别	使用量
01.03.02	调制乳粉（儿童用乳粉除外）	140～280
	调制乳粉（仅限儿童用乳粉）	60～130
06.02	大米及其制品	140～280
06.03	小麦粉及其制品	140～280
06.04	杂粮粉及其制品	140～280
07.01	面包	140～280
07.03	饼干	30～110
14.03.01	含乳饮料	50～200

1. 硒化卡拉胶

硒化卡拉胶（kappa-selenocarrageenan）是取硒粉用浓硝酸溶解后与卡拉胶溶液反应、精制而成。

性状与性能：硒化卡拉胶为微黄色至土黄色粉末，有微臭，溶于水中形成均匀的水溶胶；水溶胶呈酸性，在乙醇中几乎不溶。

硒化卡拉胶的毒性：雌性小鼠经口 LD_{50} 为 0.818 g/kg，雄性小鼠经口 LD_{50} 为 0.934 g/kg；雌性大鼠经口 LD_{50} 为 0.575 g/kg，雄性大鼠经口 LD_{50} 为 0.703 g/kg。ADI 为 0.125 mg/kg（相当于硒 1.5 μg/kg）。

按我国《食品安全国家标准　食品营养强化剂使用标准》（GB 14880—2012）规定，硒化卡拉胶仅限用于 14.03.01 含乳饮料。

2. 富硒酵母

富硒酵母（selenoyeast）是在酵母培养基中添加硒化物后培养而成的。硒取代了酵母中硫氨酸的硫，形成硒代氨基酸，进一步组成蛋白质。

性状与性能：富硒酵母为浅黄色至浅黄棕色颗粒或粉末，具有酵母的特殊气味。

毒性：小鼠经口 LD_{50}＞10 g/kg。

富硒酵母的使用同硒化卡拉胶。按我国《食品安全国家标准　食品营养强化剂使用标准》（GB 14880—2012）规定，富硒酵母也仅限用于 14.03.01 含乳饮料。

硒强化剂还有亚硒酸钠、硒酸钠、硒蛋白、富硒食用菌粉、*L*-硒-甲基硒代半胱氨酸等。

15.2.4 脂肪酸类及其他

15.2.4.1 γ-亚麻油酸

γ-亚麻油酸(γ-linolenic acid),分子式为 $C_{18}H_{30}O_2$,分子量为 278.438,其结构式为:

$$CH_3—(CH_2)_4—CH═CH—CH_2—CH═CH—CH_2—CH═CH—(CH_2)_4—COOH$$

性状与性能:亚麻油酸为黄色油状液体。

亚麻油酸是以水解糖为原料,接种黄色被孢霉,经液体发酵,CO_2 超临界萃取制得。

亚麻油酸的质量标准为:γ-亚麻酸含量≥6.5%,酸值 4.5,过氧化值≤0.35%。

γ-亚麻酸是食品中亚油酸转化为前列腺素的中间产物,为人体的一种必须脂肪酸,存在于母乳中,一旦缺少将导致组织机能严重紊乱,引起各种疾病,如高血脂、糖尿病、病毒感染、皮肤老化等。

毒性:大鼠、小鼠经口 LD_{50}>12.0 g/kg。

按我国《食品安全国家标准　食品营养强化剂使用标准》(GB 14880—2012)规定,γ-亚麻酸的允许使用品种、使用范围及使用量如表 15-12 所示。

表 15-12　γ-亚麻酸的允许使用范围及使用量　g/kg

食品分类号	食品类别	使用量
01.03.02	调制乳粉	20～50
02.01.01.01	植物油	20～50
14.0	饮料类(14.01 及 14.06 涉及品种除外)	20～50

15.2.4.2 二十二碳六烯酸

二十二碳六烯酸(docosahexaenoic acid,DHA),属于 ω-3 系列多不饱和脂肪酸的一种。分子式为 $C_{22}H_{32}O_2$,分子量为 328.5,其结构式为:

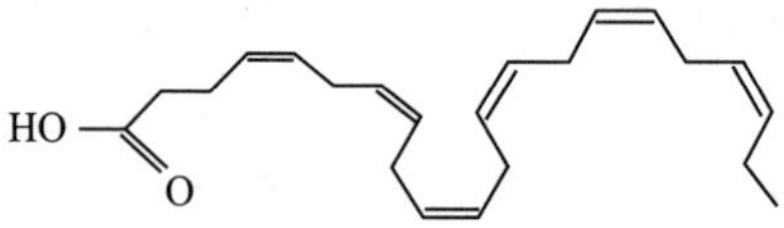

性状与性能:二十二碳六烯酸为无色透明液体;熔点为−44℃,沸点为 447℃。

20 世纪 80 年代以来,美国、日本、英国、澳大利亚等发达国家开始生产和使用 DHA。早期这类产品多以富含 DHA 和 EPA 的深海鱼油(通常为金枪鱼油)为原料通过分子蒸馏工艺制得,以二十碳五烯酸(EPA)和二十二碳六烯酸(DHA)混合形式存在,我们通常叫作 omega-3 或多烯酸乙酯。

DHA 被认为具有对脑功能和生长发育的作用、抗衰老作用、改善血液循环、降血脂等功能作用。由于 DHA 是大脑细胞膜的重要构成成分,参与脑细胞的形成和发育,对神经细胞轴突的延伸和新突起的形成有重要作用,尤其是对促进出生后婴儿大脑发育具有重大意义。

按我国《食品安全国家标准　食品营养强化剂使用标准》(GB 14880—2012)规定,二十二碳六烯酸的允许使用品种、使用范围及使用量如表 15-13 所示。

表 15-13　二十二碳六烯酸的允许使用范围及使用量

营养强化剂	食品分类号	食品类别	使用量
二十二碳六烯酸(DHA)	01.03.02	调制乳粉(仅限儿童用乳粉)	≤0.5%(占总脂肪酸的百分比)
		调制乳粉(仅限孕产妇用乳粉)	300～1 000 mg/kg

15.2.4.3　1,3-二油酸 2-棕榈酸甘油三酯

1,3-二油酸 2-棕榈酸甘油三酯(1,3-dioleoyl-2-palmioyl-triglyceride)由脂肪酶催化酯交换,使脂肪酸在丙三醇分子上的位置重新排列而得,其结构式为:

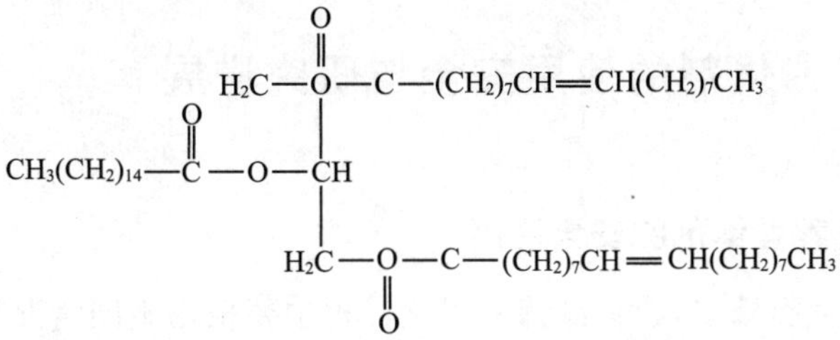

性状与性能:1,3-二油酸 2-棕榈酸甘油三酯在 25℃条件下为白色固体。

按我国《食品安全国家标准　食品营养强化剂使用标准》(GB 14880—2012)规定,1,3-二油酸-2-棕榈酸甘油三酯的允许使用品种、使用范围及使用量如表 15-14 所示。

表 15-14　1,3-二油酸-2-棕榈酸甘油三酯的允许使用范围及使用量

食品分类号	食品类别	使用量
01.03.02	调制乳粉(仅限儿童用乳粉,液体按稀释倍数折算)	24～96

15.2.4.4　低聚果糖

聚合度较低(DP＝2～9)的果聚糖通常称为低聚果糖,聚合度 10～30 的果聚糖通常称为多聚果糖,聚合度高于 40 的果聚糖通常称为高聚果糖。

低聚果糖在工业上有 2 种方法可以获取,一种是以菊苣或菊芋提取的菊粉为原料,经酶解或酸解而生成的聚合度 2～9 的果聚糖,这种低聚糖中的果糖分子是以 $\beta(2\rightarrow1)$-糖苷键连接而成,其结构形式主要是 F_n 型(F 是果糖分子,n 是果糖分子数目,F_1-F_2-F_3-F_4……F_n),此外也含有一定量 GF_n 型的蔗果型低聚果糖。

按我国《食品安全国家标准　食品营养强化剂使用标准》(GB 14880—2012)规定,低聚果糖的允许使用品种、使用范围及使用量如表 15-15 所示。

表 15-15　低聚果糖的允许使用范围及使用量

食品分类号	食品类别	使用量
01.03.02	调制乳粉(仅限儿童用乳粉和孕产妇乳粉)	≤64.5 g/kg

15.2.4.5 酵母β-葡聚糖

β-葡聚糖为D-葡萄糖通过糖苷键连接形成的多糖，主要化学结构为β-1,3-葡聚糖和β-1,6-葡聚糖，其中前者具有抗肿瘤活性，可极大提高人体自然免疫力，此外，其作为益生元还可调节肠道菌群结构等。

β-葡聚糖广泛存在于各种真菌和植物中，主要来源于新鲜的食物如啤酒酵母、燕麦、食用菌等。其中，酵母β-葡聚糖是存在于酵母细胞壁中的一种具有增强免疫力活性的多糖，由酵母细胞经自溶、酶解、纯化后精制而成，分子量约为1 000 kD，主要以β-1,3-D-葡聚糖为主链，该结构有别于一般糖类线形分子结构，为一种独特的三重超微螺旋结构。这种特殊的超微螺旋型分子结构为免疫活性最强且最易被人体吸收的结构形式，故而在动物实验中表现出非特异性免疫增强作用。

15.3 食品营养强化剂的使用安全与研究进展

15.3.1 食品营养强化剂的安全使用

食品营养强化剂种类繁多，在食品营养强化过程中要根据不同情况科学合理地选择、安全使用，通常应遵循以下基本原则。

①强化的营养素应是人们膳食中或大众食品中含量低于需要量的营养素。

②用于补充营养素的食品，其消费量应在人们膳食中占有相当大的比例。应根据地区、人群对象等实际缺乏情况和程度的不同，针对性地实施不同程度的强化，如玉米主食区、婴幼儿食品等。

③注意保持各种营养素之间的平衡，防止由于营养强化而造成营养素摄入的不平衡，甚至引起中毒。另外在食品中添加一种必需营养素后，不得对其他营养素的代谢产生不利影响。

④尽量选择具有生物活性和稳定性高的营养强化剂，在食品加工、储存过程中不易分解破坏，例如铁的营养效价就因所用形式不同，而有很大的差异。

⑤尽量选择易被机体吸收利用的营养强化剂，尽量避免使用难溶的、难以吸收或易被食物影响吸收率的强化剂。有些无机盐和维生素容易在食物中相互作用而被破坏或因水洗而损失，因此所加入的营养素应和原有食物无干扰作用，如铁就可与食物中的某些单酸、酯酰形成沉淀。

⑥添加的营养素不应对食品的特性，如色、香、味、质构、烹调性质等产生不良影响，也不得过分缩短食品的货架寿命。

⑦卫生安全，质量合格，经济合理。

坚持全面依法治国，推进法治中国建设，遵循《中华人民共和国食品安全法》，按照《食品安全标准 食品营养强化剂使用标准》加强食品营养强化剂的科学、合理、规范使用，是提高与保障广大人民的健康水平，促进食品工业健康可持续发展的需要。

15.3.2 食品营养强化剂的发展趋势

根据不同的市场和营养需求，营养强化食品在开拓出广阔市场的同时，也在不断地发展、变化。

15.3.2.1 营养强化食品内涵向“功能性”和“保健性”拓展

公众对健康问题的关注焦点已经由解决营养素缺乏转向饮食与最佳健康状态之间的关

系，拓展到相关营养因子和非营养因子对特定疾病高危人群的实际效果。营养素强化不再仅仅是以维持身体健康或不生病为目的，消费者更加迫切地希望借助营养素的强化来预防甚至治疗某些特殊疾病，以维持最佳的健康状况。这与功能性食品所倡导的食品“第三功能”，即调节人体机能的功能相符合。

15.3.2.2　采用生物技术提高食品原料中营养素的含量

一方面，采用遗传工程来改良一些植物性食品原料的特性，提高其特定营养素含量和生物利用率或通过降低其中矿物质吸收干扰因子的含量，间接提高原料中特定矿物质元素的生物利用率。不少植物性食物中维生素含量已经通过该方法得到了较大幅度的提高。另一方面，可以通过水、肥或饲料成分控制，在一定限度内改良植物性或动物性食物中的部分营养素和其他功能性组分的含量。

15.3.2.3　进行营养强化剂的预混、复合

当前营养素强化追求全面、均衡，强化食品已由早期的单一营养素强化向多种营养素强化发展。营养强化剂预混合物除添加维生素、矿物质、氨基酸和膳食纤维等营养素外，还可组合风味成分、色素以及抗氧化剂等配料，以提高强化食品的品质。

思考题

1. 什么是营养强化剂、营养素、其他营养成分、特殊膳食用食品？
2. 简述使用营养强化的主要目的。
3. 使用营养强化剂的要求有哪些？
4. 营养强化剂的使用量和在终产品中的含量设定原则？
5.《食品营养强化剂使用标准》(GB 14880—2012)与《食品添加剂使用标准》(GB 2760—2014)的关系？

二维码 15-1
第 15 章　思考题答案

参考文献

[1] 曹劲松，王晓琴. 食品营养强化剂. 北京：中国轻工业出版社，2002.
[2] 汪多仁. 有机食品营养强化剂. 北京：科技文献出版社，2008.
[3] 郝素娥，徐雅琴，郝璐瑜. 食品添加剂制备与应用技术. 北京：化学工业出版社，2010.
[4] 周家华，崔英德，曾颢. 食品添加剂. 北京：化学工业出版社，2008.
[5] 刘钟栋. 食品添加剂. 南京：东南大学出版社，2006.
[6] 汤高奇. 食品添加剂. 北京：中国农业大学出版社，2010.
[7] 高彦祥. 食品添加剂. 北京：中国轻工业出版社，2011.
[8] 高彦祥. 食品添加剂基础. 北京：中国轻工业出版社，2012.
[9] 秦卫东. 食品添加剂学. 北京：中国纺织出版社，2014.
[10] 迟玉杰. 食品添加剂. 北京：中国轻工业出版社，2013.
[11] 凌关庭. 食品添加剂手册. 北京：化学工业出版社，2013.
[12] 朱宏，徐佳，任膺洁，等. 食品营养强化剂 β-葡聚糖及其标准化现状与发展建议. 中国标准化，2019(19)：87-93.

扩展资源

1.《中华人民共和国食品安全法》

2.《食品安全国家标准　食品添加剂使用标准》(GB 2760—2014)

3.《食品安全国家标准　食品营养强化剂使用标准》(GB 14880—2012)

案例教学

请登录中国农业大学出版社教学服务平台“中农 De 学堂”查看：

第 1 章　绪论

如何正确认识食品添加剂

第 2 章　食品添加剂的安全性评价与管理

糕点丙二醇超标

第 3 章　食品防腐剂

1. 乳酸链球菌素的性能及其在肉制品中的应用

2. 复配防腐剂在酱卤肉制品中的应用

第 4 章　食品抗氧化剂

食品抗氧化剂在生产或生活中的应用

第 5 章　食品着色剂

关注天然食用色素

第 6 章　食品护色剂

有关亚硝酸钠、硝酸钾残留超标问题

第 7 章　食品漂白剂

1. 米线中违法添加焦亚硫酸钠

2. 部分学校采购食品中二氧化硫残留状况分析

第 9 章　食品乳化剂

食品乳化剂的安全风险

第 10 章　食品用香料与香精

香料香精的发展历史与动态

第 12 章　食品膨松剂、凝固剂、水分保持剂和抗结剂

豆腐的起源与发展

第 13 章　食品酶制剂

中国酒文化与酒曲的渊源

第 15 章　食品营养强化剂

关注营养强化剂的使用